建设工程软件培训教材

PKPM 建筑工程基础设计软件 JCCAD 工程应用与实例分析

林 柏 主编

中国建筑工业出版社

图书在版编目（CIP）数据

PKPM建筑工程基础设计软件　JCCAD工程应用与实例
分析/林柏主编 .—北京：中国建筑工业出版社，2016.4
建设工程软件培训教材
ISBN 978-7-112-19235-9

Ⅰ.①P… Ⅱ.①林… Ⅲ.①建筑结构-计算机辅助
设计-应用软件-教材 Ⅳ.①TU311.41

中国版本图书馆CIP数据核字（2016）第050072号

　　本书以可靠、长期的工程实测沉降数据为计算依据，对JCCAD软件的沉降
计算原理进行分析，并对目前应用较广的盈建科软件进行分析，这些资料可供
同行们自行判别各种基础计算软件计算结果的合理性。
　　希望本书能为结构设计人员与设计审查人员提供一些参考意见与资料。

责任编辑：李　阳　李　明　李　慧
责任设计：董建平
责任校对：陈晶晶　姜小莲

建设工程软件培训教材
PKPM建筑工程基础设计软件
JCCAD工程应用与实例分析
林　柏　主编

＊

中国建筑工业出版社出版、发行（北京西郊百万庄）
各地新华书店、建筑书店经销
唐山龙达图文制作有限公司制版
北京建筑工业印刷厂印刷

＊

开本：787×1092毫米　1/16　印张：21¼　字数：526千字
2016年6月第一版　2016年6月第一次印刷
定价：**58.00**元
ISBN 978-7-112-19235-9
（28506）

本书编著者名单

主　编：林　柏
副主编：章　华　张正浩

参编人员

徐和财	桂岩平	王青松	方　成	李达欣
傅宏兵	丁文香	甘　晶	阮晓青	杨振兴
屠双鎏	何潇琦	王　磊	徐泽晨	张健晖
顾士星	吴　昀	高　源	张　蕾	李小华
付晓玥	朱芸岚	宗　磊	吴春飞	杨石宇
何　龙	查路遥	吴春玲	徐尉杰	许红霞

参编单位：

浙江省工业设计研究院
杭州风格建筑设计有限公司
浙江瑞联建筑设计有限公司

前　　言

各种基础计算软件的说明均强调："沉降计算是基础计算的核心，是基础"，但又给出多种不同的基础沉降计算结果供使用者选择，而且这些计算方法常出自有关地基基础规范。

由本书的探讨可知，有关地基基础规范提供的沉降计算方法均存在各自的适用范围外，JCCAD、盈建科等软件的某些计算原理还可能并非完全遵循规范的原理。

由于软件的不断升级，因此直接探讨某个软件的问题就没有太大的意义。本书在收集了大量工程实例的基础上，提取出一些为地基规范所认可的典型案例，以及有着长期实测资料、较少争议的工程实例，据以对地基规范的有关公式与数据进行探讨；并可由同行们自行由这些案例直接评判各种软件计算结果的合理与否。

遵循上述原理，本书对设计人员的参考价值可能就比较长久些。

《建筑桩基技术规范》JGJ 94 在各类地基规范中，提供了最详细、最多的桩基础沉降计算与桩土荷载分担计算公式及数据，因此本书的探讨也就不可避免地主要集中在《建筑桩基技术规范》上了。

但由于个人能够收集的有关资料，其数量仅相当于地基规范编制组掌握资料的约 $1/10 \sim 1/5$。以如此简略的数据去探讨地基规范有关公式的适用范围，唯有采取一种"穷举"的方式，即尽量列出所有数据与计算过程，以便接受同行们的复核、检验与质询。

本书主要探讨的论题如下：

1. 关于承台效应系数与桩土荷载原位分担实测数据

本书第 1 章补充了近年来的全国各地 79 例建筑物与路堤、储罐的复合桩基桩土荷载分担原位实测数据，并据以对《建筑桩基技术规范》所提供承台效应系数的适用范围进行初步探讨。

2. 关于等效作用分层总和法与明德林应力公式法的关系

本书第 4 章依据上海地区 9 项有着 6～13 年实测沉降数据的工程实例资料，对等效作用分层总和法与明德林应力公式法的关系进行初步探讨。

3. 关于预制桩挤土效应系数的适用范围

本书第 4 章依据 1999 年版上海地基规范用于分析桩基沉降计算经验系数的 54 例预制桩与钢管桩基础工程实测沉降数据，就预制桩挤土效应系数对上海地区工程的适用范围、《建筑桩基技术规范》的"挤土效应系数"能否直接应用于国标地基规范的明德林应力公式法，进行初步探讨。

4. 关于"考虑桩径影响的明德林应力公式法"的适用范围

本书第 4 章根据上海地区 3 例列入《建筑桩基技术规范》表 5 的工程实例，以及上海地区 1 例有 6 年以上沉降观测资料的工程实例，分别采用"考虑桩径影响的明德林应力公式法"与"不考虑桩径影响的明德林应力公式法"进行计算，就两者的差异得出初步结论。

5. 关于《建筑桩基技术规范》的单桩、单排桩与小桩群沉降计算法适用范围的探讨

本书第 4 章提供上海、山东、吉林、安徽、南京等地共 13 例单桩与小桩群的实测沉降资料，并据以对包括《建筑桩基技术规范》单桩沉降公式的 3 种单桩沉降计算法进行初步探讨。

6. 关于盈建科、旗云等软件的单桩沉降计算原理与《建筑桩基技术规范》法异同的确定

本书第 4 章通过 10 余例单桩与小桩群工程的计算，对盈建科、旗云等软件的单桩沉降计算原理，与《建筑桩基技术规范》单桩沉降计算原理的异同得出初步结论。

7. 关于《建筑桩基技术规范》疏桩复合桩基沉降计算法适用范围的探讨

本书第 1 章依据《建筑桩基技术规范》认可的上海与福州等地共 8 例疏桩复合桩基工程实例的资料，探讨《建筑桩基技术规范》疏桩复合桩基沉降计算法的适用范围。

8. 关于"复合疏桩基础沉降计算法"适用范围的探讨

本书第 3 章提供 2 例《建筑桩基技术规范》认可的上海地区工程实例资料，再补充了上海、南京、浙江、福建等地共 18 例复合疏桩基础案例，并据以对"软土地基减沉复合疏桩基础沉降计算法"、"上海沉降控制复合桩基计算法"与《建筑桩基技术规范》"疏桩复合桩基法"的适用范围进行探讨。

9. 关于复合地基的沉降计算方法的探讨与桩土荷载原位分担实测数据

本书第 2 章对复合地基的沉降计算方法进行初步探讨，并提供了天津、福建、南京、广东、河南、浙江、四川、安徽等地的近 30 例建筑物复合地基桩土荷载分担原位实测数据，以及全国各地约 170 例公路与铁路路堤复合地基桩土荷载分担原位实测数据，可供建筑物复合地基的设计借鉴与参考。

10. 关于基础计算软件计算天然地基基础内力的探讨

本书第 5 章提供一些有着长期沉降观测数据的工程实例，就实际沉降量对天然地基基础内力计算值的影响进行初步探讨，并依据 2 例独基—构造板基础板底土反力实测的资料，对这类基础的构造板底土反力取值问题进行初步探讨。

11. 关于天然地基与桩基础的基础原位实测应力

本书各章均就 JCCAD、盈建科等软件的计算基础内力与原位实测应力进行对比与探讨。

12. 基础软件计算结果的校检步骤

本书第 6 章依据前 5 章探讨的基础，对应用基础计算软件时，给出判读软件计算结果是否合理的校检步骤。

随着更多地基规范编制组掌握资料的公开，本书的一些初步结论或许会失效，但相信本书提供的一些工程实例，不太可能都属于地基基础规范有关公式所未能包含的特例。因此根据这些典型案例进行的探讨，对同行们或许还是有一点参考价值的。

目　　录

1 JCCAD 计算复合桩基础的疑难与探讨

1.1 引　　言

桩土共同作用在工程界早已达成共识。由已经检索到公开发表的资料，我国已有 15 个省市 80 余例民用建筑、工业建筑、铁路路堤与储罐的桩筏基础，提供了桩土分担的现场测试的资料。这些工程实例原位实测不含地下水浮力的桩间土分担荷载比由 2%～36% 不等，含地下水浮力的桩间土分担荷载比由 4.5%～57% 不等。

由此可见，复合桩基的潜力远大于桩基础与疏桩基础。从复合桩基的理念出发，可以很顺畅地扩展到各类基础：桩基础就是忽略了板底土抗力的复合桩基；疏桩基础其实就是距径比不小于 6 倍桩径的复合桩基；复合地基在一定意义上可是认为是依靠褥垫层调整桩土分担比例的复合桩基；天然地基的基床反力系数 k 值，在采用 JCCAD 与盈建科等软件计算复合桩基中同样需要应用，而且其用途远远大于天然地基。

事实上，复合桩基即使在常规桩基础设计中也处处存在：

如现在最保守的工程师与设计审查人，一般也接受在桩基础计算中不考虑承台板自重，原因是开始浇筑承台板时混凝土强度等级为零，因此承台板自重由地基土承担。但这就是复合桩基，只不过取板底土净反力等于承台板自重而已。故同样需要输入板底土的基床系数。

又如计算桩基础地下室底板承受地下水浮力作用时的内力，由复合桩基的角度看，地下水浮力的力学效应就相当于板底土净反力。

因此常规桩基只是复合桩基的简化版，只有单桩、小桩群基础（无地下室底板或板底土脱开的情况）才属于真正意义上的常规桩基。

本章探讨的主要是指距径比不大于 6 倍桩径的复合桩基。距径比不小于 6 倍桩径的疏桩复合桩基础沉降计算有一定的特殊性，因此单独进行探讨。

2008 年版《建筑桩基技术规范》表 4 用来验证承台效应系数的 15 项工程实例，仍然是 1994 年版《建筑桩基技术规范》的工程实例。其中未提供承台底基土实测土反力分担比的数据，且缺少距径比不小于 6 倍桩径的疏桩复合桩基资料。

关于复合桩基沉降计算方法，除了上海地基规范的计算原则外，JCCAD 与盈建科等软件还将《建筑桩基技术规范》适用于距径比不小于 6 倍桩径的疏桩复合桩基沉降计算公式(5.5.14-4)，推广应用于一般复合桩基。

关于承台土抗力的计算，JCCAD 软件用户手册建议承台底基土分担比一般小于 10%；桩土共同分担的计算方法采用《建筑桩基技术规范》中 5.2.5 条的相应规定。盈建科软件的计算原则为，桩土分担比例可直接指定与由程序自动计算。当由程序自动计算时，程序认为桩优先承担荷载，超过桩极限承载力标准值的部分由土承担。

在工程实践中可以发现，JCCAD 与盈建科等软件计算复合桩基的疑难有以下几点：

1. 承台底基土分担比一般小于 10％的原则，具体如何掌握？承台土抗力的计算值与实际情况的符合程度如何？

2. 《建筑桩基技术规范》式(5.5.14-4) 应用于一般复合桩基，计算值与实际情况的符合程度如何？与上海地基规范复合桩基沉降计算法的差异。

3. 复合桩基沉降计算结果、承台底基土分担比对承台板内力计算的影响，以及这种影响与实际情况的差别。

关于第 1、2 点疑难，本章主要依据《建筑桩基技术规范》表 4 给出的 15 项复合桩基工程实例中，能够检索到地质勘察资料的 11 项工程实例，以及另行检索到公开发表的 70 余项复合桩基工程实例的实测桩土分担数据，对计算承台土抗力的承台底土承载力特征值与承台效应系数的适用范围，进行初步探讨。

关于第 3 点疑难，本章主要依据《建筑桩基技术规范》表 4 给出的 15 项复合桩基工程实例中，能够检索到上部结构荷载、地质勘察资料与实测沉降数据的上海、福州等地共 8 项工程实例，对《建筑桩基技术规范》式(5.5.14-4) 应用于一般复合桩基的结果，进行初步探讨。

本章还就 JCCAD、盈建科等基础软件计算的复合桩基沉降值，以及承台底基土分担比的取值，对基础内力计算值的影响，进行初步探讨。

1.2 关于"承台底基土分担比一般小于 10％"的探讨

《JCCAD 用户手册及技术条件》关于计算中小桩距复合桩基础的计算原则中有一条是，承台底基土分担比一般小于 10％。

但这条计算原则并未说明，"一般小于 10％"的承台底基土分担比与上部结构荷载的关系：比如对于 30 层高层建筑与 3 层建筑是否等效的？也未说明，承台底基土分担比与承台底基土性质的关系：对何种土质可以取接近 10％的高值？还有，承台底基土分担比是否包括地下水浮力？尤其在深、大桩筏基础设计中，是否考虑地下水浮力的影响，对桩筏基础设计的影响不容忽视。而对于桩基承台板内力的计算，水浮力与承台底土抗力实际上是等价的。

盈建科软件在计算复合桩基时对桩土分担荷载比例的设定范围为 0～0.5，但《YJK-F 基础设计软件用户手册及技术条件》中并未给出桩土分担荷载比例的建议值。

《建筑桩基技术规范》表 4 给出 15 个工程实例的实测承台底土反力，但并未给出承台底基土的荷载分担比，并不能直接用作"承台底基土分担比一般小于 10％"的参考数据。这 15 个工程实例所代表的地域实际上是上海 6 幢高层建筑、福州 2 个住宅小区的 6 幢 7 层住宅、山东的油田塔基、武汉 1 幢高层建筑与天津 1 幢建筑，地域相对较窄，作为设计参考，值得商榷。

仅就《建筑桩基技术规范》表 4 给出 15 个工程实例而言，若"承台底基土分担比一般小于 10％"是指承台底净土抗力的分担比，则对于这 15 个工程实例，已检索到上部结构、地质资料等数据的 11 个工程实例中，上海 6 个工程与武汉 1 个工程的实测桩土分担比均不大于10%，而福州地区4个工程的实测桩土分担比均大于10%。

具体到承台底净土抗力分担比的数值，则由最小的4.0%，到最大的26.8%不等。

可见设计人员的选择余地仍然很大，因此所谓"10%"的指标还是过于笼统了一点。

若"承台底基土分担比一般小于10%"是指含地下水浮力的实测桩土分担比，则上述11个工程中，只有1个工程（序号3，实测桩顶荷载接近单桩承载力极限值的标准复合桩基）的实测桩土分担比小于10%。

2008年版《建筑桩基技术规范》表4给出的15例桩土荷载分担原位实测工程实例，就是1994年版《建筑桩基技术规范》表5-5给出的工程实例。而近年来大量复合桩基的设计应用与原位实测，留下了大量桩土荷载分担原位实测资料，其中包括为数不少的高速公路与高速铁路路堤复合桩基数据，可以提供更多地域的有关资料，供设计人员参考。

本节通过主要发布于2008年前，上海、江苏、浙江、福建、安徽、山西、山东、陕西、四川、湖北、黑龙江、辽宁、天津、北京等地，86例复合桩基的桩土荷载分担原位实测数据（其中补充了5例疏桩复合桩基工程），对复合桩基承台底基土分担比的问题进行初步探讨。

1.2.1 国内外复合桩基承台底基土分担比的工程实例

已检索到全国14个省市、共86例复合桩基工程实例的原位实测承台底土抗力分担总荷载的比例，见表1.2.1-1，其中包括《建筑桩基技术规范》表4给出的11个工程实例：

国内原位实测承台底土抗力分担总荷载的比例　　　　　　　　　　表1.2.1-1

序号	工程名称	上部层数	桩型	基础埋深(m)	实测沉降值(mm)	沉降观测时间(d)	土分担比例(%)	土分担比例(含水浮力)(%)
1	武汉22层框架剪力墙	22	预制桩	6.5	—	—	4.9	20.0
2	上海25层框架剪力墙	25	预制桩	8.5	90	1825	10.5	27.1
3	上海20层剪力墙	20	预制桩	1.7	397	1370	4.0	7.9
4	上海12层剪力墙	12	预制桩	4.5	93	2340	6.4	12.0
5	上海16层框架剪力墙	16	预制桩	4.5	—		6.6	17.5
6	上海32层剪力墙	32	预制桩	4.5	37	1121	5.4	11.1
7	上海26层框架核心筒	26	钢管桩	7.6	67	1814	8.6	26.0
8	福州7层框架6号	7	沉管桩	1.0	70	>650	16.3	—
9	福州7层框架9号	7	沉管桩	1.0	90	>650	20.4	—
10	福州7层框架10号	7	沉管桩	1.0	80	>650	26.8	—
11	福州7层框架14号	7	沉管桩	1.0	67	>650	16.6	—
以上工程实例为桩基规范表4数据。已检索到地质勘察资料、上部结构、桩土分担等详细资料								
12	上海60层框筒	60	钻孔桩	24.0	55.4	463	3.0	27.0
13	上海35层剪力墙	35	预制桩	4.8	20	—	10.8	21.2
14	上海杨浦区24层框剪	24	预制桩	6.5	92	767	2.0	13.4
15	上海青浦区6层砖混	6	预制桩	1.2	33.4	290	1.9	5.15
16	上海徐汇区6层砖混A楼	6	预制桩	1.2	140.0	1640	6.5	8.6
17	上海徐汇区6层砖混B楼	6	预制桩	1.2	136.0	1640	12.0	14.13
18	上海宝山区7层A楼	7	预制桩	1.2	15.5	270	0.3	1.0
19	上海宝山区7层B楼	7	预制桩	1.2	10.7	398	19.2	23.0
20	上海某桥梁4桩承台A	—	钻孔桩	1.2	8.9	117	15.0	—

续表

序号	工程名称	上部层数	桩型	基础埋深（m）	实测沉降值（mm）	沉降观测时间(d)	土分担比例（%）	土分担比例（含水浮力）(%)
21	上海某桥梁 5 桩承台	—	钻孔桩	1.2	5.6	117	12.5	
22	上海某桥梁 4 桩承台 B	—	钻孔桩	1.2	6.6	117	16.5	—
23	上海某高架桥 9 桩承台 A	—	预制桩	2.0	—	—		4.0
24	上海某高架桥 9 桩承台 B	—	钻孔桩	2.0	—	—		34.0
25	上海某高架桥 21 桩承台	—	钻孔桩	—	—	—		25.0
26	南京 33 层框筒	33	—	10.0	—	920		20.9
27	南京 24 层框筒	24	预制桩	7.0	13	415		17.5
28	南京 31 层框筒	31	预制桩	8.45	45	314	0.0	17.5
29	南京 28 层框筒	28	钻孔桩	11.0	10.1	—		24.8
30	南京 9 层框架	9	预制桩	2.8	23	1100	25.8	41.2
31	南京 6 层砖混	6	沉管桩	2.0	24	605	9.2	13.2
32	苏州 18 层框架 8 桩承台	18	钻孔桩	6.0	30	420	9.4	21.4
33	苏州 18 层框架 9 桩承台	18	钻孔桩	5.2	30	420	8.1	16.1
34	苏州 18 层框架 40 桩承台	18	钻孔桩	6.0	30	420	4.4	15.4
35	徐州 9 层框架	9	沉管桩	3.8	33	600	17.2	33.8
36	江苏灌南县 6 层住宅	6	预制桩	—	82	630	0.0	—
37	杭州 22 层框剪	22	钻孔桩	7.0	20	700	10.9	20.0
38	浙江绍兴 6 层砖混 1 号	6	沉管桩	1.0	54	180	11.18	—
39	浙江绍兴 6 层砖混 2 号	6	沉管桩	1.0	43	180	11.03	—
40	浙江绍兴 6 层砖混 3 号	6	沉管桩	1.0	55)	180	10.96	—
41	浙江宁波 6 层底框	6	锚杆桩	1.0	153	400	5.2	10.0
42	浙江 10 万 m³ 油罐	—	预制桩	1.0	360	300	6.5	—
43	浙江温州 7 层砖混	7	钻孔桩	1.5	—	—		8.5
44	浙江台州 5 层综合楼	5	沉管桩	1.8	—	—	12.9	19.9
45	西安 36 层筒体	36	钻孔桩	13.0	17	522	14.0	
46	西安 20 层框剪	20	钻孔桩	12.6	3.7	460	24.3	28.6
47	沈阳 14 层框架	14	挖孔桩	4.5	—	—	9.0	
48	沈阳 15 层框架	15	挖孔墩	5.7	—	1095	19.4	
49	辽宁桥基 1♯ 承台	—	预制桩	—	41	340	17.5	
50	辽宁桥基 2♯ 承台	—	预制桩	—	—	—	12.0	
51	黑龙江大庆市某过滤间	—	预制桩	8.3			22.0	
52	福州 23 层框架	23	沉管桩	5.25	33	890	25.6	33.4
53	福建 10 层厂房	10	预制桩	4.0	19	1580		28
54	厦门 30 层框剪	30	人工挖孔桩	10.5	45	1095		75.0
55	厦门 30 层框剪	30	人工挖孔桩	11.0	50	365		57.0
56	湖北 16 层框剪	16	挖孔桩	4.0	17	300		25.0
57	重庆 30 层框剪	30	沉管桩	3.8	14	1075	11.0	—
58	江西 12 层商住楼	12	预制桩	1.2	7	270	21.3	—
59	河北唐山 25 层	25	钻孔桩	12.0	158	1150	—	17.5
60	河北邯郸 28 层	28	预制桩	7.7	—	—	36.1	
61	山西某发电厂房 1 号承台	1	预制桩	6.0	10	658	13.6	—
62	山西某发电厂房 2 号承台	1	预制桩	6.0	12	658	17.2	—
63	山西某发电厂房 3 号承台	1	预制桩	6.0	5	658	18.0	—

续表

序号	工程名称	上部层数	桩型	基础埋深（m）	实测沉降值（mm）	沉降观测时间(d)	土分担比例（%）	土分担比例（含水浮力）（%）
64	山西某发电厂房4号承台	1	预制桩	6.0	4.5	658	16.0	—
65	山西某选煤厂房1号承台	1	嵌岩桩	4.8	—	—	11.6	—
66	山西某选煤厂房2号承台	1	嵌岩桩	4.8	—	—	15.5	—
67	京沪高铁江南段1号承台	—	钻孔桩	—	—	—	4.05	—
68	京沪高铁江南段2号承台	—	钻孔桩	—	—	—	3.41	—
69	京沪高铁虹桥站	—	钻孔桩	—	8.5	210	37.8	—
70	京津铁路永定新河特大桥北京端	—	预制桩	—	—	440	5.7	—
71	京津高铁武清站	—	预制桩	—	—	—	5.7	—
72	沪宁城际铁路（江苏段）	—	预制桩	—	28	300	6.5	—
73	湿陷性黄土地区14层	14	钻孔桩	—	—	—	—	28.6
74	合肥18层住宅	18	预制桩	—	—	425	—	27
75	京沪高铁宿州站	—	预制桩	—	21.3	390	—	7.6
76	郑西客运专线新华山站	—	钻孔桩	—	3.2	270	—	4.5
77	郑西客运专线新临潼站	—	钻孔桩	—	4	270	—	5.6
78	郑州18层综合楼	18	钻孔桩	4.8	22	660	—	20
79	黄土地区储罐A	—	爆扩桩	—	—	—	—	59.76
80	黄土地区储罐B	—	爆扩桩	—	—	—	—	72.59
81	黄土地区储罐C	—	爆扩桩	—	—	—	—	55.68
82	南京某水池	—	钻孔桩	4.1	—	—	—	9.0
83	江苏某风机工程	—	预制桩	3.8	—	—	—	23.0～34.2
84	沪昆高铁宜春站	—	钻孔桩	—	8.6	300	—	24.53
85	天津某大厦	41	预制桩	—	3.8	—	—	13
86	洛口试桩G—25	—	钻孔桩	0.0	9.4	108	—	29.0

注：1. 序号23、24的"上海某高架桥9桩承台A"、"上海某高架桥9桩承台B"（姚笑青，1999），原位实测桩土荷载分担数据系架设桥梁时的资料（320 d）。未检索到高架桥运行后的资料。荷载施加方式属于"骤加荷载"类型，与常规工程的"渐加荷载"类型有所不同。

2. 序号25的"上海某高架桥21桩承台"（杨奇，2011），原位实测桩土荷载分担数据系铺轨后的资料（260 d）。

3. 序号43的"浙江温州7层砖混"（朱奎，2006），为刚柔性桩复合桩基，即格筏基础下布置有44 m长钻孔灌注桩与14 m长水泥搅拌桩，因此实测所得桩间土分担比例为8.5%，水泥搅拌桩分担比例为19%，钻孔灌注桩分担比例为72.5%。

4. 序号54、55的厦门2项工程（宰金珉，2007，2008），由于其桩基础为"采用桩顶变形调节装置的端承桩复合桩基"，属于可以人为调节桩间土荷载分担比例的特殊情况，因此桩间土分担比例高达57%～75%，与常规复合桩基有所不同，故未列入比较范围。

5. 序号65、66的"山西某选煤厂房1号承台、2号承台"，桩端持力层为中风化细砂岩，属较软岩，较破碎。

6. 序号79、80、81的黄土地区3项储罐工程（徐至钧，1982），其桩土荷载分担的原位监测，系按上部储罐灌注液体分级加载时进行的，尚未检索到该项目长期原位监测的资料；荷载施加方式属于"骤加荷载"类型，与常规工程的"渐加荷载"类型有所不同。

7. 序号82的南京某水池工程（杨挺，2007），由于其注水期间桩土荷载分担的原位监测持续时间为15 d，此后即排水。未检索到该项目长期原位监测的资料。荷载施加方式属于"骤加荷载"类型，与常规工程的"渐加荷载"类型有所不同。

8. 序号83的江苏某风机工程（张延军，2014），未检索到该项目长期原位监测的资料。风机基础必须承受360度偏心随机水平荷载，与常规复合桩基有所不同。且其静止时总荷载大于运行时总荷载。

9. 序号86的洛口试桩G—25（黄河洛口桩基试验研究组，1985），即1994年版桩基规范表5-2与2008年版桩基规范表3中序号13的静压108 d的承台桩试桩。荷载施加方式属于"骤加荷载"类型，与常规工程的"渐加荷载"类型有所不同。

由表 1.2.1-1 可知，86 个工程实例中有 61 个工程实例的原位实测桩土分担比（含地下水浮力）大于 10%，占总数的 70.9%。最高的原位实测桩土分担比（含地下水浮力）为"福建 10 层厂房"，达到总荷载的 52.5%。

表 1.2.1-1 中不含地下水浮力的实测桩土分担比大于 10% 的工程实例也有 36 个，占总数的 41.9%。

由表 1.2.1-1 还可以看出，灌注桩基桩间土分担的荷载一般比预制桩基要大些。而且桩间土分担比的大小与建筑物沉降的大小无关，主要与承台底基土参数、桩距等因素有关，参见表 1.3.1-3。

但如序号 79～81 的非湿陷性黄土状粉质黏土中的爆扩桩圆形承台桩基，在桩距较大桩数不多（4～10 根）的情况下，承台底土荷载分担比为 60% 左右（徐至钧，1982）。但该案例实例的桩均为沿圆形承台（直径 5～6.9 m）周边布置，分别为 10 桩、4 桩、6 桩的独立承台；且其桩土荷载分担的原位监测，系按上部储罐灌注液体分级加载时进行的，因此尚不足以作为其他工程的设计参考。

1.2.2 关于地下水浮力问题

1. 关于软土地区地下水浮力的浮力系数取值问题，上海地区曾对小于 6 m 的基坑进行地下水浮力试验，得出的结论是浮力系数接近 1。

从 1974 年起，在中国建筑科学研究院的组织下，对上海地区四幢大楼的箱形基础进行测试。先在上海华盛大楼、胸科大楼与康乐大楼的箱形基础侧墙板上设置了两个水位观察孔，以观测井点降水停止后地下水位的回升问题；随后在上海华盛大楼、胸科大楼和四平大楼三个工程的箱形基础底面埋设了渗压计，以便观测地下水浮力的大小以及基底压力是否对水浮力有影响。

这四幢大楼中，康乐大楼、华盛大楼、四平大楼位于上海地区的浅埋粉性土区，基底持力层为粉性土；胸科大楼位于上海典型的软土区，基底持力层为黏性土。但是关于水浮力的测试结果却相当接近。

在华盛大楼工程中，地面 2.5 m 以下为 12 m 厚的黏质粉土层。1976 年 7 月 23 日停止井点降水，利用箱形基础侧墙板上的水位观察孔进行水位观测。以 7 月 23 日的实测水位为稳定水位，此时水位回升的总高度为 4.34 m。停止降水 24 h 后水位回升高度为回升总高度的 45%，72 h 后约为 60%，120 h 后约为 75%。到 1 个月后的 8 月 23 日回升到稳定水位。由此可见地下水位的回升速度相当快。

在华盛大楼的箱形基础基底还埋设了两个渗压计量测量基底水浮力。从 1976 年 9 月 27 日至 11 月 22 日，基底平均压力由 6.8 kPa 逐步增至 16.1 kPa，而两个渗压计的实测基底水浮力维持在（3.6～5.0)kPa 范围内，并不随基底压力的增加而增大，而与井点降水停止后一个月地下水位回升高度 4.34 m（相当于水浮力 4.34 kPa）比较接近。

在康乐大楼工程中，地面 3.0 m 以下为 14 m 厚黏质粉土。该工程的井点降水停止后 10 h，通过箱形基础侧墙板上的水位观测孔就可以观测到地下水位回升高度已达到回升总高度的 80%。

在胸科大楼工程中，地面 2～3 m 硬土层以下即为深厚的淤泥质黏土层，渗透性差。

根据箱形基础基底三个渗压计的实测水浮力和箱形基础侧墙板上水位观察孔的水位变化，由 1976 年 8 月至 1978 年 6 月，两者还是相当接近的，均在（5.0～6.0）kPa。

由上述工程的实测情况可以得出结论：在上海的软土地基中，地下水的浮力是客观存在的，基底浮力的大小完全取决于地下水位的高低，与基底压力增大无关，而地基土的类别（砂土和黏性土）只是影响水在土中的渗流速度。因此，箱形基础在使用期间，完全可以根据正常的地下水位，按全部浮力进行设计。

而在国内其他地区的大量浮力测试资料表明，浮力系数小于 1，大于 0.9，也有小于 0.85 的。

因此一般建议对于深、大的桩筏基础设计，浮力系数可考虑取 0.8～0.9。

如上海环球金融中心，101 层，桩筏基础底板埋深 18 m，地下水位在地面以下 1 m。设计时仅考虑 10 m 的地下水浮力，约等于浮力系数取 0.6，就相当于建筑物总重 4400000 kN 的 13.8%。经济效益相当可观。

又如上海 121 层中心大厦，地下室 5 层，地下水位在地面以下 1 m。设计时浮力系数取 0.8，水浮力相当于建筑物总重的 19%。

2. 关于非软土地区地下水浮力问题，张在明（《地下水与建筑基础工程》）指出：

只要是饱和地层，在一定的水力梯度作用下，原则上都能传输一定的水量。

对于建筑工程的设计与施工而言，凡是传输的水量可能对工程造成较大影响的地质结构，都可看作含水层。

与含水层相对的是滞水层。滞水层几乎不可能传输出有意义的水量。但滞水层的存在，并不能将各个含水层相互隔离。当这些滞水层中存在非饱和带时，更是如此。

当地基影响深度范围内存在多层地下水时，确定建筑基础底板的地下水作用力，除了最高水位的预测外，还要了解各层地下水的赋存形态和动态规律。

即使在基础埋深范围内仅存在一层地下水，在地下水赋存体系比较复杂的情况下，上层水与下部含水层之间也存在一定的水力联系，在各含水层之间有非饱和带时更是如此。

基底的水压力并不完全取决于水位的高低，而必须由渗流分析来确定。用地下水动力学的方法确定的水压力，与仅仅将水压力按静水状态确定的做法，存在很大的差别。而后者往往对基底的水压力估计过高，造成浪费。

因此非软土地区地下水浮力问题，远比软土地区复杂。

综上所述，对于深、大桩筏（桩-承台）基础，承台底土抗力（包括地下水浮力）的影响不容忽视。其实对于基础计算而言，地下水浮力与承台底土抗力是等效的。

1.3　承台效应系数适用范围的探讨

为了研究粉土中群桩的承载力与变形性状，中国建筑科学研究院地基所在济南市洛口小黄庄黄河南岸堤侧的群桩试验场地，进行大规模的系统的群桩现场试验。

为了研究软土中群桩的承载力与变形性状，中国建筑科学研究院地基所在天津大港进行了大规模的系统的大比例群桩、单桩现场试验。

上述试验结果，结合 1994 年版《建筑桩基技术规范》给出的武汉、上海、福州、山东等地共 15 例桩土荷载分担原位实测资料，就给出了《建筑桩基技术规范》表 5.2.5 的承台效应系数。

《建筑桩基技术规范》的承台效应系数表，虽然给出了桩距径比大于 6 的疏桩复合桩基承台效应系数，但通观 1994 年版《建筑桩基技术规范》至 2008 年版《建筑桩基技术规范》，实际上除了在天津大港进行的大比例群桩（距径比等于 6）现场模型试验外，并未提供实际工程疏桩复合桩基的原位实测资料。

但在工程实践中，不考虑桩土荷载分担的基础设计并不一定仅仅是偏于保守。事实上，在桩—承台与轴线布桩的情况下，由于未考虑板底土反力而导致地下室底板开裂的情况，时有发生，只不过极少有详细报道，且责任一般均被推诿于施工单位而已。然而一旦施工单位技术人员熟悉了复合桩基的设计原则，或设计审查人员也提出这个问题，设计人员就可能陷于被动了。

因此桩土荷载分担的探讨对于工程实践还是相当有用的。

本节通过主要发布于 2008 年前后，上海、江苏、浙江、福建、安徽、山西、陕西、四川、湖北、黑龙江、辽宁等地，共 90 例复合桩基的桩土荷载分担原位实测数据（其中补充了 10 例疏桩复合桩基工程），对《建筑桩基技术规范》承台效应系数的适用范围进行初步探讨。

1.3.1　承台底基土承载力特征值定义的探讨

承台底土反力的计算，除了依据《建筑桩基技术规范》的承台效应系数外，另一个参数——承台底基土承载力特征值的取值，值得特别注意。因为承台效应系数可以随着数据的积累进行修改，但若是承台底基土承载力特征值没有一个统一的定义，则承台底土反力计算值的确定就失去了评判的统一标准。因此这个参数才是真正决定承台底土反力计算值的关键。

1994 年版《建筑桩基技术规范》的表 5-5 给出了山东、武汉、福州、上海等地共 15 个工程实例的实测承台底土抗力，以及由承台效应系数计算所得的计算土抗力。两者进行对比，可以为设计人员对承台效应系数的选用提供参考。

2008 年版《建筑桩基技术规范》表 4 给出的 15 个工程实例，仍然是 1994 年版《建筑桩基技术规范》的表 5-5 的那些工程实例，只不过表 4 的数据中省略了这些工程实例的承台底基土名称、未扣除静水压力值的实测土抗力以及工程实例所在城市的名字。

现将两个版本《建筑桩基技术规范》的表，组合成一个"建筑物群桩承台土抗力计算与实测比较（一）表"，见表 1.3.1-1。

建筑物群桩承台土抗力计算与实测比较（一）　　　　　　表 1.3.1-1

序号	工 程 名 称	等效距径比	承台宽与桩长比	承台底基土	承台底土承载力特征值(kPa)	计算承台效应系数	计算承台土抗力(kPa)	实测承台土抗力(kPa)
1	武汉 22 层框架剪力墙	3.29	1.12	粉质黏土	80	0.15	12.0	13.4 (53.4)
2	上海 25 层框架剪力墙	3.94	1.44	砂质粉土	90	0.20	18.0	25.3 (65.3)
3	天津大港独立柱基	3.55	0.18	淤泥质粉质黏土	60	0.21	17.1	17.7 (24.7)
4	上海 20 层剪力墙	3.75	2.95	黏质粉土	90	0.20	18.0	20.4 (40.4)

续表

序号	工 程 名 称	等效距径比	承台宽与桩长比	承台底基土	承台底土承载力特征值（kPa）	计算承台效应系数	计算承台土抗力（kPa）	实测承台土抗力（kPa）
5	上海 12 层剪力墙	3.82	0.506	淤泥质粉质黏土	80	0.8(0.9)	23.2	33.8(63.8)
6	上海 16 层框架剪力墙	3.14	0.456	砂质粉土	80	0.23	16.1	15.0(40.0)
7	上海 32 层剪力墙	4.31	0.453	淤泥质粉质黏土	80	0.27	18.9	19.0(39.0)
8	上海 26 层框架核心筒	4.26	0.687	砂质粉土	80	0.33	26.4	29.4(89.4)
9	福州 7 层砖混怡园 2 号	4.6	0.163	黏填土	79	0.18	13.7	14.4
10	福州 7 层砖混怡园 3 号	4.6	0.111	黏填土	79	0.18	14.2	18.5
11	福州 7 层框架 6 号	4.15	0.98	黏填土	110	0.17	19.0	19.5
12	福州 7 层框架 9 号	4.3	0.73	黏填土	110	0.16	18.0	24.5
13	福州 7 层框架 10 号	4.4	0.61	黏填土	110	0.18	19.3	32.1
14	福州 7 层框架 14 号	4.3	0.73	黏填土	110	0.16	19.1	19.4
15	山东某油田塔基	4.0	1.4	黏质粉土	120	0.50	60.0	66.0

注：1. 表 1.3.1-1 由《建筑桩基技术规范》JGJ 94—2008 表 4 "承台效应系数工程实测与计算比较"，与《建筑桩基技术规范》JGJ 94—1994 表 5-5 "建筑物群桩承台土阻力计算与实测比较"组合而成。后者的数据更齐全些。

2. 实测承台土抗力，括弧内为未扣除静水压力值，括弧外为扣除静水压力（浮力）值。

3. 表中的部分工程（序号 2、序号 4、序号 5、序号 6、序号 11、序号 12、序号 13、序号 14）的承台底基土名称，系根据已收集到该工程公开发表的地质勘察资料。与《建筑桩基技术规范》JGJ 94—1994 表 5-5 有所不同。

4. 表中序号 4 与序号 5 这两个工程的地质勘察资料，系由该工程原设计单位处抄录下来的，比较可靠。

5. 表中序号 5 的"上海 12 层剪力墙"，《建筑桩基技术规范》JGJ 94—1994 表 5-5 给出的承台效应系数为"0.9"，应该是"0.29"之误，0.29×80＝23.2 kPa。符合。

而《建筑桩基技术规范》JGJ 94—2008 表 4 给出序号 5"上海 12 层剪力墙"的承台效应系数为"0.8"，应该是"0.28"之误。0.28×80＝22.4 kPa。故计算承台土抗力"23.2"也应该是"22.4"之误。

6. 序号 3、序号 6、序号 7、序号 9、序号 11、序号 12、序号 13、序号 14 的计算承台土抗力有误。其原因是 2008 年版《建筑桩基技术规范》的承台效应系数有所变化，但上述工程的计算承台土抗力仍沿袭了 1994 年版《建筑桩基技术规范》表 5-5 的计算值。

由于承台效应系数系由大比例群桩现场试验得出的结果，因此实际工程的实测承台土抗力与计算值是否相符，除了地质条件不同的影响（如黄土、硬塑土与群桩现场试验的粉土、软土可能有所不同）、群桩试验与实际工程加载时间的巨大差异、大比例群桩现场试验与实际工程在体量上的巨大差异外，判断承台土抗力计算值是否实用应该还有一个最主要的条件，就是承台底土的承载力特征值 f_{ak} 的确定。

《建筑桩基技术规范》对计算复合基桩竖向承载力特征值所采用的 f_{ak}，有着明确的规定，即"承台下 1/2 承台宽度且不超过 5 m 深度范围内各层土的地基承载力特征值按厚度加权的平均值"。

因此就可以对表 1.3.1-1 的 15 个工程实例中，已收集到地质勘察资料的 11 个工程实例进行探讨：

1. 表 1.3.1-1 中序号 5～序号 8 的上海 4 个工程，承台底基土分别为淤泥质粉质黏土与砂质粉土，而承台底土承载力特征值均取为 80 kPa。

探讨：上海地区的地基土承载力特征值 80 kPa，即 20 世纪 30 年代起就在上海工程实践中反复应用的地基土容许承载力"老八吨"，是基于变形控制指标的表层"硬壳层"的容许承载力，而非淤泥质黏土的容许承载力。上海地区淤泥质黏土的容许承载力一般为 50~60 kPa 左右。而主要分布在上海原吴淞江故道区域的浅层粉土，容许承载力一般为 90~100 kPa 左右。

当然，这 4 个工程均设有埋深较大的地下室，因此地下室承台底土承载力特征值可作深度修正，因此此处的淤泥质黏土容许承载力或许可修正为 80 kPa；但同样的地下室承台底砂质粉土的容许承载力仍然取为 80 kPa，就不太合理了。

因此，对于《建筑桩基技术规范》表 4 将淤泥质粉质黏土与砂质粉土的承载力特征值，若均定为 80 kPa，就应该不是上海地区"基于变形控制指标的容许承载力"了。

2. 表 1.3.1-1 中序号 11~序号 14 的福州某新村某小区 4 个工程，承台底土承载力特征值为 110 kPa。

由该工程的地质勘察资料可知（张雁等，1994），场地土层依次为：成分复杂、堆填极不均匀的新填土，厚度 0.0~2.1 m，容许承载力为 60~120 kPa；黏土，厚度 0.0~1.4 m，在大部场地缺失，容许承载力为 100 kPa；淤泥，厚度 3.4~4.6 m，容许承载力为 45 kPa；淤泥质土，厚度 3.3~4.6 m，容许承载力为 80 kPa。

而该新村的乐东菊园小区，表层为 0.7 m 厚杂填土，以下为 16.3 m 厚淤泥土（容许承载力为 50 kPa）；该新村的南湖小区，表层为 0.3~1.1 m 厚杂填土（容许承载力为 60 kPa），以下为 0.5~1.2 m 厚粉质黏土（容许承载力为 120 kPa），以下为 11~19 m 厚淤泥土（容许承载力为 50 kPa）。

因此福州某新村这 3 个住宅小区的承台底土承载力特征值，若按《建筑桩基技术规范》对承台底土承载力特征值的有关定义，似均不可能为 110 kPa。

闽南软土地区工程界总结出的经验为：当表层硬壳层下的淤泥层顶面附加压力小于 50 kPa 时，采用天然地基的建筑物的平均沉降为 100~200 mm；当淤泥层顶面附加压力为 50~90 kPa 时，采用天然地基的建筑物的平均沉降为 200~500 mm。因此福州地区上部土层基于变形控制指标的容许承载力一般为 60 kPa。

由此可见，《建筑桩基技术规范》表 4 对序号 11~序号 14 的工程承台底土承载力特征值的取值 110 kPa，或许有可能是浅层平板荷载试验的结果。

总之，《建筑桩基技术规范》给出的福州某住宅小区 4 个工程的承台底土承载力特征值 110 kPa 之来源，似乎与当地工程界常用的基于变形控制指标的容许承载力，不是同一概念。

在《建筑桩基技术规范》同一表格中，对上海与福州这两个不同城市工程的承载力特征值，采取不同的定义，这应该不合乎《建筑桩基技术规范》的规定。

3. 但《建筑桩基技术规范》表 4 给出武汉、上海、福州 11 项工程的承载力特征值，也不是由抗剪强度指标确定的土承载力特征值。

现将有地质勘察资料的这 9 项工程，按抗剪强度指标确定承台底土承载力计算值，参见表 1.3.1-2。

由抗剪强度指标确定的承台底土承载力计算值　　　表 1.3.1-2

序号	工程名称	承台底土名称	承台底土厚度（m）	土承载力特征值（kPa）	承台底 5m 内下卧层土名称	下卧层土承载力特征值（kPa）	《建筑桩基技术规范》给出的特征值（kPa）
1	武汉 22 层框架剪力墙	粉质黏土	1.0	159	粉细砂	261	80
2	上海 20 层剪力墙	黏质粉土	1.37	112	砂质粉土、粉砂	117	90
3	上海 16 层框架剪力墙	砂质粉土	4.0	204	淤泥质粉质黏土	111	80
4	上海 32 层剪力墙	淤泥质粉质黏土	4.2	140	淤泥质粉质黏土与淤泥质黏土	86.7	80
5	上海 26 层框架核心筒	砂质粉土	6.1	188	砂质粉土	188	80
6	福州 7 层框架(四幢)	黏、填土	0.8	193	淤泥	122	110

由此可见《建筑桩基技术规范》表 4 中，用来计算 14 工程承台底土抗力的承载力特征值，既不是承台底基土基于强度指标的承载力，也不是基于变形控制指标的容许承载力。因此表 4 所进行的计算值与实测值的比较，就失去了统一的评判标准。

1.3.2　计算土抗力与实测值的比较与探讨

《建筑桩基技术规范》提供的 15 项工程实例中，数量与地域均有所欠缺；还由于缺少距径比大于 6 的复合疏桩基础案例，因此容易予人以疏桩复合桩基承台效应系数仅来源于模型试验结果的印象。这对工程师应用复合桩基，以及获得设计审查人员的支持，相当不利。

1994 年版《建筑桩基技术规范》颁布至今已过去 20 年，复合桩基的大量工程实践留下海量的原位实测数据，或可以补充《建筑桩基技术规范》给出案例的缺失。

现将能检索到的部分复合桩基工程的实测数据列表，并对表 1.3.1-1 中序号 2～序号 7 上海地区工程的地基土承载力特征值按"基于变形控制指标的容许承载力"，对序号 11～序号 14 的福州某住宅小区 4 个工程，其地基土承载力特征值按地质勘察报告提供的数据计算，然后由承台效应系数计算承台土抗力，并与实测值进行比较，参见表 1.3.1-3。

建筑物群桩承台土抗力计算与实测比较（二）　　　表 1.3.1-3

序号	工程名称	等效距径比	承台底基土	承台底土承载力特征值(kPa)	计算承台效应系数	计算承台土抗力(kPa)	实测承台土抗力(kPa)	计算值/实测值
1	武汉 22 层框架剪力墙	3.29	粉质黏土	80	0.15	12.0	13.4 (53.4)	1.12
2	上海 25 层框架剪力墙	3.94	砂质粉土	100	0.22	22.0	25.3 (65.3)	0.87
3	上海 20 层剪力墙	3.75	黏质粉土	90	0.20	18.0	20.4 (40.4)	0.88
4	上海 12 层剪力墙	3.82	淤泥质粉质黏土	60	0.28	16.8	33.8 (63.8)	0.50
5	上海 16 层框架剪力墙	3.14	砂质粉土	84	0.23	19.3	15.0 (40.0)	1.29
6	上海 32 层剪力墙	4.31	淤泥质粉质黏土	60	0.27	16.2	19.0 (39.0)	0.85
7	上海 26 层框架核心筒	4.26	砂质粉土	100	0.33	33.0	29.4 (89.4)	1.12

续表

序号	工程名称	等效距径比	承台底基土	承台底土承载力特征值(kPa)	计算承台效应系数	计算承台土抗力(kPa)	实测承台土抗力(kPa)	计算值/实测值
8	福州 7 层框架 6 号	4.15	黏、填土	54.5	0.23	12.5	19.5	0.64
9	福州 7 层框架 9 号	4.3	黏、填土	54.5	0.22	12.0	24.5	0.49
10	福州 7 层框架 10 号	4.4	黏、填土	54.5	0.22	12.0	32.1	0.37
11	福州 7 层框架 14 号	4.3	黏、填土	54.5	0.21	11.4	19.4	0.59

以上为 JGJ94-2008 版桩基规范的表 4 给出的 15 个工程实例中能够查到地基土参数的 11 例工程实例。以下工程为等效径距比小于 6 的多、高层建筑基础

序号	工程名称	等效距径比	承台底基土	承台底土承载力特征值(kPa)	计算承台效应系数	计算承台土抗力(kPa)	实测承台土抗力(kPa)	计算值/实测值
12	上海 60 层框筒	3.1	粉质黏土	(200)	0.12	24	26.0 (232)	0.92
13	上海 35 层剪力墙	—	砂质粉土	—	—	—	41.0 (81.0)	—
14	上海 24 层剪力墙	3.9	淤泥质粉质黏土	60	0.2	12	8.1 (56)	1.48
15	上海 101 层框筒	—	粉质黏土				90.0	
16	上海某桥梁 4 桩承台	3.45	粉质黏土	80	0.108	8.6	11.1	0.77
17	上海某桥梁 5 桩承台	3.58	粉质黏土	80	0.118	9.5	15.0	0.63
18	上海某桥梁 4 桩承台	3.45	粉质黏土	80	0.108	8.6	12.0	0.72
19	上海某高架桥 9 桩承台 A	2.53	砂质粉土	—	—	—	15	—
20	上海某高架桥 9 桩承台 B	2.53	粉质黏土	—	—	—	31	—
21	上海某高架桥 21 桩承台	3.06	淤泥质粉质黏土	60	0.08	4.8	96.5	0.05
22	上海某筒仓	3.96	粉质黏土	—	—	—	0.0	—
23	南京 24 层框筒	5.0	淤泥质粉质黏土	75	~0.2	~15	5.5 (45.5)	~2.7
24	南京 33 层框筒	5.9	粉质黏土	110	0.426	47	— (68.1)	—
25	南京 28 层框筒	—	淤泥质黏土	85	—	—	(81.6)	
26	南京 7 层框架	5.7	素填土	63	0.36	22.7	26	0.87
27	苏州 18 层框架 8 桩承台	4.0	黏土	166	0.06	10.0	35.4 (80.4)	0.28
28	苏州 18 层框架 9 桩承台	4.0	黏土	176	0.06	10.6	37.5 (74.5)	0.30
29	苏州 18 层框架 40 桩承台	4.0	黏土	166	0.09	14.9	15.6 (60.6)	0.96
30	江苏灌南县 6 层住宅	—	—	—	—	—	0.0	—
31	福州 23 层框架	3.9	坡积土、残积土	140	0.20	28	80 (101)	0.35
32	福州 33 层框筒	—	页片状淤泥				— (62.0)	
33	福建 10 层厂房	5.0	粉质黏土	150~180	0.32	64.0	— (71.5)	
34	厦门 30 层框剪 A	4.9	残积土	250	—	—	175 (250)	—

续表

序号	工 程 名 称	等效距径比	承台底基土	承台底土承载力特征值(kPa)	计算承台效应系数	计算承台土抗力(kPa)	实测承台土抗力(kPa)	计算值/实测值
35	厦门30层框剪B	5.2	残积土	300	—	—	(140)	—
36	杭州22层框剪	4.99	粉砂	150	0.44	66.	59.0 (89)	0.89
37	浙江绍兴6层砖混1号	4.97	粉质黏土、淤泥质黏土	64	0.32	20	15.6	1.28
38	浙江绍兴6层砖混2号	4.97	粉质黏土、淤泥质黏土	64	0.32	20	15.4	1.30
39	浙江绍兴6层砖混3号	4.65	粉质黏土、淤泥质黏土	64	0.28	18	15.5	1.16
40	浙江温州7层砖混	5.8	粉质黏土	—	—	—	8.0	—
41	浙江10万 m³油罐	4.3	黏土	80	0.243	19.4	18.6	1.04
42	重庆99层筒体	—	土岩组合				15	
43	重庆31层框剪	3.5	粉土	140	0.2	28	25	1.12
44	沈阳14层框架	3.3	粉质黏土	200	0.2	40	43.0	0.93
45	辽宁桥基1号承台	4.47	粉质黏土	110	0.26	28.6	74.7	0.38
46	辽宁桥基2号承台	3.78	粉质黏土	110	0.17	18.7	48.0	0.39
47	山西某发电厂房1号承台	3.5	粉质黏土	220	0.14	30.8	41.8 (51.8)	0.74
48	山西某发电厂房2号承台	3.5	粉质黏土	220	0.14	30.8	55.9 (65.9)	0.55
49	山西某发电厂房3号承台	4.25	粉质黏土	220	0.17	37.2	35.1 (50.1)	1.06
50	山西某发电厂房4号承台	3.5	粉质黏土	220	0.14	30.8	43 (58.0)	0.72
51	山西某选煤厂房1号承台	2.0	粉砂夹粉土	120	0.08	9.6	78.96	8.23
52	山西某选煤厂房2号承台	2.0	粉砂夹粉土	120	0.08	9.6	105.19	10.96
53	西安36层筒体	3.0	粉质黏土		0.10	—	82	—
54	西安20层框剪	3.4	黄土	—	—	—	62.1 (73.2)	—
55	湿陷性黄土地区(陕西)14层	3.6	湿陷性黄土				60	
56	江西12层商住楼	—	粉质黏土	210			86.0	
57	郑州18层综合楼	—	粉质黏土	130	0.2	26	36.0 (51.0)	0.72
58	河北唐山25层	2.5	粉质黏土	—			57.0	
59	湖北16层框剪	3.67	黏土	350	0.17	59.5	— (127)	—
60	黑龙江大庆市某过滤间	—	—				30.0	
61	合肥18层住宅	5.76	黏土	276			40	
62	京沪高铁江南段1号承台	2.67	—		0.13	—	21.0	—
63	京沪高铁江南段2号承台	2.67	—		0.13	—	20.0	—

续表

序号	工 程 名 称	等效距径比	承台底土基土	承台底土承载力特征值(kPa)	计算承台效应系数	计算承台土抗力(kPa)	实测承台土抗力(kPa)	计算值/实测值
64	京津铁路永定新河特大桥北京端	3.33	—	—	—	—	10	—
65	京津铁路武清站 A						20～30	
66	京津铁路武清站 B						10	
67	京沪高铁虹桥站	5.23	—	—	—	—	22	—
68	京沪高铁宿州站	4.8	—	—	—	—	15	—
69	郑西客运专线新华山站	—	黄土	—	—	—	2	—
70	郑西客运专线新临潼站	—	黄土	—	—	—	2～3	—
71	沪昆高铁宜春站	—	粉质黏土	150	0.32	48	23	0.48
72	北京某 36 层大楼外围框架	5.24	细中砂	350	0.311	109	(102.6)	1.06
73	黄土地区储罐 A	5.5	黄土类粉质黏土	200	0.395	79	67.2	1.18
74	黄土地区储罐 B	7.6		200	0.65	130	121.6	1.07
75	黄土地区储罐 C	4.9		200	0.218	44	154.8	0.28
76	南京某水池	4.0	淤泥质粉质黏土	70	0.176	12.3	15.6	0.79
77	江苏某风机工程	4.68	粉土	160	0.18	28.8	19.7～22.2	1.37
78	广州某粮仓	4.2	淤泥夹砂	—	0.2	—	12.0	—
79	天津某大厦	4.3	—	—	—	—	(39)	—
80	洛口试桩 G-25	3.0	轻黏性粉砂	125	0.12	15	63	0.24
以下工程为等效径距比不小于 6 的标准疏桩高层建筑基础								
81	南京 9 层框架	9.9	粉砂	140	0.5	70	30 (50)	2.33
82	徐州 9 层框架	6.35	粉质黏土	110	0.4	44.0	18.7 (36.7)	2.35
以下工程为等效径距比不小于 6 的标准疏桩多层建筑基础								
83	上海徐汇区 6 层砖混 A 楼	6.5	粉质黏土与淤泥质黏土	63	0.4	25.2	7.72 (10.2)	3.26
84	上海徐汇区 6 层砖混 B 楼	6.5	粉质黏土与淤泥质黏土	63	0.4	25.2	14.2 (16.7)	1.77
85	上海青浦区 6 层砖混	6.0	粉质黏土与黏土	80	0.4	32.0	3.65 (9.65)	8.77
86	上海宝山区 7 层框架 A 楼	7.8	粉质黏土与砂质粉土	100	0.4	40.0	3.0 (10)	13.33
87	上海宝山区 7 层框架 B 楼	7.4	粉质黏土与砂质粉土	100	0.4	40.0	12.5 (15)	3.2

序号	工 程 名 称	等效距径比	承台底土基土	承台底土承载力特征值(kPa)	计算承台效应系数	计算承台土抗力(kPa)	实测承台土抗力(kPa)	计算值/实测值
88	南京6层砖混	7.3	粉质黏土与淤泥质粉质黏土	83	0.4	33.2	7.0 (10)	4.74
89	浙江宁波6层底框	7.9	粉质黏土与淤泥质粉质黏土	72	0.4	28.8	3.2 (6.2)	9.0
90	浙江台州5层综合楼	10.3	粉质黏土与淤泥	56	0.4	22.4	4.6 (7.1)	4.87

注: 1. 承台土抗力,括弧内为未扣除静水压力值,括弧外为扣除静水压力(浮力)值。

2. 计算承台系数由《建筑桩基技术规范》规定,对于饱和黏性土中的挤土桩基,一律取低值的 0.8 倍,即 0.8×0.5＝0.4。

3. 序号 19、20 的"上海某高架桥 9 桩承台 A"、"上海某高架桥 9 桩承台 B"(姚笑青,1999),原位实测桩土荷载分担数据系架设桥梁时的资料(320 d)。未检索到高架桥运行后的资料。荷载施加方式属于"骤加荷载"类型,与常规工程的"渐加荷载"类型有所不同。

4. 序号 21 的"上海某高架桥 21 桩承台"(杨奇,2011),原位实测桩土荷载分担数据系铺轨后的资料(260 d)。未检索到高架桥运行后的资料。

5. 序号 22 的上海某筒仓(陈绪禄,1980),沉桩期间地面隆起严重,最高处达到 0.5 m。实测最大板底土反力为 30 kPa(承台筏板浇筑后),此后逐渐减小;满载时实测最大板底土反力上升到 20 kPa。投产约 16 个月后土体与筏板脱开。三年实测沉降 65 mm。

6. 序号 35、序号 36 的厦门工程(宰金珉,2007,2008),虽已检索到地质勘察数据与基础数据,但由于该基础为"采用桩顶变形调节装置的端承桩复合桩基",属于可人为调整桩间土分担的特殊情况,与常规复合桩基有所不同,因此未进行承台底土反力计算。

7. 序号 65、序号 66 的"山西某选煤厂房 1 号承台、2 号承台",桩端持力层为中风化细砂岩,属较软岩,较破碎。

8. 序号 53 的西安 39 层筒体(齐良锋,2004),计算承台效应系数约为 0.10,而实测承台底土反力为 82 kPa,尚未检索到承台底土承载力特征值数据。但承台底土承载力特征值应该小于 800 kPa,故计算承台底土反力就远小于实测值。

9. 序号 72 的北京某 36 层大楼(王涛,2011),实测承台底基土反力为上部结构建至 34 层时数据,系根据目前能检索到的 7 个土压力盒(共 74 个)数据计算所得,因此与文献所述实测承台效应系数达到 0.6 有所不同。地下水浮力的数值不详。

10. 序号 73、74、75 的黄土地区 3 项储罐工程(徐至钧,1982),其桩土荷载分担的原位监测,系按上部储罐灌注液体分级加载时进行的,尚未检索到该项目长期原位监测的资料;荷载施加方式属于"骤加荷载"类型,与常规工程的"渐加荷载"类型有所不同。

11. 序号 76 的南京某水池工程工程(杨挺,2007),由于其注水期间桩土荷载分担的原位监测持续时间为 15 d,此后即排水。尚未检索到该项目长期原位监测的资料。荷载施加方式属于"骤加荷载"类型,与常规工程的"渐加荷载"类型有所不同。

12. 序号 77 的江苏某风机工程(张延军,2014),未检索到该项目长期原位监测的资料。风机基础必须承受 360 度偏心随机水平荷载,与常规复合桩基有所不同。且其静止时总荷载大于运行时总荷载。

13. 序号 78 的广州某粮仓(赵自亮,2014),桩承台基础的承台间底板底实测土反力为 14 kPa(1 个土力盒测试结果)。

14. 序号 42 的重庆 99 层筒体(田茂祥,2013),尚未完工,但因桩端持力层为中风化泥岩,筏板基土为土岩组合,且岩石区板底实测土反力平均约为土区域板底实测土反力的 2 倍,能够典型地反映板底土反力与基底土承载力的关系,因此列入。

15. 序号 80 的洛口试桩 G-25(黄河洛口桩基试验研究组,1985),即 1994 年版桩基规范表 5-2 与 2008 年版桩基规范表 3 中序号 13 的静压 108 d 的承台桩试桩。1994 年版桩基规范表 5-2 序号 13 所示实测承台土阻力,系台顶荷载为 1000 kN(稍小于二分之一承台顶荷载极限荷载 1280 kN)时的数值;2008 年版桩基规范表 3 序号 13 所示实测承台土阻力,系承台顶荷载为 500 kN 时的数值。荷载施加方式属于"骤加荷载"类型,与常规工程的"渐加荷载"类型有所不同。

　　若按"承台下 1/2 承台宽度且不超过 5 m 深度范围内各层土的地基承载力特征值按厚度加权的平均值"计算承台土抗力,则在表 1.3.1-3 所列 90 例工程实例的十分有限的范围内,似可得出以下初步结论:

1. 当承台下 5 m 深度范围内为粉质黏土、粉土与粉砂时，大部分计算承台底土抗力与实测值的符合程度较好。

2. 当桩距径比大于 6 倍桩径时，无论承台下为淤泥质土、粉质黏土或粉砂（均位于地下水位以下），共 10 例工程实例的承台底土抗力计算值均明显大于不含地下水浮力的实测值，计算值与实测值之比为 1.77～13.33，平均为 5.36。由此可见，对于承台底土位于地下水位以下的疏桩复合桩基，由《建筑桩基技术规范》的承台效应系数计算所得的承台土抗力可能明显偏大。

此外，上海某 5 层仓库采用微型桩复合桩基（李浩，2001），距径比约为 14 倍桩径，经过 5 年的原位监测，发现竣工后桩间土分担的荷载一直在逐渐减少。这一问题值得关注。

3. "广义疏桩复合桩基础"，即桩沿轴线布置、至少有一个方向的桩距大于等于 6 倍桩径的复合桩基。《建筑桩基技术规范》并未将其列为桩距径比大于 6 倍桩径的疏桩基础，这从《建筑桩基技术规范》表 4 中序号 4、序号 7、序号 11～序号 14 这 6 项工程案例的"计算承台效应系数"取值就可以知道。

但《建筑桩基技术规范》似也还认为"广义疏桩复合桩基础"桩土荷载分担状况，接近疏桩复合桩基础，因此可按疏桩基础计算。如《建筑桩基技术规范》表 13 中序号 6 的绍兴工程、序号 8～序号 10 与序号 13 的天津工程这 5 项工程案例，其等效距径比由表 13 给出的"基础平面尺寸"、"桩径"与"桩数"，按《建筑桩基技术规范》第 5.5.10 条规定，可得等效距径比为 3.92～5.99。但均按疏桩复合桩基础计算沉降。

因此本节将"广义疏桩复合桩基础"的原位实测桩土荷载分担也列入疏桩复合桩基础进行探讨。

在表 1.3.1-3 的序号 3、序号 4、序号 6、序号 8～序号 11、序号 34～序号 36 的 10 项广义疏桩复合桩基础工程中，只有序号 4、序号 9、序号 10 的上海与福州 3 项工程实例的实测承台土抗力与承台底土承载力特征值之比分别为 0.56、0.45、0.59，符合《建筑桩基技术规范》承台效应系数的规定。

但上述 3 项广义疏桩复合桩基础工程的承台底土承载力特征值取值，若按《建筑桩基技术规范》表 4 中序号 5、序号 12、序号 13 工程实例的承台底土承载力特征值，则实测承台土抗力与承台底土承载力特征值之比分别为 0.42、0.22、0.29，仅序号 4 的上海工程一项符合《建筑桩基技术规范》承台效应系数有关规定。由此可见计算承台效应系数受到承台底土承载力特征值的影响很大。

4. 《建筑桩基技术规范》（P281）的北京某框架—筒体结构例题，即表 1.3.1-3 中序号 72 的工程。《建筑桩基技术规范》将该工程实例的外围框架复合桩基部分，作为疏桩复合桩基础进行计算。由该桩基的距径比（5.24）与布桩形式看，实际上应该属于承台底土位于地下水位以下的"广义疏桩复合桩基础"。

据已检索到的资料（王涛，2011），北京某框架—筒体结构外围框架复合桩基承台板底土抗力平均实测值，至 34 层时为 102.6 kPa，地下水浮力数值不明。实测承台土抗力与承台底土承载力特征值之比为 0.29，不符合《建筑桩基技术规范》承台效应系数有关疏桩基础的规定。

表 1.3.1-3 所列 90 项工程实例中，有 53 项工程实例（含某一工程实例中的单个

承台）已检索到地质勘察数据，可按《建筑桩基技术规范》规定进行承台底土反力计算。

这52项工程实例的计算承台底土反力与实测值之比平均为1.949，为《建筑桩基技术规范》表4所列15项工程实例的两者之比（1.185）的1.645倍。

由此可见，《建筑桩基技术规范》提供的承台效应系数，至少对于承台底土位于地下水位以下的疏桩复合桩基，与本节所提供到工程实测数据的差距较大。

因此，在《建筑桩基技术规范》提供新的承台效应系数与统一的承台底基土承载力特征值标准之前，工程设计人员仍然只能尽可能收集各类桩土分担的实测数据，自己建立一个数据库，这样的话对工程实践而言可能更具有现实意义。

本节新收集到的70余例有桩土分担实测数据的工程实例，多为有意识地考虑桩土共同作用设计的复合桩基。但有关文献基本上均未按《建筑桩基技术规范》提供的承台效应系数计算承台底基土反力，也未将实测土反力与按承台效应系数所得的计算值进行比较。具体原因不明。

除了表1.3.1-3中序号4与序号5这两项工程的地质资料，系由原设计单位提供的外，序号1至序号11中其他工程实例的地质资料均摘自公开发表的论文。

此外，一些有关资料提供的沉降实测资料，由于对桩基沉降的监测，并不一定采用上海地基规范规定的"与基础埋设深度相同的沉降观测专用水准点"，因此其沉降实测数据可能存在误差。

但从收集到的大部分资料可以看出，其态度还是十分严谨的。因为有不少实测数据，与其文献作者的预期并不一致，但对实测数据还是据实记录了。

因此，至少未得到大量疏桩复合桩基原位实测数据的验证之前，《建筑桩基技术规范》表5.2.5中，距径比大于6倍桩径的承台效应系数，尚不宜在工程实践中随意应用。

而工程实践中，外扩地下室（桩基）多属于距径比大于6倍桩径的疏桩复合桩基，且板跨多在6m以上。板底土反力的大小对外扩地下室底板与基础梁的内力计算，影响很大。而由桩土荷载分担原位实测资料可知，一旦承台底土反力形成，除非发生承台底土收缩下陷现象，一般来说承台底土反力就不会消失。

因此不考虑外扩地下室（桩基）底板土反力的底板内力计算，就可能偏于不安全。事实上外扩地下室（桩基）底板裂穿的现象，并不罕见。其中有些状况就很难归咎于主楼与外扩地下室之间的沉降差了。

若按距径比大于6倍桩径的承台效应系数计算外扩地下室底板土反力，则与目前一般仅考虑底板自重与地下水浮力差值的计算结果，相差太大，难以接受。因此对于这个问题只能提请工程师们加以关注。

1.4　复合桩基沉降计算方法的探讨

关于复合桩基沉降计算问题，国标地基规范没有给出计算方法，《建筑桩基技术规范》与上海地基规范给出了各自不同的计算方法。

1. 上海地基规范关于复合桩基沉降计算方法的规定是，当桩群的单桩平均荷载不大于单桩极限承载力时，仍可采用"不考虑桩径影响的明德林应力公式法"计算沉降。最终沉降计算深度：$\sigma_z = 0.1\sigma_c$。

2. 《建筑桩基技术规范》提供了桩中心距大于 6 倍桩径的疏桩复合桩基沉降计算方法，采用"不考虑桩径影响的明德林应力公式法"。

$$s = \psi \sum_{i=1}^{n} \frac{\sigma_{zi} + \sigma_{zci}}{E_{si}} \Delta z_i + s_e \tag{1.4.0-1}$$

$$\sigma_{zi} = \sum_{j=1}^{n} \frac{Q_j}{l_j^2} [\alpha_j I_{p,ij} + (1 - \alpha_j) I_{s,ij}] \tag{1.4.0-2}$$

最终沉降计算深度：

$$\sigma_z + \sigma_{zc} = 0.2\sigma_c \tag{1.4.0-3}$$

3. 关于疏桩复合桩基沉降计算法的适用范围，《建筑桩基技术规范》虽未明确说明，但从《建筑桩基技术规范》特意给出"软土地基减沉复合疏桩基础计算法"、并且给出的疏桩复合桩基沉降计算法例题也是北京地区的这两点看，似乎应该不适用于软土地区。不过从疏桩复合桩基沉降计算法的原理看，应该没有任何理由说是只适用于硬土地区，顶多是需要采用不同的经验系数而已。

JCCAD、盈建科等软件，均将疏桩复合桩基沉降计算法推广到一般复合桩基的沉降计算上。至于这种方法是否适用于一般复合桩基，则是本节需要探讨的问题。

4. JCCAD 软件的《用户手册及技术条件》未提供关于复合桩基础沉降计算方法的具体说明。但在给出的五种桩基沉降计算方法中，特意单列"新《建筑桩基技术规范》明德林法"；且在"沉降试算"一节中指出："用户可调整……板底土反力系数来修改平均沉降"。由此可见 JCCAD 软件对复合桩基很可能是将《建筑桩基技术规范》的疏桩复合桩基沉降的计算方法，直接推广应用于一般复合桩基。除非 JCCAD 采用《建筑桩基技术规范》有关公式以外的计算原理。

5. 盈建科软件的《YJK-F 基础设计软件用户手册及技术条件》指出："复合桩基的沉降计算，按承台底土压力的布辛纳斯克应力，加上按'考虑桩径影响的明德林应力影响系数'计算的附加应力，计算桩端压缩层的附加应力与沉降"；"当勾选'自动计算地基土分担荷载比例'时，程序认为桩优先承担竖向荷载，超过'桩竖向极限承载力标准值'的部分由土承担"。由此可见，盈建科软件是将《建筑桩基技术规范》关于疏桩复合桩基沉降的计算方法，直接推广应用于一般复合桩基。

6. 关于复合桩基础沉降计算中桩顶平均荷载 Q 的取值问题，《建筑桩基技术规范》没有明确说明可否超过单桩承载力特征值。由《建筑桩基技术规范》表 4 看，桩顶平均荷载 Q 可超过单桩承载力特征值，因为《建筑桩基技术规范》表 4 中序号 4 的"20 层剪力墙"，实测桩顶平均荷载就达到单桩承载力特征值的 1.67 倍，实测桩顶最大荷载达到静载荷试验单桩极限承载力的 1.2 倍（陈强华，1990）。

但在《建筑桩基技术规范》条文说明的计算例题中，又取复合桩基中单桩荷载等于单桩承载力特征值，超过部分由桩间土承担。而实际上该工程实例的原位实测桩顶反力达到单桩承载力特征值的 1.5 倍（王涛，2015）。

此外，《建筑桩基技术规范》的软土地基减沉复合疏桩基础沉降计算方法，又规定桩顶平均荷载小于等于单桩承载力特征值。"减沉复合疏桩基础"当然属于"疏桩复合桩基础",因此《建筑桩基技术规范》疏桩复合桩基的桩顶平均荷载 Q 取值也应该不大于单桩承载力特征值,才符合逻辑。

7.《建筑桩基技术规范》表 4 给出武汉、上海、天津、福州、山东等地共 15 例复合桩基工程实例的桩土荷载分担实测数据。

自 1994 年版《建筑桩基技术规范》给出这些工程实例至今,只检索到其中上海、福州共 8 例复合桩基工程实例的地质资料、沉降观测等数据。本节依据这些《建筑桩基技术规范》认可的案例对复合桩基沉降的计算方法进行初步探讨。

8. 盈建科、旗云等软件由"考虑桩径影响的明德林解"计算复合桩基沉降,但其计算土层厚度的取值与《建筑桩基技术规范》的例题有所不同。JCCAD 软件的情况未加说明。本节将依据上述案例,对计算土层厚度取值异同对沉降计算结果的影响进行探讨。

9.《建筑桩基技术规范》条文说明中给出北京地区某高层建筑疏桩复合桩基沉降的计算例题,本节将依据此例题进行探讨。

1.4.1　上海某 20 层剪力墙工程复合桩基沉降计算探讨

［案例 1.4.1］即《建筑桩基技术规范》表 4 中序号 4 的"20 层剪力墙"(陈强华,1990),为上海普陀区某 20 层剪力墙住宅。拟建场地属于上海地区典型的浅埋粉性土区,在地面以下 3 m 处有一层 9.9 m 厚的砂质粉土与稍密粉砂,其下为 7.7 m 厚软塑(或流塑状黏土)与 4.3 m 厚粉质黏土,暗绿色硬土层在地面以下 25 m 处。地基土物理力学性质指标系由原地质勘察报告摘录而得,较为难得。

［案例 1.4.1］地基土物理力学性质指标见表 1.4.1-1。

地基土的物理力学性质指标　　　　　　表 1.4.1-1

层序	土的名称	物　理　性　质				力　学　性　质			
		厚度 h (m)	含水量 w (%)	重力密度 ρ (g/cm³)	天然孔隙比 e	剪切试验		压缩试验	
						内摩擦角 ϕ(°)	内聚力 C (kPa)	压缩模量 E_s (MPa)	压缩系数 $\alpha^{1\text{-}2}$ (MPa⁻¹)
①	杂填土	1.0	—	—	—	—	—	—	—
②	褐黄色黏质粉土	1.9	35.1	1.85	0.979	20.00	12	6.83	0.28
③	灰色砂质粉土、粉砂	9.9	32.9	1.88	0.909	27.75	6	10.31	0.18
④	灰色黏土	7.7	38.9	1.82	1.091	7.25	18	3.55	0.56
⑤	灰色粉质黏土	4.3	34.3	1.85	0.982	9.75	21	4.12	0.46
⑥	暗绿色粉质黏土	>3.0	22.1	2.03	0.642	18.75	32	8.5	0.19

注:E_s 为土的自重压力到土的自重压力加附加压力作用时的压缩模量。

［案例 1.4.1］的基础设计采用半地下室加短桩。箱形基础高 2.9 m,埋深 1.7 m,箱基底板为梁板式结构,基础梁宽 0.6 m,底板厚 0.3 m,箱基底面积 489.3 m² 。以粉砂层为桩基持力层,建筑物总重(扣除水浮力后)为 95220 kN,共布置 183 根 0.4 m×0.4 m×

7.5 m钢筋混凝土短桩。［案例 1.4.1］桩位平面图如图 1.4.1-1。

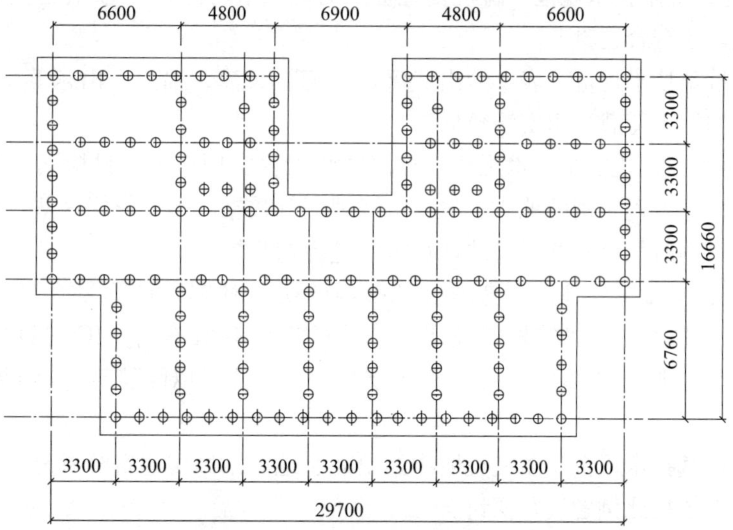

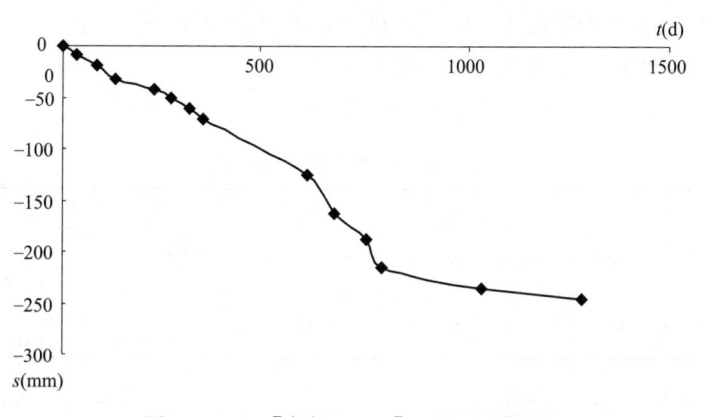

图 1.4.1-1 ［案例 1.4.1］桩位平面图

［案例 1.4.1］结构封顶半年后，沉降速率为 0.1～0.14 mm/d。竣工后 730 d 实测沉降为 245 mm。根据实测沉降资料采用双曲线法推算出建筑物的推算最终沉降为 397 mm。

［案例 1.4.1］时间-沉降曲线如图 1.4.1-2。

图 1.4.1-2 ［案例 1.4.1］时间-沉降曲线

［案例 1.4.1］的桩布置于剪力墙下，单排桩的间距一般为 3.3 m，满足距径比不小于 6 倍桩径的疏桩基础的要求，因此可以归之为"广义疏桩基础"，其沉降计算可应用《建筑桩基技术规范》的式(5.5.14-4)。

［案例 1.4.1］的静载荷试验单桩极限承载力为 520 kN，按桩土共同作用进行设计。埋设 10 只桩顶荷载传感器，实测 10 根桩的桩顶荷载平均值为 434.7 kN；板底埋设 54 只土压力盒，实测承台底净土反力平均值为 20.4 kPa，实测含地下水浮力的土反力平均值为 40.4 kPa。

1. 按实测净土反力计算疏桩复合桩基础沉降

［案例 1.4.1］上部结构与基础重（扣除水浮力后）$N_K + G_K = 95220$ kN

基底土自重压力为 $(18 \times 1.0 + 0.85 \times 0.7) \times 489.3 = 9099$ kN

取地下室底板底净土反力为 20 kPa，基底净面积为 $489.3 - 183 \times 0.4 \times 0.4 = 460$ m²

于是可得桩顶平均附加荷载 $Q = 420.3$ kN

［案例 1.4.1］复合桩基按实测板底土反力的沉降计算见表 1.4.1-2。

［案例 1.4.1］复合桩基最终沉降计算（1）　　　　　　　表 1.4.1-2

$Q = 420.3$ kN，$\alpha = 0.45$，$l = 7.5$ m，$b = 0.4$ m，$l/d = 16.6$，$L/B = 29.7/16.48 = 1.8$，承台底土反力 20 kPa

0.00l 范围内的桩为 1 根，0.16l 范围内的桩为 2 根，0.20l 范围内的桩为 3 根，0.30l 范围内的桩为 5 根，0.40l 范围内的桩为 3 根，0.50l 范围内的桩为 9 根，0.60l 范围内及以外的桩折算为 84 根

z/l	I_p	I_{st}	$\sigma_{zi\cdot k}$ (kPa)	α	σ_{zci} (kPa)	$\sum\sigma$ (kPa)	$0.2\sigma_{ci}$ (MPa)	E_S (MPa)	ΔZ_i (m)	分层沉降 (mm)
1.004	147.875	29.151	617.0	0.2057	16.4	633.4	—	10.31	0.03	1.84
1.008	142.969	29.180	600.6	0.2055	16.4	617.0	—	10.31	0.03	1.80
1.012	136.694	29.270	579.9	0.2051	16.4	596.3	—	10.31	0.03	1.74
1.016	129.029	29.219	553.9	0.2048	16.4	570.3	—	10.31	0.03	1.66
1.020	120.363	29.130	524.4	0.2045	16.3	540.7	—	10.31	0.03	1.57
1.024	111.190	29.059	493.3	0.2041	16.3	509.6	—	10.31	0.03	1.48
1.028	102.025	28.885	461.8	0.2037	16.3	478.1	—	10.31	0.03	1.39
1.040	77.781	28.293	377.8	0.2028	16.2	394.0	—	10.31	0.09	3.44
1.060	51.673	27.359	286.1	0.2012	16.1	302.2	—	10.31	0.15	4.40
1.080	38.235	26.580	237.8	0.1995	15.9	253.7	—	10.31	0.15	3.69
1.10	31.361	26.107	212.8	0.1979	15.8	228.6	—	10.31	0.15	3.33
1.12	27.687	25.756	199.0	0.1962	15.7	214.7	—	10.31	0.15	3.12
1.14	25.630	25.406	190.6	0.1944	15.5	206.1	—	10.31	0.15	3.00
1.16	24.498	25.183	185.9	0.1927	15.4	201.3	—	10.31	0.15	2.93
1.18	23.801	24.903	182.4	0.1910	15.3	197.7	—	10.31	0.15	2.88
1.20	23.431	24.655	180.1	0.1893	15.1	195.2	—	10.31	0.15	2.84
1.30	22.760	23.482	172.4	0.1806	14.4	186.8	—	10.31	0.75	13.59
1.40	22.601	22.226	166.1	0.1723	13.8	179.9	—	10.31	0.75	13.09
1.50	22.225	20.756	160.0	0.1642	13.1	173.1	—	9.60	0.75	13.52
1.60	21.366	19.289	151.1	0.1565	12.5	163.6	—	3.61	0.75	33.99
1.70	19.654	17.318	137.3	0.1492	11.9	149.2	—	3.61	0.75	31.00
1.80	18.245	15.848	126.4	0.1420	11.3	137.7	—	3.61	0.75	28.61
1.90	16.826	14.508	116.2	0.1347	10.8	127.0	—	3.61	0.75	26.39
2.00	15.458	13.288	106.6	0.1277	10.2	116.8	—	3.61	0.75	24.27
2.10	14.110	12.181	97.5	0.1218	9.8	107.3	—	3.61	0.75	22.29
2.20	12.917	11.184	89.4	0.1159	9.3	98.7	—	3.61	0.75	20.51
2.30	11.828	10.289	82.0	0.1104	8.8	90.8	—	3.61	0.75	18.86
2.40	10.844	9.486	75.4	0.1050	8.4	83.8	—	3.61	0.75	17.41
2.50	9.963	8.764	69.5	0.0999	8.0	77.5	—	3.61	0.75	16.10
2.60	9.177	8.114	64.4	0.0948	7.6	72.0	34.6	5.44	0.75	9.93

续表

z/l	I_p	I_{st}	$\sigma_{zi\text{-}k}$ (kPa)	α	σ_{zci} (kPa)	$\sum\sigma$ (kPa)	$0.2\sigma_{ci}$ (MPa)	E_s (MPa)	ΔZ_i (m)	分层沉降 (mm)
2.70	8.471	7.537	59.5	0.0904	7.2	66.7	35.9	5.44	0.75	9.20
2.80	7.841	7.010	55.2	0.0863	6.9	62.1	37.2	5.44	0.75	8.56
2.90	7.272	6.538	51.4	0.0824	6.6	58.0	38.4	5.44	0.75	8.00
3.00	6.765	6.106	47.8	0.0788	6.3	54.1	39.7	5.44	0.75	7.46
3.10	6.304	5.717	44.6	0.0752	6.0	50.6	41.0	5.65	0.75	6.72
3.20	5.891	5.372	41.9	0.0720	5.7	47.6	42.4	10.59	0.75	3.37
3.30	5.515	5.043	39.3	0.0689	5.5	44.8	44.0	10.59	0.75	3.17
最终沉降量(mm)										377.15

注：1. $\sigma_{zi\text{-}k}$——以应力计算点为中心、共 183 根桩对应力计算点产生的应力，由明德林应力公式法计算。

2. σ_{zci}——承台底反力对应力计算点桩端平面以下第 i 计算土层 1/2 厚度处产生的应力，由布辛奈斯克解计算。

2. 按实测土反力（含地下水浮力）计算疏桩复合桩基础沉降

［案例 1.4.1］上部结构与基础重（扣除水浮力后）$N_K+G_K=95220$ kN

基底土自重压力为 $(18\times1.0+0.85\times0.7)\times489.3=9099$ kN

取地下室底板底土反力（含地下水浮力）为 40.4 kPa，基底净面积为 $489.3-183\times0.4\times0.4=460$ m^2

于是可得桩顶平均附加荷载 $Q=369$ kN。

计算参数：$Q=369$ kN，$\alpha=0.45$，$l=7.5$ m，$b=0.4$ m，$l/d=16.6$，$L/B=29.7/16.48=1.8$，承台底土反力 40.4 kPa。

最终计算沉降量 368.44 mm（计算过程略）。

3. 按桩荷载小于单桩极限承载力计算疏桩复合桩基础沉降

［案例 1.4.1］上部结构与基础重（扣除水浮力后）$N_K+G_K=95220$ kN

基底土自重压力为 $(18\times1.0+0.85\times0.7)\times489.3=9099$ kN

于是可得桩顶平均附加荷载 $Q=470.6$ kN

计算参数：$Q=470.6$ kN，$\alpha=0.45$，$l=7.5$ m，$b=0.4$ m，$l/d=16.6$

最终计算沉降量 385.58 mm（计算过程略）。

4.《建筑桩基技术规范》疏桩复合桩基础沉降计算公式探讨

由"考虑桩径影响的疏桩复合桩基础沉降计算公式"计算广义疏桩复合桩基础［案例 1.4.1］的沉降（均不考虑沉降计算经验系数，忽略桩身压缩量），当按板底土反力等于零时，计算沉降值 385.6 mm 与实测推算最终沉降 397 mm 之比为 0.971；当按板底净土反力等于 20 kPa 时（荷载分担比例为 3.9%），计算沉降值 377.2 mm 与实测推算最终沉降 397 mm 之比为 0.950；当按含地下水浮力的板底土反力等于 40.4 kPa 时（分担比例为 7.9%），计算沉降值为 368.4 mm 与实测推算最终沉降 397 mm 之比为 0.928。计算值均比较接近实测值。

［案例 1.4.1］的计算沉降——板底土分担比曲线如图 1.4.3。

由图 1.4.1-3 可知，计算沉降值与板底土反力取值基本呈线性变化。随着板底土分担

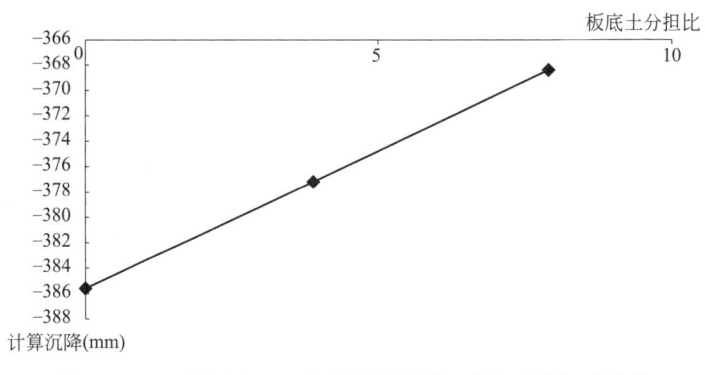

图 1.4.1-3 ［案例 1.4.1］的计算沉降—板底土分担比曲线

比增大，计算沉降值减小。这就是 JCCAD 软件所说"用户可调整……板底土反力系数来修改平均沉降"的原理。

［案例 1.4.1］按考虑板底土分担荷载的计算结果，均与实测值符合得较好。但这应该是存在软弱下卧层的浅埋硬性土区桩基沉降计算的特例。

然而对于同一个疏桩复合桩基础工程，若仅仅由于桩土荷载分担比例的变化，就导致计算沉降发生改变，那就只能说明这个计算方法存在着一定的缺陷。

一般认为，复合桩基础的沉降计算应由桩基础计算沉降与承台板底土计算沉降两部分叠加组成。《建筑桩基技术规范》的疏桩复合桩基沉降计算公式(5.5.14-4)未考虑承台板底土计算沉降，因此在考虑板底土分担荷载时计算值偏小是可以预料的。

此外《建筑桩基技术规范》的疏桩复合桩基沉降计算法还缺少沉降计算经验系数。由于等效作用分层总和法是基于"不考虑桩径影响的明德林解"，而疏桩复合桩基沉降计算法是基于"考虑桩径影响的明德林解"的。由以上分析可知，两者的计算结果相差很大，因此并不能直接应用等效作用分层总和法的经验系数。

5. 按上海地基规范法计算疏桩复合桩基础沉降

［案例 1.4.1］上部结构与基础重（扣除水浮力后）$N_K + G_K = 95220$ kN

基底土自重压力为（$18 \times 1.0 + 0.85 \times 0.7$）$\times 489.3 = 9099$ kN

于是可得桩顶平均附加荷载 $Q = 470.6$ kN。

［案例 1.4.1］的上海地基规范法沉降计算值为 510 mm，与实测推算最终沉降 397 mm 之比为 1.284。基本满足沉降计算保证率 80% 的要求（计算过程略）。

乘以沉降计算经验系数 1.05，沉降计算值稍大于实测值。这属于至今尚未完全解决的上海浅埋硬土区桩基工程沉降计算问题。

6. 地下室底板内力计算的探讨

一般对于桩基础承台板内力，常按不考虑板底土反力、仅考虑地下水浮力的状况计算。由本章的桩筏基础原位实测桩土荷载分担资料可知，按纯桩基计算底板内力的话，对于桩—承台与桩布置于剪力墙下的基础，底板内力计算值可能偏于不安全。

［案例 1.4.1］的桩均布置于剪力墙下，因此计算沉降值的大小对底板内力无大影响，因此可以单独考虑板底土反力取值对底板内力计算值的影响。

［案例 1.4.1］的底板内力分别按"土反力＋水浮力＝40.4 kPa"与"水浮力＝20 kPa"

计算，最大计算弯矩如图 1.4.1-4。

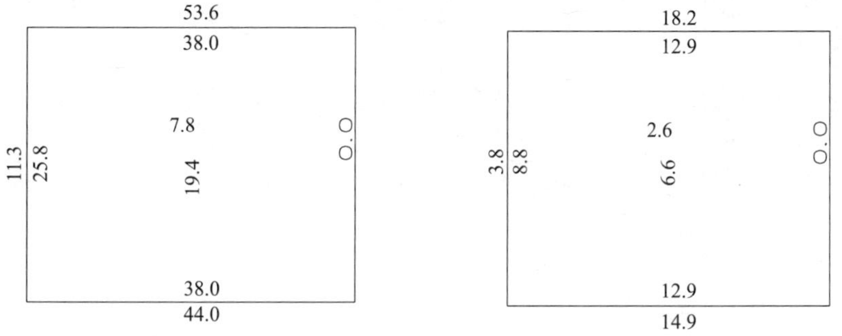

图 1.4.1-4 ［案例 1.4.1］的底板计算弯矩
（a）土反力＋水浮力＝40.4 kPa 的计算弯矩（局部）；（b）水浮力＝20 kPa 的计算弯矩（局部）

由图 1.4.1-4 可知是否考虑土反力的底板计算弯矩差距为三倍左右，还是不能忽略的。

1.4.2 上海某 12 层大楼复合桩基沉降计算探讨

［案例 1.4.2］即《建筑桩基技术规范》表 4 中序号 5 的"12 层剪力墙"（贾宗元，1990），为上海徐汇区某 12 层建筑。属于上海地基基础规范用于桩基沉降计算经验系数统计分析的 95 幢建筑之一，因此沉降实测数据应该是可靠的。且地基土物理力学性质指标系由原地质勘察报告摘录，较为难得。［案例 1.4.2］地基土物理力学性质指标见表 1.4.2-1。

地基土物理力学性质指标　　　　　　　　　　　　　　表 1.4.2-1

层序	土的名称	物 理 性 质				力 学 性 质	
						压缩试验	
		厚度 h (m)	含水量 w (%)	重力密度 ρ (N/cm³)	天然孔隙比 e	压缩模量 $E_{S0.1-0.2}$ (MPa)	压缩模量 E_s (MPa)
①	杂填土	1.3	—	—	—	—	—
②	粉质黏土	1.6	37.1	18.5	1.023	3.31	—
③	淤泥质粉质黏土	4.6	48.5	17.4	1.321	2.12	—
④	淤泥质黏土	6.3	50.5	17.3	1.384	1.78	—
⑤	黏土	5.3	40.5	18.0	1.139	3.15	—
⑥	粉质黏土	9.3	32.6	18.7	0.929	4.61	—
⑦	暗绿色粉质黏土	2.7	21.6	20.5	0.619	8.86	12.0
⑧	黏质粉土	0.9	22.6	20.3	0.637	8.86	12.0
⑨	粉砂	6.5	29.2	18.9	0.839	11.31	22.0
⑩	细砂	3.0	30.3	18.6	0.877	13.26	28.3
⑪	细砂	>14.5	28.4	19.0	0.813	16.27	40.6

注：第二栏压缩模量为考虑土的自重压力至土的自重压力加附加压力作用时的压缩模量。

［案例 1.4.2］采用预制钢筋混凝土方桩，桩长 25.5 m，桩断面 450 mm×450 mm。采用第 7 层粉质黏土作为桩端持力层，共 82 根。底板厚度 900 mm。桩位平面图如图 1.4.2-1。

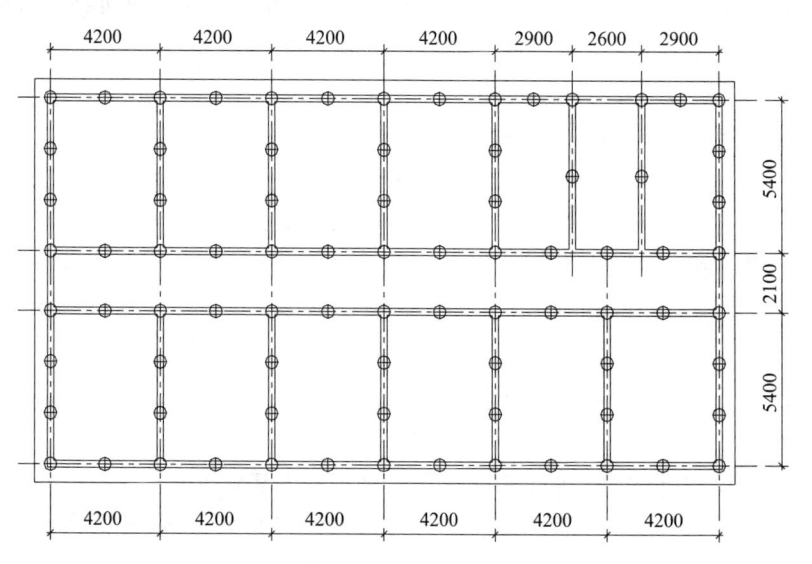

图 1.4.2-1　［案例 1.4.2］桩位平面图

［案例 1.4.2］沉降实测时间由 1984 年 6 月至 1990 年 11 月，历时 6.4 年，实测最后平均沉降量为 77 mm，最终沉降速率为 0.003 mm/d，已达到沉降稳定的标准（连续两次半年沉降量不超过 2 mm）。实测推算最终沉降量为 93 mm。

［案例 1.4.2］实测时间-沉降曲线如图 1.4.2-2。

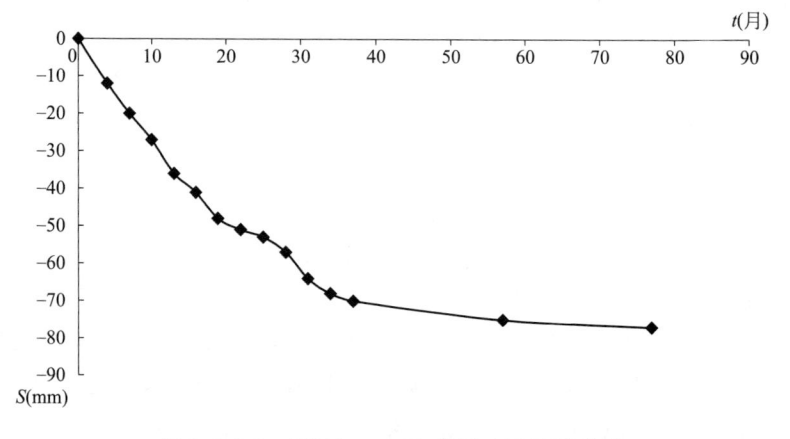

图 1.4.2-2　［案例 1.4.2］实测时间-沉降曲线

［案例 1.4.2］的桩均布置于剪力墙下，单排桩的间距一般为 4.2 m，相当于 8 倍桩径，基本满足距径比不小于 6 倍桩径的疏桩基础要求，可以归之为"广义疏桩基础"。因此其沉降计算可应用《建筑桩基技术规范》的式(5.5.14-4)。

［案例 1.4.2］的桩土荷载分担实测持续时间为 3 年以上。共埋设 13 只土压力盒，实

测承台底土反力平均值为 33.8 kPa（含地下水浮力为 63.8 kPa），大于按承台效应系数计算所得的承台土抗力 $p_c=0.28\times80=22.4$ kPa。

《建筑桩基技术规范》表 4 中该案例的计算承台效应系数为"0.8"，$p_c=0.8\times80=64$ kPa，可能是《建筑桩基技术规范》编制人按单排桩排距大于 6 倍桩径的承台效应系数取值，并将地下水浮力也计入承台底土反力计算值之故。

1. 按实测净土反力计算疏桩复合桩基础沉降

［案例 1.4.2］的上部结构与基础重 $N_K+G_K=85473$ kN

计算参数如下：$L/b=26.4/14.2$ m，桩长 25.5 m。

基底土自重压力为 $(18\times1.3+18.5\times2.9+17.4\times0.3)\times26.4\times14.2=30831$ kN

取地下室底板底净土反力平均值为 33.8 kPa（分担比例为 6.4%），由基底净面积为 $26.4\times14.2-82\times0.45\times0.45=358.275$ m² ，可得桩顶平均附加荷载 $Q=518.7$ kN。

计算参数：$Q=518.7$ kN，$\alpha=0.215$，$l=25.3$ m，$b=0.45$ m，$l/d=50$，$L/b=26.4/14.2$ m，土反力平均值为 33.8 kPa。

最终计算沉降量 19.31 mm（计算过程略）。

2. 按实测土反力（含地下水浮力）计算疏桩复合桩基础沉降

［案例 1.4.2］若按实测土反力（含水浮力）$=63.8$ kPa（分担比例为 12.0%），由基底净面积 $26.4\times14.2-82\times0.45\times0.45=358.275$ m²，可得桩顶平均附加荷载 $Q=387.6$ kN。

计算参数：$Q=387.6$ kN，$\alpha=0.215$，$l=25.3$ m，$b=0.45$ m，$l/d=50$，$L/b=26.4/14.2$ m，土反力平均值为 63.8 kPa。

最终计算沉降量 14.14 mm（计算过程略）。

3. 按桩荷载小于单桩极限承载力计算疏桩复合桩基础沉降

［案例 1.4.2］的上部结构与基础重 $N_K+G_K=85473$ kN

计算参数如下：桩长 25.5 m，82 根桩。

基底土自重压力为 $(18\times1.3+18.5\times2.9+17.4\times0.3)\times26.4\times14.2=30831$ kN

可得桩顶平均附加荷载 $Q=666.2$ kN

计算参数：$Q=666.2$ kN，$\alpha=0.215$，$l=25.3$ m，$b=0.45$ m，$l/d=50$。

最终计算沉降量 24.06 mm（计算过程略）。

4. 《建筑桩基技术规范》疏桩复合桩基础沉降计算公式探讨

由"考虑桩径影响的疏桩复合桩基础沉降计算公式"计算广义疏桩复合桩基础［案例 1.4.2］的沉降（均不考虑沉降计算经验系数，忽略桩身压缩量），当按板底净土反力等于零时，计算沉降值 24.1 mm 与实测推算最终沉降量 93 mm 之比为 0.259；当按板底净土反力等于 33.8 kPa 时（分担比例为 6.4%），计算沉降值 19.3 mm 与实测推算最终沉降量 93 mm 之比为 0.208；当按板底净土反力等于 63.8 kPa 时（分担比例为 12.0%），计算沉降值 14.1 mm 与实测推算最终沉降量 93 mm 之比为 0.152。计算值均远小于实测沉降量。

［案例 1.4.2］的计算沉降-板底土分担比曲线如图 1.4.2-3：

由图 1.4.2-3 可知，计算沉降值与板底土反力取值基本呈线性变化。随着板底土分担

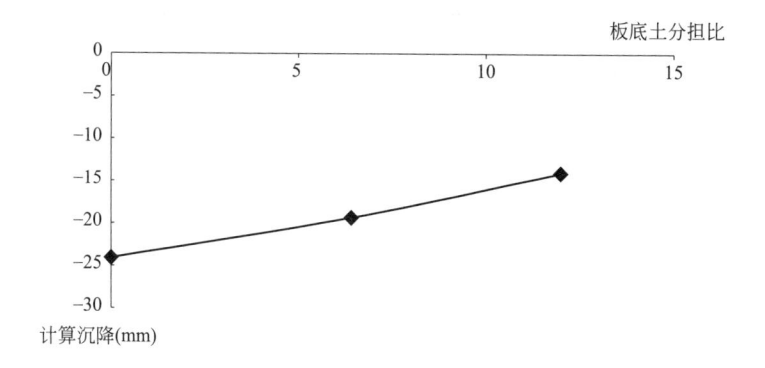

图 1.4.2-3 ［案例 1.4.2］的计算沉降-板底土分担比曲线

比增大，计算沉降值减小。

对于同一个疏桩复合桩基础工程，若仅仅由于桩土荷载分担比例的变化，就导致计算沉降发生大的改变，那就只能说明这个计算方法存在着一定的缺陷。

5. 按上海地基规范法计算疏桩复合桩基础沉降

［案例 1.4.2］的上部结构与基础重 $N_K+G_K=85473$ kN

计算参数如下：桩长 25.5 m，82 根桩。

基底土自重压力为 $(18×1.3+18.5×2.9+17.4×0.3)×26.4×14.2=30831$ kN

可得桩顶平均附加荷载 $Q=666.2$ kN

［案例 1.4.2］的上海地基规范法计算值为 97.6 mm，乘以沉降计算经验系数 1.05，沉降计算值为 102.5 mm，仍满足沉降计算保证率 80% 的要求（计算过程略）。

6. 地下室底板内力计算的探讨

一般对于桩基础承台板内力，常按不考虑板底土反力、仅考虑地下水浮力的状况计算。由本章的桩筏基础原位实测桩土荷载分担资料可知，按纯桩基计算底板内力的话，对于桩—承台与桩布置于剪力墙下的基础，底板内力计算值可能偏于不安全。

［案例 1.4.2］的桩均布置于剪力墙下，因此计算沉降值的大小对底板内力无大影响，因此可以单独考虑板底土反力取值对底板内力计算值的影响。

［案例 1.4.2］的底板内力分别按"土反力＋水浮力＝63.8 kPa"与"水浮力＝30 kPa"计算，最大计算弯矩如图 1.4.2-4。

由图 1.4.2-4 可知是否考虑土反力的底板计算弯矩差距为 2.5 倍左右，还是不能忽略的。

1.4.3 上海某 32 层剪力墙复合桩基沉降计算探讨

［案例 1.4.3］即《建筑桩基技术规范》表 4 中序号 7 的"32 层剪力墙"（赵锡宏，1989），为上海某 32 层建筑。据已检索到的资料，［案例 1.4.3］的部分原位实测进行了 7 年，因此沉降实测数据应该是比较可靠的。

［案例 1.4.3］地基土的物理力学性质指标见表 1.4.3-1：

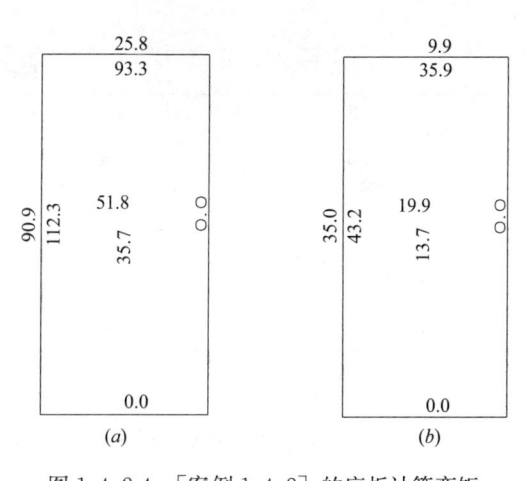

图 1.4.2-4　［案例 1.4.2］的底板计算弯矩

（a）土反力＋水浮力＝63.8 kPa 的计算弯矩（局部）；（b）水浮力＝30 kPa 的计算弯矩（局部）

地基土物理力学性质指标　　　　　　　　　　表 1.4.3-1

层序	土的名称	物理性质		力学性质			
				剪切试验		压缩试验	
		厚度 h (m)	重力密度 ρ (kN/m³)	内摩擦角 φ	内聚力 C (kPa)	压缩模量	
						$E_{S0.1-0.2}$ (MPa)	$E_{S0.5 0.7}$ (MPa)
①	杂填土	1.2	16.0	—	—	—	—
②	粉质黏土	1.6	18.2	13.6°	13	4.1	—
③	淤泥质粉质黏土	5.5	17.8	19.0°	7	3.6	—
④	淤泥质黏土	11.4	16.9	7.8°	10	2.0	—
⑤-1	淤泥质粉质黏土	2.8	18.3	20.0°	6	4.0	—
⑤-2	淤泥质粉质黏土	8.2	17.9	23.5°	6	5.1	—
⑤-3	淤泥质粉质黏土	4.8	17.7	20.5°	7	4.2	—
⑤-4	淤泥质粉质黏土	2.0	17.9	18.1°	7	3.5	—
⑥	粉质黏土	1.3	19.9	17.0°	26	8.4	—
⑦	砂质粉土	3.7	19.4	23.0°	7	12.1	—
⑧-1	黏土	12.0	17.6	18.6°	12	4.2	—
⑧-2	粉质黏土夹砂	11.6	18.9	17.5°	12	5.2	15.5
⑧-3	粉质黏土	5.3	19.8	18.2°	15	6.8	20.3
⑨	黏质粉土	未穿	—	—	—	—	—

注：最后一栏为土的自重压力至土的自重压力加附加压力作用时的压缩模量，系根据上海地区对于深层土压缩模量的近似经验而确定的。

　　［案例 1.4.3］共布置 108 根 0.5 m×0.5 m×54.6 m 钢筋混凝土预制方桩。底板厚 600 mm。桩位平面图如图 1.4.3-1。

　　已检索到的［案例 1.4.3］沉降实测时间为 1987 年 1 月至 1990 年 2 月，历时 1120 d。

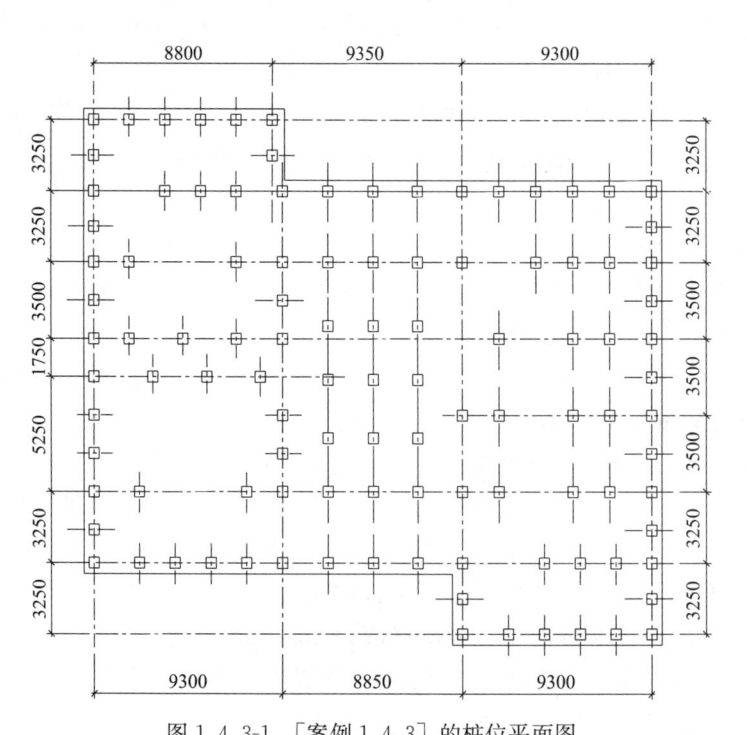

图 1.4.3-1 ［案例 1.4.3］的桩位平面图

实测推算最终沉降量为 36.8 mm。实测时间-沉降曲线如图 1.4.3-2。

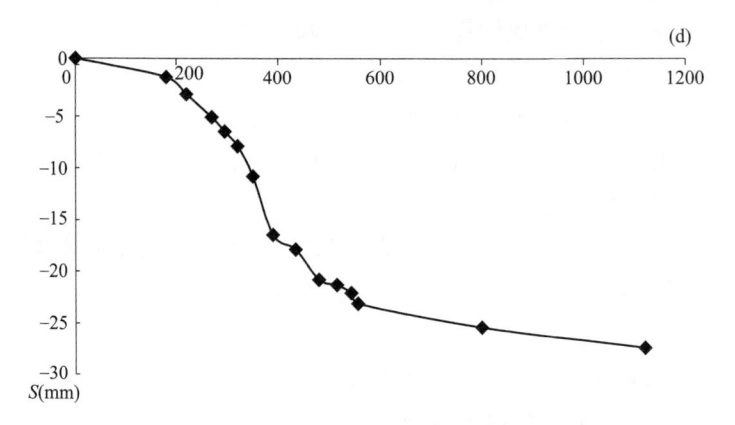

图 1.4.3-2 ［案例 1.4.3］的实测时间-沉降曲线

［案例 1.4.3］共埋设 11 只桩顶荷载传感器，板底埋设 16 只土压力盒，实测承台底净土反力平均值为 19 kPa，实测含地下水浮力的土反力平均值为 39 kPa。

1. 按实测土反力（含地下水浮力）计算疏桩复合桩基础沉降

［案例 1.4.3］的上部结构与基础重 $N_K + G_K = 275000$ kN

计算参数如下：桩长 54.6 m，截面 0.5 m×0.5 m，共 108 根。

基底土自重压力为 $(16 \times 1.2 + 18.2 \times 1.5 + 17.8 \times 1.8) \times 580.4725 = 45573$ kN

取地下室底板底净土反力（含地下水浮力）平均值为 39 kPa，由基底净面积为 $580.4725 - 108 \times 0.5 \times 0.5 = 553.4725$ m²，可得桩顶平均附加荷载 $Q = 1907.4$ kN

$Q=1907.4$ kN，$\alpha=0.138$，$l=54.6$ m，$b=0.5$ m，$l/d=97$，$L/b=28.0/21.5$ m，土反力平均值为 39.0 kPa。

最终计算沉降量 23.57 mm（计算过程略）。

2. 按桩荷载小于单桩极限承载力计算疏桩复合桩基础沉降

［案例 1.4.3］的上部结构与基础重 $N_K+G_K=275000$ kN

计算参数如下：桩长 54.6 m，截面 0.5 m×0.5 m，共 108 根。

基底土自重压力为 $(16\times1.2+18.2\times1.5+17.8\times1.8)\times580.4725=45573$ kN

可得桩顶平均附加荷载 $Q=2125$ kN

计算参数：$Q=2125$ kN，$\alpha=0.138$，$l=54.6$ m，$b=0.5$ m，$l/d=97$。

最终计算沉降量 41.55 mm（计算过程略）。

3.《建筑桩基技术规范》疏桩复合桩基础沉降计算公式探讨

由"考虑桩径影响的疏桩复合桩基础沉降计算公式"计算广义疏桩复合桩基础［案例 1.4.3］的沉降（均不考虑沉降计算经验系数，忽略桩身压缩量），当按板底土反力等于零时，计算沉降值 41.6 mm 与实测推算最终沉降 36.8 mm 之比为 1.13；当按含地下水浮力的板底土反力等于 39.0 kPa 时，计算沉降值为 23.6 mm 与实测推算最终沉降 36.8 mm 之比为 0.641。不考虑桩土荷载分担的沉降计算值比较接近实测值；按实测板底土反力（含地下水浮力）计算复合桩基的计算值小于实测值。

对于同一个疏桩复合桩基础工程，若仅仅由于桩土荷载分担比例的变化，就导致计算沉降发生改变，那就只能说明这个计算方法存在着一定的缺陷。

4. 按上海地基规范法计算疏桩复合桩基础沉降

［案例 1.4.3］的上部结构与基础重 $N_K+G_K=275000$ kN

计算参数如下：桩长 54.6 m，截面 0.5 m×0.5 m，共 108 根。

基底土自重压力为 $(16\times1.2+18.2\times1.5+17.8\times1.8)\times580.4725=45573$ kN

可得桩顶平均附加荷载 $Q=2125$ kN

［案例 1.4.3］的上海地基规范法计算值为 110.6 mm，与实测推算最终沉降 36.8 mm 之比为 3.005。不满足沉降计算保证率 80％ 的要求（计算过程略）。

乘以沉降计算经验系数 0.759，计算值 76.4 mm 与实测值之比为 2.076。仍不满足沉降计算保证率 80％ 的要求。但由于缺少地基土的压缩曲线与原位测试数据，因此难以判断上海地基规范法计算结果是否确实偏大。

5. 地下室底板内力计算的探讨

一般对于桩基础承台板内力，常按不考虑板底土反力、仅考虑地下水浮力的状况计算。由本章的桩筏基础原位实测桩土荷载分担资料可知，按纯桩基计算底板内力的话，对于桩-承台与桩布置于剪力墙下的基础，底板内力计算值可能偏于不安全。

［案例 1.4.3］的桩均布置于剪力墙下，因此计算沉降值的大小对底板内力无大影响，因此可以单独考虑板底土反力取值对底板内力计算值的影响。

［案例 1.4.3］的底板内力分别按"土反力＋水浮力＝39 kPa"与"水浮力＝19 kPa"计算，最大计算弯矩如图 1.4.3-3。

由图 1.4.3-3 可知是否考虑土反力的底板计算弯矩差距近 4 倍左右，还是不能忽

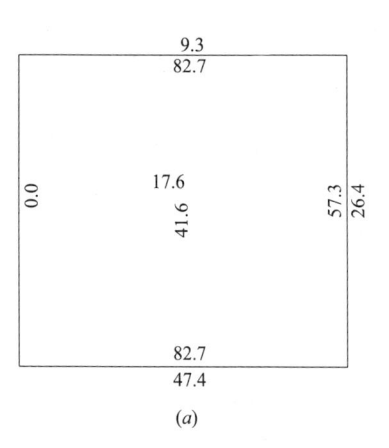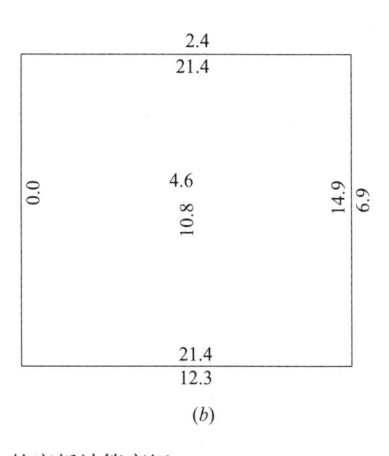

图 1.4.3-3 ［案例 1.4.3］的底板计算弯矩

（a）土反力＋水浮力＝39 kPa 的计算弯矩（局部）；（b）水浮力＝19 kPa 的计算弯矩（局部）

略的。

1.4.4 上海某 26 层框架-核心筒复合桩基沉降计算探讨

［案例 1.4.4］即《建筑桩基技术规范》表 4 中序号 8 的"26 层框架-核心筒"（1 层地下室。赵锡宏，1989）。［案例 1.4.4］的内外共布置 33 个永久沉降观测点，并已检索到 1986 年 12 月至 1990 年 11 月的部分实测沉降数据。实测推算最终沉降值为 66.6 mm。因此数据应该是比较可靠的。

［案例 1.4.4］地基土的物理力学性质指标见表 1.4.4-1。

地基土的物理力学性质指标及承载力表　　　　表 1.4.4-1

层序	土的名称	物 理 性 质		力 学 性 质			
				剪切试验		压缩试验	
		厚度 h (m)	重力密度 ρ (kN/m³)	内摩擦角 ϕ(°)	内聚力 C (kPa)	压缩模量	
						$E_{S0.1-0.2}$ (MPa)	$E_{S0.5-0.7}$ (MPa)
①	杂填土	1.10	—	—	—	—	—
②	粉质黏土	1.10	19.5	24.7	30	6.35	—
③	砂质粉土	11.50	19.0	33.8	22	9.63	—
④	淤泥质黏土	6.20	17.7	8.8	12	2.30	—
⑤	淤泥质粉质黏土	9.70	17.7	4.1	36	2.81	—
⑥-1	粉质黏土	13.50	18.8	10.8	27	5.14	—
⑥-2	有机质粉质黏土	0.90	19.3	9.7	44	5.67	—
⑦	黏质粉土	3.70	20.2	25.0	69	9.49	—
⑧	粉质黏土	8.30	19.0	17.4	3	5.04	—
⑨-1	砂质粉土	1.50	19.2	25.5	12	6.79	—
⑨-2	粉质黏土	2.00	20.3	25.1	18	9.06	—

层序	土的名称	物理性质		力学性质			
		厚度 h （m）	重力密度 ρ （kN/m³）	剪切试验		压缩试验	
				内摩擦角 ϕ（°）	内聚力 C （kPa）	压缩模量	
						$E_{S0.1-0.2}$ （MPa）	$E_{S0.5-0.7}$ （MPa）
⑨-3	砂质粉土	6.00	19.1	28.6	6	9.35	29.93
⑩	粉细砂	2.50	19.2	36.9	0	14.76	43.48
⑪	砂质粉土	7.50	18.6	25.4	6	8.49	25.70
⑫	中砂	1.65	20.8	39.4	5	15.60	38.38
⑬	粗砂	3.15	20.8	39.1	8	15.16	37.25
⑭	砾砂	5.50	—	—	—	—	40.0
⑮	粗砂	未穿	—	—	—	—	40.0

注：最后一栏为土的自重压力至土的自重压力加附加压力作用时的压缩模量。

［案例1.4.4］采用230根 ϕ0.6096 m×52.3 m钢管桩，单桩承载力特征值为2600 kN。桩顶位于地面以下7.6 m，桩端进入第9c层砂质粉土0.6 m，筏板厚2.3 m，面积约2400 m²。

［案例1.4.4］桩位图如图1.4.4-1。

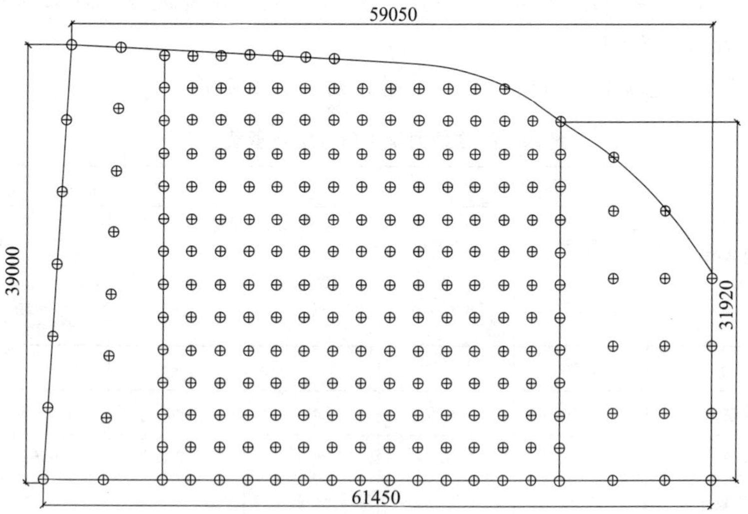

图1.4.4-1　［案例1.4.4］桩位图

［案例1.4.4］的实测推算最终沉降值为66.6 mm。实测沉降-时间曲线如图1.4.4-2。

［案例1.4.4］的桩土荷载分担实测持续时间为2年以上。共埋设50只土压力盒，实测承台底土反力平均值为29.4 kPa（含地下水浮力为89.4 kPa）。

1. 按实测净土反力（含地下水浮力）计算疏桩复合桩基础沉降

［案例1.4.4］的上部结构与地下室总重 $N_K+G_K=720000$ kN

计算参数如下：$L/b=58.0/41.4$ m，桩长52.3 m，230根桩。

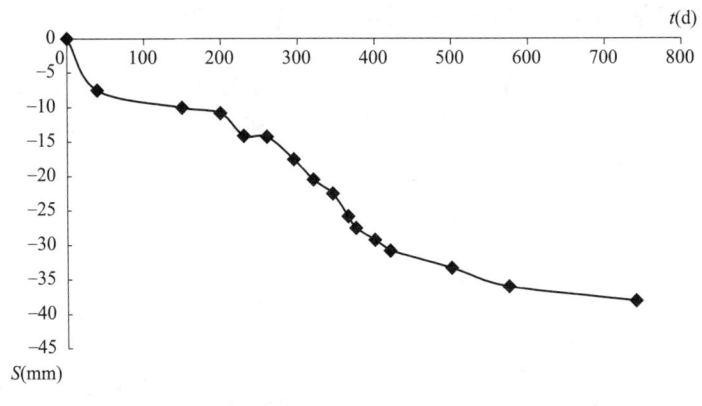

图 1.4.4-2 ［案例 1.4.4］实测时间-沉降曲线

基底土自重压力为 116.6 kPa。

取地下室底板底土反力（含地下水浮力）平均值为 89.4 kPa，由基底净面积为 $2400-230 \times \pi \times 0.3048^2 = 2332.9 \ m^2$，可得桩顶平均附加荷载 $Q = 1007 \ kN$。

计算参数：$Q = 1007 \ kN$，$\alpha = 0.199$，$l = 52.3 \ m$，$d = 0.6096 \ m$，$l/d = 86$，$L/b = 58.0/41.4 \ m$，土反力平均值为 89.4 kPa。

最终计算沉降量 6.89 mm（计算过程略）。

2. 按桩荷载小于单桩极限承载力计算疏桩复合桩基础沉降

［案例 1.4.4］的上部结构与地下室总重 $N_K + G_K = 720000 \ kN$

计算参数如下：$L/b = 58.0/41.4 \ m$，桩长 52.3 m，230 根桩。

基底土自重压力为 116.6 kPa。可得桩顶平均附加荷载 $Q = 1914 \ kN$。

计算参数：$Q = 1914 \ kN$，$\alpha = 0.199$，$l = 52.3 \ m$，$d = 0.6096 \ m$，$l/d = 86$，$\psi = 0.827$。

最终计算沉降量 19.91 mm（计算过程略）。

3. 《建筑桩基技术规范》疏桩复合桩基础沉降计算公式探讨

由"考虑桩径影响的疏桩复合桩基础沉降计算公式"计算广义疏桩复合桩基［案例1.4.4］的沉降（均不考虑沉降计算经验系数，忽略桩身压缩量），当按板底净土反力等于零时，计算沉降值 19.9 mm 与实测推算最终沉降量 66.6 mm 之比为 0.299；当按板底土反力（含地下水浮力）等于 89.4 kPa 时，计算沉降值 6.9 mm 与实测推算最终沉降量66.6 mm 之比为 0.104。计算值均远小于实测沉降量。

4. 按上海地基规范法计算疏桩复合桩基础沉降

［案例 1.4.4］的上部结构与地下室总重 $N_K + G_K = 720000 \ kN$

计算参数如下：$L/b = 58.0/41.4 \ m$，桩长 52.3 m，230 根桩。

基底土自重压力为 116.6 kPa。可得桩顶平均附加荷载 $Q = 1914 \ kN$。

［案例 1.4.4］的上海地基规范法计算值为 77.4 mm，与实测推算最终沉降 66.6 mm之比为 1.162。满足沉降计算保证率 80% 的要求（计算过程略）。

乘以沉降计算经验系数 0.751，计算值 58.1 mm 与实测值之比为 0.872。仍满足沉降计算保证率 80% 的要求。

1.4.5 福州某小区6号楼复合桩基沉降计算探讨

［案例1.4.5］即《建筑桩基技术规范》表4中序号11的"7层框架6号住宅"（张雁，1994），为福州某住宅小区7层建筑。据已检索到的资料，［案例1.4.5］的原位实测进行了2年，因此沉降实测数据应该是比较可靠的。

［案例1.4.5］地基土的物理力学性质指标见表1.4.5-1。

地基土物理力学性质指标

表1.4.5-1

层序	土的名称	物理性质						力学性质			原位测试	建议采用		
		厚度 h (m)	含水量 w (%)	重力密度 ρ (g/cm³)	天然孔隙比 e	塑性指数 I_P	液性指数 I_L	剪切试验		压缩试验	标贯试验 A (修正击数)	地基土承载力特征值 f_{ak} (kPa)	钻孔灌注桩	
								内摩擦角 ϕ (°)	内聚力 C (kPa)	压缩模量 E_s (MPa)			桩周土摩擦力容许值 q_{sk} (kPa)	桩端土承载力容许值 q_{pk} (kPa)
①	杂填土	1.1	—	—	—	—	—	—	—	—	—	60～120	8～12	
②	黏土	0.7	36.6	18.1	1.00	22.0	0.49	14.2	36	4.5	—	100	22	
3	淤泥	4.0	70.0	15.9	1.81	19.3	1.74	12.4	21	1.4	—	45	6	
④	淤泥质土	4.0	62.6	17.0	—	25.1	0.77			4.2	—	80	16	
⑤	中细砂	6.0	—	18.0						11.0	12.5	200	20	900～1200
⑥	中砂	6.5	—	19.0						11.0		250	20	1200
⑦	淤泥质土	2.1	47.9	17.0	1.31	14.78	1.41	13.1	32	4.0	—	100	12	
⑧	黏性土	2.2	20.3	20.4	0.58	9.81	0.35	14.3	99	8.0	—	17	17	650
⑨	中粗砂	(未穿)	—	—	—	—	—			14.0	18	22	22	2000

注：第5层中细砂与第6层中砂的压缩模量，系根据标贯数据参照福州地区类似工程地质勘察资料确定的。

［案例1.4.5］的上部结构加基础总重26185 kN，基础面积218.21 m²（按17.5 m×12.5 m），共布置65根 $\phi0.4×15.5$ m沉管灌注桩，底板厚300 mm，单桩承载力标准值300 kN。无静载荷试桩数据。

［案例1.4.5］基础平面图如图1.4.5-1。

［案例1.4.5］的实测最后沉降速率为0.038 mm/d。尚未达到沉降稳定的标准。实测推算最终沉降约为80 mm。

［案例1.4.5］的时间-沉降曲线如图1.4.5-2。

［案例1.4.5］的等效距径比4.6，但为轴线布桩，单排桩的间距一般为3.3 m，相当于8倍桩径，基本满足距径比不小于6倍桩径的疏桩基础要求，可以归之为"广义疏桩基础"。因此其沉降计算可应用《建筑桩基技术规范》的式(5.5.14-4)。

［案例1.4.5］的底板下共埋设18只土压力盒，实测板底土反力19.5 kPa，历时超过650 d。

1. 按实测土反力计算疏桩复合桩基沉降

［案例1.4.5］的上部结构与基础重 $N_K+G_K=26185$ kN

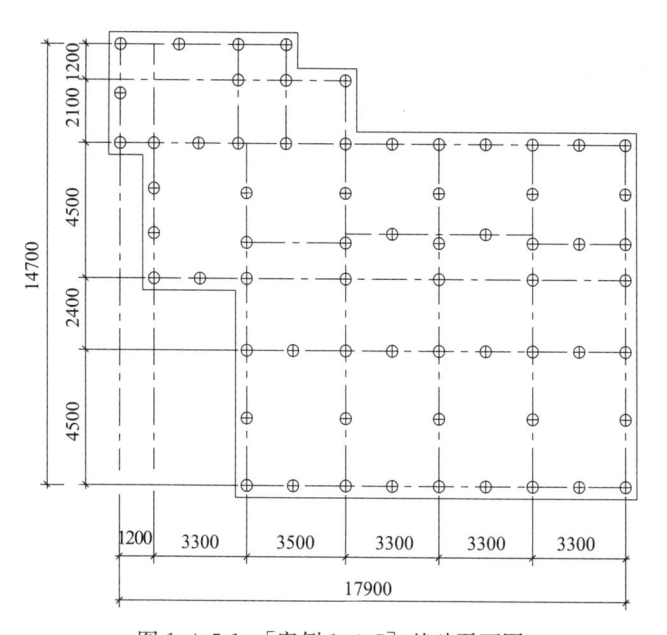

图 1.4.5-1 ［案例 1.4.5］基础平面图

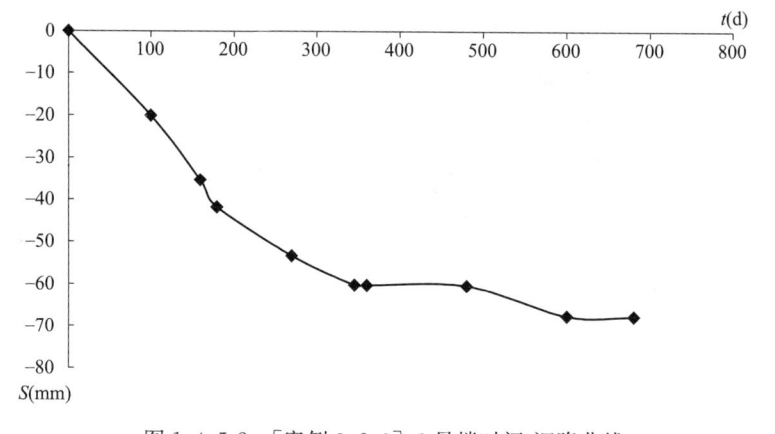

图 1.4.5-2 ［案例 3.2.9］6 号楼时间-沉降曲线

计算参数如下：$L/b=17.5/12.5$ m，桩长 15.5 m，65 根桩。

基底土自重压力为 13.8 kPa。

取地下室底板底土反力平均值为 19.5 kPa，由基底净面积为 $218.21-65\times\pi\times0.2^2=210.042$ m²，可得桩顶平均附加荷载 $Q=293.5$ kN。

计算参数：$Q=293.5$ kN，$\alpha=0.211$，$l=15.5$ m，$d=0.4$ m，$l/d=38.75$，板底土分担 19.5 kPa。最终计算沉降量 21.16 mm（计算过程略）。

2. 按桩荷载小于单桩极限承载力计算疏桩复合桩基础沉降

［案例 1.4.5］的上部结构与基础重 $N_K+G_K=26185$ kN

计算参数如下：$L/b=17.5/12.5$ m，桩长 15.5 m，65 根桩。

基底土自重压力为 13.8 kPa。可得桩顶平均附加荷载 $Q=356.5$ kN

计算参数：$Q＝380.7$ kN，$\alpha＝0.211$，$l＝15.5$ m，$d＝0.4$ m，$l/d＝38.75$。

最终计算沉降量 23.19 mm（计算过程略）。

3.《建筑桩基技术规范》疏桩复合桩基础沉降计算公式探讨

由"考虑桩径影响的疏桩复合桩基础沉降计算公式"计算广义疏桩复合桩基础［案例 1.4.5］的沉降（均不考虑沉降计算经验系数，忽略桩身压缩量），当按板底净土反力等于零时，计算沉降值 23.2 mm 与实测推算最终沉降量 80 mm 之比为 0.29；当按板底土反力（含地下水浮力）等于 19.5 kPa 时，计算沉降值 21.2 mm 与实测推算最终沉降量 80 mm 之比为 0.265。计算值均远小于实测沉降量。

4. 按上海地基规范法计算疏桩复合桩基础沉降

［案例 1.4.5］的上部结构与基础重 $N_K＋G_K＝26185$ kN

计算参数如下：$L/b＝17.5/12.5$ m，桩长 15.5 m，65 根桩。

基底土自重压力为 13.8 kPa。可得桩顶平均附加荷载 $Q＝356.5$kN

［案例 1.4.5］的上海地基规范法计算值为 75.6 mm，与实测推算最终沉降 80 mm 之比为 0.945。满足沉降计算保证率 80% 的要求（计算过程略）。

1.4.6 福州某小区 9 号楼复合桩基沉降计算探讨

［案例 1.4.6］即《建筑桩基技术规范》表 4 中序号 12 的"7 层框架 9 号住宅"（张雁，1994），为福州某住宅小区 7 层建筑。据已检索到的资料，［案例 1.4.6］的原位实测进行了两年，因此沉降实测数据应该是比较可靠的。

［案例 1.4.6］地基土的物理力学性质指标见表 1.4.5-1。

［案例 1.4.6］的上部结构加基础总重 54782 kN，基础尺寸 40.4 m×11.3 m，共布置 154 根 $\phi0.4×15.5$ m 沉管灌注桩，底板厚 300 mm，单桩承载力标准值 300 kN。无静载荷试桩数据。

［案例 1.4.6］基础平面图如图 1.4.6-1。

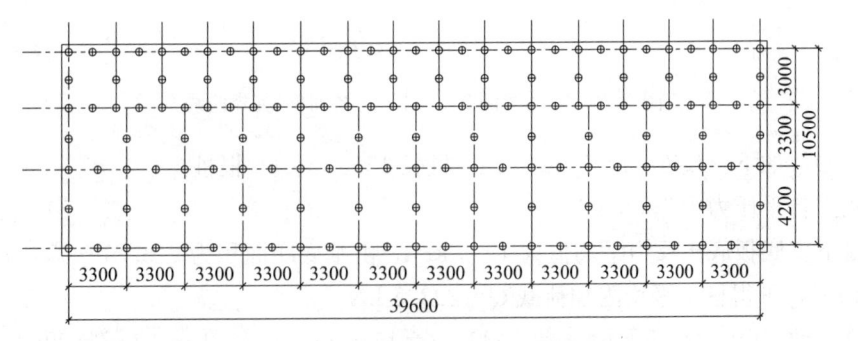

图 1.4.6-1 ［案例 1.4.6］基础平面图

［案例 1.4.6］的实测最后沉降速率为 0.044 mm/d。尚未达到沉降稳定的标准。实测推算最终沉降约为 100 mm。

［案例 1.4.6］的时间-沉降曲线如图 1.4.6-2。

［案例 1.4.6］的等效距径比 4.3，但为轴线布桩，单排桩的间距一般为 3.3 m，相当

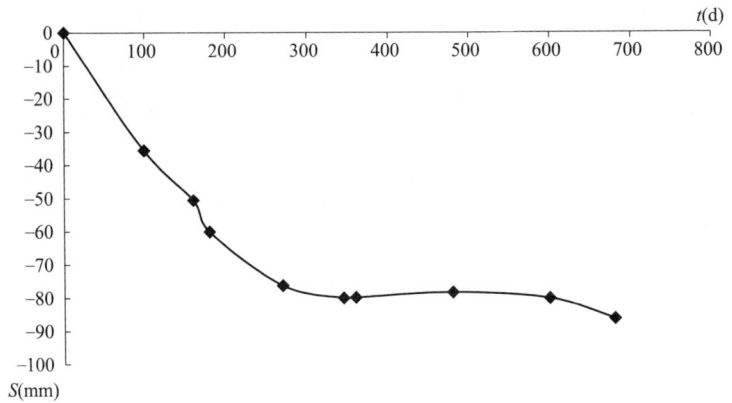

图 1.4.6-2 [案例 1.4.6] 时间-沉降曲线

于 8 倍桩径,基本满足距径比不小于 6 倍桩径的疏桩基础要求,可以归之为"广义疏桩基础"。因此其沉降计算可应用《建筑桩基技术规范》的式(5.5.14-4)。

[案例 1.4.6] 的底板下共埋设 18 只土压力盒,实测板底土反力 24.5 kPa,历时超过 650 d。

1. 按实测土反力计算疏桩复合桩基础沉降

[案例 1.4.6] 的上部结构与基础重 $N_K + G_K = 54782$ kN

计算参数如下:$L/b = 40.4/11.3$ m,桩长 15.5 m,154 根桩。

基底土自重压力为 13.8 kPa。

取地下室底板底土反力平均值为 24.5 kPa,由基底净面积为 $456.52 - 154 \times \pi \times 0.2^2 = 437.168$ m²,可得桩顶平均附加荷载 $Q = 245.3$ kN

计算参数:$Q = 245.3$ kN,$\alpha = 0.211$,$l = 15.5$ m,$d = 0.4$ m,$l/d = 38.75$,板底土分担 24.5 kPa。

最终计算沉降量 30.72 mm(计算过程略)。

2. 按桩荷载小于单桩极限承载力计算疏桩复合桩基础沉降

[案例 1.4.6] 的上部结构与基础重 $N_K + G_K = 54782$ kN

计算参数如下:$L/b = 40.4/11.3$ m,桩长 15.5 m,154 根桩。

基底土自重压力为 13.8 kPa。可得桩顶平均附加荷载 $Q = 314.8$ kN

计算参数:$Q = 314.8$ kN,$\alpha = 0.211$,$l = 15.5$ m,$d = 0.4$ m,$l/d = 38.75$。

最终计算沉降量 33.7 mm(计算过程略)。

3. 《建筑桩基技术规范》疏桩复合桩基础沉降计算公式探讨

由"考虑桩径影响的疏桩复合桩基础沉降计算公式"计算广义疏桩复合桩基础 [案例 1.4.6] 的沉降(均不考虑沉降计算经验系数,忽略桩身压缩量),当按板底净土反力等于零时,计算沉降值 32.7 mm 与实测推算最终沉降量 100 mm 之比为 0.327;当按板底土反力(含地下水浮力)等于 24.5 kPa 时,计算沉降值 30.7 mm 与实测推算最终沉降量 100 mm 之比为 0.307。计算值均远小于实测沉降量。

4. 按上海地基规范法计算疏桩复合桩基础沉降

[案例 1.4.6] 的上部结构与基础重 $N_K + G_K = 54782$ kN

计算参数如下：$L/b=40.4/11.3$ m，桩长 15.5 m，154 根桩。

基底土自重压力为 13.8 kPa。可得桩顶平均附加荷载 $Q=314.8$ kN

[案例 1.4.6] 的上海地基规范法计算值为 90.3 mm，与实测推算最终沉降 100 mm 之比为 0.903。满足沉降计算保证率 80% 的要求（计算过程略）。

1.4.7　福州某小区 10 号楼复合桩基沉降计算探讨

[案例 1.4.7] 即《建筑桩基技术规范》表 4 中序号 13 的"7 层框架 10 号住宅"（张雁，1994），为福州某住宅小区 7 层建筑。据已检索到的资料，[案例 1.4.7] 的原位实测进行了两年，因此沉降实测数据应该是比较可靠的。

[案例 1.4.7] 地基土的物理力学性质指标见表 1.4.5-1。

[案例 1.4.7] 上部结构加基础总重 45788 kN，基础面积 381.57 m²（按 38.1 m×10 m），共布置 122 根 ϕ0.4 m×15.5 m 沉管灌注桩，底板厚 300 mm，单桩承载力标准值 300 kN。无静载荷试桩数据。

[案例 1.4.7] 基础平面图如图 1.4.7-1。

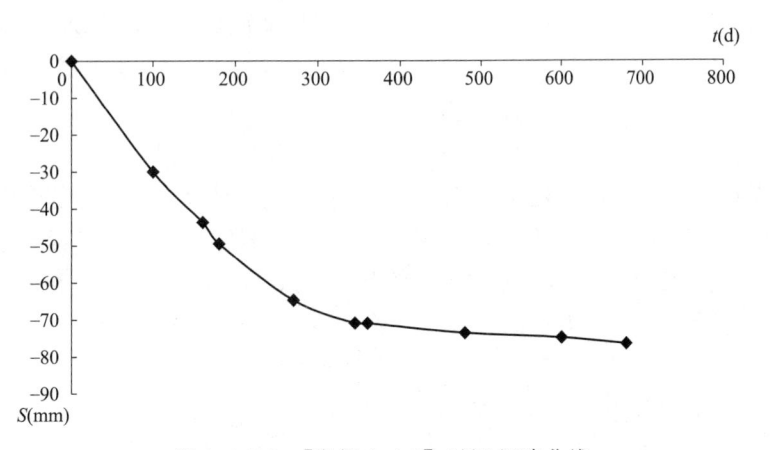

图 1.4.7-1　[案例 1.4.7] 基础平面图

[案例 1.4.7] 的实测最后沉降速率为 0.031 mm/d。尚未达到沉降稳定的标准。实测推算最终沉降约为 90 mm。

[案例 1.4.7] 的时间-沉降曲线如图 1.4.7-2。

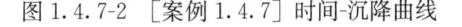

图 1.4.7-2　[案例 1.4.7] 时间-沉降曲线

［案例1.4.7］的等效距径比4.4，但为轴线布桩，单排桩的间距一般为3.3 m，相当于8倍桩径，基本满足距径比不小于6倍桩径的疏桩基础要求，可以归之为"广义疏桩基础"。因此其沉降计算可应用《建筑桩基技术规范》的式(5.5.14-4)。

［案例1.4.7］的底板下共埋设18只土压力盒，实测板底土反力32.1 kPa，历时超过650 d。

1. 按实测土反力计算疏桩复合桩基础沉降

［案例1.4.7］的上部结构与基础重 $N_K + G_K = 45788$ kN

计算参数如下：$L/b = 38.1/10$ m，桩长15.5 m，122根桩。

基底土自重压力为13.8 kPa。

取地下室底板底土反力平均值为32.1 kPa，由基底净面积为 $381.57 - 122 \times \pi \times 0.2^2 = 366.24$ m^2，可得桩顶平均附加荷载 $Q = 238.5$ kN

计算参数：$Q = 238.5$ kN，$\alpha = 0.211$，$l = 15.5$ m，$d = 0.4$ m，$l/d = 38.75$，板底土分担32.1 kPa。

最终计算沉降量30.01 mm（计算过程略）。

2. 按桩荷载小于单桩极限承载力计算疏桩复合桩基础沉降

［案例1.4.7］的上部结构与基础重 $N_K + G_K = 45788$ kN

计算参数如下：$L/b = 38.1/10$ m，桩长15.5m，122根桩。

基底土自重压力为13.8 kPa。可得桩顶平均附加荷载 $Q = 332.2$ kN

计算参数：$Q = 332.2$ kN，$\alpha = 0.211$，$l = 15.5$ m，$d = 0.4$ m，$l/d = 38.75$。

最终计算沉降量37.30 mm（计算过程略）。

3. 《建筑桩基技术规范》疏桩复合桩基础沉降计算公式探讨

由"考虑桩径影响的疏桩复合桩基础沉降计算公式"计算广义疏桩复合桩基础［案例1.4.7］的沉降（均不考虑沉降计算经验系数，忽略桩身压缩量），当按板底净土反力等于零时，计算沉降值37.3 mm与实测推算最终沉降量90 mm之比为0.414；当按板底土反力（含地下水浮力）等于32.1 kPa时，计算沉降值30.0 mm与实测推算最终沉降量90 mm之比为0.333。计算值均远小于实测沉降量。

4. 按上海地基规范法计算疏桩复合桩基础沉降

［案例1.4.7］的上部结构与基础重 $N_K + G_K = 45788$ kN

计算参数如下：$L/b = 38.1/10$ m，桩长15.5 m，122根桩。

基底土自重压力为13.8 kPa。可得桩顶平均附加荷载 $Q = 332.2$ kN

［案例1.4.7］的上海地基规范法计算值为88.1 mm，与实测推算最终沉降90 mm之比为0.979。满足沉降计算保证率80%的要求（计算过程略）。

1.4.8　福州某小区14号楼复合桩基沉降计算探讨

［案例1.4.8］即《建筑桩基技术规范》表4中序号14的"7层框架14号住宅"（张雁，1994），为福州某住宅小区7层建筑。据已检索到的资料，［案例1.4.8］的原位实测进行了两年，因此沉降实测数据应该是比较可靠的。

［案例1.4.8］地基土的物理力学性质指标见表1.4.5-1。

[案例 1.4.8] 的上部结构加基础总重 54782 kN，基础尺寸 40.4 m×11.3 m，共布置 154 根 ϕ0.4 m×15.5 m 沉管灌注桩，底板厚 300 mm，单桩承载力标准值 300 kN。无静载荷试桩数据。

[案例 1.4.8] 基础平面图如图 1.4.8-1。

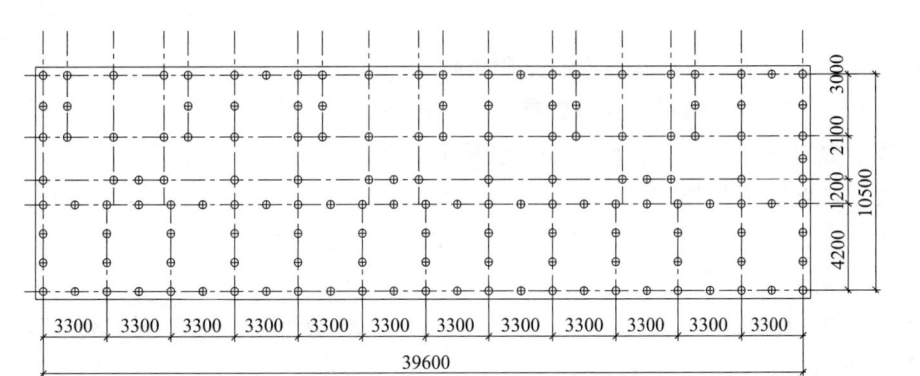

图 1.4.8-1 [案例 1.4.8] 基础平面图

[案例 1.4.8] 的实测最后沉降速率为 0.019 mm/d。尚未达到沉降稳定的标准。实测推算最终沉降约为 80 mm。

[案例 1.4.8] 的时间-沉降曲线如图 1.4.8-2。

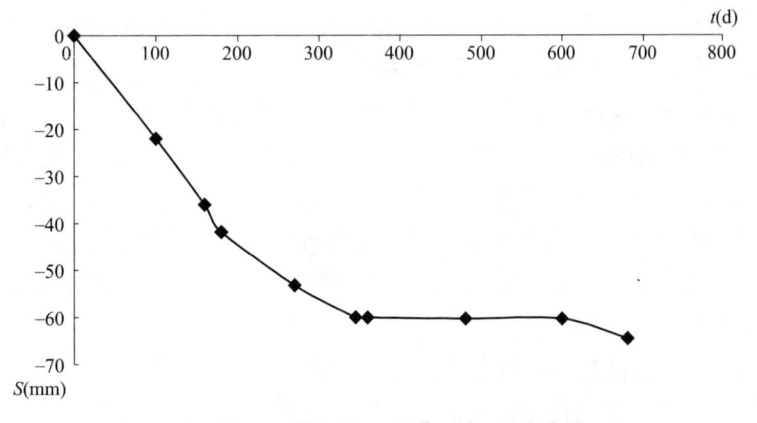

图 1.4.8-2 [案例 1.4.8] 时间-沉降曲线

[案例 1.4.8] 的等效距径比 4.3，但为轴线布桩，单排桩的间距一般为 3.3 m，相当于 8 倍桩径，基本满足距径比不小于 6 倍桩径的疏桩基础要求，可以归之为"广义疏桩基础"。因此其沉降计算可应用《建筑桩基技术规范》的式(5.5.14—4)。

[案例 1.4.8] 的底板下共埋设 18 只土压力盒，实测板底土反力 19.4 kPa，历时超过 650 d。

1. 按实测土反力计算疏桩复合桩基础沉降

[案例 1.4.8] 的上部结构与基础重 $N_K + G_K = 54782$ kN

计算参数如下：$L/b = 40.4/11.3$ m，桩长 15.5 m，154 根桩。

基底土自重压力为 13.8 kPa。

取地下室底板底土反力平均值为 19.4 kPa，由基底净面积为 $456.52-154\times\pi\times0.2^2=437.168$ m²，可得桩顶平均附加荷载 $Q=259.7$ kN

计算参数：$Q=259.7$ kN，$\alpha=0.211$，$l=15.5$ m，$d=0.4$ m，$l/d=38.75$，板底土分担 19.4 kPa。

最终计算沉降量 30.50 mm（计算过程略）。

2. 按桩荷载小于单桩极限承载力计算疏桩复合桩基础沉降

［案例 1.4.8］的上部结构与基础重 $N_K+G_K=54782$ kN

计算参数如下：$L/b=40.4/11.3$ m，桩长 15.5 m，154 根桩。

基底土自重压力为 13.8 kPa。可得桩顶平均附加荷载 $Q=314.8$ kN

计算参数：$Q=314.8$ kN，$\alpha=0.211$，$l=15.5$ m，$d=0.4$ m，$l/d=38.75$。

最终计算沉降量 32.68 mm（计算过程略）。

3. 《建筑桩基技术规范》疏桩复合桩基础沉降计算公式探讨

由"考虑桩径影响的疏桩复合桩基础沉降计算公式"计算广义疏桩复合桩基础［案例 1.4.8］的沉降（均不考虑沉降计算经验系数，忽略桩身压缩量），当按板底净土反力等于零时，计算沉降值 32.7 mm 与实测推算最终沉降量 80 mm 之比为 0.409；当按板底土反力等于 19.4 kPa 时，计算沉降值 30.5 mm 与实测推算最终沉降量 80 mm 之比为 0.381。计算值均远小于实测沉降量。

4. 按上海地基规范法计算疏桩复合桩基础沉降

［案例 1.4.8］的上部结构与基础重 $N_K+G_K=54782$ kN

计算参数如下：$L/b=40.4/11.3$ m，桩长 15.5 m，154 根桩。

基底土自重压力为 13.8 kPa。可得桩顶平均附加荷载 $Q=314.8$ kN

［案例 1.4.8］的上海地基规范法计算值为 89.4 mm，与实测推算最终沉降 80 mm 之比为 1.118。满足沉降计算保证率 80% 的要求（计算过程略）。

1.4.9　8 例复合桩基工程采用两种沉降计算方法计算的小结

上述 8 例复合桩基工程分别采用《建筑桩基技术规范》疏桩复合桩基法与上海地基规范复合桩基法，计算所得结果列表见表 1.4.9-1。

复合桩基计算沉降　　　　　　　　　　　　　　表 1.4.9-1

序号	工程名称	实测推算最终沉降(mm) ①	桩土分担复合桩基法计算沉降(mm) ②	复合桩基法计算沉降(mm) ③	上海规范计算沉降(mm) ④	②/①	③/①	④/①	②/③
1	上海 20 层剪力墙	397.0	368.0	385.6	510.0	0.928	0.971	1.285	0.954
2	上海 12 层剪力墙	93.0	14.1	24.1	97.6	0.208	0.259	1.049	0.585
3	上海 32 层剪力墙	36.8	23.6	41.6	110.6	0.641	1.130	3.005	0.567
4	上海 26 层框筒	66.0	6.9	19.9	77.4	0.265	0.299	1.162	0.347
5	福州 6 号住宅	80.0	21.2	23.2	75.6	0.265	0.290	0.945	0.918
6	福州 9 号住宅	100.0	30.7	33.7	90.3	0.307	0.337	0.903	0.911

续表

序号	工程名称	实测推算最终沉降(mm) ①	桩土分担复合桩基法计算沉降(mm) ②	复合桩基法计算沉降(mm) ③	上海规范计算沉降(mm) ④	②/①	③/①	④/①	②/③
7	福州 10 号住宅	90.0	30.0	37.3	88.1	0.333	0.414	0.979	0.804
8	福州 14 号住宅	80.0	30.5	32.7	89.4	0.381	0.409	1.118	0.933
平均值						0.457	0.451	1.306	0.752

由表 1.4.9-1 所列《建筑桩基技术规范》认可的 8 例复合桩基工程的沉降计算结果可知，直接采用《建筑桩基技术规范》"疏桩复合桩基法"计算复合桩基沉降，经验系数可能需要取 2.0 左右，而并非《建筑桩基技术规范》所说的 1.0。

上海地基规范复合桩基法的计算结果与实测结果更接近些。尤其是上海地基规范根据几十幢建筑的长期实测沉降数据，给出了符合上海地区实际的沉降计算经验系数，经过修正后的沉降计算值更符合实际情况。因此至少对于上海地区复合桩基沉降，不宜采用《建筑桩基技术规范》"疏桩复合桩基法"计算。

由表 1.4.9-1 还可以看出，采用《建筑桩基技术规范》"疏桩复合桩基法"计算复合桩基沉降，当考虑桩土荷载分担时，计算沉降值与板底土反力取值基本呈线性变化：随着板底土分担比增大，计算沉降值减小。这也就是 JCCAD 软件所说"用户可调整……板底土反力系数来修改平均沉降"的原理。

当然本节提供的工程实例，不到《建筑桩基技术规范》编制组所掌握全国桩基工程实例的 1/10，因此以上初步结论可能比较片面。但至少应该能够说明确实存在疑问。

其实只要将《建筑桩基技术规范》与国标地基规范掌握的全国近百例桩基工程，采用《建筑桩基技术规范》"疏桩复合桩基法"计算沉降，就可以得出符合实际的经验系数。

1.4.10 基础计算软件关于桩基沉降计算的探讨

《建筑桩基技术规范》关于疏桩基础沉降的计算方法应用"考虑桩径影响的明德林解"。但桩轴线以外的竖向应力解析式目前尚未通过积分方式求得，只有在桩身轴线处，数值计算值与按解析解计算值才是一致的。因此尚无法直接用积分式计算沉降。

关于沉降计算深度范围内土层的计算分层厚度，《建筑桩基技术规范》的规定是不应超过计算深度的 0.3 倍。

《建筑桩基技术规范》计算单排桩沉降的例题（参见《建筑桩基技术规范》的表 12），是以 $z/l = 1.004$、1.008……直至沉降计算深度的"小分层"（对于该工程为 7 层 $\Delta Z_i = 0.065$ m、1 层 $\Delta Z_i = 0.195$ m、8 层 $\Delta Z_i = 0.325$ m、1 层 $\Delta Z_i = 1.625$ m，总共 1.4625 m）的计算沉降总和，近似代替"考虑桩径影响的明德林解"积分式的计算沉降。

旗云等软件计算桩基沉降的方法，目前版本以沉降计算深度的"大分层"（分层厚度一般取 1 m 左右）计算沉降的总和，代替"考虑桩径影响的明德林解"的"小分层"计算沉降，见表 1.4.10-1。

"旗云"软件的桩基础沉降计算书（部分） 表 1.4.10-1

层号	压缩模量 E_s(MPa)	Δz_i(m)	σ_{zci}(kPa)	σ_{zi}(kPa)	压缩量 σ_i'(mm)
③-1	8	1.0	0.00	171.63	21.45
③-1	8	1.0	0.00	37.64	4.71

其实按"小分层"编制软件应该不存在任何困难，不过旗云软件采用"大分层"做法并不违反《建筑桩基技术规范》第5.5.14条的规定：分层厚度不应超过计算深度的0.3倍。但由于"大分层"的计算结果，可能与积分式的计算结果存在一定差别。因此现在需要的是由本节所列典型工程实例，探讨"大分层"与"小分层"计算结果的差别能否忽略不计。

JCCAD软件目前尚未提供计算书，因此是否采用"大分层"做法不明。但只要采用JCCAD计算本节典型案例的沉降，即可得到答案。

由旗云等软件的"大分层"原理计算本节前述8例工程实例的沉降（计算过程略），该8例工程实例复合桩基的"小分层"与"大分层"计算沉降见表1.4.10-2。

复合桩基的"小分层"与"大分层"计算沉降对比 表 1.4.10-2

序号	工程名称	"小分层"计算沉降（mm）①	"大分层"计算沉降（mm）②	②/①
1	上海20层剪力墙	385.6	357.5	0.927
2	上海12层剪力墙	24.1	21.5	0.892
3	上海32层剪力墙	41.6	31.8	0.764
4	上海26层框筒	19.9	14.1	0.709
5	福州6号住宅	23.2	17.5	0.754
6	福州9号住宅	33.7	33.6	0.997
7	福州10号住宅	37.3	30.9	0.828
8	福州14号住宅	32.7	30.7	0.939
平均值				0.851

由表1.4.10-2可知，根据旗云等软件的"大分层"原理计算复合桩基沉降，与《建筑桩基技术规范》的"小分层"原理计算复合桩基沉降之比为0.85左右。相差不是太大，但这只是针对本节所述的上海、福州8例工程实例而言的。具体到单桩、单排桩、小桩群基础的沉降计算，就可能相差很大了（参见第4章）。

由此可见，基础计算软件采用"大分层"原理的计算结果，并不完全等于《建筑桩基技术规范》的疏桩基础沉降计算方法。工程师应用软件时对这一点还是应该心中有数。

此外，《建筑桩基技术规范》关于单桩、单排桩、疏桩复合桩基计算的相邻基桩水平面影响范围规定是：以水平距离0.6倍桩长范围内的桩为限。而按"不考虑桩径影响的明德林应力公式法"（即国标地基规范推荐的明德林应力公式法）计算的相邻基桩水平面影响范围规定是：以水平距离1.2倍桩长范围内的桩为限。由于未见《建筑桩基技术规范》条文说明中做出理论解释，也未得到工程实践的验证，因此《建筑桩基技术规范》的这一规定可能只是一种设定。

本节在前述分析时，对于0.6倍桩长范围外的桩均折算成0.6倍桩长范围内的桩，否则计算沉降还将比实测结果小得多。

至于 JCCAD、盈建科等软件计算复合桩基时，是否舍弃 0.6 倍桩长范围外的桩，则只要将本节给出的典型案例由这些软件计算沉降，就可以得出结论了。

1.5 小 结

本章在引言中提出有关 JCCAD 与盈建科等软件计算复合桩基的三点主要疑难，通过全国各地 86 例复合桩基的桩土荷载分担原位实测数据，以及《建筑桩基技术规范》认可的 8 例复合桩基工程，得出了初步结论。

1. 全国各地 86 例复合桩基工程实例中，占总数的 73.2% 的工程原位实测桩土分担比（含地下水浮力）大于 10%；占总数的 46.7% 工程原位实测桩土分担比（不含地下水浮力）大于 10%。

2. 当承台下 5m 深度范围内为粉质黏土、粉土与粉砂时，大部分计算承台底土抗力与实测值的符合程度较好。

3. 当桩距径比不小于 6 倍桩径时，承台底土抗力计算值均明显大于实测值。

4. 由《建筑桩基技术规范》认可的 8 例复合桩基工程的沉降计算结果可知，直接采用《建筑桩基技术规范》"疏桩复合桩基法"计算复合桩基沉降，经验系数可能需要取 2.0 左右。且板底土分担比的取值对沉降计算结果的影响极大。

5. 旗云等软件按分层厚度 1 m 左右（"大分层"原理）计算的复合桩基沉降，与《建筑桩基技术规范》的"小分层"原理计算复合桩基沉降之比约为 0.85。

6. 上海地基规范复合桩基法的计算结果与实测结果更接近些。

7. 国内软土地区工程实例的大量浮力测试资料表明，浮力系数一般小于 1.0，大于 0.9，但也有小于 0.85 的。一般建议对于深、大的桩筏基础设计，浮力系数可考虑取 0.8～0.9。

8. 复合桩基沉降量与承台底基土分担比的取值，对基础内力计算值有一定的影响，尤其是承台底基土分担比的取值，影响更大些。

2 JCCAD 计算复合地基的疑难与探讨

2.1 引 言

JCCAD用户手册关于复合地基的"模型参数—地基基础形式及参照规范"是：对于水泥粉煤灰碎石桩、石灰桩、水泥土搅拌桩等复合地基，桩体在交互输入中按混凝土灌注桩输入，程序自动按《建筑地基处理技术规范》进行有关参数的确定。沉降计算模型有"复合模量法"与"明德林应力公式法"。

由此可见对于JCCAD计算程序而言，复合地基与复合桩基的区别仅仅为，由于褥垫层的存在，桩顶刺入褥垫层，因此复合地基的桩间土分担比例一般来说要高于同等条件下的复合桩基。因此，由JCCAD计算复合地基，完全可以参照复合桩基的方法。其中最大的难点在于桩土荷载分担比例的确定。

盈建科软件中没有复合地基这一档选项。由上述JCCAD软件的探讨可知，这是合理的。

桩土分担问题在复合地基的计算中是必要条件。因为若选择的桩间土分担比例过低，则计算所得的桩顶荷载将很可能远大于水泥粉煤灰碎石桩、石灰桩、水泥土搅拌桩等的桩身强度；桩间土分担比例取值过高，又缺乏工程实践的支持，可能导致基础工程的安全度降低。

复合地基由于存在着桩型的多样性、刚柔性桩的混合使用、褥垫层厚度变化等因素，这对桩土荷载分担产生极大影响，因此实际上不太可能有一个统一的桩土荷载分担计算方法。

由此可见，虽然JCCAD给予设计人员一个关于复合地基计算的有力工具，但这只是一个平台。至于复合地基桩土分担比例的取值，计算结果是否合理等，将更加依赖于工程实测数据的支持。

与桩基础、复合桩基一样，复合地基的承台板内力计算也与沉降计算值有着较大的关系。关于复合地基的沉降计算，一般采用"复合模量法"与"明德林应力公式法"两种方法，前者适用于柔性桩复合地基，后者适用于刚性桩复合地基。

本章依据有着较可靠沉降观测资料的工程实例，对柔性桩复合地基、刚性桩复合地基、刚—柔性桩复合地基的沉降计算，以及沉降计算结果对基础软件计算基础内力的影响，进行初步探讨。

本章还提供全国近20个省市的复合地基实测沉降、原位实测桩土分担等数据，可供设计人员参考。

2.2 柔性桩复合地基计算的探讨

柔性桩复合地基的柔性桩包括水泥搅拌桩、高压旋喷桩、灰土挤密桩、夯实水泥土桩、石灰桩、砂石桩等。

采用 JCCAD 等软件计算柔性桩复合地基承台板内力的合理与否，在很大程度上取决于其沉降计算值的准确程度，因此就需要探讨柔性桩复合地基的沉降计算问题。

以往大量柔性桩复合地基的沉降观测一般仅进行到工程竣工，缺少长期的实测资料。而且较少报道发生大沉降的工程实例。因此对柔性桩复合地基沉降计算的探讨始终难以深入。

柔性桩复合地基桩土分担比对桩身材料强度与承台板内力的计算有一定影响，但有关地基处理规范对这方面均较少涉及。

虽然建筑物复合地基的桩土荷载分担原位实测资料较少，但随着高速公路与高速铁路路堤复合地基的大量应用，因此积累了大量资料。最关键的是高速公路与高速铁路对沉降有着十分明确的要求，而路堤复合地基与建筑物复合地基的设计原理实际上是相通的。

本节提供一些建筑物与路堤复合地基工程实例的沉降、桩土荷载分担原位实测资料，可供参考。

水泥搅拌桩的桩身材料强度验算问题，有关地基规范的规定也较为简略。本节提供一些有关资料供参考。

虽然现在浙江地区的水泥搅拌桩复合地基已经较少应用于房屋基础，但随着厂房地面使用荷载的增大、地面平整度要求的提高，水泥搅拌桩复合地基仍然有着很大的应用余地。刚柔性桩复合地基中的柔性桩就常用水泥搅拌桩。而山东、苏北等地的水泥搅拌桩复合地基仍大量应用于多层住宅。

因此水泥搅拌桩复合地基问题的探讨，仍然有着工程实际的需要。

2.2.1 温州某 6 层住宅水泥搅拌桩复合地基沉降计算

柔性桩复合地基沉降计算的传统模式是把总沉降 S 分成加固层沉降 S_1 与下卧层沉降 S_2，其中 S_1 采用复合模量法计算，S_2 通常采用分层总和法计算。加固层沉降量通常很小，沉降主要发生在软弱下卧层。因此本节探讨的沉降计算问题是针对未打穿软土层的柔性桩复合地基，并以温州有 2750 d 实测沉降数据的 6 层住宅水泥搅拌桩复合地基为主要案例。

［案例 2.2.1］为温州某 6 层砖混结构住宅（卞守中，1990），总建筑面积 1848.6 m^2，上部结构传至室外地面标高处对应于长期效应组合的竖向荷载值为 22431 kN，基础自重为 2076 kN，基底土自重压力为 8.75 kPa。

［案例 2.2.1］地基土物理力学性质指标见表 2.2.1-1。

地基土的物理力学性质指标 表 2.2.1-1

层序	土的名称	物 理 性 质					力 学 性 质				原 位 测 试	
							剪切试验		压缩试验			
		厚度 h (m)	含水量 w (%)	重力密度 ρ (g/cm³)	天然孔隙比 e	塑性指数 I_L	内摩擦角 ϕ (°)	内聚力 C (kPa)	压缩模量 E_s (MPa)	压缩系数 α^{1-2} (MPa⁻¹)	比贯入阻力 P_s (MPa)	无侧限抗压强度 Q_u (MPa)
①	黏土	1.0	49.5	1.75	1.35	24.8	8.1	14	2.90	0.084	6.6	52.7
②	淤泥	6.2	78.5	1.54	2.18	24.9	9.5	6.0	1.12	0.285	3.2	28.0

续表

层序	土的名称	物理性质					力学性质				原位测试	
		厚度 h（m）	含水量 w（%）	重力密度 ρ（g/cm³）	天然孔隙比 e	塑性指数 I_L	剪切试验		压缩试验		比贯入阻力 P_s（MPa）	无侧限抗压强度 Q_u（MPa）
							内摩擦角 ϕ（°）	内聚力 C（kPa）	压缩模量 E_s（MPa）	压缩系数 α^{1-2}（MPa⁻¹）		
③	淤泥质粉质黏土	1.1	42.0	1.68	—	—	24.0	9.0	3.50	—	7.1	—
④	淤泥	10.9	70.5	1.58	1.96	26.2	5.8	11.0	1.36	0.203	6.1	19.6
⑤	淤泥	4.8	59.3	1.62	1.68	28.0	5.5	13.0	2.12	0.12	7.7	63.0
⑥	黏土	>1.6	37.3	1.86	1.02	23.7	10.0	43.0	8.90	0.022	19.2	—

［案例2.2.1］在格筏基础下沿轴线布置单排水泥搅拌桩，桩长12.5 m，桩径0.5 m，共174根。格筏基础外包尺寸为31.6 m×10.75 m，格筏基础净面积为207.6 m²。

［案例2.2.1］基础平面图如图2.2.1-1。

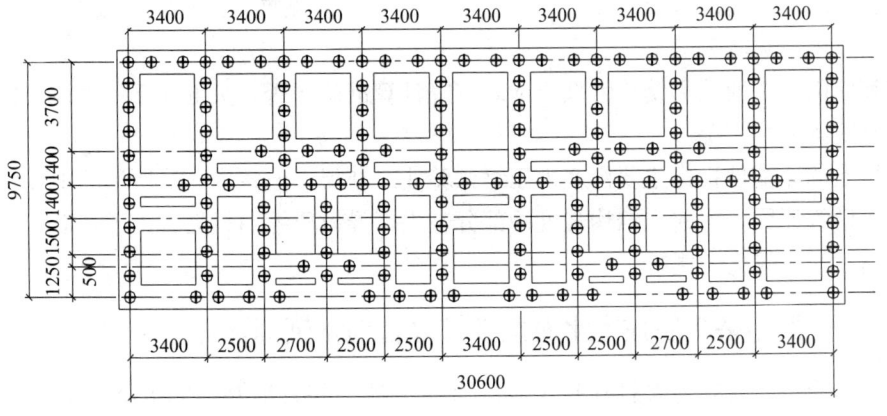

图 2.2.1-1　［案例2.2.1］基础平面图

［案例2.2.1］的沉降观测持续2750 d，实测最大沉降值为78 mm，最小沉降值为59 mm，最大沉降差为19 mm，实测推算最终平均沉降量为64 mm。时间-沉降曲线（图2.2.1-2）的特

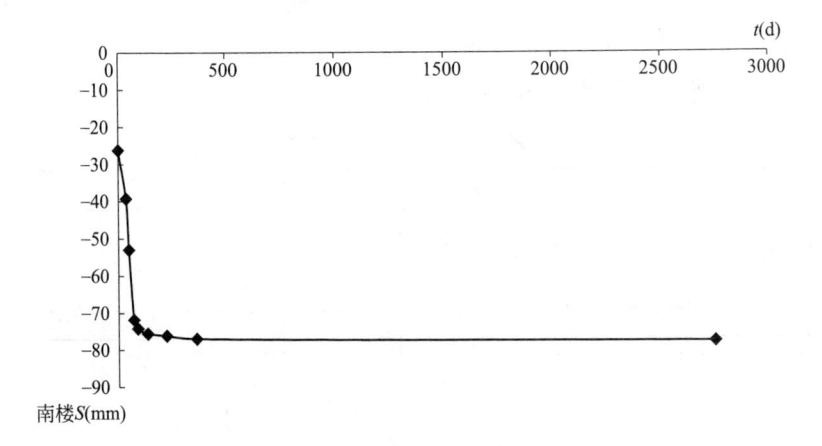

图 2.2.1-2　［案例2.2.1］时间-沉降曲线

征表明，［案例 2.2.1］的水泥搅拌桩复合地基的沉降大部分在施工期间发生；建筑物竣工后水泥搅拌桩复合地基沉降随时间的变化即变得非常平缓（郝玉龙，2002）。

［案例 2.2.1］的桩群顶面的平均压力 $P=270$ kPa，桩群底面土的附加压力 $P_0=30$ kPa。桩群中水泥搅拌桩的变形模量 $E_0=43.1$ kPa，桩群体的压缩变形 $S_1=43$ mm（计算过程略）。

［案例 2.2.1］沉降计算按格筏基础计算桩端土的变形 S_2，取 $\psi_S=1.0$，见表 2.2.1-2。

分层总和法沉降计算（格筏基础）

表 2.2.1-2

土层	桩端以下深度 Z(m)	L (m)	b (m)	L/b	$2Z/b$	$\bar{\alpha}_i$	$Z_i\bar{\alpha}_i - Z_{i-1}\bar{\alpha}_{i-1}$	E_S	$\dfrac{Z_i\alpha_i - Z_{i-1}\alpha_{i-1}}{E_s}$
淤泥	6.7	31.6	10.75	2.94	1.25	0.2265	1.5176	1.36	1.116
淤泥	11.0				2.05	0.1982	0.6627	2.12	0.313

$P_0=63.4 \ kPa$	$\sum\limits_{i=1}^{n} \dfrac{Z_i\alpha_i - Z_{i-1}\alpha_{i-1}}{E_s} = 1.429$	$\psi_s=1.0$

$$S = 4\psi_s P_0 \sum_{i=1}^{n} \frac{Z_i\alpha_i - Z_{i-1}\alpha_{i-1}}{E_s} = 4 \times 1.0 \times 63.4 \times 1.429 = 362 \text{ mm}$$

［案例 2.2.1］总沉降 $S=43+362=405$ mm，与实测推算最终沉降量 64.0 mm 之比为 6.30。

究其原因，一般认为结构性软土地基沉降计算准确与否，关键在于压缩性指标的选择是否符合工程实际情况。

以往土的压缩性指标主要由室内压缩试验曲线获得，但室内试验所用的土样由于卸荷与取样扰动等原因，引起土结构强度的部分丧失，导致压缩曲线失真，于是对地基沉降计算的准确性带来较大的影响。

2.2.2 温州某 7 层住宅水泥搅拌桩复合地基沉降计算

但也不能由此就认为未打穿软土层的水泥搅拌桩复合地基计算沉降均不符合实际情况，因为虽然对于这类基础的长期沉降观测数据较少见于报道，一般均为竣工时的沉降观测数据，且发生大沉降的水泥搅拌桩复合地基工程实例更少见于报道。但从一些由于发生不均匀沉降而需要进行加固建筑物的报道中，还是能够获得一些有关数据的。

［案例 2.2.2］为温州某 7 层砖混结构住宅（项学先，2000），总建筑面积约 2900 m²，平面尺寸为 12.0 m×31.7 m。拟建场地表层黏土以下淤泥厚度超过 29 m。

［案例 2.2.2］地基土物理力学性质指标见表 2.2.2-1。

地基土的物理力学性质指标

表 2.2.2-1

层序	土的名称	物理性质				力学性质			
		厚度 h (m)	含水量 w (%)	重力密度 ρ (g/cm³)	天然孔隙比 e	剪切试验		压缩试验	
						内摩擦角 ϕ(°)	内聚力 C (kPa)	压缩模量 E_s (MPa)	压缩系数 α^{1-2} (MPa⁻¹)
①	黏土	0.9	49.8	1.76	1.40	8.2	15	2.80	0.080
②	淤泥	29.0	72.0	1.59	1.96	5.7	10.0	1.35	0.205
③	黏土	>3.6	36.2	1.87	1.01	11.0	42.0	9.10	0.023

[案例 2.2.2] 在格筏基础下沿轴线布置单排水泥搅拌桩，桩长 12.0 m，桩径 0.5 m，桩端以下尚有 18 m 厚的淤泥。格筏基础外包尺寸为 33.7 m×13.9 m，格筏基础净面积为 395.29 m^2。

[案例 2.2.2] 基础平面图如图 2.2.2-1。

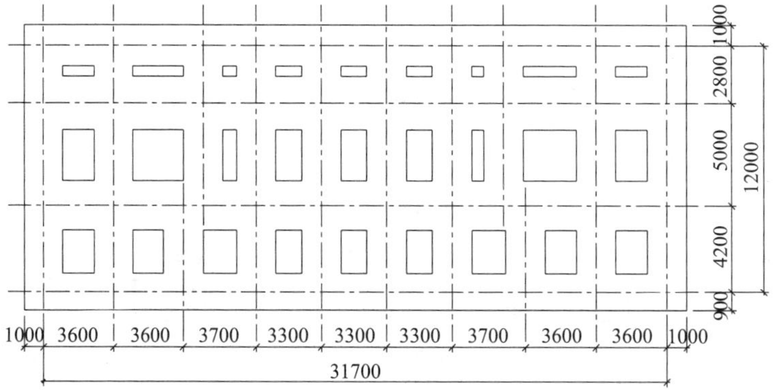

图 2.2.2-1 [案例 2.2.2] 基础平面图

[案例 2.2.2] 于 1995 年 8 月竣工。至同年 10 月，住宅北面平均实测沉降为 256 mm，南面为 185 mm；同年 12 月实测平均沉降北面为 270 mm，南面为 177 mm，住宅向北的倾斜率达到 8.5‰。

[案例 2.2.2] 竣工后两个月内累计平均沉降达到 220.5 mm，四个月内累计平均沉降已达到 223.5 mm，按竣工时完成总沉降量的 30%～50% 计，预计最终平均沉降将超过 550 mm。

[案例 2.2.2] 的桩群顶面的平均压力 $P=113.2$ kPa，桩群底面土的附加压力 $P_0=50.1$ kPa。桩群中水泥搅拌桩的变形模量 $E_0=49$ kPa，桩群体的压缩变形 $S_1=18$ mm。

[案例 2.2.2] 沉降计算按格筏基础计算桩端土的变形 S_2，取 $\psi_S=1.0$，总沉降 $S=S_1+S_2=639$ mm，与预计最终沉降量 550 mm 之比为 1.16（计算过程略）。

[案例 2.2.1] 与 [案例 2.2.2] 均位于温州地区，地基土条件基本相同，桩长基本相同，六层住宅计算沉降与实测沉降之比为 6.30，七层住宅计算沉降与实测沉降之比为 1.16。由两个案例的计算过程看，主要原因是水泥搅拌桩复合体底面的附加压力不同。

2.2.3 南京某小区 6 层住宅水泥搅拌桩复合地基沉降计算

[案例 2.2.3] 为南京某小区 6 层底框砖混结构住宅（曾国熙，1988），底层面积为 323 m^2，长度为 34 m。该场地为新填池塘，填土以下淤泥质土厚度超过 30 m，部分地方为刚填平的池塘。

[案例 2.2.3] 地基土物理力学性质指标见表 2.2.3-1。

[案例 2.2.3] 采用壁状加固形式的水泥搅拌桩复合地基，"∞"字形的双桩搭接成壁状，纵横两个方向的桩壁又交叉成格栅形，使地基加固体连成一个整体以减少不均匀沉降。其中水泥搅拌桩的有效桩长 10 m。

地基土的物理力学性质指标 表 2.2.3-1

层序	土的名称	物理性质						力学性质			建议采用地基土承载力特征值 f_{ak} (kPa)
		厚度 h (m)	含水量 w (%)	重力密度 ρ (g/cm³)	天然孔隙比 e	塑性指数 I_p	液性指数 I_L	剪切试验		压缩试验	
								内摩擦角 ϕ(°)	内聚力 C (kPa)	压缩模量 E_s (MPa)	
②	素填土	2.3	40	1.82	1.10	20	0.85	13.5	12	3.64	75
③	淤泥质粉质黏土	>30.0	47	1.74	1.31	14	1.78	17.5	4	2.09	60

[案例 2.2.3] 基础平面图如图 2.2.3-1。

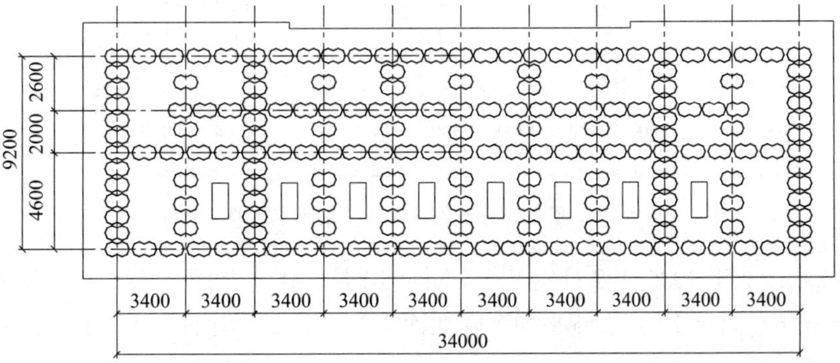

图 2.2.3-1 [案例 2.2.3] 基础平面图

[案例 2.2.3] 于 1986 年竣工，使用一年半后的累计沉降为 113.2 mm，实测推算最终沉降量约为 150 mm。

[案例 2.2.3] 的桩群顶面的平均压力 $P=211$ kPa，桩群底面土的附加压力 $P_0=55$ kPa。桩群中水泥搅拌桩的变形模量 $E_0=55.8$ kPa，桩群体的压缩变形 $S_1=23$ mm。

[案例 2.2.3] 沉降计算按格筏基础计算桩端土的变形 S_2，取 $\psi_s=1.0$，总沉降 $S=S_1+S_2=351$ mm，与预计最终沉降量 150 mm 之比为 2.34（计算过程略）。

2.2.4 南京某小区 7 层住宅水泥搅拌桩复合地基沉降计算

[案例 2.2.4] 为南京某小区 7 层砖混结构住宅（带阁楼）（曾国熙，1988），底层面积为 750 m²，长度为 56 m。建设场地原为农田，填土以下淤泥质土厚度超过 70 m。

[案例 2.2.4] 地基土物理力学性质指标见表 2.2.4-1。

地基土的物理力学性质指标 表 2.2.4-1

层序	土的名称	物理性质					力学性质		
		厚度 h(m)	含水量 w(%)	天然孔隙比 e	塑性指数 I_p	液性指数 I_L	剪切试验		压缩试验
							内摩擦角 ϕ(°)	内聚力 C(kPa)	压缩模量 E_s(MPa)
①	填土	1.5	34.5	0.968	16.7	0.75	14.0	20.0	2.87
②	黏土	0.8	39.0	1.098	20.8	0.71	—	—	3.54
③-1	淤泥质粉质黏土	12.5	45.9	1.291	16.3	1.48	12.0	10.0	2.25

层序	土的名称	物 理 性 质					力 学 性 质		
		厚度 h(m)	含水量 w(%)	天然孔隙比 e	塑性指数 I_p	液性指数 I_L	剪切试验		压缩试验
							内摩擦角 ϕ(°)	内聚力 C(kPa)	压缩模量 E_s(MPa)
③-2	淤泥质粉质黏土	4.6	38.5	1.112	12.3	1.51	21.5	9.0	3.15
③-3	淤泥质粉质黏土	>50.0	38.7	1.141	13.8	1.27	16.5	13.0	3.16

［案例 2.2.4］设计采用直径 500 mm 的单轴水泥搅拌桩复合地基，水泥搅拌桩的有效桩长为 10.5 m。

［案例 2.2.4］基础平面图如图 2.2.4-1。

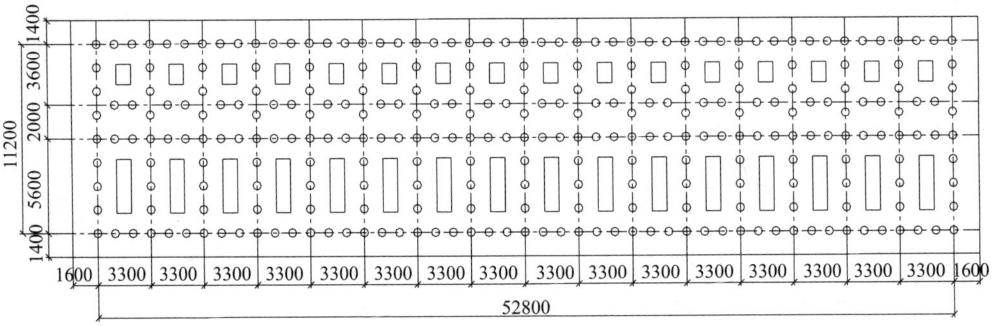

图 2.2.4-1 ［案例 2.2.4］基础平面图

［案例 2.2.4］的实测推算最终沉降量约为 250 mm。

［案例 2.2.4］的复合体顶面的平均压力 P ＝113.8 kPa，复合体底面土的附加压力 P_0 ＝50.1 kPa。水泥搅拌桩的变形模量 E_0 ＝49 kPa，桩群体的压缩变形 S_1 ＝18 mm。

［案例 2.2.4］沉降计算按格筏基础计算桩端土的变形 S_2，取 ψ_S ＝1.0，总沉降 S ＝ S_1 ＋S_2 ＝226 mm，与实测推算最终沉降量 250 mm 之比为 0.904（计算过程略）。

［案例 2.2.3］与［案例 2.2.4］位于同一住宅小区，地基土条件基本相同，桩长基本相同，六层住宅计算沉降与实测沉降之比为 2.34，七层住宅计算沉降与实测沉降之比为 0.904。由两个案例的计算过程看，主要原因是水泥搅拌桩复合体体量大小与桩数多少的不同。

2.2.5 柔性桩复合地基沉降实测的弊病与大沉降的资料

有一点特别的情况必须加以重点说明：以上探讨建立在这些柔性桩复合地基工程的沉降观测数据均排除了当地地面沉降影响的基础上。然而实际上除有关公路与铁路路堤的论文外，其余所有资料均未提及如何排除地面沉降影响的问题。因此实测沉降远小于计算值的结论很有可能并不完全准确。

对于建筑物沉降观测，上海地区地基规范规定必须埋设沉降观测专用水准点，且其深度宜与被观测建筑物基础埋深相同。这一条规定尚未见于其他地基规范与有关论文。

比如有关［案例 2.2.1］的所有论文中，均未涉及该工程实例沉降观测水准基准点的取用问题，也未涉及如何排除温州地区至 2005 年之前年平均 20～25 mm 的地面沉降，对工程实例沉降监测影响的问题。

如［案例 2.2.1］的沉降观测延续了 7 年半，十分难得。但若沉降观测专用水准点设置于附近的地面上（即天然地基），则沉降观测数据很可能由于沉降观测专用水准点随地面沉降，而产生偏小的假象。

总之，在未获得大量柔性桩复合地基工程的"真实"沉降观测数据前，还是不能轻易否定现有柔性桩复合地基沉降计算方法的准确性。

关于发生较大沉降的柔性桩复合地基工程，有关人员虽然不会大力宣扬，但仔细检索，还是能够收集到一些资料的。

如上海浦东某住宅小区的 11 幢 6 层住宅（林柏，2010），采用 11.5 m 长水泥粉喷桩复合地基，由三家施工队分别进行施工。结顶时普遍沉降达 160 mm 左右，最大的已达 200 余毫米。沉降速率为 1~2 mm/d。预计最终平均沉降将超过 400 mm，远超设计人员按"双层地基"理论计算所得的沉降值。这项工程的实践结果表明，至少不能将水泥搅拌桩复合地基发生大沉降的原因，均归咎于施工质量。

鉴于类似情况常有发生，于是上海市建委 1997 年发文，要求各设计单位若选择深层搅拌桩，应按上海地基处理技术规范进行沉降计算（即不能按"双层地基"理论），并在设计图上标明沉降控制值。由于设计不当而造成工程质量问题，设计单位对由此引起的后果负全部责任。自此水泥搅拌桩复合地基基础在上海的房屋基础中几乎绝迹了。

实际上其他地区建筑物柔性桩复合地基发生较大沉降的工程实例十分常见，一些地方甚至发生因沉降过大而拆除建筑物的事故，否则浙江不少地方就不会发文禁用水泥搅拌桩复合地基。虽然直接报道这类工程实例的文献不多，但由建筑物纠偏类的文献中还是可以检索到有关资料的。

建筑物柔性桩复合地基发生较大沉降的数据见表 2.2.5-1。

建筑物柔性桩复合地基大沉降数据

表 2.2.5-1

序号	工 程 名 称	桩型	承台底基土	实测沉降值（mm）
1	温州 7 层住宅	水泥搅拌桩	淤泥	＞400
2	温州 6 层综合楼	水泥搅拌桩	黏土	＞204
3	温州 4 层宿舍	水泥搅拌桩	淤泥质土	＞150
4	杭州 6 层住宅	水泥搅拌桩	填土	1438
5	舟山某储罐	水泥搅拌桩	粉质黏土	711
6	上虞 4 层框架	水泥搅拌桩	粉质黏土	最大倾斜 1.8%
7	上虞 8 层砖混	水泥搅拌桩	—	最大倾斜 0.8%
8	宁波某储罐	碎石桩	粉质黏土	876
9	南京 7 层住宅	水泥搅拌桩	淤泥质粉质黏土	550
10	南京 9 层框架	水泥搅拌桩	淤泥质粉质黏土	243
11	南京 7 层住宅	水泥搅拌桩	填土	206
12	南京 5 层住宅	水泥搅拌桩	—	194
13	南京 7 层住宅	水泥搅拌桩	淤泥质粉质黏土	最大倾斜 1.6%
14	淮阴 5 层住宅	水泥搅拌桩	—	最大倾斜 0.7%

续表

序号	工 程 名 称	桩型	承台底基土	实测沉降值(mm)
15	淮安 6 层住宅	水泥搅拌桩	黏土	最大倾斜 6.6%
16	上海某新村 11 幢 6 层住宅	水泥粉喷桩	淤泥质黏土	>400
17	上海某新村 2 幢 6 层住宅	水泥粉喷桩	—	>200
18	上海某新村 1 幢 6 层住宅	水泥搅拌桩	粉质黏土	250
19	上海储罐 A	水泥搅拌桩	杂填土	>190
20	上海储罐 B	水泥搅拌桩	杂填土	571
21	广州 3 层别墅	水泥搅拌桩	—	最大倾斜 740
22	广州 9 层框架	旋喷桩	淤泥	最大倾斜 1.56%
23	泉州 2 幢 6 层住宅	水泥粉喷桩	粉质黏土	180
24	武昌 7 层住宅	水泥搅拌桩	淤泥质黏土	180
25	武汉 7 层砖混	水泥粉喷桩	填土	最大倾斜 0.97%
26	武汉 1 层框架	水泥搅拌桩	填土	最大沉降差 114
27	武汉 1 层框架	水泥搅拌桩	填土	最大沉降差 43
28	武汉 7 层住宅	碎石挤密桩	填土	>500
29	湖北某框架	水泥喷粉桩	杂填土	最大倾斜 151
30	湖北 7 层砖混	石灰桩	淤泥	最大倾斜 1.3%
31	长沙 6 层砖混	水泥喷粉桩	黏土	最大倾斜 1.12%
32	郑州 6 层砖混	水泥喷粉桩	淤泥质粉质黏土	最大倾斜 198
33	洛阳 6 层砖混	灰土挤密桩	湿陷性黄土状粉质黏土	最大倾斜 321
34	石家庄 6 层砖混	水泥喷粉桩	淤泥质粉质黏土	最大倾斜 198
35	山东储罐 A	CFG 桩＋砂桩	—	487
36	云南 6 层砖混	混凝土芯水泥搅拌桩	黏土	最大倾斜 319

注：表中工程实例的实测沉降值是否排除当地地面沉降的影响，均未见报道。

　　高速公路与高速铁路路堤柔性桩复合地基也有发生较大沉降的情况。这些工程实例涉及的地域较广，地基土类型也不局限于软土地基。由于高速公路路堤的沉降有相邻非柔性桩复合地基路堤（如桥头路堤）的对比，因此数据应该比建筑物的沉降观测资料可靠些。高速铁路路堤的沉降数据就更为可靠了。

　　路堤柔性桩复合地基发生较大沉降的工程实例见表 2.2.5-2。

路堤柔性桩复合地基大沉降数据 表 2.2.5-2

序号	工程名称	桩型	路堤底荷重 (kPa)	路堤底地基土	路堤底承载力标准值(kPa)	实测沉降值 (mm)
1	广东路堤 A	水泥搅拌桩	67	淤泥	—	1500
2	广东路堤 B	水泥粉喷桩	133	淤泥质土	—	470
3	广东路堤 C	素混凝土桩＋袋装砂井	—	淤泥质土	—	500～1300
4	广东路堤 D	水泥粉喷桩	80	淤泥质土	—	390
5	广东路堤 E	水泥搅拌桩	87	淤泥质粉质黏土	—	300
6	湖南路堤	水泥搅拌桩	76	粉质黏土	—	240
7	山东路堤	水泥粉喷桩	118	粉细砂土	—	>180

53

续表

序号	工程名称	桩型	路堤底荷重 (kPa)	路堤底地基土	路堤底土承载力标准值(kPa)	实测沉降值 (mm)
8	云南路堤	碎石桩	340	红黏土	—	560
9	四川路堤 A	水泥粉喷桩	210	松软土	—	600
10	四川路堤 B	碎石桩	260	松软土	—	370
11	上海路堤	水泥搅拌桩＋排水板	57	粉质黏土	—	500
12	温州路堤 A	水泥搅拌桩＋排水板	76	黏土	—	700
13	温州路堤 B	水泥粉喷桩	105	粉质黏土	105	291
14	盐城路堤	水泥搅拌桩＋排水板	93	黏土	114	400
15	吴江路堤	水泥搅拌桩	91	黏土	—	475
16	灌云路堤	水泥粉喷桩	67	淤泥质土	—	858
17	昆山路堤 A	水泥粉喷桩	110	粉质黏土	—	796
18	昆山路堤 B	水泥粉喷桩	120	黏土	—	325
19	南京路堤	水泥搅拌桩	38	淤泥质粉质黏土	—	70.7
20	河北路堤 A	水泥搅拌桩	152	黏土	—	526
21	河北路堤 B	水泥搅拌桩	152	黏土	—	546
22	河北路堤 C	水泥搅拌桩	152	黏土	—	662
23	河北路堤 D	水泥搅拌桩	152	黏土	—	572
24	河北路堤 E	水泥搅拌桩	152	黏土	—	487
25	河北路堤 F	水泥搅拌桩	152	黏土	—	592

注：序号 19 的"南京路堤"实测沉降量绝对数值虽不大，但却远超设计要求（26 mm）。主要原因系附近深基坑抽水导致地基土流失。有一定参考价值，故列入此表。

2.2.6 基础软件计算柔性桩复合地基的桩土分担比例问题

JCCAD 软件用户手册关于复合地基计算的规定是，柔性桩复合地基的桩体在交互输入中按混凝土灌注桩输入的。

盈建科软件的用户手册中没有有关柔性桩复合地基的说明，应该与 JCCAD 软件相同。

因此，若解决了沉降计算问题，最大的困难就是确定柔性桩复合地基的桩土荷载分担比例，也就是桩间土反力的基床系数取值问题。

关于这个问题，有关地基规范的规定比较笼统。如《建筑地基处理技术规范》JGJ 79—2012 关于水泥土搅拌桩复合地基的桩间土发挥系数，建议值为 0.1～0.8；《复合地基技术规范》GB/T 50783—2012 关于水泥土搅拌桩复合地基的桩间土发挥系数，建议值为 0.10～0.95。

按照上述建议值，桩间土反力基床系数的取值就有一定难度。设计人员主要还是应参考地区经验。

路堤荷载在软土地区相当于 4～8 层砖混住宅的重量，在非软土地区最大达到 21 层建筑的重量。因此其桩土荷载分担原位实测数据，就可供参考。

储罐荷载在软土地区相当于 16 层砖混住宅的重量。因此其桩土荷载分担原位实测数据，也可供参考。

建筑物柔性桩复合地基的原位实测桩土分担资料只收集到 1 例。加上路堤与储罐的柔性桩复合地基，就共有 10 余个省市 50 余例工程实例的数据可供参考，见表 2.2.6-1。

建筑物、路堤与储罐柔性桩复合地基原位实测桩土分担数据 表 2.2.6-1

序号	工程名称	桩型	褥垫层厚度（mm）	承台底土基土	承台底土承载力标准值（kPa）	实测沉降值（mm）	实测桩间土压力（kPa）	桩间土分担比例（%）	桩土应力比
建筑物柔性桩复合地基原位实测桩土分担数据									
1	南京 7 层住宅	水泥搅拌桩	300	淤泥质粉质黏土	55	149	21	—	2～5

路堤柔性桩复合地基原位实测桩土分担数据

序号	工程名称	桩型	路堤底荷重（kPa）	路堤底地基土	路堤底土承载力标准值（kPa）	实测沉降值（mm）	实测桩间土压力（kPa）	桩间土分担比例（%）	桩土应力比
2	海南路堤	水泥搅拌桩	105	淤泥质黏土	—	29	60	—	2.9
3	云南路堤	水泥搅拌桩	122	粉质黏土	—	150	80	—	1.0
4	河南路堤	粉喷桩	61	砂质粉土	120	65	55	—	1.25～1.55
5	甘肃路堤 A	挤密砂石桩	99	软黄土	—	102	80～150	—	1.5～2.5
6	甘肃路堤 B	粉喷桩	133	软黄土	—	350	50	—	4.7
7	甘肃路堤 C	粉喷桩	160	粉土	—	120	60	—	2.2
8	辽宁路堤 A	水泥搅拌桩	54	松软土	—	24	56	—	2.23
9	辽宁路堤 B	砂桩	58	松软土	—	—	67	—	2.04
10	辽宁路堤 C	碎石桩	58	松软土	—	8.8	110	—	1.45
11	辽宁路堤 D	碎石桩	58	松软土	—	9.6	84	—	1.52
12	辽宁路堤 E	砂桩	58	松软土	—	—	67	—	2.04
13	山东路堤 A	粉喷桩	115	粉质黏土	100	130	80	—	6.0
14	山东路堤 B	粉喷桩	130	粉质黏土	120	171	—	—	7.5
15	山东路堤 C	粉喷桩	255	黏土	—	150	20～73	—	6.3
16	山东路堤 D	粉喷桩	152	—	—	90	—	—	6.0
17	广东路堤 A	水泥搅拌桩	76	淤泥	—	135	68.5～75	—	0.66～1.1
18	广东路堤 B	粉喷桩	108	粉质黏土	80	—	98	—	1.1～1.75
19	广东路堤 C	水泥搅拌桩	51	淤泥	40	11	41.4～53.4	—	—
20	广东路堤 D	粉喷桩	124	淤泥	—	—	—	—	3.76～5.77
21	四川路堤 A	粉喷桩	210	红层软土	—	371	—	—	3.75
22	四川路堤 B	粉喷桩	210	红层软土	—	529	—	—	2.42
23	四川路堤 C	水泥搅拌桩	177	粉土	—	101	120	—	2.72～5.92
24	唐山路堤 A	水泥搅拌桩	90	软土	40	41	—	—	2.63
25	唐山路堤 B	水泥搅拌桩	90	软土	40	68	—	—	4.86
26	唐山路堤 C	水泥搅拌桩	90	软土	40	118	—	—	6.76
27	邢台路堤	水泥搅拌桩	135	—	—	131	86	—	4.4
28	上海路堤	水泥搅拌桩＋塑料排水板	57	粉质黏土	—	500	—	—	2.5

序号	工程名称	桩型	路堤底荷重（kPa）	路堤底地基土	路堤底土承载力标准值（kPa）	实测沉降值（mm）	实测桩间土压力（kPa）	桩间土分担比例（%）	桩土应力比
29	昆山路堤 A	砂桩	130	黏土	—	320	80	—	3.7
30	昆山路堤 B	水泥搅拌桩桩网	115.7	黏土	—	156	52~61	48.8	3.16
31	沪宁间路堤	碎石注浆桩	124	粉质黏土	—		20	33.0	—
32	吴江路堤 A	钉形水泥搅拌桩	70	淤泥质粉质黏土	—	156	—	51.7	3.18
33	吴江路堤 B	钉形水泥搅拌桩	79	淤泥质粉质黏土	—	159	—	46.2	2.99
34	吴江路堤 C	双向水泥搅拌桩	84	淤泥质粉质黏土	—	240	—	64.6	4.19
35	吴江路堤 D	水泥搅拌桩	92	淤泥质粉质黏土	—	324	—	67.4	3.7
36	盐城路堤 A	粉喷桩	70~103	—	—	89~155	87	—	1.7
37	盐城路堤 B	粉喷桩＋排水板	76	—	—	138	80	—	2.19
38	盐城路堤 C	水泥搅拌桩	93	—	—	86	70	—	11.0
39	盐城路堤 D	水泥搅拌桩＋排水板	93	—	—	300	50	—	9.0
40	盐城路堤 E	水泥搅拌桩＋排水板	93	—	—	400	70	—	3.7
41	徐州路堤 A	水泥搅拌桩	49	黏土	120	240	—	27~32	2.0~4.9
42	徐州路堤 B	水泥搅拌桩	70	黏土	120	—	—	28~42	1.4~3.4
43	杭州路堤	粉喷桩	95	粉质黏土	—	129	50	—	2~4
44	宁波路堤 A	粉喷桩	36~49	黏土	—	165~255	20~53	—	9.2~9.8
45	宁波路堤 B	浆固碎石桩	51	黏土	—	22	50	—	
46	宁波路堤 C	浆固碎石桩	93	黏土	—	18	130	—	
47	宁波路堤 D	浆固碎石桩	93	黏土	—	23	50	—	
48	温州路堤	水泥搅拌桩＋排水板	76	黏土	—	685	90	—	1.0
49	浙江路堤	水泥搅拌桩	110	粉质黏土	—	253	133	70	4.7
50	天津路堤 A	水泥粉喷桩	47	淤泥质黏土	—	300	—	—	4.7
51	天津路堤 B	水泥浆喷桩	47	淤泥质黏土	—	300	—	—	4.0
52	河北路堤 A	钉型水泥搅拌桩	175	—	—		—	—	8.5
53	河北路堤 B	水泥搅拌桩	175	—	—		—	—	6.0
储罐柔性桩复合地基原位实测桩土分担数据									
54	广东储罐	挤密砂石桩	240	中砂	—	119	188	—	1.3
55	山东储罐	碎石桩	—	粉质黏土	—		125	—	2.5

2.2.7 基础软件计算柔性桩复合地基的桩身材料强度问题

解决了沉降计算与桩土荷载分担问题后，JCCAD、盈建科等软件计算柔性桩复合地基的最后问题就是桩身材料强度的验算了。

《建筑地基处理规范》JGJ 79—2012 关于水泥搅拌桩复合地基的搅拌桩单桩承载力特征值规定为，应使由桩身材料强度确定的单桩承载力不小于由桩周土和桩端土的抗力所提供的单桩承载力，即式(7.3.3)。

但是关于式(7.3.3) 中的室内加固土试块的立方体抗压强度平均值，《建筑地基处理规范》JGJ 79—2012 未提供参考值。设计人员在设计中常发生失误，即任意取值，且常偏高。最后在施工监测后发现达不到设计要求。

《建筑地基处理规范》JGJ 79—91 的条文说明中有"不同成因软土的水泥加固试验结果"表，可供参考。在浙南等典型软土的工程实践中，证明该表的数据是可靠的。

此表被很多设计人员忽视，且《建筑地基处理规范》JGJ 79—91 现在也较少见。现录以备忘，见表 2.2.7-1。

不同成因软土的水泥加固试验结果　　　　　　　　表 2.2.7-1

土层成因	土名	土的性质							掺加水泥试验			
		含水量 w （％）	重力密度 γ （kN/m³）	孔隙比 e	液性指数 I_L （％）	塑性指数 I_P （％）	压缩系数 α_{1-2} （MPa^{-1}）	无侧限抗压强度 q_0（kPa）	水泥标号	水泥掺量 （％）	龄期 (d)	水泥土无侧限抗压强度 f_{cu}（kPa）
滨海相沉积	淤泥	50.0	17.3	1.39	1.21	22.8	1.33	24	325	10	90	1096
	淤泥质粉质黏土	36.4	18.3	1.03	1.26	10.4	0.64	26	425	8	90	1415
	淤泥质黏土	68.4	15.6	1.80	1.71	21.8	2.05	19	425	14	90	1097
河相沉积	淤泥质粉质黏土	47.4	17.4	1.29	1.63	16.0	1.03	28	425	10	120	998
	淤泥质黏土	56.0	16.7	1.31	1.18	21.0	1.47	20	525	10	30	880
湖沼相沉积	泥炭	448.0	10.4	8.06	0.85	341.0	—	0	425	25	90	155
	泥炭化土	58.0	16.3	1.48	0.65	26.0	1.78	15	425	15	90	714

此外，工程实践中在室内水泥土无侧限抗压强度试验时，所取用的现场土样是取自现场地基土中最差的土，还是取用软土地区常见的表层"硬壳层"，试验结果将出现巨大的差异。

水泥搅拌桩现场取芯检测水泥土桩身材料强度的情况相当多，但资料检索有一定困难。部分案例见表 2.2.7-2。

水泥搅拌桩现场取芯检测水泥土桩身材料强度数据　　　　　　表 2.2.7-2

序号	工程名称	桩型	软弱地基土	桩身材料强度(MPa)
1	江苏 A	水泥浆喷桩	淤泥质粉质黏土	0.92
2	江苏 B	水泥粉喷桩	淤泥质粉质黏土	1.62
3	江苏 C	水泥浆喷桩	淤泥质黏土	2.52
4	江苏 D	水泥浆喷桩	淤泥质粉质黏土	1.82
5	江苏 E	水泥粉喷桩	淤泥质粉质黏土	0.70
6	江苏 F	水泥浆喷桩	—	0.51～1.19
7	江苏 G	水泥浆喷桩	—	0.58
8	江苏 H	水泥浆喷桩	—	0.58
9	江苏 I	水泥浆喷桩	—	1.60
10	江苏 J	水泥浆喷桩	—	1.13
11	江苏 K	水泥浆喷桩	—	1.13
12	江苏 L	水泥浆喷桩	—	1.13～1.16
13	江苏 M	水泥浆喷桩	—	0.59～2.08
14	江苏 N	水泥粉喷桩	淤泥质粉质黏土	2.63～3.07

续表

序号	工程名称	桩型	软弱地基土	桩身材料强度(MPa)
15	江苏 P	水泥粉喷桩	有机质黑土	0.047～0.583
16	浙江 A	水泥浆喷桩	淤泥	1.12
17	浙江 B	水泥浆喷桩	淤泥	0.80
18	浙江 C	水泥浆喷桩	淤泥	0.21～0.60
19	浙江 D	水泥浆喷桩	填土	2.10
20	浙江 E	水泥浆喷桩	粉质黏土	1.82
21	浙江 F	水泥浆喷桩	淤泥	1.65
22	浙江 G	水泥浆喷桩	淤泥	1.03
23	浙江 H	水泥浆喷桩	淤泥	0.92
24	浙江 J	水泥浆喷桩	淤泥	0.51
25	浙江 K	水泥浆喷桩	淤泥	4.72
26	浙江 L	水泥浆喷桩	淤泥	2.31
27	浙江 M	水泥浆喷桩	淤泥	1.59
28	浙江 N	水泥浆喷桩	淤泥	7.63
29	浙江 G	水泥浆喷桩	淤泥	1.77
30	天津 A	水泥浆喷桩	黏土	2.17
31	天津 B	水泥浆喷桩	淤泥质黏土	0.60
32	天津 C	水泥浆喷桩	淤泥质黏土	1.00
33	广东 A	水泥浆喷桩	淤泥	2.42
34	广东 B	水泥浆喷桩	淤泥质土	4.66
35	广东 C	水泥浆喷桩	粉质黏土	0.5
36	广东 D	水泥浆喷桩	淤泥	0.5
37	广东 E	水泥浆喷桩	淤泥	0.3
38	广东 F	水泥浆喷桩	腐木	0.1
39	山东 A	水泥粉喷桩	淤泥质粉质黏土	1.63
40	山东 B	水泥浆喷桩	淤泥质粉质黏土	0.93
41	山东 C	水泥粉喷桩	粉质黏土	3.2
42	山东 D	水泥粉喷桩	粉质黏土	3.5
43	山东 E	水泥粉喷桩	粉质黏土	4.1
44	山东 F	水泥粉喷桩	粉质黏土	2.9
45	山东 G	水泥粉喷桩	粉质黏土	3.2
46	山东 H	水泥粉喷桩	粉质黏土	3.5
47	山东 J	水泥粉喷桩	粉质黏土	3.0
48	山东 K	水泥粉喷桩	粉质黏土	2.6
49	山东 L	水泥粉喷桩	粉质黏土	2.9
50	山东 M	水泥粉喷桩	粉质黏土	3.1

续表

序号	工程名称	桩型	软弱地基土	桩身材料强度(MPa)
51	山东 P	水泥粉喷桩	粉质黏土	3.0
52	山东 Q	水泥粉喷桩	粉质黏上	3.5
53	山东 R	水泥粉喷桩	粉质黏土	3.9
54	新疆 A	水泥浆喷桩	黏土	3.0
55	新疆 B	水泥浆喷桩	黏土	4.0
56	陕西	水泥浆喷桩	黄土	0.4

注: 序号 15 的"江苏 P"为"有机质黑土"中水泥土的现场取芯水泥土桩身材料强度数据,25 组水泥土芯样的平均无侧限抗压强度为 453 kPa(陈甦,2001)。

由表 2.2.7-2 可知,水泥搅拌桩的桩身材料强度受土质、材料、施工工艺等影响很大,难以给出一个比较可靠的参考数据。因此,对于较为重要的工程,还是需要进行现场钻孔取芯的标贯与无侧限抗压强度试验,以便获得可靠的设计依据。

2.2.8 "悬浮桩"柔性桩复合地基沉降计算初步探讨

"悬浮桩"柔性桩复合地基是指桩端未进入硬土层的柔性桩复合地基,其沉降计算始终是一个难题。

在 20 世纪 90 年代起大规模应用水泥搅拌桩复合地基的时期,未能及时组织进行规范、准确、长期、系统的沉降观测,以及桩土荷载分担的原位实测,因此虽然当年发表了大量有关论文,但除了以造价、竣工实测沉降作为评判水泥搅拌桩复合地基成功与否的标准外,最大的问题是极少报道发生大沉降的水泥搅拌桩复合地基的具体结果。因此一旦由于出现大量沉降导致的工程事故,有关部门发文禁用,于是水泥搅拌桩复合地基就迅速退潮,最后留下可供后人探讨经验、汲取教训的资料,实在乏善可陈,甚至未能为地基处理规范的编制,提供一些可靠的数据。

对于桩端未进入硬土层的水泥搅拌桩复合地基,其沉降计算在某种程度上就相当于坐落于"人工上硬下软浅埋硬土层"上的天然基础。

长期的工程实践证明,当作用在软土天然地基上的附加压力小于某一限值时,地基的实际变形值远小于计算值。而当附加压力超过这个限值,即使是较小的压力增量,地基变形也会急剧增大。这一限值就是软黏土的天然结构强度。

绝大多数的天然沉积土都具有一定程度的结构性。由于成因的不同,结构性的强弱程度及其稳定性也有所差别。

土的压缩性指标一般都通过室内压缩试验曲线获得。但室内试验的土样由于卸荷和切样扰动等原因,引起土的结构强度部分丧失,导致压缩试验曲线失真。因此由室内试验得来的土压缩性指标与原位土相比误差较大,这就对地基沉降计算的准确程度带来较大影响。

20 世纪 60 年代初中国建筑科学研究院地基基础研究所研究了东南沿海地区软土的力学特征,提出当作用在软黏土地基上的附加压力不大于 πC_u(kPa)时,地基变形较小。其中 C_u 为根据三轴不排水剪切试验求得的抗剪强度。πC_u(kPa)可以认为相当于软黏土的天然结构强度。沿海地区软黏土的天然结构强度一般为 50～60 kPa。

然而并非所有地区软黏土的天然结构强度都是 50～60 kPa。比如上海的漕河径、虹桥、北新径、金桥、洋径、三林塘地区，三、四层建筑物的沉降也相当大，这说明这些地区软黏土的天然结构强度小于 50～60 kPa。

因此桩端以下软弱土层的天然结构强度，可能可以作为判断水泥搅拌桩复合地基沉降计算是否符合实际情况的定性标准之一。

总之，当水泥搅拌桩复合地基桩端土为深厚软弱土层时，既有较大沉降的工程实例，也有较小沉降工程实例。要解决这个问题，需要大量收集软黏土地区水泥搅拌桩复合地基工程的长期实测沉降资料，以及地基土的十字板剪切试验资料，通过科学的分析研究，确定复合地基桩端以下软黏土的天然结构强度对实测沉降的影响，从而得出合理的沉降计算理论。

此外，柔性桩复合地基的施工工艺、施工质量等均影响到建筑沉降，目前仍难以确定其中决定性的因素。

至于水泥搅拌桩中心部分桩身强度随时间增长、表层水泥土强度随时间增长衰减（章定文等，2006），污染土体影响水泥土强度（赵永强，2008），冻融循环对水泥土力学特性的影响（庞文台，2012），海水侵蚀对水泥土耐久性的影响（柳志平，2013），动荷载对水泥土寿命的影响（张敏霞等，2010）等问题，虽然均实际存在，但已逸出本节的探讨范围，可参见有关文献。

2.3 刚性桩复合地基计算的探讨

刚性桩复合地基的刚性桩包括预应力管桩、水泥粉煤灰碎石桩（CFG 桩）、素混凝土桩、钻孔灌注桩、现浇薄壁筒桩、载体桩、低强度混凝土桩、Y 形沉管灌注桩等。

采用 JCCAD、盈建科等软件计算刚性桩复合地基承台板所得内力的合理与否，在相当程度上取决于桩土荷载分担取值与沉降计算结果的准确程度。

由于褥垫层的存在，刚性桩复合地基的桩土荷载分担问题，比复合桩基还要复杂，难以参照《建筑桩基技术规范》的承台效应系数。有关地基处理规范只提供水泥粉煤灰碎石桩复合地基的桩间土发挥系数建议值。

本节提供部分建筑物、储罐与路堤刚性桩复合地基的桩土荷载分担原位实测数据，可供参考。

刚性桩复合地基沉降计算的传统模式是把总沉降 S 分成加固层沉降 S_1 与下卧层沉降 S_2，其中 S_1 采用复合模量法计算，S_2 通常采用分层总和法计算。加固层沉降量通常很小，沉降主要发生在桩端以下的下卧层。

本节以福州某小区两幢采用低强度混凝土桩复合地基的 7 层住宅为主要案例：这两项工程分别采用不同厚度的褥垫层，且进行了沉降观测及筏板下土反力的原位测试，可以作为刚性桩复合地基的典型代表。以此就可以探讨明德林应力公式法计算刚性桩复合地基沉降的问题。

2.3.1 福州两例刚性桩复合地基（褥垫层厚度不等）沉降计算

［案例2.3.1］为福州某小区两幢七层半框架结构住宅（张雁，1999），筏板尺寸均为11.3 m×40.4 m。与《建筑桩基技术规范》表4序号第11项～第14项工程位于同一住宅小区。

［案例2.3.1］的两幢住宅基底附加压力均为106.2 kPa。由静载荷试桩，单桩承载力标准值不小于250 kN。

［案例2.3.1］地基土物理力学性质指标见表2.3.1-1。

地基土的物理力学性质指标　　　　表2.3.1-1

层序	土的名称	物　理　性　质					力　学　性　质			原位测试	建议采用	
							剪切试验		压缩试验	标贯试验 N（击数）	混凝土预制桩	
		厚度 h（m）	含水量 w（%）	重力密度 ρ（g/cm³）	天然孔隙比 e	塑性指数 I_p	内摩擦角 ϕ（°）	内聚力 C（kPa）	压缩模量 E_s（MPa）		桩周土摩擦力容许值 q_{sk}（kPa）	桩端土承载力容许值 q_{pk}（kPa）
①	杂填土（可塑）	1.1	—	—	—	—	—	—	—	—	10	
②	黏土（可塑）	0.7	36.6	18.1	1.00	22.0	14.2	6	4.5	—	22	
③-1	淤泥（流塑）	4.0	70.0	15.9	1.81	19.3	12.4	1	1.4	—	6	
③-2	淤泥质土（软塑）	4.0	62.2	17.0		25.1			4.2	—	16	
④	中细砂（稍密）	12.5	—	18.0	—	—	(11.0)			12.5	20	1050
⑤	中砂（中密）		—	19.0	—	—	(11.0)			12.5	20	1200
⑥	淤泥质土（软塑）	2.1	47.9	17.0	1.31	14.8	13.1	2	4.0	—	12	
⑦	黏性土（可塑）	2.2	20.3	20.4	0.58	9.8	14.3	9	8.0	—	17	650
⑧	中粗砂（中密至密实）	未穿	—	—	—	—	—	—	14.0	18	22	2000

注：参考文献未提供表中第4、5层中细砂与中砂的压缩模量，现有数据系参考福建地基规范与福州类似土层的数据确定的。

1.［案例2.3.1-1］沉降计算

［案例2.3.1-1］共布置167根 ϕ0.4 m×10 m 低强度素混凝土沉管灌注桩，桩端进入表2.3.1-1中第4层中细砂3倍桩径，单桩容许承载力250 kN。梁板式筏形基础，桩布于基础梁下。设置300 mm厚褥垫层。板底共埋设19只土压力盒，历时460 d的原位测试板底土反力平均为8.0 kPa，土反力分担比例为6.7%。

［案例2.3.1-1］基础平面图如图2.3.1-1。

［案例2.3.1-1］历时640 d的实测时间-沉降曲线如图2.3.1-2。

［案例2.3.1-1］实测推算最终沉降约为160 mm。

［案例2.3.1-1］采用复合地基，若按常规桩基计算沉降，单桩荷载超过单桩承载力标准值，并不完全符合计算桩基沉降的深基础法规定。现为了进行沉降计算方法的对比，仍按深基础法计算。计算沉降值为64 mm（计算过程略）。

计算沉降值与实测推算最终沉降量160 mm之比约为0.40。

根据上海沉降控制复合疏桩基础法的原则，只要单桩平均荷载小于单桩极限承载力，仍可按明德林应力公式法计算沉降。［案例2.3.1-1］的等效距径比为4.13，虽然小于疏

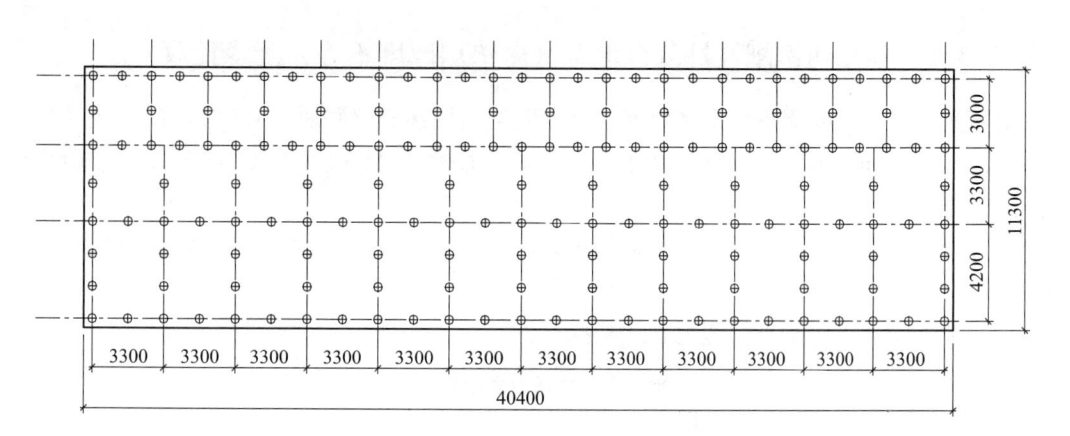

图 2.3.1-1 ［案例 2.3.1-1］基础平面图

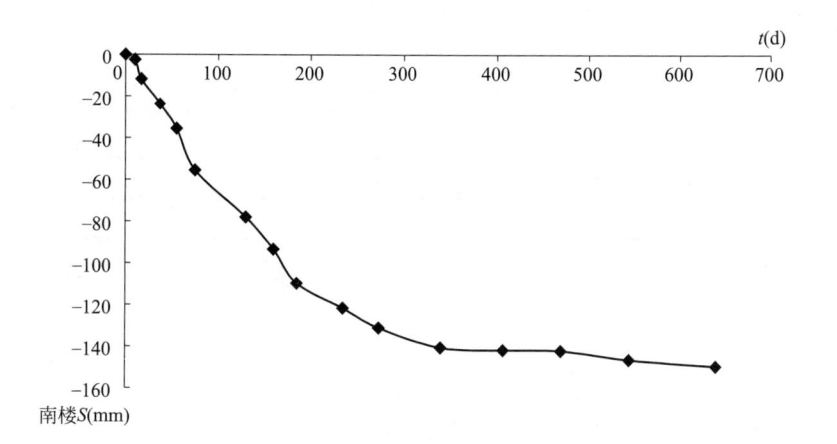

图 2.3.1-2 ［案例 2.3.1-1］时间-沉降曲线

桩基础的规定，但由于为轴线单排桩布桩，桩排距 3 m 左右，大于 7.5 倍桩径，且原位实测证明板底土分担了荷载，因此可归类于"广义疏桩复合桩基"。

由明德林应力公式法可得［案例 2.3.1-1］的计算沉降 $S=161$ mm。与实测推算最终沉降 160 mm 符合得较好。（计算过程略）

2. ［案例 2.3.1-2］沉降计算

［案例 2.3.1-2］共布置 159 根 $\phi 0.4$ m×10 m 低强度素混凝土沉管灌注桩，桩端进入表 2.3.1-1 中第 4 层中细砂 3 倍桩径，单桩容许承载力 250 kN。梁板式筏形基础，桩布于基础梁下。设置 900 mm 厚褥垫层。共埋设 18 只土压力盒，历时 460 d 的原位测试板下土反力为 25.0 kPa，分担比例为 20.8%。由此可见褥垫层的厚度对桩土荷载分担的影响相当大。

［案例 2.3.1-2］基础平面图如图 2.3.1-3。

［案例 2.3.1-2］的沉降观测在 290 d 时因故中断，此时沉降实测值为 91.8 mm，沉降速率为 3.1 mm/d，大于［案例 2.3.1-1］同时段的沉降速率 2.0 mm/d。但缺少了后期沉降数据，还是令人难以定量地判断褥垫层厚度对实际沉降的影响。预计实测推算最终沉降应该大于 160 mm。

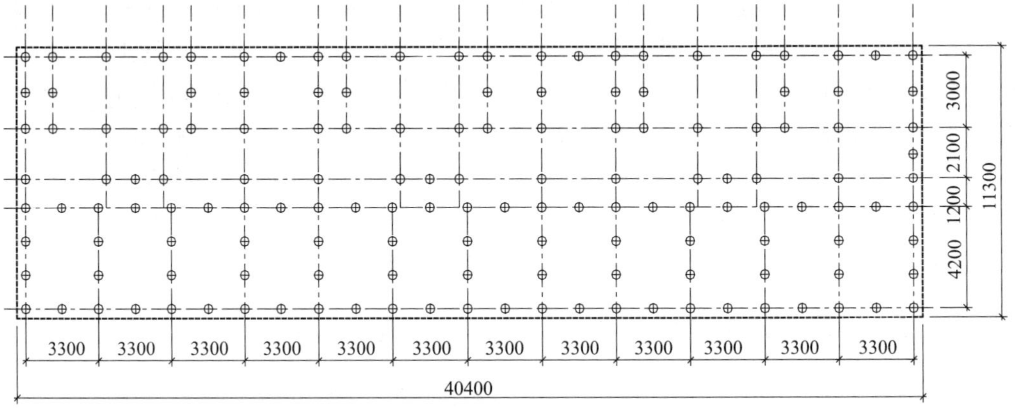

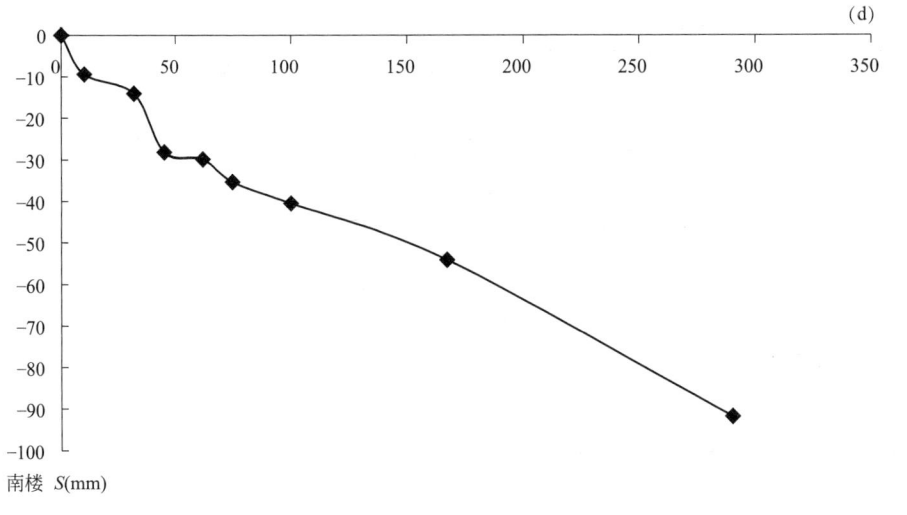

图 2.3.1-3　［案例 2.3.1-2］基础平面图

［案例 2.3.1-2］历时 290 d 的实测时间-沉降曲线如图 2.3.1-4。

图 2.3.1-4　［案例 2.3.1-2］时间-沉降曲线

［案例 2.3.1-2］采用复合地基，若按常规桩基计算沉降，单桩荷载超过单桩承载力标准值，并不符合计算桩基沉降的深基础法规定。现仍按深基础法计算。计算沉降值 64 mm（计算过程略）。

计算沉降值与实测沉降量 91.8 mm 之比约为 0.70，远小于实测推算最终沉降。

根据上海沉降控制复合疏桩基础法的原则，只要单桩平均荷载小于单桩极限承载力，仍可按明德林应力公式法计算沉降。

由明德林应力公式法可得［案例 2.3.1-2］的计算沉降 $S = 155.4$ mm。虽难以判断是否与实测结果相符，但也不至于相差太远（计算过程略）。

由此可见，对于［案例 2.3.1］，明德林应力公式法计算刚性桩复合地基沉降的结果比较合理，深基础法的计算结果需要作相当大的修正。

［案例 2.3.1］采用不同厚度的褥垫层，获得不同的板底土反力，值得注意。这就为按实际要求调整复合地基的桩土分担比提供了具体的依据。

[案例 2.3.1] 由《建筑桩基技术规范》表 5.2.5 计算，可得承台效应系数为 0.2 左右。由《建筑桩基技术规范》表 4 序号第 11 项～第 14 项工程提供的承台底土承载力特征值 110 kPa，或由福州地区上部土层基于变形控制指标的容许承载力 60 kPa，计算所得 [案例 2.3.1] 的板底土反力分别为 22 kPa 与 12 kPa。

这两个结果均不能同时符合 [案例 2.3.1] 的实测板底土反力 8.0 kPa 与 25.0 kPa。由此可见《建筑桩基技术规范》关于复合桩基桩土共同作用的承台效应系数，不能直接估算复合地基的桩土分担比例，其最主要的原因就是褥垫层的存在。

2.3.2 柔性荷载下场坪"半复合地基"的典型案例

柔性荷载是指不用考虑上部结构与地基协调作用的荷载。如公路与铁路的路堤、储罐的荷载、建设场地的大面积填土、仓库的地面堆载等。场坪是指大面积的场地，如仓库、火车站场、飞机跑道等。

工程实践中常出现整个场地大面积填土的要求。随着对地面沉降与平整度要求的提高，天然地基常不能满足使用要求，于是就产生了柔性荷载下场坪的复合地基设计问题。

"半复合地基"是指未形成完整土拱的复合地基。实际上就是设计或施工失误的复合地基。

柔性荷载下场坪复合地基与建筑物复合地基的最大不同之处是，后者的复合地基褥垫层之上就是基础底板，而前者的复合地基褥垫层之上一般存在一定厚度的填土。因此填土场坪复合地基的设计就需要考虑土拱的作用。而设计人员常混淆两者的设计原理。

由土力学原理可知，土拱的计算临界高度一般有几种意见：1.4 倍桩净间距（英国规范，1995）、1.87 倍桩净间距（北欧手册，2002）、1.1～1.5 倍桩净间距（饶为国，2005）等。多种方法的计算结果差异较小。因此，为保证填土场坪顶面不出现过大的不均匀沉降，一般认为填土高度至少应为 1.2 倍桩间距或托板净间距（陈仁朋，2005）。

本节介绍一例填土场坪"半复合地基"（设计失误）的典型案例，并探讨这类工程的承载力与沉降计算问题。

浙南某工厂的整个厂区需回填 1.6 m 左右，因此 6 个单体厂房的填土场坪均采用 CFG 桩复合地基进行处理：采用桩径 377 mm、长 20 m 的 CFG 桩，桩距 2.3～2.5 m，桩顶设置 200 mm 厚褥垫层，未设置土工格栅或托板。褥垫层上为 1.6 m 厚填土，200 mm 厚钢筋混凝土地坪。

该厂区投产三年后各厂房地坪最大沉降普遍超过 300 mm，且沉降极不均匀，沉降差达到 200 mm 以上。连只存在人行走活载的展区部分，地坪也发生多处不均匀沉降现象，屡经修补，地面面砖仍然开裂。而附近未采用复合地基处理的同类厂房，虽然地坪沉降远超本案例，但不均匀沉降的程度反倒小得多。

本案例的填土高度（1.6 m），远小于 1.2 倍桩间距（2.76～3.0 m），且未设土工格栅，因此只能形成非完整土拱，于是地坪发生不均匀沉降也就在所难免了。

由此可见，原设计违反复合地基的设计原理，是该工程地面处理失败的主要原因。

由于这类复合地基的承载力与沉降特性，与天然地基或复合地基均有较大差别，因此似可归类于"半复合地基"。

现以浙南某工厂区中体量最大的联合生产厂区（［案例2.3.2］）为例，探讨这类"半复合地基"的承载力与沉降计算问题。

［案例2.3.2］为浙南某工厂的单层联合生产厂区，平面尺寸为120×98 m，地面荷载20 kN/m²。整个厂区需填高1.8 m左右。

［案例2.3.2］地基土物理力学性质指标见表2.3.2-1。

地基土的物理力学性质指标　　　　　　表2.3.2-1

层序	土的名称	物理性质					力学性质			沉管灌注桩	
							剪切试验		压缩试验		
		厚度 h (m)	含水量 w (%)	重力密度 ρ (g/cm³)	天然孔隙比 e	液性指数 I_L	内摩擦角 ϕ	内聚力 C (kPa)	压缩模量 E_s (MPa)	侧阻力 q_{sik} (kPa)	端阻力 q_{pk} (kPa)
1	杂填土	1.1	—	—	—	—	—	—	—	—	—
2	粉质黏土	1.0	35.1	17.9	1.023	0.79	12.9°	29.9	4.1	20	—
3	淤泥	14.0	56.0	16.5	1.552	1.40	7.88°	12.3	1.9	8	—
4	黏土	12.7	39.9	17.8	1.109	0.86	12.05°	25.6	4.9	30	1000
5	粉质黏土	3.3	28.1	18.7	0.831	0.39	15.13°	41.6	6.8	40	1400
6	黏土	18.7	37.5	18.0	1.053	0.83	13.17°	30.5	5.0	36	1400
7	中风化凝灰岩	未穿	—	—	—	—	—	—	—	150	7000

［案例2.3.2］的厂房柱下布置26 m长沉管灌注桩。地坪下共布置2215根20 m长CFG桩，桩径377 mm，桩尖进入第4层黏土，设计单桩承载力特征值165 kN，桩距2.3～2.5 m。CFG桩顶设置200 mm厚褥垫层，未设置土工格栅或托板。褥垫层上为1.6 m厚填土，200 mm厚钢筋混凝土地坪。

［案例2.3.2］的CFG桩平面图见图2.3.2-1。

［案例2.3.2］除进行单桩承载力静载荷试验外，还进行单桩荷载板复合地基承载力静载荷试验（荷载板尺寸为2.5×2.5 m）。

如前所述，复合地基承载力静载荷试验并不能代表"半复合地基"的承载力。本案例的严重不均匀沉降就证明了这一点。因此"半复合地基"的承载力实际上无法通过静载荷试验确定；而其承载力计算方法也就缺少实用价值了。

不过［案例2.3.2］的沉降计算仍具有现实意义，因为该案例的实际沉降应该还包含复合桩基的沉降，且其沉降计算中还涉及大桩群沉降计算难题，因此值得探讨。

［案例2.3.2］的CFG桩单桩平均荷载为267.6 kN，大于单桩承载力特征值215.7 kN，小于单桩极限承载力标准值413.4 kN，按上海沉降控制复合桩基法的原理，不考虑本案例"半复合地基"的状况，可由明德林应力公式法直接计算［案例2.3.2］的复合桩基沉降。

可得$S = 1.0 \times 88 = 88$ mm。计算深度为桩顶以下34 m。（计算过程略）

但由于明德林公式法的计算范围一般为2.6倍桩长，因此［案例2.3.2］纳入明德林公式法计算范围的桩数仅为361根，而总桩数为2215根。对于这类大量桩群溢出明德林

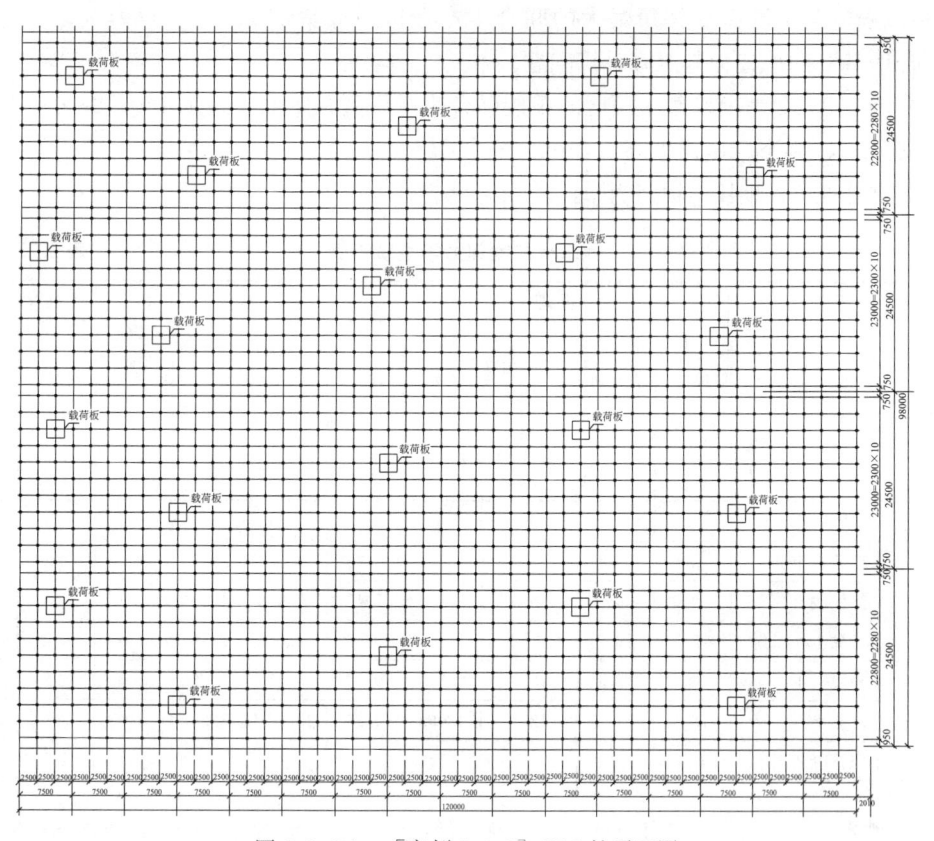

图 2.3.2-1　［案例 2.3.2］CFG 桩平面图

公式法计算范围的大桩群，计算沉降值应加以修正。不过目前尚缺少大量工程实测数据的支持，尚难以提出具体意见。

再由国标地基规范"实体深基础法"计算沉降：应力扩散角取零，地面荷载为 1.6 m厚填土、200 mm 厚钢筋混凝土地坪、地面荷载 20 kN/m²（折减系数取 0.8），可得总荷载 50.4 kPa。由此可得沉降计算经验系数 0.5，沉降计算厚度 14 m，计算沉降为 45 mm（计算过程略）。远小于桩基沉降计算值，说明"实体深基础法"不能计算桩距大于 6 倍桩径的疏桩基础。

最后按不考虑复合地基的天然地基计算沉降：地面荷载为 1.6 m 厚填土、200 mm 厚钢筋混凝土地坪、地面荷载 20 kN/m²（折减系数取 0.8），可得总荷载 50.4 kPa。由此可得沉降计算经验系数 1.1，沉降计算厚度 18.1 m，计算沉降为 455 mm。（计算过程略）

现参照［案例 2.3.2］的复合桩基沉降计算、天然地基沉降计算与实际沉降状况，将［案例 2.3.2］的计算沉降修正为 200 mm。

由此可知，［案例 2.3.2］选用 20 m 长 CFG 桩复合地基是不符合业主的使用要求的。加上复合地基构造设计的错误，未能形成有效的复合地基，因此无论是地基承载力还是地面不均匀沉降，均属于较为罕见的"半复合地基"现象，值得大家注意。

可惜［案例 2.3.2］未进行符合规范要求的场坪沉降监测，因此难以对计算结果作进一步探讨。且该厂房已决定耗资二千余万元，将 6 个单体厂房的填土场坪改建为桩基架空地坪，因此也就失去了对该"半复合地基"继续进行观察的机会。

而能够检索到的路堤、火车站场、飞机跑道等实测沉降资料，均极少提供详细的地质资料，尤其是地基土的压缩曲线，因此也就很难对场坪的沉降计算进行探讨了。

事实上，柔性荷载下场坪、路堤与储罐复合地基的沉降计算问题，至今尚未得到完全解决，计算沉降量与实测值的差距远大于建筑物复合地基的结果。

以下列出部分采用复合模量法、实体深基础法、明德林应力公式法等计算的复合地基沉降量，小于实测值的工程实例。见表 2.3.2-2。

复合地基沉降计算值与实测值之比（1） 　　　　　表 2.3.2-2

序号	工程名称	桩型	实测推算最终沉降 (mm)①	规范法计算沉降量 (mm)②	②/①
1	浙江某高速铁路路堤	预应力管桩	355	56	0.16
2	浙江某高速公路路堤 A	低强度混凝土桩	395	203	0.51
3	浙江某高速公路路堤 B	低强度混凝土桩	317	178	0.88
4	浙江某高速公路路堤 C	低强度混凝土桩	239	155	0.83
5	上海某车道	预制方桩	394	213	0.54
6	四川某高速铁路路堤 A	水泥粉喷桩	283	58	0.20
7	四川某高速铁路路堤 B	水泥粉喷桩	257	57	0.22
8	四川某高速铁路路堤 C	水泥粉喷桩	238	65	0.27
9	四川某高速铁路路堤 D	水泥粉喷桩	123	52	0.42
10	四川某高速铁路路堤 E	水泥粉喷桩	133	29	0.12
11	四川某高速铁路路堤 F	水泥粉喷桩	110	36	0.33
12	四川某高速铁路路堤 G	水泥粉喷桩	185	69	0.37
13	江苏某高速铁路路堤 A	CFG 桩	42	19	0.45
14	江苏某高速铁路路堤 B	CFG 桩	34	10	0.29
15	江苏某高速铁路路堤 C	水泥粉喷桩	320	204	0.64
16	山东某高速铁路站场 A	预应力管桩	37.5	31.1	0.83
17	山东某高速铁路站场 B	预应力管桩	61.2	49.4	0.81
18	山东某高速铁路站场 C	预应力管桩	77.1	40.7	0.53
19	山东某高速铁路站场 D	预应力管桩	74.3	50.4	0.68
20	山东某高速铁路站场 E	预应力管桩	54.3	34.2	0.63
	平均值				0.47

注：表中所列路堤的沉降计算，计算宽度按路堤实宽，计算长度均未按无限长进行。

再列出部分采用复合模量法、实体深基础法、明德林应力公式法等计算的复合地基沉降量，大于实测值的工程实例。见表 2.3.2-3。

复合地基沉降计算值与实测值之比（2） 　　　　　表 2.3.2-3

序号	工程名称	桩型	实测推算最终沉降 (mm)①	规范法计算沉降量 (mm)②	②/①
1	浙江储罐 A	预制方桩	110	351	3.19
2	浙江储罐 B	预制方桩	491	522	1.06
3	浙江储罐 C	预制方桩	185	450	2.43
4	浙江储罐 D	预制方桩	46	319	6.93

序号	工程名称	桩型	实测推算最终沉降（mm）①	规范法计算沉降量（mm）②	②/①
5	山东储罐 A	CFG 桩	130	126	0.97
6	山东储罐 B	强夯	56	251	4.48
7	山东储罐群（29 座）	碎石振冲桩	139（最大值）	647（平均值）	4.65
8	安徽某高速铁路站场	预应力管桩	22.5	72	3.20
9	江苏某高速铁路路堤	水泥粉喷桩	1410	1956	1.39
10	安徽某高速铁路路堤 A	CFG 桩	19	78	4.11
11	安徽某高速铁路路堤 B	CFG 桩	14	99	7.07
12	上海某高速铁路路堤	钻孔桩	85	213	2.51
13	河北某高速铁路路堤 A	CFG 桩	68	85	1.25
14	河北某高速铁路路堤 B	CFG 桩	78	105	1.35
15	河北某高速铁路路堤 C	CFG 桩	40	54	1.35
16	河北某高速铁路路堤 D	CFG 桩	54	327	6.06
17	河北某高速铁路路堤 E	预制桩	45	365	8.11
18	河北某高速铁路路堤 F	预制桩	42	303	7.21
19	河北某高速铁路路堤 G	预制桩	46	386	9.19
20	河北某高速铁路站场 A	CFG 桩	32	204	6.38
21	河北某高速铁路站场 B	CFG 桩	32	195	6.09
22	河北某高速铁路站场 C	CFG 桩	32	196	6.13
23	河北某高速铁路站场 D	CFG 桩	31	52	1.68
24	河北某高速铁路站场 E	CFG 桩	31	81	2.61
25	辽宁某高速铁路站场	CFG 桩＋水泥搅拌桩	41	56	1.30
26	浙江某高速公路路堤	预应力管桩＋水泥搅拌桩	68	119	1.75
27	河北某高速铁路站场 F	载体桩	88	124	1.41
平均值					3.80

注：表中所列路堤的沉降计算，计算宽度按路堤实宽，计算长度均未按无限长进行；对于储罐沉降若按明德林应力公式法计算，也有部分储罐属于大量桩群溢出明德林公式法计算范围的大桩群类型。

由上述二表的数据可知，总共 75 项复合地基工程实例中，只有 7 项工程实例的实测推算最终沉降与计算值之比，达到 80% 保证率的要求。这说明目前复合地基的沉降计算尚未达到成熟的程度。究其原因，大致有以下几点：

1. 储罐复合地基的沉降监测资料，均属于投入正式使用前的充水预压阶段实测数据，因此监测时间一般较短，最长的为 28 个月。且均未采用与储罐复合地基埋设深度相同的专用水准点，因此其实测沉降数据可能偏小。

2. 高速铁路与高速公路的沉降监测资料，较为详细、可靠，大部分达到或接近沉降稳定的标准。

3. 已检索到的 75 项复合地基工程实例中，只有 1 例浙江储罐 A 与 1 例安徽某高速铁路站场的资料提供了地基土的 e-p 曲线。不过这两例工程实例的明德林应力公式法计算沉降均远大于实测值（两者之比分别为 3.19 与 3.20）。

4. 其余 73 项复合地基工程实例的沉降计算，均按所检索到文献中的沉降计算结果。但由于缺少计算过程，这些计算是否完全符合规范规定就难以判断了。至少关于高速铁路与高速公路的沉降计算，上述文献的沉降计算均未按无限长条形基础进行，而一般均取30 m 左右的长度。关于场坪，也未取整个区域进行计算。其理由也未加说明。

由此可见，柔性荷载复合地基沉降计算的难点主要在于：地基土压缩模量的正确取值、合适的沉降计算经验系数、计算区域的确定。

而刚性荷载复合地基沉降计算难点的解决，主要是可靠沉降监测资料的积累。

2.3.3 复合地基原位实测桩土分担数据简介

由 JCCAD 用户手册关于复合地基计算的规定为，刚性桩复合地基的桩体在交互输入中是按混凝土灌注桩输入的。因此若解决了沉降计算问题，最大的疑难还是确定刚性桩复合地基的桩土分担比例，也就是桩间土反力的基床系数取值。

关于这一点，有关规范的规定比较笼统。如《建筑地基处理技术规范》JGJ 79—2012关于水泥粉煤灰碎石桩复合地基的桩间土发挥系数，建议值为 0.9～1.0；《复合地基技术规范》GB/T 50783—2012 关于刚性桩复合地基的桩间土发挥系数，建议值为 0.65～0.90。对刚度比水泥粉煤灰碎石桩大得多的预应力管桩、钻孔灌注桩、现浇薄壁筒桩等复合地基的桩间土发挥系数，未见任何提示。

按照上述建议值，桩间土反力基床系数的取值较柔性桩复合地基方便。但由本节的实测数据可知，桩间土实测值远小于建议值。由此可见桩间土发挥系数并不等于桩间土实际反力，还是应该参考工程的桩土荷载分担实测数据。

共检索到 9 个省市 19 项建筑物刚性桩复合地基的原位实测桩土荷载分担资料，见表 2.3.3-1。

建筑物复合地基原位实测桩土分担数据　　　　　　　表 2.3.3-1

序号	工程名称	桩型	抗震烈度	褥垫层厚度(mm)	承台底基土	承台底土承载力标准值(kPa)	实测沉降值(mm)	实测桩间土压力(kPa)	桩间土分担比例(%)	桩土应力比
1	天津 6 层	沉管灌注桩	7	200	粉质黏土	110	20	17.5	20	—
2	福州 7 层 A	沉管灌注桩	7	300	杂填土或黏土	100	150	8.0	6.7	34.9
3	福州 7 层 B	沉管灌注桩	7	900	杂填土或黏土	100	90(测量间断)	25.0	20.8	10.0
4	福州 8 层 A	沉管灌注桩	7	600	黏土	80	122	51.0	32.3	—
5	福州 8 层 B	沉管灌注桩	7	600	黏土	80	140	49.5	31.4	
6	厦门 5～6 层厂房	CFG 桩	8	150～300	吹填砂土	80	19	139～166	71.8～86.5	1.74～4.83
7	广州 11 层 A	CFG 桩	6	200	黏土	—	12.0	93.0	53.5	12.1
8	广州 11 层 B	素混凝土桩	6	200	黏土	—	<10	165.0	51.7	6.0
9	广州 15 层	CFG 桩	6	200	粉质黏土	—	8	96.0	59.5	7.6
10	东莞 20 层	CFG 桩	6	150	粉质黏土	—	<10	54.5	16.9	52

序号	工程名称	桩型	抗震烈度	褥垫层厚度（mm）	承台底基土	承台底土承载力标准值（kPa）	实测沉降值（mm）	实测桩间土压力（kPa）	桩间土分担比例（％）	桩土应力比
11	东莞 26 层	预应力管桩	6	200	粉质黏土	—	<10	93	54	12.1
12	郑州 8 层	CFG 桩	7	200	粉土	120	2.7	19.7	20.5	—
13	成都 32 层	素混凝土组合桩	7	—	黏土	55		100		12.5（大直径桩/土） 3.5（小直径桩/土）
14	成都 45 层	素混凝土人工挖孔桩	7		中密卵石	550		102（建至18 层数据）		6.8（建至18 层数据）
15	成都 33 层	素混凝土人工挖孔桩	7	300	中密-密实卵石			103	17.7	8～13
16	南充 16 层	夯扩载体CFG 桩	<6	300	粉土	120	（未竣工）	70	45	16
17	南充 20 层	夯扩载体CFG 桩	<6	200	粉土	110		84		12
18	蚌埠 27 层	CFG 桩	7	300	粉质黏土		（未竣工）	59	30	26
19	南京 18 层	素混凝土	7	150	粉质黏土	230	（未竣工）	61		19

注：1. 序号 3、序号 4 的福州 7 层住宅，为同一住宅小区、上部结构与桩数完全相同的两幢住宅，唯一不同之处就是褥垫层厚度不同，因此两者的现场实测桩间土压力也不同。但序号 4 的工程案例沉降测试因故中断，因此实测沉降值并不能反映出加厚的褥垫层对沉降的影响。

　　2. 序号 5、序号 6 的福州 8 层住宅，由于建设场地原系原生产车间，经过 10 多年的地面荷载压载，这一点在桩土分担与沉降的实测数据中难以反映。

　　3. 序号 16、17、18、19 的四川、安徽、南京高层建筑资料，为未竣工时的实测桩土分担数据。但实测土反力与桩土分担比例已趋向稳定。

　　以上建筑物的桩土荷载分担原位实测资料，无论是地域还是数量都远远不能满足供设计参考的需要。不过高速公路、高速铁路与储罐的复合地基桩土分担原位实测资料远多于建筑物。而且这类复合地基的基础，其实就是绝对柔性的基础；上部荷重也相当于 3～20 层住宅，因此也可为刚性桩复合地基的设计提供参考。尤其是其中采用筏板的复合地基，就更接近建筑物复合地基的状况，因此可能具有更大的实用价值。

　　5 个省市的 7 例储罐刚性桩复合地基桩土分担实测数据见表 2.3.3-2。

储罐复合地基原位实测桩土分担数据　　　　表 2.3.3-2

序号	工程名称	桩型	上部荷载（kPa）	褥垫层厚度（mm）	承台底基土	承台底土承载力标准值（kPa）	实测沉降值（mm）	实测桩间土压力（kPa）	桩间土分担比例（％）	桩土应力比
1	广东珠海储罐 A	冲孔灌注桩—桩网	220	2000	素填土	300	50	116.7	64	—
2	广东珠海储罐 B	冲孔灌注桩—桩网	220	2000	素填土	300	50	140.7	70	—
3	天津储罐 A	CFG 桩—桩筏	230	250	粉质黏土	69		45.7	18.6	45.7
4	天津储罐 B	CFG 桩—桩筏	126	250	粉质黏土	69		71.4	50.4	8.0
5	辽宁营口储罐	沉管灌注桩	220	220	中砂	140	60	15.65	7.1	2.3
6	山东东营储罐	CFG 桩	207.4	2400	粉土	—	174	83	40	22.6
7	南京储罐	预应力管桩	175	700	粉质黏土	70	23	92.8	—	3.1

注：序号 1、序号 2 的珠海储罐，场地系填海造地，经过 8000 kN·m 高能级强夯处理。

2.3 刚性桩复合地基计算的探讨

16个省市的路堤刚性桩复合地基，120例工程实例桩土分担实测数据见表2.3.3-3。

路堤复合地基原位实测桩土分担数据 表 2.3.3-3

序号	工程名称	桩型	路堤底荷重 (kPa)	路堤底地基土	路堤底土承载力标准值 (kPa)	实测沉降值 (mm)	实测桩间土压力 (kPa)	桩间土分担比例 (%)	桩土应力比
1	河南路堤	预应力管桩	114	黏土	—	100	—	—	14.5
2	陕西路堤	CFG桩	95	黄土	—	50	34	—	2~3
3	湖南路堤A	CFG桩	73	淤泥质黏土	40	23	132	88.7	1.98
4	湖南路堤B	CFG桩	89	淤泥质黏土	40	—	47	59.6	2.77
5	湖南路堤C	CFG桩	92	淤泥质黏土	40	60	53	64.0	10.88
6	湖南路堤D	CFG桩	92	淤泥质黏土	40	65	69.5	63.3	4.04
7	湖南路堤E	CFG桩	92	淤泥质黏土	40	60	165	91.7	2.79
8	湖南路堤F	CFG桩	92	淤泥质黏土	40	70	69.6	69.8	4.53
9	湖南路堤G	CFG桩	92	淤泥质黏土	40	80	86.4	78.9	12.0
10	安徽路堤A	CFG桩桩网	128	黏土	150	25	50	31.6	6.0
11	安徽路堤B	CFG桩桩网	91	黏土	150	19	50	43.2	3.5
12	安徽路堤C	CFG桩桩网	86	黏土	150	16	60	47.0	3.5
13	安徽路堤D	CFG桩筏	91	黏土	150	5	35.5	44.9	35.5
14	甘肃路堤A	CFG桩	180	粉质黏土	100	10.1	40	20.0	48
15	甘肃路堤B	CFG桩	180	粉质黏土	100	10.7	38	19.0	51
16	甘肃路堤C	CFG桩	180	粉质黏土	100	3.7	41	21.0	45
17	江西路堤	CFG桩	127	粉质黏土	—	—	64	50.0	1.85
18	湖北路堤A	CFG桩	135	黏土	200	6.5	90	—	3.0
19	湖北路堤B	CFG桩	89	粉质黏土	—	13	75.6	—	4.4~6.2
20	湖北路堤C	CFG桩	118	粉质黏土	—	13	96.4	—	3.6~5.2
21	湖北路堤D	CFG桩	118	粉质黏土	—	—	117.5	—	4.4~6.2
22	山东路堤A	CFG桩桩筏	227	黏土	100	36	—	21.0	66.3
23	山东路堤B	预应力管桩桩筏	152	粉土	—	6.6	10	—	122
24	山东路堤C	CFG桩桩网	152	粉土	—	6.6	10	—	50
25	山东路堤D	预应力管桩桩筏	135	粉土	—	9	60	—	47.6
26	山东路堤E	CFG桩桩网	135	粉土	—	9	25~80	—	10.7
27	山东路堤F	预应力管桩桩筏	135	粉土	—	—	59~72	—	—
28	山东路堤G	CFG桩桩网	135	粉土	—	—	70~86	—	—
29	山东路堤H	CFG桩桩网	63	粉土	—	—	26~30	—	—
30	山东路堤I	CFG桩桩网	68	粉土	—	43	20	—	8
31	广东路堤A	预应力管桩＋排水板	76	淤泥	—	107	31.5~33	—	4.8~5.3
32	广东路堤B	预应力管桩桩网	87	粉质黏土	—	240	11	—	16.3
33	广东路堤C	预应力管桩桩网	49	粉质黏土	—	125	10	20.0	—
34	广东路堤D	预应力管桩桩网	101	粉质黏土	—	125	15	16.0	—
35	广东路堤E	素混凝土桩桩网	65	淤泥质土	60	63	31.9	—	7.78

续表

序号	工程名称	桩型	路堤底荷重(kPa)	路堤底地基土	路堤底土承载力标准值(kPa)	实测沉降值(mm)	实测桩间土压力(kPa)	桩间土分担比例(%)	桩土应力比
36	广东路堤 F	素混凝土桩桩网	96	淤泥质土	60	118	47.8	—	9.03
37	广东路堤 G	素混凝土桩桩网	40	淤泥质土	60	34	27.8	—	4.25
38	广东路堤 H	素混凝土桩桩网	90	淤泥质土	60	120	51.8	—	9.81
39	广东路堤 I	预应力管桩桩网	76	淤泥	—	113	10.06	—	16.63
40	广东路堤 J	预应力管桩桩网	76	淤泥	—	113	11.91	—	14.05
41	广东路堤 K	预应力管桩桩网	80	粉质黏土	—	100	40	—	22
42	广东路堤 L	预应力管桩桩网	80	粉质黏土	—	145	70	—	15
43	广东路堤 M	预应力管桩桩网	80	粉质黏土	—	—	50	—	53
44	广东路堤 N	预应力管桩桩网	80	粉质黏土	—	—	60	—	35
45	四川路堤 A	CFG 桩桩网	—	软土	—	160	120	—	2.9
46	四川路堤 B	CFG 桩桩网	—	软土	—	187	200	—	4.0
47	四川路堤 C	钻孔灌注桩桩网	290	—	—	<10	95	—	2.33
48	四川路堤 D	钻孔灌注桩桩网	57	—	—	<10	40	—	2.3
49	四川路堤 E	CFG 桩桩网	124	软土	—	332	125	—	0.32~1.49
50	北京路堤	CFG 桩桩网	130	粉土	180	8.9	18.6	—	13
51	天津路堤 A	CFG 桩桩筏(有褥垫层)	180	粉质黏土	—	56.3	14	10.0	—
52	天津路堤 B	CFG 桩桩筏(无褥垫层)	200	粉质黏土	—	80.6	14	10.0	—
53	天津路堤 C	预应力管桩桩筏(无褥垫层)	200	粉质黏土	—	46.3	5	3.3	—
54	天津路堤 D	CFG 桩桩筏	200	淤泥质粉质黏土	—	67	10~18	41.0~58.0	12~25
55	天津路堤 E	预应力管桩桩筏	200	淤泥质粉质黏土	—	36	6~11.8	22.0~44.0	6~11.8
56	天津路堤 F	CFG 桩桩网	227	黏土	130	54.4	—	38.7	5.16
57	天津路堤 G	CFG 桩桩筏	227	黏土	130	44.5	—	26.6	66.3
58	天津路堤 H	CFG 桩桩筏	227	黏土	130	42.3	—	16.3	107.4
59	天津路堤 I	CFG 桩桩筏	227	黏土	130	45.5	—	19.0	102
60	天津路堤 J	现浇薄壁筒桩桩网	133	粉质黏土	—	—	51	—	14
61	廊坊路堤 A	载体桩桩筏(无桩帽)	120	黏土	110	95	2~53	39.7	40.3
62	廊坊路堤 B	载体桩桩筏(有桩帽)	120	黏土	110	95	4~39	19.4	17.1
63	廊坊路堤 C	CFG 桩桩筏	120	黏土	110	48	36~54	47.4	21.4
64	唐山路堤	CFG 桩桩网	133	粉土	—	22	60	—	~1.0
65	上海路堤 A	预应力管桩桩网	47	砂质粉土	—	30	20	—	1~12
66	上海路堤 B	现浇薄壁筒桩桩网	104	粉质黏土	—	104	31~58	30.0~60.0	9.8~18.3
67	上海路堤 C	现浇薄壁筒桩桩网	61	粉质黏土	—	100	—	—	15.1
68	上海路堤 D	现浇薄壁筒桩桩网	61	粉质黏土	—	110	—	—	19.8
69	上海路堤 E	现浇薄壁筒桩桩网	67	粉质黏土	—	110	—	—	16.1
70	上海路堤 F	现浇薄壁筒桩桩网	76	粉质黏土	—	120	—	—	18.9

续表

序号	工程名称	桩型	路堤底荷重(kPa)	路堤底地基土	路堤底土承载力标准值(kPa)	实测沉降值(mm)	实测桩间土压力(kPa)	桩间土分担比例(%)	桩土应力比
71	上海路堤G	现浇薄壁筒桩桩网	76	粉质黏土	—	110	—	—	15.4
72	上海路堤H	现浇薄壁筒桩桩网	86	粉质黏土	—	120	—	—	20.1
73	上海路堤I	现浇薄壁筒桩桩网	87	粉质黏土	—	130	—	—	17.3
74	上海路堤J	预制微型方桩	68	粉质黏土	—	371,400	37.4	—	—
75	镇江路堤A	CFG桩桩网	152	粉质黏土	180	15.2	81.7	—	5.5
76	镇江路堤B	CFG桩桩筏	121.2	粉质黏土	120	42	42	48.7	23
77	镇江路堤C	CFG桩桩筏	77.8	粉质黏土	120	34.3	39	58.5	24
78	镇江路堤D	CFG桩桩网	86	粉质黏土	—	250	50	—	2.4～8.7
79	沪宁间路堤A	CFG桩桩筏	114	粉质黏土	—		40	50.0	—
80	沪宁间路堤B	CFG桩桩网	76	粉质黏土	—		48	67.0	—
81	沪宁间路堤C	CFG桩桩网	76	粉质黏土	—		50	67.0	—
82	江苏路堤A	CFG桩桩网	90	粉质黏土	—	391	—	—	12～17.5
83	江苏路堤B	CFG桩桩网	77	粉质黏土	—	222	—	—	6.5～8.2
84	灌南路堤	预应力管桩桩网	105	粉质黏土	—	270	15		
85	大丰路堤A	现浇混凝土薄壁筒桩	105	粉质黏土	—	324	—	36.0	14.4
86	大丰路堤B	现浇混凝土薄壁筒桩	105	粉质黏土	—	324	44.7	32.0	16.2
87	大丰路堤C	现浇混凝土薄壁筒桩	105	粉质黏土	—	364	—	40.0	15.6
88	大丰路堤D	现浇混凝土薄壁筒桩	105	粉质黏土	—	331	—	47.0	14.0
89	大丰路堤E	现浇混凝土薄壁筒桩	105	粉质黏土	—	231	—	42.0	17.0
90	大丰路堤F	现浇混凝土薄壁筒桩	105	粉质黏土	—	231	—	40.0	27.7
91	淮安路堤A	CFG桩桩网	68	粉质黏土	—	147	20	—	10.0
92	淮安路堤B	CFG桩桩网	68	粉质黏土	—	147	30	—	20.0
93	余杭路堤A	低强度桩桩网	38	粉质黏土	—	240	30	65～78	—
94	余杭路堤B	低强度桩桩网	48	粉质黏土	—	218	—	65～78	—
95	长兴路堤A	现浇混凝土薄壁筒桩(有盖板)	86	黏土	90	97	116	19.9	4.0
96	长兴路堤B	现浇混凝土薄壁筒桩(无盖板)桩网	86	黏土	90	166	216	35	1.85
97	杭州路堤A	现浇混凝土薄壁筒桩桩网	86	粉质黏土	129	450	50	—	—
98	杭州路堤B	素混凝土桩桩网	29	粉质黏土	—	120	2.6～6.2	—	—
99	杭州路堤C	素混凝土桩桩网	25	粉质黏土	—	90	14～17	—	—
100	宁波路堤	预应力管桩桩网	70	粉质黏土	90	125	25	—	17
101	浙北路堤	Y形沉管灌注桩桩网	52	粉质黏土	110	75	7	—	7.5
102	温州路堤	预应力管桩桩网	145	淤泥	—	122	10	—	12～30
103	黄岩路堤A	现浇混凝土薄壁筒桩(有盖板)桩网	70	黏土	100	98	26	—	19
104	黄岩路堤B	现浇混凝土薄壁筒桩(无盖板)桩网	86	黏土	100	175	67	—	10
105	路桥路堤	低强度混凝土桩桩网	38	黏土	—	95	22	56.0	5～12.3
106	临海路堤A	预应力管桩桩网	132	粉质黏土	100	70	22.9	22.0	10.07
107	临海路堤B	预应力管桩桩网	132	粉质黏土	100	82	47.7	34.3	5.48

续表

序号	工程名称	桩型	路堤底荷重（kPa）	路堤底地基土	路堤底土承载力标准值（kPa）	实测沉降值（mm）	实测桩间土压力（kPa）	桩间土分担比例（%）	桩土应力比
108	临海路堤 C	预应力管桩桩网	132	粉质黏土	100	44	34.5	23.0	6.74
109	浙江路堤 A	预应力管桩桩网	88	粉质黏土	—	99	15～32	—	18.7～8.8
110	浙江路堤 B	预应力管桩桩网	88	粉质黏土	—	123	29～42	—	10.0～6.9
111	浙江路堤 C	Y 形沉管灌注桩桩网	76.4	粉质黏土	—	88	19.2	—	10.4
112	浙江路堤 D	Y 形沉管灌注桩桩网	73.3	粉质黏土	—	120.5	23.5	—	11.0
113	浙江路堤 E	Y 形沉管灌注桩桩网	108	粉质黏土	—	174.3	21.3	—	13.8
114	浙江路堤 F	Y 形沉管灌注桩桩网	107	粉质黏土	—	182.5	31.6	—	12.2
115	浙江路堤 G	Y 形沉管灌注桩桩网	99.5	粉质黏土	—	116	21.6	—	12.3
116	浙江路堤 H	预应力管桩桩网	68	粉质黏土	—	245	133	60	6.8
117	浙江路堤 I	Y 形沉管灌注桩桩网	100	粉质黏土	—	225	133	90	4.3
118	广西路堤 A	CFG 桩桩网	242	膨胀土	—	120	60	—	5.0
119	广西路堤 B	CFG 桩桩网	226	膨胀土	—	140	70	—	5.2
120	广西路堤 C	CFG 桩桩网	195	膨胀土	—	125	130	—	3.2

由以上 3 个表，共有 18 个省市约 140 余例工程实例刚性桩复合地基的桩土数据可供参考，可以建立一个小小的数据库了。

2.3.4 关于各地复合地基实测沉降资料的探讨

其实，各地关于复合地基实测沉降的资料并不算少，如天津曾对 7 个住宅小区的 57 幢住宅复合地基，进行了 5～7 年的系统沉降观测；天津还对滨海工业园区 20 多幢 3～6 层工业厂房的桩基，进行了 2～3 年的沉降观测，积累了大量数据（张迪，2006）。

福建、安徽、河南、河北、江西、江苏、山西、陕西等地均有大量复合地基沉降观测的报道。

除了很多工程的沉降观测延续时间不够长外，一个最大的共同问题就是如何排除当地地面沉降对建筑物沉降观察的影响。

以天津地区为例，1999 年天津市区 540 km² 的监测资料表明：中环线内 71 km² 的年平均沉降值 8 mm；外环线内 334 km² 的年平均沉降值 11 mm；外环线外 206 km² 的年平均沉降值 35 mm；市区 540 km² 的年平均沉降值 19 mm。塘沽区监测面积 200 km²，1999 年平均沉降值 13 mm，最大沉降值 25 mm（天津市地质环境监测总站 1999 年度《天津市平原区地质环境监测年度报告》）。

而有关天津复合地基的文献，均未见提及地面沉降对沉降观测影响的问题。比如上述 57 幢住宅复合地基 5～7 年的实测沉降平均值为 97.48 mm；若按 1999 年天津市区 540 km² 的年平均沉降值 19 mm 计算，则 5～7 年的地面沉降就达到 95～119 mm 了。因此未排除地面沉降影响的数据，参考价值就小了不少。

排除地面沉降影响的办法，就是设置与基础埋置深度相同的沉降观测专用水准点。

上海市标准《地基基础设计规范》DBJ08-11—89 第 14.10.2 条规定：在被观测建筑物四周的适当位置，必须埋设 2～3 个沉降观测专用水准点，其深度宜与基础埋置深度相同，并应定期进行联测以检验其稳定性。为了减小地面沉降造成的影响，水准点不宜离建筑物过远，一般不超过 100 m；为了防止受观测建筑物施工和基础压力的影响，水准点也不宜离建筑物过近。

上海市标准《地基基础设计规范》DGJ08-11—1999 的条文说明指出："在上海这样发生大面积地面沉降区域进行建筑物沉降观测工作，水准点的选择是很关键的。用埋深仅 1 m 左右的普通水准点为基准点去观测桩端埋深达 50～60 m 的高层建筑沉降，由于水准点随区域沉降，会产生了建筑物不断'上升'的假象。由于近年来高层或超高层建筑不断涌现，基准点埋设深度的矛盾就突出了。"

或许上海地基规范用于计算经验系数的近百例桩基工程沉降观测数据，并非全部由沉降观测专用水准点测得。但由公开发表的资料可知，至少有相当一部分桩基础的沉降观测确实是按照上述原则进行的。如上海联合大厦，主楼地上 36 层，地下 2 层，裙房 2～5 层，无地下室。主楼采用 52 m 长预应力钢筋混凝土方桩，裙房采用 21 m 与 27 m 钢筋混凝土方桩。该工程的沉降观测就是由入土 60 m 深的专用水准点进行的。

此外浙江地区的有关论文，也已经就地面沉降对桩基沉降观测的影响进行了定量分析。如对嘉兴某桩基工程 5 年沉降观测数据（专用水准点位于附近基岩上），与当地地面沉降数据的对比，发现同期地面沉降接近 5 年沉降观测数据的一半。扣除同期地面沉降后的实测沉降值，方接近实际沉降情况（张万伟，2012）。

由此可知上述天津等地区的复合地基长期沉降观测数据，究竟能否作为可靠的资料，还值得商榷。而由这些数据进行的计算沉降值与实测值的比较，其价值可能受到影响。

2.3.5 刚性桩复合地基承台板钢筋应力实测数据

与桩基工程的承台板实测钢筋应力远小于计算值类似，刚性桩复合地基承台板的实测钢筋应力也远小于计算值。

但刚性桩复合地基承台板钢筋应力原位实测的资料较少，检索到的部分数据见表 2.3.5-1，供参考。

国内复合地基承台板实测钢筋应力 　　　　　　　　表 2.3.5-1

建筑物							
序号	工程名称	上部层数	桩型	筏板厚度 (mm)	褥垫层厚度 (mm)	实测沉降 (mm)	最大钢筋拉应力 (MPa)
1	郑州小高层	8	CFG 桩	400	200	2.7	14.5
铁路路堤							
序号	工程名称		桩型	荷载 (kPa)	筏板厚度 (mm)	褥垫层厚度 (mm)	最大钢筋压应力 (MPa)	最大钢筋拉应力 (MPa)
2	镇江铁路路堤		CFG 桩	78～121	500	500	9.3 (应变 83 $\mu\varepsilon$)	5.8 (应变 43 $\mu\varepsilon$)
3	凤阳铁路路堤		CFG 桩	91	500	500		8.9 (应变 22.3 $\mu\varepsilon$)
4	天津铁路路堤		CFG 桩	226.7	500	150	4.3	19.1 (应变 95.5 $\mu\varepsilon$)

一般认为桩筏基础承台板原位实测钢筋应力偏小的原因，是上部结构参与基础共同作用以及厚板计算理论不成熟的缘故。但表 2.3.5-1 中序号 2～序号 4 的高速铁路刚性桩复合地基承台板原位实测钢筋应力也很小，似乎就不能归因于上部结构的原因（因为没有上部结构），也很难归因于厚板理论的问题（因为底板厚度为 500 mm，应该难以归类于厚板）。因此还有待于更多原位实测资料的积累与进一步的研究。

2.3.6　刚性桩复合地基发生大沉降的资料

发生较大沉降的刚性桩复合地基工程较为少见，且有关人员也不会大力宣扬。但仔细检索，还是收集到一些资料。

路堤（含堆料场）刚性桩复合地基发生较大沉降的情况时有发生，其中有设计失误的原因，也有使用不当的因素。但更多的是有意识设计成沉降控制复合地基，以便获得较高的性价比。因此这类沉降控制复合地基的设计思路值得特别关注。

路堤（含堆料场）刚性桩复合地基发生较大沉降的工程实例见表 2.3.6-1。

路堤（含堆料场）刚性桩复合地基大沉降数据　　　　表 2.3.6-1

序号	工程名称	桩型	路堤底荷重 （kPa）	路堤底地基土	实测沉降值 （mm）
1	上海路堤 A	CFG 桩	68	粉质黏土	299
2	上海路堤 B	CFG 桩	86	粉质黏土	446
3	上海路堤 C	CFG 桩	86	粉质黏土	439
4	上海路堤 D	CFG 桩	86	粉质黏土	334
5	上海路堤 E	CFG 桩	86	粉质黏土	270
6	上海路堤 F	带托板单桩	70	粉质黏土	394
7	上海路堤 G	带托板单桩	70	粉质黏土	376
8	广东路堤 A	预应力管桩＋排水板	114	淤泥	244
9	广东路堤 B	带托板素混凝土桩＋沙井	124	淤泥质土	950
10	广东路堤 C	带托板素混凝土桩＋沙井	65	淤泥质土	221
11	广东路堤 D	带托板素混凝土桩＋沙井	78	淤泥质土	390
12	广东路堤 E	带托板素混凝土桩＋沙井	84	淤泥质土	755
13	广东路堤 F	带托板素混凝土桩＋沙井	121	淤泥质土	994
14	广东路堤 G	带托板素混凝土桩＋沙井	97	淤泥质土	557
15	广东路堤 H	带托板素混凝土桩＋沙井	121	淤泥质土	1261
16	广东路堤 I	带托板素混凝土桩＋沙井	99	淤泥质土	238
17	广东路堤 J	带托板素混凝土桩＋沙井	99	淤泥质土	479
18	广东路堤 K	带托板素混凝土桩＋沙井	101	淤泥质土	256
19	广东路堤 L	带托板素混凝土桩＋沙井	112	淤泥质土	468
20	广东路堤 M	带托板素混凝土桩＋沙井	122	淤泥质土	381
21	广东路堤 N	带托板素混凝土桩＋沙井	114	淤泥质土	415
22	广东路堤 O	带托板素混凝土桩＋沙井	122	淤泥质土	666
23	广东路堤 P	带托板素混凝土桩＋沙井	105	淤泥质土	1325
24	广东路堤 Q	带托板素混凝土桩＋沙井	105	淤泥质土	1410

序号	工程名称	桩型	路堤底荷重 （kPa）	路堤底地基土	实测沉降值 （mm）
25	广东路堤 R	带托板素混凝土桩＋沙井	86	淤泥质土	892
26	江苏路堤 A	现浇混凝土薄壁筒桩	105	粉质黏土	350
27	江苏路堤 B	现浇混凝土薄壁筒桩	114	粉质黏土	240
28	浙江堆料场	素混凝土桩	130	淤泥质黏土	2410

注：序号 8 的"广东路堤 A"实测沉降量为通车近 6 年后进行的沉降监测，7 个月沉降监测期的平均沉降速率为 0.061 mm/d。主要原因为砂填料流失。有一定参考价值，故列入。

2.4　刚-柔性长短桩复合地基计算的探讨

无论是柔性桩复合地基还是刚性桩复合地基，都不同程度地在承载能力或经济性上存在一定的缺陷。而刚-柔性长短桩复合地基采用较短的柔性桩提高表层土层的承载力，同时可消除局部软弱土引起的不均匀沉降；刚性长桩则将上部荷载向地基深处传递，达到提高地基承载力和控制沉降的目的，同时最大限度的发挥复合地基的承载力。因此具有良好的经济性。

刚-柔性长短桩复合地基的刚性桩包括预应力管桩、水泥粉煤灰碎石桩（CFG 桩）、素混凝土桩、钻孔灌注桩、现浇薄壁筒桩、载体桩、低强度混凝土桩、Y 形沉管灌注桩等，柔性桩包括水泥搅拌桩、碎石桩、灰土桩等。

荷载分担比是标志刚-柔性长短桩复合地基桩土共同作用程度的重要参数。在 JCCAD、盈建科等软件计算刚-柔性长短桩复合地基所得结果中，判断刚性桩、柔性桩与桩间土承担荷载是否超过其强度，就与荷载分担比有着较大的关系。但因长短桩复合地基的受力机理相当复杂，理论研究落后于实践，到目前为止对长短桩复合地基的基本机理和工程性状的认识还不够深入和全面，尚未形成比较完善的设计理论和计算方法，荷载分担比受诸多因素影响而不易计算。

现场复合地基竖向抗压载荷试验能够确定其承载力特征值，并可通过在载荷板与桩顶埋设压力盒测试出荷载分担比。但是现场载荷试验的结果与工作荷载下的荷载分担比还是有着一定的差别。本章第 2.5 节就通过江苏、广东、浙江、四川等地，7 个工程实例的复合地基静载荷试验与原位实测荷载分担比的对照，对这一问题进行初步探讨。

JCCAD、盈建科等软件尚不能直接计算刚-柔性长短桩复合地基的沉降，而采用基础软件计算这种基础承台板内力的合理与否，又在相当大的程度上取决于其沉降计算值的准确程度。因此就需要探讨刚-柔性长短桩复合地基的沉降计算问题。

刚-柔性长短桩复合地基沉降计算的传统模式，是把总沉降 S 分成短桩范围内复合土层压缩变形量（S_{11}）、短桩范围以下只有长桩部分的复合土层压缩变形量（S_{12}）、与加固区下卧层压缩变形量（S_2）组成，其中 S_{11} 与 S_{12} 采用复合模量法计算，S_2 通常采用分层总和法计算。加固层沉降量通常很小，沉降主要发生在桩端以下的下卧层。

有长期沉降观测数据的刚-柔性长短桩复合地基建筑工程很少，有完整桩土荷载分担原位实测资料的案例更是罕见。

本节探讨的沉降计算问题是以温州某小区采用刚-柔性长短桩复合地基的 7 层住宅为主要案例：这项工程进行了沉降观测及筏板下土反力与长短桩顶应力的原位测试，虽然未进行长期沉降观测，但已属极为难得的工程实例，可以作为刚-柔性长短桩复合地基的典型案例。

2.4.1　温州 7 层住宅刚-柔性长短桩复合地基沉降计算

［案例 2.4.1］为温州某小区住宅（朱奎，2006），共 4 幢 6～7 层底框砖混住宅。地基土物理力学性质指标见表 2.4.1-1。

<table>
<tr><td align="center" colspan="11">地基土的物理力学性质指标</td><td align="center">表 2.4.1-1</td></tr>
<tr><td rowspan="3">层序</td><td rowspan="3">土的名称</td><td colspan="9" align="center">物 理 性 质</td><td rowspan="3">压缩模量 E_s （MPa）</td></tr>
<tr><td align="center">厚度 h （m）</td><td align="center">含水量 w （%）</td><td align="center">重力密度 ρ （g/cm³）</td><td align="center">天然孔隙比 e</td><td align="center">液限 w_L （%）</td><td align="center">塑限 w_P</td><td align="center">液性指数 I_L</td><td align="center">塑性指数 I_P</td></tr>
<tr><td>①</td><td>杂填土</td><td align="center">1.0</td><td align="center">—</td><td align="center">—</td><td align="center">—</td><td align="center">—</td><td align="center">—</td><td align="center">—</td><td align="center">—</td><td align="center">—</td></tr>
<tr><td>②</td><td>粉质黏土</td><td align="center">2.0</td><td align="center">29.6</td><td align="center">1.86</td><td align="center">0.902</td><td align="center">43.0</td><td align="center">26.7</td><td align="center">0.478</td><td align="center">16.3</td><td align="center">3.71</td></tr>
<tr><td>③-1</td><td>淤泥</td><td align="center">11.0</td><td align="center">79.2</td><td align="center">1.51</td><td align="center">1.272</td><td align="center">61.0</td><td align="center">36.5</td><td align="center">1.743</td><td align="center">24.5</td><td align="center">0.91</td></tr>
<tr><td>③-2</td><td>淤泥</td><td align="center">8.0</td><td align="center">58.4</td><td align="center">1.64</td><td align="center">1.646</td><td align="center">57.0</td><td align="center">38.0</td><td align="center">1.074</td><td align="center">19.0</td><td align="center">1.57</td></tr>
<tr><td>④</td><td>淤泥质黏土</td><td align="center">8.0</td><td align="center">48.7</td><td align="center">1.71</td><td align="center">1.383</td><td align="center">47.0</td><td align="center">29.0</td><td align="center">1.058</td><td align="center">18.0</td><td align="center">3.66</td></tr>
<tr><td>⑤</td><td>粉质黏土</td><td align="center">8.0</td><td align="center">30.3</td><td align="center">1.81</td><td align="center">1.101</td><td align="center">44.0</td><td align="center">27.0</td><td align="center">0.724</td><td align="center">17.0</td><td align="center">5.25</td></tr>
<tr><td>⑥</td><td>粉砂</td><td align="center">>9.0</td><td align="center">21.9</td><td align="center">1.90</td><td align="center">0.726</td><td align="center">—</td><td align="center">—</td><td align="center">—</td><td align="center">—</td><td align="center">8.70</td></tr>
</table>

1. ［案例 2.4.1-1］桩土荷载分担原位测试数据与沉降计算

［案例 2.4.1-1］为 6 层住宅，采用格筏基础，基础外包面积为 592 m²，基础净面积为 350 m²，基础净面积与外包面积之比为 0.59。共布置 64 根 ϕ 0.5 m×44 m 人力简易钻孔灌注桩，桩端进入表 2.4.1-1 中第 6 层粉砂约 7.5 m；161 根 ϕ 0.5 m×13.5 m 水泥搅拌桩。设置 200 mm 厚褥垫层。［案例 2.4.1-1］基础平面图如图 2.4.1-1。

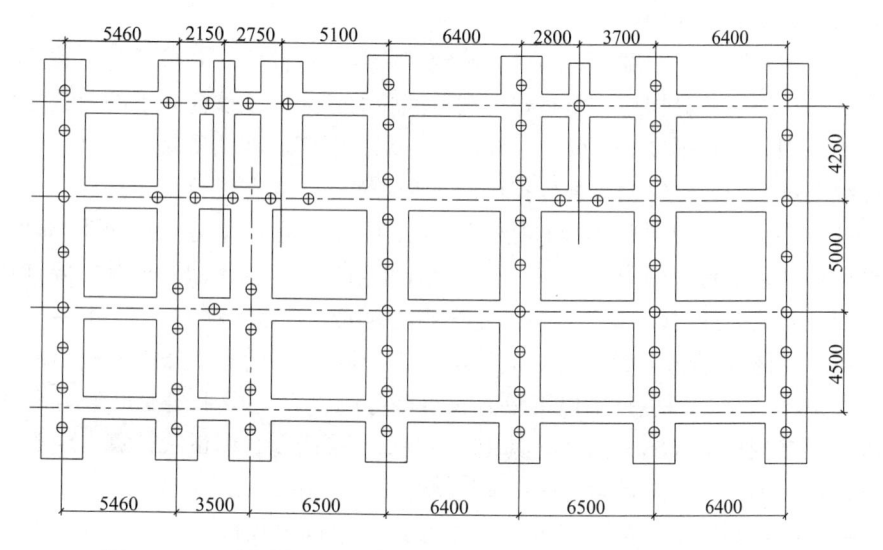

图 2.4.1-1　［案例 2.4.1-1］基础平面图（图中未表示水泥搅拌桩）

由静载荷试桩确定单桩极限承载力标准值为 984 kN。

［案例 2.4.1-1］结构封顶时实测平均沉降为 9.0 mm，远未达到沉降稳定的阶段，且使用荷载尚未施加，因此最终沉降量可能为结构封顶时实测平均沉降值的 2 倍或更大。时间-沉降曲线如图 2.4.1-2。

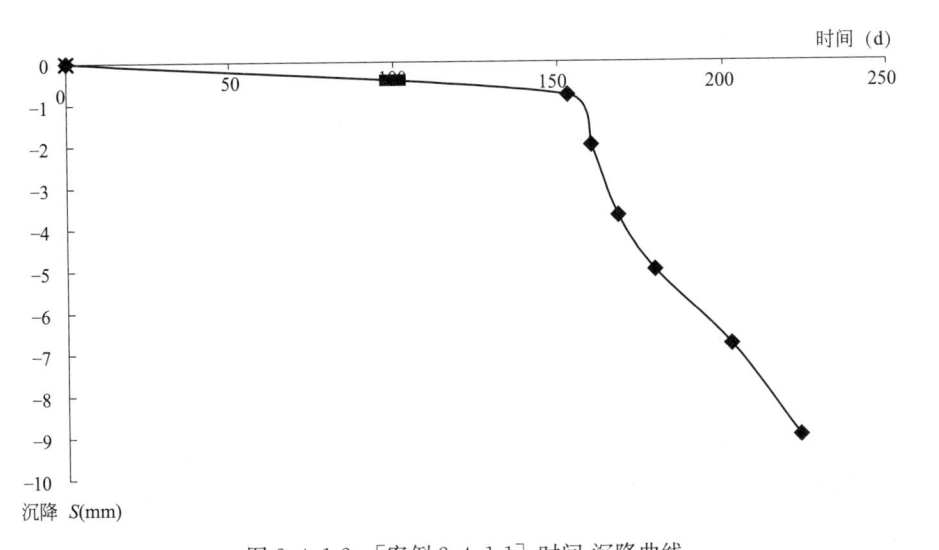

图 2.4.1-2 ［案例 2.4.1-1］时间-沉降曲线

［案例 2.4.1-1］共埋设钻孔灌注桩顶压力盒 9 个、水泥搅拌桩顶压力盒 9 个、板底土压力盒 9 个。结构封顶时（历时 225 d）原位测试承台板下土反力为 25 kPa，荷载分担比例为：±24.2%，水泥搅拌桩 32.2%，钻孔灌注桩 43.6%。

由《复合地基技术规范》GB/T 50783—2012，可得长-短桩复合地基的计算沉降由加固区复合土层压缩变形量、加固区下卧土层压缩变形量组成。对于本案例，由于水泥搅拌桩较长（13.5 m），因此可以很方便地计算出加固区复合土层压缩变形量为 1 mm（计算过程略）。故本案例的加固区复合土层压缩变形量可忽略不计。

对于加固区下卧土层压缩变形量计算，由于［案例 2.4.1-1］的长桩距径比为 6.08，属于疏桩基础，不适用深基础法计算沉降。但根据上海沉降控制复合疏桩基础法的原则，只要单桩平均荷载小于单桩极限承载力，仍可按明德林应力公式法计算沉降。

由于缺少第 6 层粉砂的具体厚度及下卧层数据，且还缺少第 6 层粉砂的压缩曲线，因此假定第 6 层粉砂的厚度超过 23 m、且不存在软弱下卧层，并按经验取计算桩基沉降的第 6 层粉砂的压缩模量为 $E_{s0.1\sim0.2}$ 的 2 倍。于是由明德林应力公式法可得［案例 2.4.1-1］的计算沉降 $S=0.852\times31.1$ mm $=26.5$ mm。计算结果可能比较合理（计算过程略）。

2. ［案例 2.4.1-2］桩土荷载分担原位测试数据与沉降计算

［案例 2.4.1-2］为 7 层住宅，采用格筏基础，基础外包面积为 497 m²，基础净面积为 361 m²，基础净面积与外包面积之比为 0.73。共布置 64 根 ϕ0.5 m×44 m 人力简易钻孔灌注桩，桩端进入表 2.4.1-1 中第 6 层粉砂约 7.5 m；183 根 ϕ0.5 m×13.5 m 水泥搅拌桩。未设置褥垫层。基础平面图如图 2.4.1-3。

由静载荷试桩确定单桩极限承载力标准值为 984 kN。

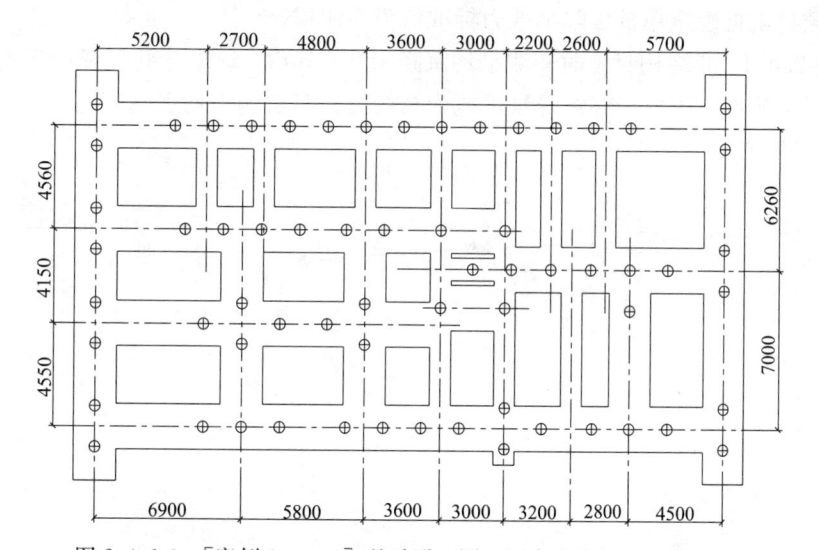

图 2.4.1-3　［案例 2.4.1-2］基础平面图（图中未表示水泥搅拌桩）

［案例 2.4.1-2］结构封顶时实测平均沉降为 12.0 mm，远未达到沉降稳定的阶段，见时间-沉降曲线。且使用荷载尚未施加，因此最终沉降量可能为结构封顶时实测平均沉降值的 2 倍或更大。时间-沉降曲线如图 2.4.1-4。

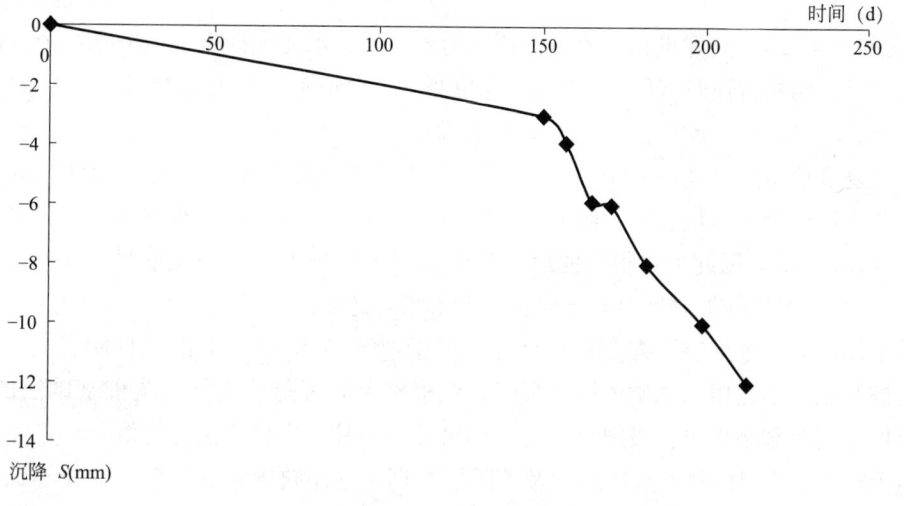

图 2.4.1-4　［案例 2.4.1-2］时间-沉降曲线

［案例 2.4.1-2］共埋设钻孔灌注桩顶压力盒 9 个、水泥搅拌桩顶压力盒 9 个、板底土压力盒 9 个，结构封顶时（历时 225 d）原位测试承台板下土反力为 11 kPa，荷载分担比例为：±8.5%，水泥搅拌桩 18.9%，钻孔灌注桩 72.6%。

由前所述，［案例 2.4.1-2］加固区复合土层压缩变形量可忽略不计。

对于加固区下卧土层压缩变形量计算，由于［案例 2.4.1-2］的长桩距径比为 5.57，可归于疏桩基础，不适用深基础法计算沉降。

由明德林应力公式法可得［案例 2.4.1-2］的计算沉降 $S = 0.852 \times 34.8 = 30$ mm。计算结果可能比较合理（计算过程略）。

3. [案例2.4.1-3] 桩土荷载分担原位测试数据与沉降计算

[案例2.4.1-3] 为7层住宅，采用格筏基础，基础外包面积为597 m²，基础净面积为344 m²，基础净面积与外包面积之比为0.58。共布置59根ϕ0.5 m×44 m人力简易钻孔灌注桩，桩端进入上表中第6层粉砂约7.5 m；168根ϕ0.5 m×13.5 m水泥搅拌桩。设置200 mm厚褥垫层。基础平面图如图2.4.1-5。

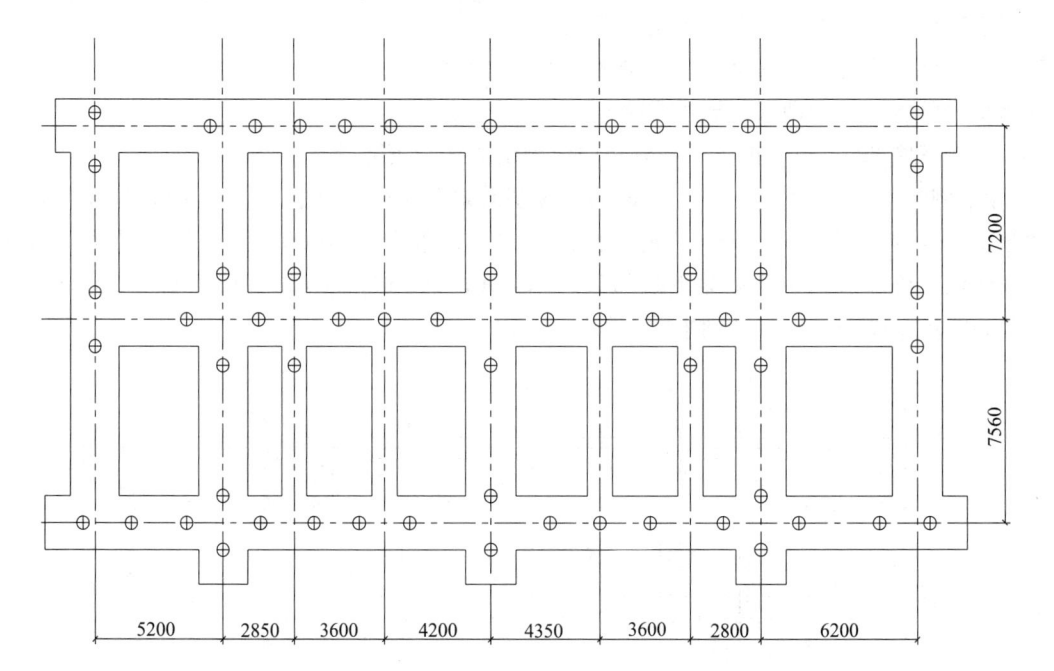

图2.4.1-5 [案例2.4.1-3] 基础平面图（图中未表示水泥搅拌桩）

由静载荷试桩确定单桩极限承载力标准值为984 kN。

[案例2.4.1-3] 结构封顶时实测平均沉降为14.1 mm，远未达到沉降稳定的阶段，且使用荷载尚未施加，因此最终沉降量可能为结构封顶时实测平均沉降值的2倍或更大。时间-沉降曲线如图2.4.1-6。

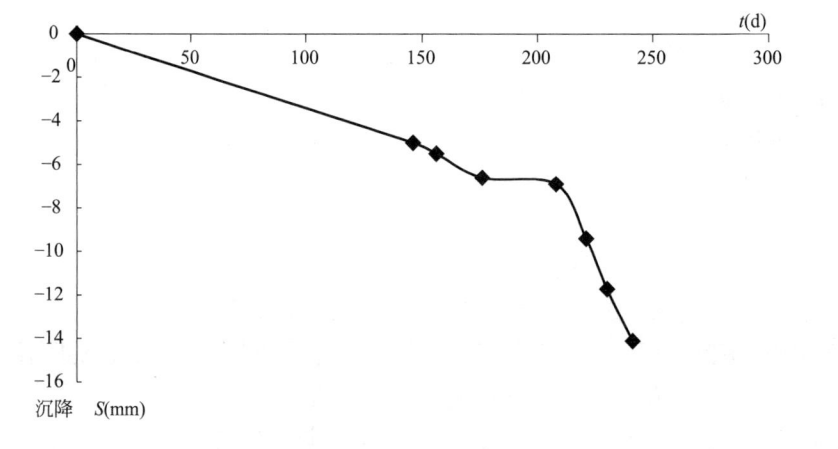

图2.4.1-6 [案例2.4.1-3] 时间-沉降曲线

[案例 2.4.1-3] 共埋设钻孔灌注桩顶压力盒 9 个、水泥搅拌桩顶压力盒 9 个、板底土压力盒 9 个，结构封顶时（历时 225 d）原位测试承台板下土反力为 25 kPa，荷载分担比例为：±25.0%，水泥搅拌桩 33.0%，钻孔灌注桩 42.0%。

由前所述，[案例 2.4.1-3] 加固区复合土层压缩变形量可忽略不计。

对于加固区下卧土层压缩变形量计算，由于 [案例 2.4.1-3] 的长桩距径比为 6.36，可归于疏桩基础，不适用深基础法计算沉降。

由明德林应力公式法可得 [案例 2.4.1-3] 的计算沉降 $S=0.852\times38$ mm $=32$ mm。计算结果可能比较合理（计算过程略）。

4. [案例 2.4.1-4] 桩土荷载分担原位测试数据与沉降计算

[案例 2.4.1-4] 为 6 层住宅，采用格筏基础，基础外包面积为 517 m²，基础净面积为 331 m²，基础净面积与外包面积之比为 0.64。共布置 59 根 $\phi0.5$ m×44 m 人力简易钻孔灌注桩，桩端进入上表中第 6 层粉砂约 7.5 m；169 根 $\phi0.5$ m×13.5 m 水泥搅拌桩。设置 200 mm 厚褥垫层。基础平面图如图 2.4.1-7。

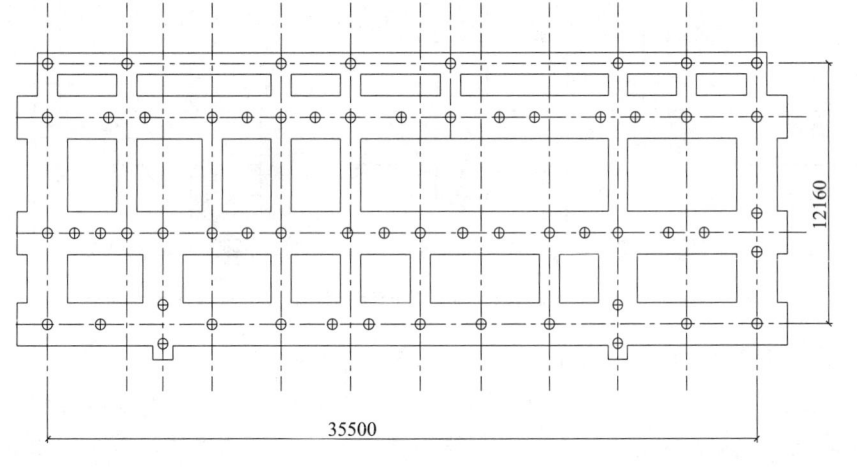

图 2.4.1-7　[案例 2.4.1-4] 基础平面图（图中未表示水泥搅拌桩）

由静载荷试桩确定单桩极限承载力标准值为 984 kN。

[案例 2.4.1-4] 结构封顶时实测平均沉降为 9.4 mm，远未达到沉降稳定的阶段，且使用荷载尚未施加，因此最终沉降量可能为结构封顶时实测平均沉降值的 2 倍或更大。时间-沉降曲线如图 2.4.1-8。

[案例 2.4.1-4] 共埋设钻孔灌注桩顶压力盒 9 个、水泥搅拌桩顶压力盒 9 个、板底土压力盒 9 个，结构封顶时（历时 225 d）原位测试承台板下土反力为 31.8 kPa，荷载分担比例为：±34.7%，水泥搅拌桩 23.9%，钻孔灌注桩 41.4%。

由前所述，[案例 2.4.1-4] 加固区复合土层压缩变形量可忽略不计。

对于加固区下卧土层压缩变形量计算，由于 [案例 2.4.1-3] 的长桩距径比为 6.36，可归于疏桩基础，不适用深基础法计算沉降。

由明德林应力公式法可得 [案例 2.4.1-4] 的计算沉降 $S=0.852\times33.6=28.6$ mm。计算结果可能比较合理（计算过程略）。

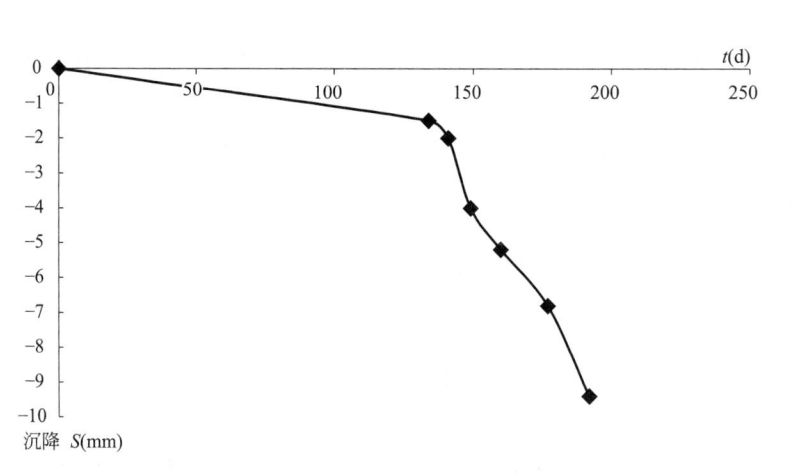

图 2.4.1-8 ［案例 2.4.1-4］时间-沉降曲线

2.4.2 JCCAD 等软件计算刚-柔性桩复合地基的问题

由 JCCAD 用户手册关于复合地基计算的规定，刚-柔性桩复合地基的桩体在交互输入中按混凝土灌注桩输入的。若解决了沉降计算问题，最大的疑难还是确定刚-柔性桩复合地基的刚性桩、柔性桩与桩间土分担比例，也就是桩间土的反力基床系数取值。

盈建科软件的情况类似 JCCAD 软件。

关于这一点，有关规范的规定比较笼统。如《建筑地基处理技术规范》JGJ 79—2012 与《复合地基技术规范》GB/T 50783—2012，关于刚-柔性桩复合地基的柔性桩与桩间土发挥系数，均建议由复合地基静载荷试验确定，或按地区经验确定。

建筑物刚-柔性桩复合地基的数据较少，目前只收集到 10 项工程的原位实测桩土分担资料，见表 2.4.2-1。

建筑物刚-柔性长短桩复合地基原位实测桩土分担数据 表 2.4.2-1

序号	工程名称	桩型	抗震烈度	褥垫层厚度（mm）	承台底基土	承台底土承载力标准值（kPa）	实测沉降值（mm）	实测桩间土压力（kPa）	桩间土分担比例（%）	桩土应力比
1	太原 33 层	CFG 桩＋灰土桩	8	—	湿陷性黄土	160	26	100.0	38.7	30.0
2	四川 11 层 A	CFG 桩＋碎石桩	9	250	黏土	—	4.8	55.0	41.4	13.7
3	四川 11 层 B						5.2	49.0	36.8	13.3
4	杭州 7 层	沉管灌注桩＋水泥搅拌桩	6	300	粉质黏土	—	27	44.9(土) 414.2 (搅拌桩)	33.6(土) 43.5 (搅拌桩)	20.5(沉管桩/土) 9.2(搅拌桩/土)
5	杭州 14 层	钢管桩＋碎石桩	6	200	黏质粉土	160	25	135(土) 180(碎石桩)	56(土) 9(碎石桩)	49.6(钢管桩/土) 1.3(碎石桩/土)
6	温州 6 层	管桩＋水泥搅拌桩	6	—	黏土		40		37(土) 30(搅拌桩)	25(管桩/土) 20.7(搅拌桩/土)
7	温州 7 层 A	钻孔桩＋水泥搅拌桩	6	无褥垫层	粉质黏土	110	12	11	8.5(土) 18.9(搅拌桩)	185(钻孔桩/土) 13.6(搅拌桩/土)

序号	工程名称	桩型	抗震烈度	褥垫层厚度（mm）	承台底基土	承台底土承载力标准值（kPa）	实测沉降值（mm）	实测桩间土压力（kPa）	桩间土分担比例（%）	桩土应力比
8	温州 7 层 B	钻孔桩＋水泥搅拌桩	6	200	粉质黏土	110	14.1	25	25(土) 33(搅拌桩)	58(钻孔桩/土)
9	温州 6 层 C	钻孔桩＋水泥搅拌桩	6	200	粉质黏土	110	9	25.5	24.2(土) 32.2(搅拌桩)	57(钻孔桩/土)
10	温州 6 层 D	钻孔桩＋水泥搅拌桩	6	200	粉质黏土	110	9.4	31.8	34.7(土) 23.9(搅拌桩)	37(钻孔桩/土)

以上建筑物的桩土分担实测资料，无论是地域还是数量均远远不能满足可供设计参考的标准。不过高速公路、高速铁路与储罐的复合地基桩土分担实测资料远多于建筑物。而这类复合地基的基础，其实就是绝对柔性的基础；上部荷重也相当于 4~10 层住宅，因此也可为刚-柔性桩复合地基的设计提供参考。尤其是其中采用筏板的复合地基，就更接近建筑物复合地基的状况，有更大的实用价值了。

但路堤刚-柔性桩复合地基也只检索到 4 例工程实例桩土分担实测数据，见表 2.4.2-2。

路堤复合刚-柔性长短桩地基原位实测桩土分担数据　　表 2.4.2-2

序号	工程名称	桩型	路堤底荷重（kPa）	路堤底地基土	路堤底土承载力标准值（kPa）	实测沉降值（mm）	实测桩间土压力（kPa）	桩间土分担比例（%）	桩土应力比
1	辽宁路堤 A	CFG 桩＋水泥搅拌桩桩筏	170	黏土	100	25	24.7	12.4	42.5
2	辽宁路堤 B	CFG 桩＋水泥搅拌桩桩筏	130	—		47	90		21.0
3	宁波路堤	预应力管桩＋水泥搅拌桩桩网	62	粉质黏土	90	60	27	50.6	14.6
4	江苏路堤	预应力管桩＋水泥搅拌桩桩网	76	粉质黏土	—		40		7.5

刚-柔性桩复合地基中柔性桩桩身材料强度验算问题，实际上牵涉到刚性桩、柔性桩与桩间土的荷载分担问题。目前尚缺少大量原位桩土荷载分担测试的工程实例，又由于长短桩桩型的搭配、短桩桩长的变化以及地基土的多样性，因此在可预见的时期内，有关地基处理规范还不太可能提供可靠的数据。

采用 JCCAD、盈建科等软件计算刚-柔性桩复合地基时，当然可以通过调整柔性桩的荷载分担比例，规避柔性桩桩身材料强度验算的问题。但设计人员还是应该尽量多知道一些刚-柔性桩复合地基的原位桩土荷载分担测试情况，除了考虑柔性桩桩身材料强度验算问题外，还可以对柔性桩桩长问题进行一些探讨。

"建筑物刚-柔性长短桩复合地基原位实测桩土分担数据" 表中，有 6 例工程的柔性桩属于水泥搅拌桩，且均进行了水泥搅拌桩的桩顶反力实测，可以以此数据作初步探讨。

1. ［温州 7 层 A］、［温州 6 层 C］与［温州 6 层 D］

［温州 7 层 A］、［温州 6 层 C］与［温州 6 层 D］（朱奎，2006）为同一小区的多层住宅，均采用 "钻孔灌注桩＋水泥搅拌桩复合地基"。对刚-柔性桩复合地基还进行了原位桩

土荷载分担测试，测试持续时间 7 个月。其中：

[温州 7 层 A] 为 7 层底框住宅（无褥垫），水泥搅拌桩顶反力实测值为，107 kPa、161 kPa、182 kPa。由水泥搅拌桩的桩身材料强度计算公式（$R_a = 0.25 f_{cu} A_p$），可得温州 7 层 A（无褥垫）水泥搅拌桩的立方体抗压强度为 428 kPa、644 kPa、728 kPa，满足现场取芯的水泥土无侧限抗压强度（90 d）试验结果（1650 kPa）。

[温州 6 层 C] 为 6 层底框住宅（有褥垫），水泥搅拌桩顶反力实测值为，225 kPa、315 kPa、360 kPa。由水泥搅拌桩的桩身材料强度计算公式（$R_a = 0.25 f_{cu} A_p$），可得温州 6 层 C（有褥垫）水泥搅拌桩的立方体抗压强度为 900 kPa、1260 kPa、1440 kPa，若不考虑桩端 4.5 m 以下水泥土的强度，满足现场取芯的水泥土无侧限抗压强度（90 d）试验结果（1650 kPa）。

[温州 6 层 D] 为 6 层底框住宅（有褥垫），水泥搅拌桩顶反力实测值为，187 kPa、274 kPa、295 kPa。由水泥搅拌桩的桩身材料强度计算公式（$R_a = 0.25 f_{cu} A_p$），可得温州 6 层 D（有褥垫）水泥搅拌桩的立方体抗压强度为 748 kPa、1096 kPa、1180 kPa，若不考虑桩端 4.5 m 以下水泥土的强度，满足现场取芯的水泥土无侧限抗压强度（90 d）试验结果（1650 kPa）。

2. [温州 6 层]

[温州 6 层] 为 6 层框架结构住宅（谢新宇，2007），采用"预应力管桩＋水泥搅拌桩复合地基（承台-连梁基础）"。对复合地基进行了原位桩土荷载分担测试，测试持续时间 11 个月。

其中 1 号承台的水泥搅拌桩顶反力实测值为 60～580 kPa。由水泥搅拌桩的桩身材料强度计算公式（$R_a = 0.25 f_{cu} A_p$），可得 1 号承台水泥搅拌桩的立方体抗压强度为 240～2320 kPa，满足现场粉质黏土的水泥土无侧限抗压强度（90 d）试验结果（2560～3330 kPa），但可能超过淤泥段的水泥土无侧限抗压强度。

2 号承台的水泥搅拌桩顶反力实测值为 50～680 kPa。由水泥搅拌桩的桩身材料强度计算公式（$R_a = 0.25 f_{cu} A_p$），可得 1 号承台水泥搅拌桩的立方体抗压强度为 200～2720 kPa，基本满足现场粉质黏土的水泥土无侧限抗压强度（90 d）试验结果（2560～3330 kPa），但可能超过淤泥段的水泥土无侧限抗压强度。

3 号承台的水泥搅拌桩顶反力实测值为 40～1700 kPa。由水泥搅拌桩的桩身材料强度计算公式（$R_a = 0.25 f_{cu} A_p$），可得 1 号承台水泥搅拌桩的立方体抗压强度为 160～6800 kPa，超过现场粉质黏土的水泥土无侧限抗压强度（90 d）试验结果（2560～3330 kPa）。

由此 [温州 6 层] 的实测资料可知，在承台-连梁式刚-柔性桩复合地基中，若采用"长而稀"的水泥搅拌桩布置原则，则由于实际水泥搅拌桩顶反力的大小悬殊，应力集中明显，可能超过水泥搅拌桩的立方体抗压强度。因此宜采用"短而密"的布置原则。

3. [杭州 7 层]

[杭州 7 层] 为杭州某 7 层框架结构住宅（陈龙珠，2004），采用"沉管灌注桩＋水泥搅拌桩复合地基（格筏基础）"。$\phi 0.5$ m×12 m 水泥搅拌桩的下半段位于淤泥质黏土内。未检索到该工程的水泥土无侧限抗压强度（90 d）试验数据。

［杭州 7 层］还进行了原位桩土荷载分担测试，测试持续时间 7 个月。水泥搅拌桩顶反力实测平均值为 414 kPa。由水泥搅拌桩的桩身材料强度计算公式（$R_a = 0.25 f_{cu} A_p$），可得水泥搅拌桩的立方体抗压强度为 1656 kPa。是否超过现场淤泥质黏土的水泥土无侧限抗压强度（90 d）试验结果，难以定论。

2.5　复合地基原位实测与静载荷试验数据的对比

建筑物复合地基在设计施工前，常进行复合地基静载荷试验，以便验证设计参数的可靠性。有些工程除了进行工程桩土荷载分担的原位测试，还进行了复合地基静载荷试验的原位测试，这就可以用来对静载荷试验与实际工程测试数据的比较。

这方面的资料比较少，检索到的数据也不够完整，难以形成一个比较有效的结论。初步的印象只能说复合地基静载荷试验的结果，与实际情况还是有着一定的差别，见表 2.5.0-1。

建筑物复合地基原位实测桩土分担数据与静载荷试验实测桩土分担的对比　表 2.5.0-1

序号	工程名称	桩型	复合地基原位实测值		复合地基静载荷试验实测值		①/③	②/④
			①桩间土分担比例（%）	②桩土应力比	③桩间土分担比例（%）	④桩土应力比		
1	南京 19 层	素混凝土桩	40.0	18.8	—	19.0	—	0.99
2	东莞 20 层	CFG 桩	16.9	52	—	36.0	—	1.44
3	东莞 26 层	预应力管桩	54	12.1	—	16.0	—	0.76
4	温州 6 层	管桩＋水泥搅拌桩	37（土） 30（搅拌桩）	25（管桩/土） 20.7（搅拌桩/土）		33（管桩/土） 21（搅拌桩/土）	—	0.76（管桩/土） 0.99（搅拌桩/土）
5	温州 7 层 A	钻孔桩＋水泥搅拌桩	8.5（土） 18.9（搅拌桩）	185（钻孔桩/土） 13.6（搅拌桩/土）	12（土） 26（搅拌桩）	131（钻孔桩/土） 11（搅拌桩/土）	0.71（土） 0.73（搅拌桩）	1.41（钻孔桩/土） 1.24（搅拌桩/土）
6	温州 6 层 B	钻孔桩＋水泥搅拌桩	25（土） 33（搅拌桩）	65（钻孔桩/土）	20（土） 32（搅拌桩）	61（钻孔桩/土） 10（搅拌桩/土）	1.25（土） 1.03（搅拌桩）	1.07（钻孔桩/土） —
7	南充 20 层	CFG 桩	—	12	9.8	9.02		1.33

注：1. 以上复合地基静载荷试验实测值，是指通过预埋土压力盒量测所得的荷载板下桩间土应力与桩顶应力；

2. 静载荷试验荷载一般为工程荷载的两倍。

2.6　小　　结

关于复合地基的沉降计算，《建筑地基处理技术规范》JGJ 79—2012 指出，目前仍采用以分层总和法为基础的计算方法；《复合地基技术规范》GB/T 50783—2012 指出，复合地基的沉降由垫层压缩变形量、加固区复合土层压缩变形量和加固区下卧土层压缩变形量组成，计算方法基本也是分层总和法。

本章依据柔性桩复合地基、刚性桩复合地基与刚-柔性桩复合地基的典型案例，对这三种复合地基的沉降计算方法分别进行初步探讨，初步意见是：

（1）柔性桩复合地基采用分层总和法计算沉降，但可考虑下卧层的地基土天然结构强度对沉降计算的影响；

（2）刚性桩复合地基的沉降计算可参照复合桩基；

（3）刚-柔性桩复合地基的沉降计算方面，工程实践较少，从目前掌握的资料看，对于多层住宅的刚-柔性桩复合地基，可按疏桩复合桩基沉降计算的原理进行计算。

关于复合地基的桩土分担问题，本章共收集了全国近 20 个省市的 200 余例多高层建筑、路堤以及储罐复合地基的实测沉降、实测桩土分担数据以及 4 例承台板钢筋应力的实测数据，可供参考。

3 基础软件计算疏桩复合桩基的疑难与探讨

3.1 引　言

复合疏桩基础其实就是桩距大于 5～6 倍桩径的复合桩基。但由多种试验分析可知，软黏土中的低承台摩擦桩基础，当桩距增大至 5～6d 后，群桩中各单桩的主要受力特性，趋近于独立单桩；而群桩的整体极限承载力也趋近于其中各单桩的极限承载力之和与承台下地基土极限承载力的总和。因此复合疏桩基础的沉降计算方法就与复合桩基有所不同了。

而解决了沉降计算问题后，复合疏桩基础的基础内力计算就与复合桩基没有太大区别。

因此有关 JCCAD、盈建科等软件计算复合疏桩基础的疑难，就转化为疏桩基础沉降计算的问题。

国标地基规范、《建筑桩基技术规范》、地方地基规范与有关基础软件认可的疏桩复合桩基沉降计算主要有四种方法：

1. 上海地基规范的"沉降控制复合桩基法"

JCCAD 软件实际上是将上海"沉降控制复合桩基法"的计算过程分解成两部分：桩顶平均荷载不大于单桩极限承载力的明德林解，扣除桩群荷载后的天然地基沉降计算。目前版本的 JCCAD 软件尚未将这两部分组合在一个单元，且不能计算格筏基础的沉降。

盈建科软件虽未单列出"上海沉降控制复合桩基法"，但实际上由上海"沉降控制复合桩基法"计算沉降的各种元素均已存在，只不过未明确说明而已。

2. 天津地基规范的"减沉桩计算程序"法

天津"减沉桩计算程序法"的桩顶荷载取值范围由程序计算，其沉降计算方法根据 Geddes 附加应力系数确定土体中附加应力，确定桩荷载传递分配系数，考虑桩非线性工作。计算程序输入桩土分担比初始值，迭代收敛后得到计算桩土分担比。

该方法已列入天津地方标准《沉降控制桩基础技术规程》DB 29-105—2004，但未纳入 JCCAD、盈建科等软件。

已检索到有关天津"减沉桩计算程序法"的典型案例，实际上为刚性桩复合地基，且所有有关文献均未提供桩位图乃至桩数，因此难以采用其他方法复核。

由于程序可以修改，且该方法不能手算复核，因此本章不就天津"减沉桩计算程序法"进行探讨。但拥有天津"减沉桩计算程序"者，均可由本章提供的复合疏桩基础案例进行复核，自行确定该方法的适用范围。

3.《建筑桩基技术规范》的"软土地基减沉复合疏桩基础法"

这种方法的原理是单桩沉降加上天然地基沉降，单桩沉降可以很方便地手算，天然地基沉降计算的软件早已成熟。因此看起来各种基础软件没有单列"软土中减沉复合疏桩基础法",但实际上必要的元素均已列入软件了。

4.《建筑桩基技术规范》的"疏桩复合桩基法",即《建筑桩基技术规范》的式(5.5.14-4)。

JCCAD与盈建科软件均列入"疏桩复合桩基法",且将其推广到桩中心距小于6倍桩径的一般复合桩基沉降计算中去。

本章依据《建筑桩基技术规范》认可的疏桩复合桩基案例,以及上海、南京、福建、浙江等地共18项工程实例,对上述三种疏桩复合桩基计算法的适用范围,进行探讨。

关于"疏桩复合桩基法"的承台底地基土分担荷载的计算,本章依据上海、南京、徐州、宁波、玉环等地复合桩基的原位测试,对于承台底土位于地下水位以下的疏桩复合桩基础的承台效应系数进行探讨。

本章还对JCCAD、盈建科等基础软件计算疏桩复合基础内力的问题,进行初步探讨。

3.2 上海地基规范"沉降控制复合桩基"法 及"JCCAD软件"法探讨

建筑桩基技术规范表13给出了采用"软土地基减沉复合疏桩基础"法设计或验算的14项工程实例数据,见表3.2.0-1。

软土地基减沉复合疏桩基础计算沉降与实测沉降　　　　　　　　　表3.2.0-1

序号	工程名称	层数/基底附加压力(kN)	基础平面尺寸(m×m)	桩径(m)/桩长(m)	承台埋深(m)/桩数	桩端持力层	计算沉降(mm)	实测推算最终沉降(mm)
1	上海××	6/61210	53×11.7	0.2×0.2/16	1.6/161	黏土	108	77
2	上海××	6/52100	52.5×11	0.2×0.2/16	1.6/148	黏土	76	81
3	上海××	6/49718	42×11	0.2×0.2/16	1.6/118	黏土	120	69
4	上海××	6/43076	40×10	0.2×0.2/16	1.6/139	黏土	76	76
5	上海××	6/45490	58×12	0.2×0.2/16	1.6/250	黏土	132	127
6	绍兴××	6/49505	35×10	$\phi 0.4/12$	1.45/142	粉土	55	50
7	上海徐汇区某住宅	6/43500	40×9	0.2×0.2/16	1.27/152	黏土夹砂	158	150
8	天津××	—/56864	46×16	$\phi 0.42/10$	1.7/161	黏质粉土	63.7	40
9	天津××	—/62507	52×15	$\phi 0.42/10$	1.7/176	黏质粉土	62	50
10	天津××	—/74017	62×15	$\phi 0.42/10$	1.7/224	黏质粉土	55	50
11	天津××	—/62000	52×14	0.35×0.35/17	1.5/127	粉质黏土	100	80
12	天津××	—/106840	84×15	0.35×0.35/17	1.5/220	粉质黏土	100	90
13	天津××	—/64200	54×14	0.35×0.35/17	1.5/135	粉质黏土	95	90
14	天津××	—/82932	56×18	0.35×0.35/12.5	1.5/155	粉质黏土	161	120

注:表中的基础平面尺寸的定义,并非基础的外包尺寸,而是由格筏基础折算成的矩形筏基,二者面积相等,长宽比相当(参见文献[7])。如序号7的上海徐汇区某住宅,格筏基础外包面积为461 m²,格筏基础净面积为360 m²,因此表中的基础平面尺寸为40 m×9 m。

《建筑桩基技术规范》规定,"软土地基减沉复合疏桩基础"的设计原则是:桩距$S_a > (5 \sim 6)d$,以确保桩间土的荷载分担比足够大;桩的截面尺寸一般选用$\phi 200$ mm～

$\phi400$ mm（或 200 mm×200 mm～300 mm×300 mm）。

上海地基规范规定，"沉降控制复合桩基"的设计原则是：桩距不宜小于 $(5～6)d$，桩身截面边长不大于 250 mm 的预制方桩。

由《建筑桩基技术规范》对"软土地基减沉复合疏桩基础"的规定可知，这些工程实例的沉降计算也适用于上海地基规范"沉降控制复合桩基"法。

但由大量工程实践可知，对于采用轴线布桩的工程，各单排桩之间的距离为 3～4 m，符合"确保桩间土的荷载分担比足够大"的设计原则，根据桩土荷载分担原位实测可知，桩间土确实分担上部荷载。因此也可以按"沉降控制复合桩基"法与"软土地基减沉复合疏桩基础"法计算沉降。一般归之为"广义软土地基复合疏桩基础"。

若按此"广义软土地基复合疏桩基础"原则，则《建筑桩基技术规范》表 4 中序号 4 的上海 20 层工程实例，序号 11～序号 14 的福州工程实例，均为轴线桩复合桩基，因此均可以采用"沉降控制复合桩基"法与"软土地基减沉复合疏桩基础"法计算沉降。而且这些工程实例还进行了承台底土反力监测，完全符合"广义软土地基复合疏桩基础"的定义。

JCCAD 软件给出的"平均沉降 S_1"与"上海规范沉降 S_3"，适用于"软土地基减沉复合疏桩基础"；"等效作用法沉降 S_2"适用于"广义软土地基复合疏桩基础"。JCCAD 软件的这三种计算法统称"JCCAD 基础计算软件"法。

表 3.2.0-1 中序号 7 工程实例的数据，无论是建筑物的层数、附加压力、基础平面尺寸、桩径、桩长、承台埋深、桩数、桩端持力层，还是实测推算最终沉降，均显示该工程即上海地基规范给出的"沉降控制复合桩基"工程实例——上海徐汇区某 6 层住宅。

再加上浙江绍兴的三幢 6 层住宅、南京 9 层框架、南京 6 层住宅，以及表 3.2.0-1 中序号 7 的"上海徐汇区某住宅"与同一小区的 6 层住宅，序号 5 的"上海某住宅"与同一地块的另一住宅，桩端土为较硬土层的上海宝山区某两幢 7 层住宅与某 6 层底框住宅，共 18 项工程实例，就可以对"沉降控制复合桩基"法与"JCCAD 基础计算软件"法的适用范围进行初步探讨了。

3.2.1 上海徐汇区某小区住宅（1）计算沉降

［案例 3.2.1］为 6 层住宅建筑（1999 年版上海地基规范），建筑总面积约 2559 m^2，上部为砖混结构，上部结构传至室外地面标高处的竖向荷载基本组合设计值为 52100 kN，对应于长期效应组合的竖向荷载值为 41600 kN。

［案例 3.2.1］的地基土物理力学性质指标见表 3.2.1-1。

土的物理力学性质指标及承载力表　　　　　　　　　　　　表 3.2.1-1

| 层序 | 土的名称 | 物理性质 | | | | 力学性质 | | | 建议采用 | |
| | | | | | | 剪切试验 | | 压缩试验 | 混凝土预制桩 | |
		厚度 h (m)	含水量 w (%)	重力密度 ρ (g/cm³)	天然孔隙比 e	内摩擦角 ϕ (°)	内聚力 C (kPa)	压缩模量 E_s (MPa)	桩周土摩擦力极限值 q_{sk} (kPa)	桩端土承载力极限值 q_{pk} (kPa)
①	填土	1.20	—	18.0	—	—	—	—	—	—

续表

层序	土的名称	物理性质				力学性质			建议采用	
		厚度 h (m)	含水量 w (%)	重力密度 ρ (g/cm³)	天然孔隙比 e	剪切试验		压缩试验	混凝土预制桩	
						内摩擦角 ϕ (°)	内聚力 C (kPa)	压缩模量 E_s (MPa)	桩周土摩擦力极限值 q_{sk} (kPa)	桩端土承载力极限值 q_{pk} (kPa)
②	褐黄色粉质黏土	1.70	32.9	18.8	0.930	14.80	24	4.33	15	—
③	灰色淤泥质粉质黏土	1.60	46.8	17.5	1.290	21.78	13	2.70	15～30	200～500
④	灰色淤泥质黏土	9.10	54.4	16.8	1.518	10.70	10	1.77	45～55	200～800
⑤-1	灰色黏土夹砂	5.30	39.4	18.0	1.114	17.20	16	3.12	45～65	1500～2500
⑤-2	灰色粉砂夹黏土	7.30	31.8	18.6	0.913	35.70	7	6.61	50～70	2000～3500
⑥	暗绿色粉质黏土	>2.80	23.7	20.1	0.685	27.80	44	6.88	60～80	1500～2500

上海徐汇区某住宅小区进行了9根200 mm×200 mm×16000 mm方桩的单桩静载荷试验。沉桩休止期为14～54 d。初压单桩极限承载力为210～300 kN，平均为261 kN。单桩极限承载力的大小与沉桩休止期长短明显相关。如初压单桩极限承载力210 kN的沉桩休止期为14 d；再休止18 d后复压，单桩极限承载力增大到260 kN；另一根桩再休止161 d后复压，单桩极限承载力由300 kN增大到340 kN。

由此确定单桩极限承载力为240～260 kN，因此取单桩极限承载力为250 kN。

[案例3.2.1] 采用沉降控制复合桩基设计。基础外包面积为471.28 m²，承台净面积为360 m²，采用152根200 mm×200 mm×16000 mm微型方桩，单桩极限承载力为250 kN。

[案例3.2.1] 基础平面图如图3.2.1-1。

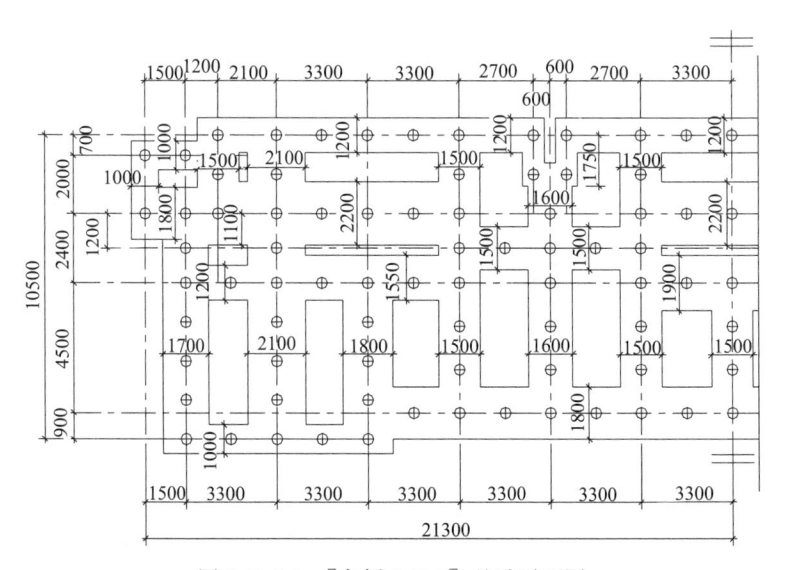

图3.2.1-1 [案例3.2.1] 基础平面图

[案例3.2.1] 的沉降观测天数为2202 d（逾6年），实测推算最终沉降量为150 mm。时间-沉降曲线如图3.2.1-2。

明德林应力公式法计算桩基础沉降 表 3.2.1-2

沉降影响系数　　α=0.128　　Q=259.6 kN　　L=16.0 m

承台底以下深度 (m)		$\frac{n}{m}$	0.00	0.10	0.12	0.16	0.20	0.30	0.40	0.50	0.60	0.80	1.00	1.20	(1) $\dfrac{\sum_i k_i \times \omega_{pi}}{\sum_i k_i \times \omega_{si}}$	(2) $\omega_i = \alpha \sum_i k_i \times \omega_{pi} + (1-\alpha)\sum_i k_i \times \omega_{si}$	(3) $\omega_i - \omega_{i-1}$	(4) E_s (MPa)	(5) $S = Q/(L \times E_s) \times (3)$ (mm)
17.6	1.1	ω_p	70.836	0.203	0.118	0.050	0.028	0.014	0.011	0.009	0.008	0.006	0.005	0.004	72.241	13.871	13.871	3.52	63.937
		ω_s	1.696	0.193	0.155	0.107	0.079	0.045	0.029	0.021	0.016	0.010	0.006	0.004	5.229				
25.73	1.6	ω_p	72.643	1.163	0.923	0.627	0.454	0.237	0.144	0.097	0.072	0.046	0.032	0.024	91.531	29.765	15.894	6.91	37.320
		ω_s	2.203	0.598	0.532	0.432	0.360	0.244	0.176	0.132	0.102	0.065	0.043	0.029	20.699				
各圆环内桩数 k_i			1	3	2	1	9	16	14	10	20	22	26	26					
沉降总和 (mm)																			101.3

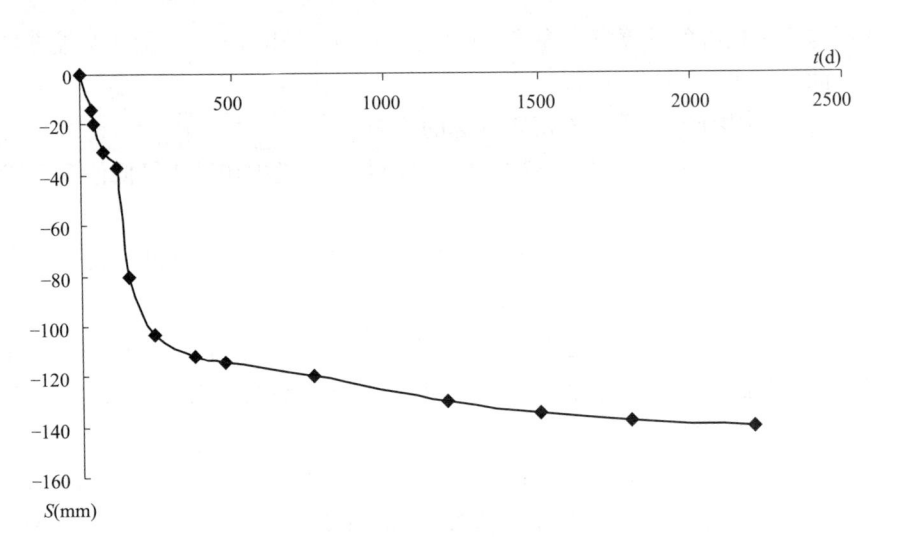

图 3.2.1-2 ［案例 3.2.1］时间-沉降曲线

上海市标准《地基基础设计规范》DGJ08-11—2010 关于沉降控制复合桩基的计算规定为：复合桩基桩数的确定应先按该规范第 11.6.4 条所述沉降计算基本原则，计算复合桩基中假定布有不同桩数时的沉降量，求得桩数与沉降量的关系，然后根据设计容许沉降量确定需要的桩数。

1. 现按该规定计算 152 根桩的复合桩基沉降值。

单桩荷载取 250 kN，桩身自重 9.6 kN。

［案例 3.2.1］明德林应力公式法计算桩基础沉降见表 3.2.1-2。

对于复合疏桩基础中的天然地基沉降计算经验系数均取为 1.0。

［案例 3.2.1］扣除桩群极限承载力的天然地基计算沉降如下：

$$F_k + G_k = 41600 + 360 \times [20 \times 0.5 + (20-10) \times 0.77] = 47972 \text{ kN}$$

扣除桩群承载力的承台底附加压力

$$P_0 = \frac{47972 - 152 \times 250}{360} - 18 \times 0.5 - (18-10) \times 0.7 - (18.8-10) \times 0.07 = 12.5 \text{kN/m}^2$$

按上海市标准《地基基础设计规范》实体深基础法计算［案例 3.2.1］沉降见表 3.2.1-3。

实体深基础法计算沉降 表 3.2.1-3

土层	承台以下深度 Z（m）	L（m）	b（m）	L/b	$2Z/b$	δ_i	$\delta_I - \delta_{i-1}$	E_s	$\dfrac{\delta_i - \delta_{i-1}}{E_s}$
粉质黏土	1.63				0.2996	0.1493	0.1493	4.33	0.034
淤泥质粉质黏土	3.23	42.42	10.88	3.9	0.594	0.2912	0.1419	2.70	0.053
淤泥质黏土	9.9				1.820	0.7533	0.4621	1.77	0.261

$P_0 = 12.5$ kPa $\sum\limits_{i=1}^{n} \dfrac{\delta_i - \delta_{i-1}}{E_s} = 0.348$ $\psi_s = 1.0$ $\omega = 0.78$

压缩层底附加应力为 $0.579 \times 12.5 = 7.24$ kPa，小于压缩层底土自重应力 87 kPa 的 20%

$S = \psi_s \omega b P_0 \sum\limits_{i=1}^{n} \dfrac{\delta_i - \delta_{i-1}}{E_s} = 1.0 \times 0.78 \times 10.88 \times 12.5 \times 0.348 = 36.9$ mm

由此可得 152 根桩的计算沉降为 $S=101.3+36.9=138.2$ mm，为实测推算最终沉降量 150 mm 的 0.921。

2. 考察单桩极限承载力取值对沉降计算的影响。

若假定［案例 3.2.1］的沉降计算按 9 根桩静载荷试桩中初试压最低值 210 kN 计算，则［案例 3.2.1］的计算沉降为：

$$P'_0=(47972-152\times210)/360-[18\times0.5+(18-10)\times0.7+(18.8-10)\times0.07]$$
$$=29.4 \text{ kPa}$$

$S'=85.7+86.8=172.5$ mm。为单桩荷载取 250 kN 时计算沉降 138.2 mm 的 1.25。

若再假定［案例 3.2.1］的沉降计算按 9 根桩静载荷试桩中初试压最高值 300 kN 计算，则［案例 3.2.1］的计算沉降为：

$$P'_0=(47972-152\times300)/360-[18\times0.5+(18-10)\times0.7+(18.8-10)\times0.07]<0$$
$$S'=112.9+0=112.9 \text{ mm}$$。为单桩荷载取 250 kN 时计算沉降 138.2 mm 的 0.82。

可见"沉降控制复合桩基法"的计算结果，受到静载荷试桩结果准确与否的一定影响。

3.［案例 3.2.1］的桩数分别取 133、142、152、162、172、178、192、212、232 与 399 的计算沉降过程略。桩基沉降计算经验系数取 1.0，天然地基沉降计算经验系数取 1.0，见表 3.2.1-4。

桩数-沉降计算值　　　　　　　　　　　　　　表 3.2.1-4

桩数	沉降计算经验系数 ψ_m	桩群计算沉降（mm）	沉降计算经验系数 ψ_s	筏基计算沉降（mm）	复合桩基计算沉降（mm）	实测沉降（mm）
0	1.0	—	1.0	558	—	—
133	1.0	99.7	1.0	80.4	180.1	—
142	1.0	99.4	1.0	54.1	153.5	—
152	1.0	101.3	1.0	36.9	138.2	150
162	1.0	113.1	1.0	10.0	123.1	—
172	1.0	117.0	1.0	0	117.0	—
178	1.0	117.1	1.0	0	117.1	—
192	1.0	117.3	1.0	0	117.3	—
212	1.0	117.7	1.0	0	117.7	—
232	1.0	118.3	1.0	0	118.3	—
399	1.0	122.4	1.0	0	122.4	—

［案例 3.2.1］的桩数-沉降曲线如图 3.2.1-3。

由表 3.2.1-4 与图 3.2.1-3 可知，在 133～178 根桩区段，桩数-沉降曲线接近线性；在 178～399 根桩区段，桩数-沉降呈现不规则的曲线，且 399 根桩的常规桩基计算沉降，反而比 178 根桩的复合桩基计算沉降大 20.2%。这显然不符合工程实践。

在 178～399 根桩区间，由于减去桩群极限承载力后的基底附加压力不大于零，承台计算沉降等于零，因此桩数越多，计算沉降就可能越大。此区段可称之为沉降控制复合桩

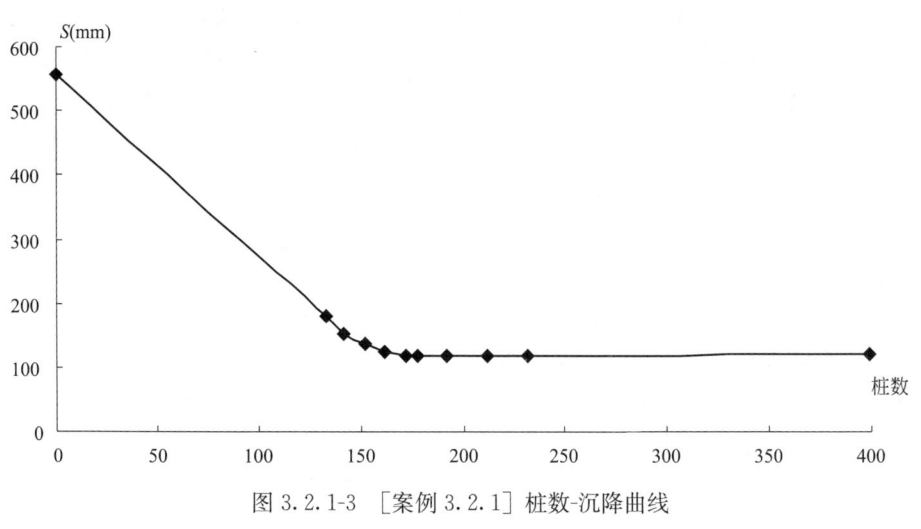

图 3.2.1-3 ［案例 3.2.1］桩数-沉降曲线

基沉降计算的"盲区"。

对于采用条形（筏形）疏桩基础的工程，"盲区"较小，即"盲区"区段的桩数范围较小。而对于带有地下室的疏桩基础，由于基底土自重压力与基础自重之间的差距较大，因此"盲区"区段的桩数范围就相当大了。其计算沉降应做一定的修正。

由此可见，真正按上海市标准《地基基础设计规范》DGJ 08-11—2010 规定，计算各种桩数下的复合桩基沉降，实际上是不可能的。

由于 152 根桩的计算沉降 132.3 mm，与实测推算最终沉降 150 mm 接近，因此至少对于本案例，可以采用上海市标准《地基基础设计规范》DGJ 08-11—1999 的简化分析方法，分别按常规桩基设计确定的桩数（399 根）、桩数的 1/3（133 根）、天然地基（无桩）计算沉降量，分别为 122.4 mm、180.1 mm、558.0 mm；再按线性变化假定求得近似的桩数与沉降关系；进而根据实际布桩数（152 根）在沉降曲线上用内插法求得与此相应的沉降，约为 176 mm，如图 3.2.1-4。

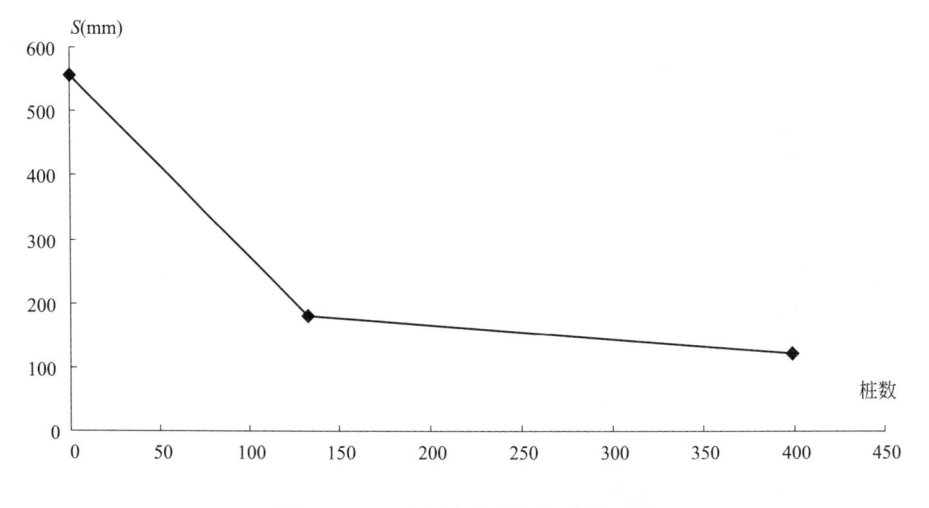

图 3.2.1-4 内插法桩数与沉降关系图

JCCAD、盈建科软件按"沉降控制复合桩基"法所得的桩数-沉降曲线相当完美，与本节严格按照上海地基规范"沉降控制复合桩基"法手算所得结果，有所不同。

其实无论对哪一种程序，只要将[案例 3.2.1]输入程序，并计算桩数＝133～399 根桩时的沉降，就可以知道该程序是否对复合桩基计算结果进行了修正，以及修正的效果如何。

[案例 3.2.1]既有静载试验单桩极限承载力，又有长达 6 年的沉降实测，[案例 3.2.1]所在住宅小区还进行了两例长达 4 年的沉降控制复合桩基工程的桩土荷载分担实测，因此完全可以作为衡量复合疏桩基础沉降计算方法的标杆。

JCCAD 等软件对某种算法进行修正不是不可以接受，但使用者至少应该知道程序给出的计算结果与规范公式有一定的区别。最重要的是应该知道程序给出的计算结果是偏于保守还是不安全。就本案例而言，采用简化分析方法所得结果是偏于安全的。

4. [案例 3.2.1]的 JCCAD 软件沉降试算结果如图 3.2.1-5。

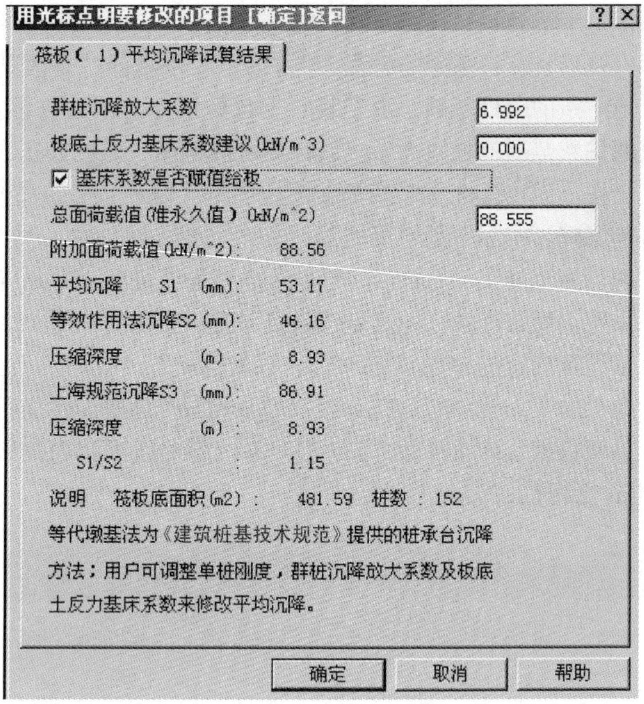

图 3.2.1-5 [案例 3.2.1]的 JCCAD 软件沉降试算结果（桩端阻比 0.128）

[案例 3.2.1]的 JCCAD 软件计算值"平均沉降 S_1"53.17 mm 与实测推算最终沉降量 150 mm 之比为 0.35，计算结果不满足 80％保证率的要求。需要调整群桩沉降放大系数。

[案例 3.2.1]的 JCCAD 软件计算值"等效作用法沉降 S_2"为 46.16×1.2＝55.4 mm，与实测推算最终沉降量 150 mm 之比为 0.37，计算结果不满足 80％保证率的要求。且由《建筑桩基技术规范》等效作用分层总和法的定义，应该不能计算距径比为 7.8 的[案例 3.2.1]桩基沉降，而 JCCAD 软件却给出了计算结果。这说明 JCCAD 软件

的"等效作用法"在疏桩基础沉降计算方面时不能辨识距径比是否超限。

[案例3.2.1]的JCCAD软件计算值"上海规范沉降S_3"为$86.91 \times 1.05 = 91.3$ mm，与实测推算最终沉降值150 mm之比为0.61，计算结果不满足80%保证率的要求。

而"上海规范沉降S_3"计算值86.91 mm与手算结果101.3 mm，基本相同。这说明对于疏桩基础平均单桩荷载超过单桩承载力极限值的情况，"上海规范沉降S_3"不能直接给出最后的计算沉降值，而需要另行计算扣除桩群荷载的天然地基沉降，再叠加"上海规范沉降S_3"结果，方可获得最后的计算值。

5. JCCAD软件"上海规范沉降S_3"计算过程的反推。

由于目前版本JCCAD软件不提供疏桩基础沉降计算的详细文件，因此其中明德林应力公式法计算过程与手算有何区别，尚难以确定。为此变动输入JCCAD软件的地基土极限侧阻力、端阻力与相应的桩承载力，借以反推JCCAD软件"上海规范沉降S_3"计算过程，从而判别其与上海地基规范明德林应力公式法的异同之处。

（1）地基土极限侧阻力、端阻力按表3.2.1-1，单桩极限承载力为260 kN。

输入JCCAD软件的土层参考表（1）如图3.2.1-6。

层号	土层类型（单位）	土层厚度（m）	极限侧摩擦力（kPa）	极限桩端阻力（kPa）	压缩模量（MPa）	重度（kN/m3）
1层	黏性土	1.63	15.00	0.00	4.30	18.80
2层	淤泥质土	1.60	15.00	0.00	2.70	17.50
3层	淤泥质土	9.10	15.00	0.00	1.77	16.80
4层	黏性土	5.30	42.00	1000.00	3.52	18.00
5层	黏性土	7.30	42.00	1000.00	6.91	18.60

图3.2.1-6 土层参考表（1）

JCCAD软件的桩承载力计算书（部分）：

计算桩侧总极限摩阻力R_{sk}

$$R_{sk} = U_p \sum f_{si} l_i = 0.80 \times (15.00 \times 1.63 + 15.00 \times 1.60 + 15.00 \times 9.10 + 42.00 \times 3.67)$$
$$= 271.27 \text{ kN}$$

计算桩端极限阻力R_{pk}

$$R_{pk} = f_p A_p = 1000.00 \times 0.04 = 40.00 \text{ kN}$$

输入JCCAD软件的桩截面与单桩承载力（1）如图3.2.1-7。

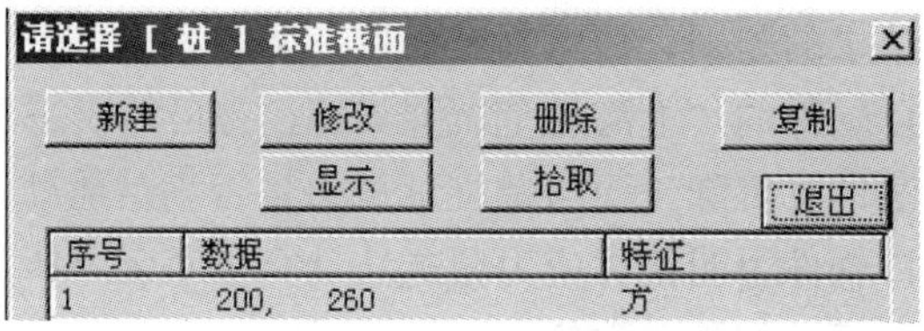

请选择[桩]标准截面

| 新建 | 修改 | 删除 | 复制 |
| 显示 | 拾取 | | 退出 |

序号	数据		特征
1	200,	260	方

图3.2.1-7 桩截面与单桩承载力（1）

JCCAD 软件沉降试算结果如图 3.2.1-5。

（2）地基土极限侧阻力与端阻力均取为 1 kPa，单桩极限承载力为 12.8 kN。

输入 JCCAD 软件的土层参考表（2）如图 3.2.1-8。

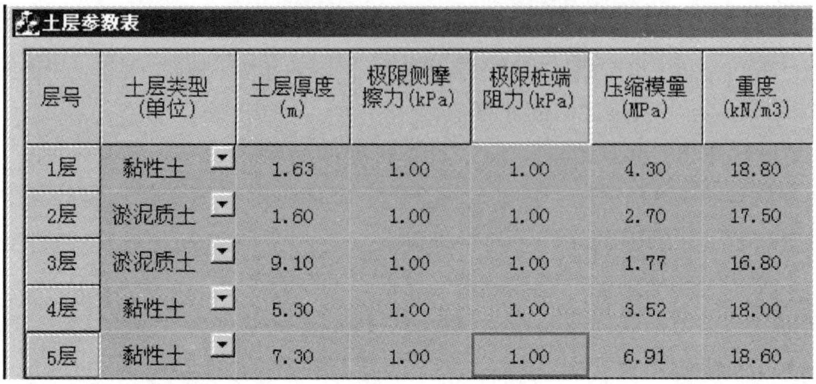

层号	土层类型（单位）	土层厚度（m）	极限侧摩擦力（kPa）	极限桩端阻力（kPa）	压缩模量（MPa）	重度（kN/m3）
1层	黏性土	1.63	1.00	1.00	4.30	18.80
2层	淤泥质土	1.60	1.00	1.00	2.70	17.50
3层	淤泥质土	9.10	1.00	1.00	1.77	16.80
4层	黏性土	5.30	1.00	1.00	3.52	18.00
5层	黏性土	7.30	1.00	1.00	6.91	18.60

图 3.2.1-8　土层参考表（2）

JCCAD 软件的桩承载力计算书（部分）：

计算桩侧总极限摩阻力 R_{sk}

$$R_{sk} = U_p \sum f_{si} l_i = 0.80 \times (1.00 \times 1.63 + 1.00 \times 1.60 + 1.00 \times 9.10 + 1.00 \times 3.67) = 12.80 \text{ kN}$$

计算桩端极限阻力 R_{pk}

$$R_{pk} = f_p A_p = 1.00 \times 0.04 = 0.04 \text{ kN}$$

输入 JCCAD 软件的桩截面与单桩承载力（2）如图 3.2.1-9。

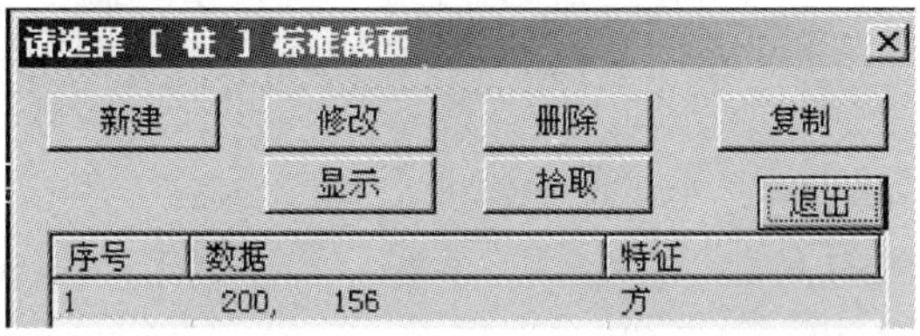

请选择 [桩] 标准截面

| 新建 | 修改 | 删除 | 复制 |
| 显示 | 拾取 | | 退出 |

序号	数据	特征
1	200，156	方

图 3.2.1-9　桩截面与单桩承载力（2）

但是，JCCAD 软件沉降试算结果仍然不变，同图 3.2.1-5。

由上所述，无论输入 JCCAD 软件的桩侧土阻力、端阻力与单桩承载力如何变化，试算沉降结果均不变。再结合后文所述 JCCAD 软件沉降试算的"上海规范沉降 S_3"，与手算的明德林应力公式法结果的差别，似可判断为以下两点：

① 目前版本 JCCAD 软件的"上海规范沉降 S_3"，有可能仅按总重量平均分配到每根桩，由明德林应力公式法计算沉降，而与单桩承载力是否满足地勘资料计算值无关；

② 目前版本 JCCAD 软件由明德林应力公式法计算桩基沉降所需桩端阻比的取值，有可能取值为与地基土条件无关的某一定值。

上述意见，在任何一个工程实例的目前版本 JCCAD 软件计算中均可获得。

3.2.2　上海徐汇区某小区住宅（2）计算沉降

[案例3.2.2] 为 [案例3.2.1] 同一住宅小区的6层住宅建筑（裴捷，2001），砖混结构，上部结构传至室外地面标高处对应于长期效应组合的竖向荷载值为49850 kN。

[案例3.2.2] 的地基土物理力学性质指标同 [案例3.2.1]。

1. [案例3.2.2] 采用沉降控制复合桩基设计。

承台净面积约为523 m²，格筏基础外包面积为628 m²，埋深1.65 m，基础自重为（20×0.65+10×1.0）×523＝12030 kN。

采用370根200 mm×200 mm×16000 mm微型方桩，由静载荷试验，单桩极限承载力为250 kN，单桩承载力特征值为125 kN。

[案例3.2.2] 基础平面图如图3.2.2-1。

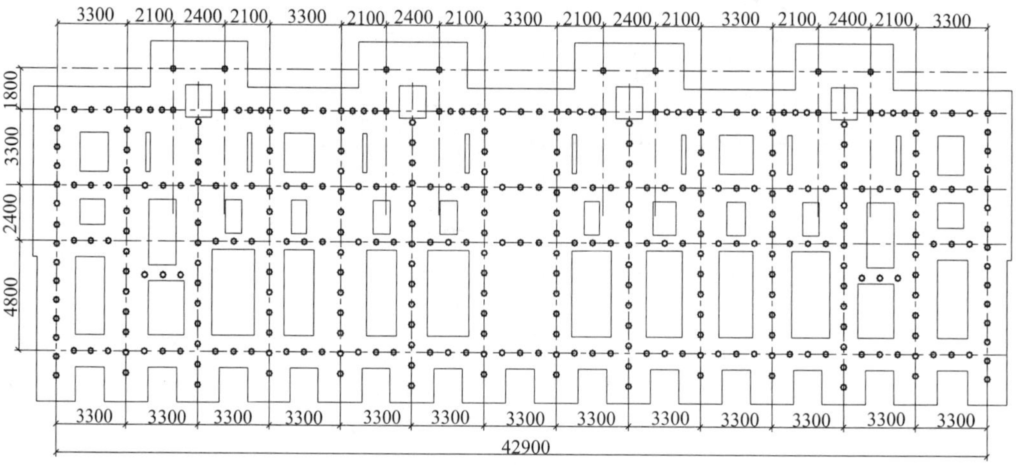

图3.2.2-1　[案例3.2.2] 基础平面图

[案例3.2.2] 的沉降观测天数为2147 d（近6年），实测推算最终沉降量为136 mm。

[案例3.2.2] 共埋设19只桩顶钢筋应力计、60只基础板底土压力盒，原位测试持续时间为1557 d（逾4年），实测桩顶平均荷载为141.8 kN，实测承台板底土反力为16.7 kPa。

[案例3.2.2] 不计桩土分担的单桩平均荷载为165.1 kN，小于单桩极限承载力250 kN，因此可以由明德林应力公式法直接计算沉降。

现按该规定计算370根桩的复合桩基沉降值。扣除土自重应力的单桩附加荷载取147 kN，桩身自重9.6 kN。

[案例3.2.2] 的计算沉降为 $S＝102.4×1.05＝108$ mm，为实测推算最终沉降量136 mm的79.4％。基本满足80％保证率的要求（计算过程略）。

2. 桩数—沉降计算过程略。结果类似 [案例3.2.1]。沉降控制复合桩基沉降计算的"盲区"位于206～247根桩区间。

3. [案例3.2.2] 的JCCAD软件沉降试算结果如图3.2.2-2。

[案例3.2.2] 的JCCAD软件计算值"平均沉降 S_1" 59.7 mm与实测推算最终沉降量

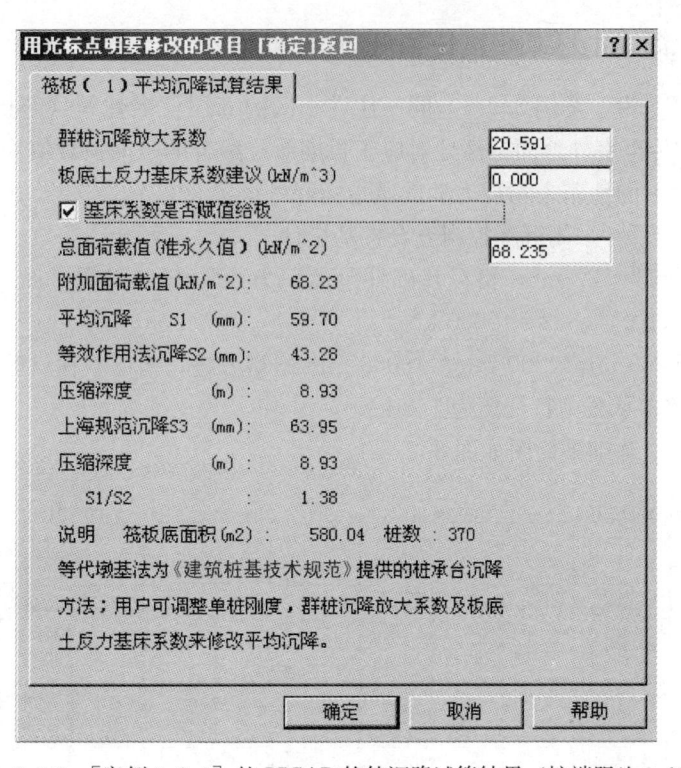

图 3.2.2-2 ［案例 3.2.2］的 JCCAD 软件沉降试算结果（桩端阻比 0.128）

136 mm 之比为 0.44，计算结果不满足 80％保证率的要求。需要调整群桩沉降放大系数。

［案例 3.2.2］的 JCCAD 软件计算值"等效作用法沉降 S_2"为 $43.28 \times 1.2 = 51.9$ mm，与实测推算最终沉降量 136 mm 之比为 0.38，计算结果不满足 80％保证率的要求。

［案例 3.2.2］的 JCCAD 软件计算值"上海规范沉降 S_3"为 $63.95 \times 1.05 = 67.1$ mm，与实测推算最终沉降值 136 mm 之比为 0.49，计算结果不满足 80％保证率的要求。且与手算明德林应力公式法计算值 108 mm 相差较大。

对于疏桩基础平均单桩荷载超过单桩承载力标准值的情况，按上海地基规范规定可以直接由明德林应力公式法计算沉降。由于目前版本的 JCCAD 软件不提供疏桩基础沉降计算详细文件，因此难以确定［案例 3.2.2］的 JCCAD 软件计算偏差较大的缘故。

3.2.3 同一地块选择不同设计参数案例的计算沉降（1）

上海某住宅小区两个采用不同长度微型桩的减沉复合疏桩基础案例（［案例 3.2.3］与［案例 3.2.4］），对于校核各种沉降计算方法适用范围有着特殊的价值。

其中［案例 3.2.3］（刘金砺，2010）基本可以确定就是《建筑桩基技术规范》表 13 中序号 5 的工程实例（因为大部分数据均相符），［案例 3.2.4］（邱明兵，2011）不属于《建筑桩基技术规范》表 13 所列 14 项工程实例。

若施工前未进行静载荷试桩，或缺少地基土原位测试数据，则对于上海地区这类浅部粉性土的桩承载力计算参数有两种取值方法：一种是不考虑浅部粉性土的特性，取低值，即［案例 3.2.3］的数据；另一种是考虑浅部粉性土的特性，取较高值，即［案例 3.2.4］

的数据。由于未检索到［案例 3.2.3］与［案例 3.2.4］的地基土原位测试数据与单桩静载荷试验数据，因此难以准确判断哪种方法更符合实际情况。

然而有一点特别符合本节的要求，即这两幢住宅的沉降计算结果，可以用来检验地基土参数取值对各种沉降计算方法的影响程度。

［案例 3.2.3］与［案例 3.2.4］的地基土物理力学性质指标见表 3.2.3-1。

土的物理力学性质指标及承载力表 表 3.2.3-1

层序	土的名称	厚度 h （m）	压缩模量 E_s （MPa）	［案例 3.2.3］数据		［案例 3.2.4］数据	
				桩周土摩擦力极限值 q_{sk} （kPa）	桩端土承载力极限值 q_{pk} （kPa）	桩周土摩擦力极限值 q_{sk} （kPa）	桩端土承载力极限值 q_{pk} （kPa）
②-1	粉质黏土夹砂质粉土	2.60	7.99	15	—	30	—
②-3	砂质粉土	7.70	11.1	20	—	35	—
④	淤泥质黏土	2.70	2.56	15	—	30	—
⑤-1	黏土	7.50	3.51	25	600	40	1000
⑤-2	（黏土）	6.00	4.47	—	—	—	—
⑥	（粉质黏土）	3.40	7.15	—	—	—	—
⑦-1	（砂质粉土）	3.60	12.37	—	—	—	—
⑦-2	（粉细砂）	>1.50	16.22	—	—	—	—

［案例 3.2.3］为 6 层砖混住宅（1），上部结构传至地面标高处对应于长期效应组合的竖向荷载值为 55440 kN，基础自重为 13406 kN。

基础外包面积为 804.35 m²（60.9 m×13.2 m），基础净面积为 744.79 m²。$w=0.93$。共布置 250 根 200 mm×200 mm×16000 mm 方桩。

［案例 3.2.3］竣工后 3 年实测平均沉降 127 mm，相应的沉降速率为 0.022 mm/d，折合成半年沉降量为 4 mm。尚未达到沉降停测标准（连续两次半年沉降量不超过 2 mm），但沉降已接近稳定。估计实测推算最终沉降量为 130 mm 左右。

［案例 3.2.3］基础平面图如图 3.2.3-1。

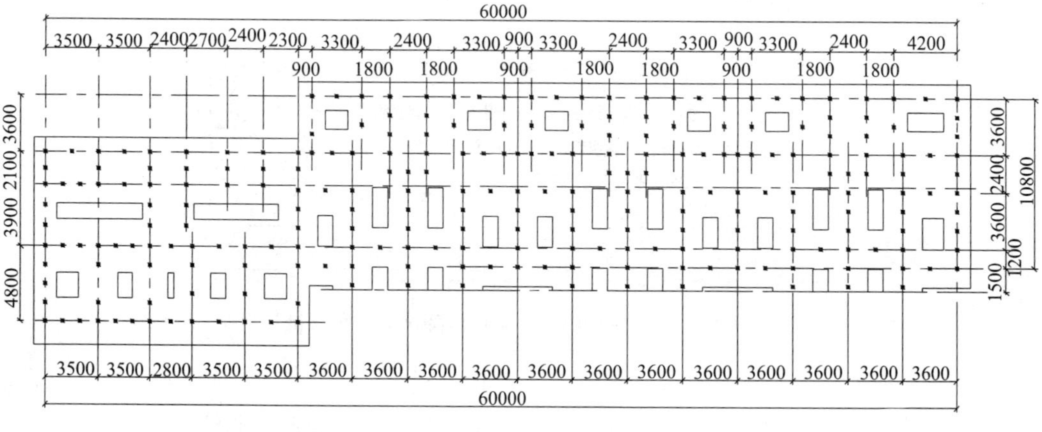

图 3.2.3-1 ［案例 3.2.3］基础平面图

由 [案例 3.2.3] 的数据，可得单桩极限承载力标准值计算值为 279.6 kN，$\alpha=0.086$；

由 [案例 3.2.4] 的数据，可得单桩极限承载力标准值计算值为 487.6 kN，$\alpha=0.082$。

1. 无论是按单桩极限承载力标准值为 279.6 kN 还是 487.6 kN，250 根桩的极限承载力之和均大于上部结构荷载与基础自重之和，因此按"沉降控制复合桩基"法规定，应按 $Q=228.3$ kN，$\alpha=0.082$（$\alpha=0.086$），由明德林应力公式法直接计算沉降。

顺便指出，[案例 3.2.3] 的"盲区"的桩数是 116～231 根（单桩极限承载力标准值取 480 kN）或 198～492 根（单桩极限承载力标准值取 280 kN）。

[案例 3.2.3] 的明德林应力公式法的计算沉降为 122.1 mm（$\alpha=0.082$）或 124.7 mm（$\alpha=0.086$），计算过程略。

对于桩入土深度小于 30 m 时，上海市标准《地基基础设计规范》DGJ08-11—2010 规定桩基沉降计算经验系数应为 1.05，因此 [案例 3.2] 的计算沉降为 128 mm（$\alpha=0.082$）或 131 mm（$\alpha=0.086$）。与实测推算最终沉降量 130 mm 相符。

由此可见，对于 [案例 3.2.3] 的情况，虽然单桩承载力计算结果相差 74.4%，但对沉降计算值的影响仅为 2.1%。这就是上海地基规范"沉降控制复合桩基"法的突出特点之一。

2. 桩数-沉降计算过程略，结果类似 [案例 3.2.1]。

3. [案例 3.2.3] 的 JCCAD 软件沉降试算结果如图 3.2.3-2。

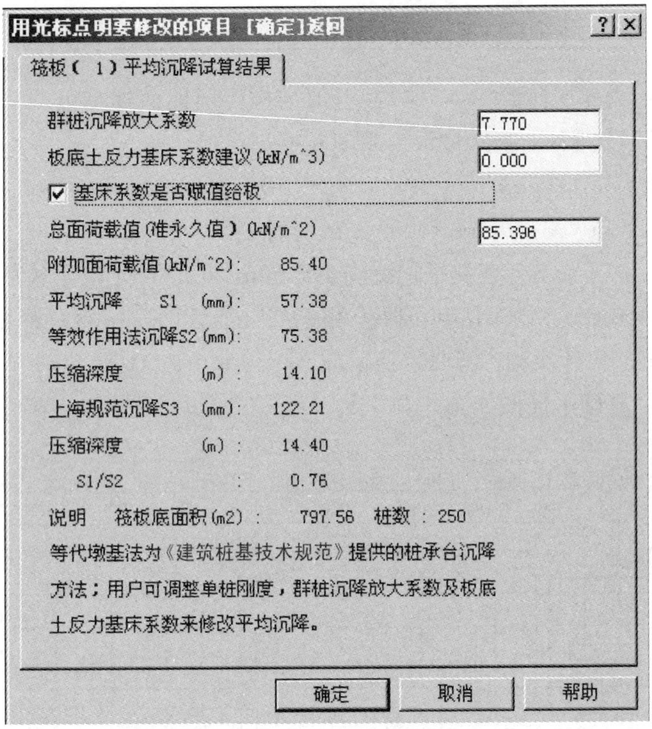

图 3.2.3-2 [案例 3.2.3] 的 JCCAD 软件沉降试算结果（桩端阻比 0.098）

[案例 3.2.3] 的 JCCAD 软件计算值"平均沉降 S_1"57.36 mm 与实测推算最终沉降量 130 mm 之比为 0.44，计算结果不满足 80% 保证率的要求。需要调整群桩沉降放大系数。

[案例 3.2.3] 的 JCCAD 软件计算值"等效作用法沉降 S_2"为 $75.36 \times 1.2 =$

90.43 mm，与实测推算最终沉降量 130 mm 之比为 0.70，计算结果不满足 80% 保证率的要求。且由《建筑桩基技术规范》等效作用分层总和法的定义，应该不能计算距径比为 7.9 的［案例 3.2.3］桩基沉降，而 JCCAD 软件却给出了计算结果。这说明 JCCAD 软件的"等效作用法"在疏桩基础沉降计算方面时不能辨识距径比是否超限。

［案例 3.2.3］的 JCCAD 软件计算值"上海规范沉降 S_3"为 $122.21 \times 1.05 = 128.3$ mm，与实测推算最终沉降值 130 mm 之比为 0.99，计算结果满足 80% 保证率的要求。且与手算明德林应力公式法计算值 131 mm 相符。

3.2.4　同一地块选择不同设计参数案例的计算沉降（2）

与［案例 3.2.3］同一小区的［案例 3.2.4］为 6 层砖混住宅（2），地基土物理力学性质指标见表 3.2.3-1。

未检索到［案例 3.2.4］的桩位平面图与基础图，但已知格筏基础外包面积为 780 m² （约为 62.4 m×12.5 m），格筏基础净面积为 625 m²，上部结构总重为 61210 kN，基础自重为 16848 kN，基础埋深约 1.35 m。共布置 161 根 200 mm×200 mm×18000 mm 方桩。

1. 由表 3.2.3-1 中［案例 3.2.4］的数据，可得单桩极限承载力计算值为 560 kN。

161 根桩的极限承载力之和大于上部结构荷载值 61210 kN，因此由"沉降控制复合桩基"法规定，应由明德林应力公式法直接计算沉降。

虽缺少桩位平面图，但由文献［12］提出的"复合桩基直接估算法"，仍然可以计算［案例 3.2.4］的沉降，误差一般在 10% 以内，可以满足工程实践的要求。

［案例 3.2.4］明德林应力公式法的计算沉降为 127.5 mm（$\alpha = 0.072$），计算过程略。

对于桩入土深度小于 30 m 时，上海市标准《地基基础设计规范》DGJ 08-11—2010 规定桩基沉降计算经验系数应为 1.05，因此［案例 3.2.4］的计算沉降为 134 mm。

由于仅检索到［案例 3.2.4］的实测沉降为 80 mm，但既未说明是否竣工沉降，也未说明是否数年后的实测数据，更未提供相应的沉降速率，因此难以判断［案例 3.2.4］的实测推算最终沉降量是多少，也无法判断计算沉降与实测结果的符合程度。但参照［案例 3.2.3］的情况，计算沉降应该是偏于安全的。

2. 桩数-沉降计算过程略。结果类似［案例 3.2.1］。

［案例 3.2.3］可能并非《建筑桩基技术规范》表 13 中序号 5 的上海工程，但这并不影响本节的讨论：因为［案例 3.2.3］与［案例 3.2.4］均系由《建筑桩基技术规范》编制组成员发表于其论著中，因此给出的计算方法，应该反映出《建筑桩基技术规范》有关"软土地基减沉复合疏桩基础"法的真实计算过程与技巧。

3.2.5　上海宝山区某小区不同桩长案例的计算沉降（1）

上海宝山区某住宅小区有两个上部结构相同、采用不同长度微型桩的常规桩基与沉降控制复合疏桩基础案例（［案例 3.2.5］与［案例 3.2.6］），且均进行了原位桩土荷载分担与沉降测试。可以就常规桩基与复合疏桩基础的沉降计算进行对比。

［案例 3.2.5］与［案例 3.2.6］（李韬，2004）的地基土物理力学性质指标见表 3.2.5-1。

土的物理力学性质指标及承载力表　　　　表 3.2.5-1

层序	土的名称	厚度 h (m)	重力密度 ρ (kN/m³)	静力触探 P_s (MPa)	压缩模量 E_s (MPa)	预制桩	
						桩周土摩擦力极限值 f_s (kPa)	桩端土承载力极限值 f_p (kPa)
①	填土	1.1	18.0	—	—	—	—
②-1	粉质黏土	0.7	18.7	0.88	4.80	15	—
②-2	粉质黏土夹	1.6	18.3	0.77	5.42	15	—
②-3	砂质粉土夹	1.4	18.6	2.07	10.91	15	—
③	淤泥质粉质黏土	2.2	17.6	0.46	3.16	15/22	—
④	淤泥质黏土	7.3	16.7	0.56	2.17	26	—
⑥	暗绿色粉质黏土	5.0	19.5	2.22	10.00	65	1700
⑦-1	砂质粉土	6.9	18.9	4.76	18.00	70	4000
⑦-2	细砂	5.1	18.9	9.66	22.00	—	—
⑧-1	粉质黏土	9.1	17.9	2.73	6.00	—	—

[案例 3.2.5]为上海宝山区某住宅小区 7 层框架结构住宅（1），上部结构传至承台底面处对应于长期效应组合的竖向荷载值为 84273 kN。

承台外包面积约为 798 m²（64.5 m×12.4 m），承台梁宽 600 mm，承台净面积约为 263 m²。$\omega=0.33$。共布置 112 根 300 mm×300 mm×20000 mm 方桩。基础埋深 1.95 m。

[案例 3.2.5]共埋设 14 只桩顶钢筋应力计，16 只承台底土压力盒。原位测试承台底土反力为 10 kPa。

结构封顶后 5 个月（427 d）实测平均沉降 20 mm 左右，尚未达到沉降停测标准。估计实测推算最终沉降量不超过 50 mm 左右。

[案例 3.2.5]基础平面图如图 3.2.5-1。

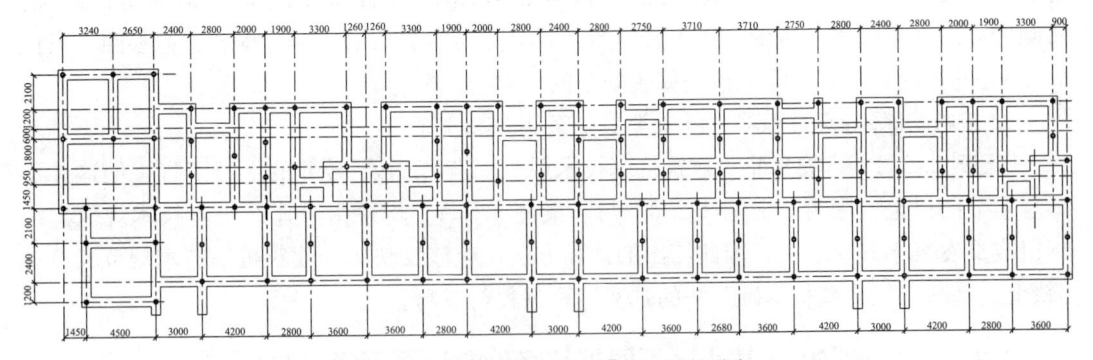

图 3.2.5-1　[案例 3.2.5]基础平面图

由静载荷试桩可得单桩极限承载力标准值为 1600 kN，$\alpha=0.225$。

[案例 3.2.5]的时间-沉降曲线如图 3.2.5-2。

1. [案例 3.2.5]112 根桩的承载力特征值之和大于上部结构荷载与基础自重之和，因此由"沉降控制复合桩基"法规定，应按扣除承台底土自重应力的附加桩顶平均荷载 $Q=675$ kN，$\alpha=0.225$，由明德林应力公式法直接计算沉降。

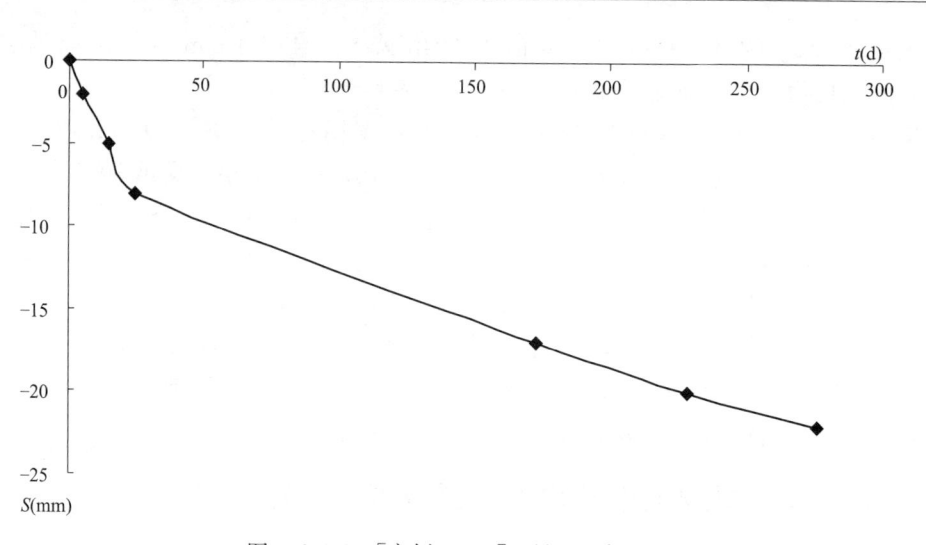

图 3.2.5-2 ［案例 3.2.5］时间-沉降曲线

［案例 3.2.5］明德林应力公式法的计算沉降为 62.5 mm（计算过程略）。

对于桩入土深度小于 30 m 时，上海市标准《地基基础设计规范》DGJ08-11—2010 规定桩基沉降计算经验系数应为 1.05，因此［案例 3.2.5］的计算沉降为 66 mm。稍大于实测估算最终沉降量。

2. ［案例 3.2.5］的桩数-沉降计算过程略。结果类似［案例 3.2.1］。

3. ［案例 3.2.5］的 JCCAD 软件沉降试算结果如图 3.2.5-3。

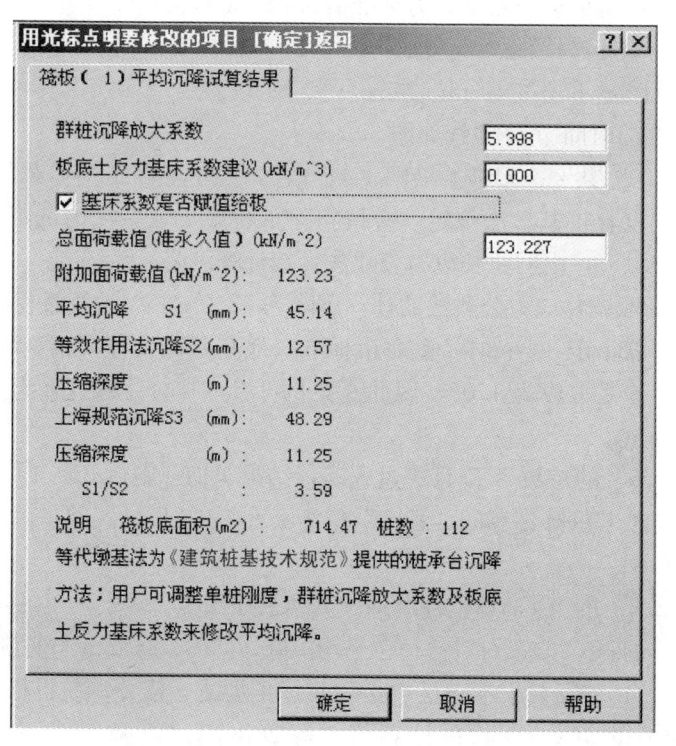

图 3.2.5-3 ［案例 3.2.5］的 JCCAD 软件沉降试算结果（桩端阻比 0.255）

［案例 3.2.5］的 JCCAD 软件计算值"平均沉降 S_1"45.14 mm 与实测推算最终沉降量 50 mm 之比为 0.90，计算结果满足 80%保证率的要求。

［案例 3.2.5］的 JCCAD 软件计算值"等效作用法沉降 S_2"为 12.17×0.65＝7.9 mm，与实测推算最终沉降量 50 mm 之比为 0.16，计算结果不满足 80%保证率的要求。且由《建筑桩基技术规范》等效作用分层总和法的定义，应该不能计算距径比为 7.9 的［案例 3.2.5］桩基沉降，而 JCCAD 软件却给出了计算结果。这说明 JCCAD 软件的"等效作用法"在疏桩基础沉降计算方面时不能辨识距径比是否超限。

［案例 3.2.5］的 JCCAD 软件计算值"上海规范沉降 S_3"为 48.29×1.05＝50.7 mm，与实测推算最终沉降值 50 mm 之比为 1.01，计算结果满足 80%保证率的要求。但与手算明德林应力公式法计算值 66 mm 相差较大。

3.2.6　上海宝山区某小区不同桩长案例的计算沉降（2）

与［案例 3.2.5］位于上海宝山区同一住宅小区的［案例 3.2.6］，为 7 层框架结构住宅（2），上部结构传至承台底面处对应于长期效应组合的竖向荷载值为 102750 kN。

承台外包面积约为 798 m^2（66.22 m×12.05 m），承台净面积为 623 m^2。ω＝0.78。共布置 287 根 200 mm×200 mm×16000 mm 方桩。基础埋深 2.65 m。

［案例 3.2.6］共埋设 23 只桩顶钢筋应力计，19 只承台底土压力盒。原位测试承台底土反力为 15 kPa，单桩平均荷载 325.5 kN。接近单桩极限承载力标准值 384 kN。

［案例 3.2.6］基础平面图如图 3.2.6-1。

由静载荷试桩可得单桩极限承载力标准值为 384 kN，α＝0.177。

结构封顶后 5 个月（427 d）实测平均沉降 15 mm 左右，尚未达到沉降停测标准。估计实测推算最终沉降量不超过 40 mm 左右。

［案例 3.2.6］的时间-沉降曲线如图 3.2.6-2。

1. ［案例 3.2.6］共 287 根桩的极限承载力之和大于上部结构荷载与基础自重之和，因此由"沉降控制复合桩基"法规定，应按扣除承台底土自重应力的附加桩顶平均荷载 Q＝278 kN，α＝0.177，由明德林应力公式法直接计算沉降。

［案例 3.2.6］明德林应力公式法的计算沉降为 62.2 mm（计算过程略）。

对于桩入土深度小于 30 m 时，上海市标准《地基基础设计规范》DGJ08-11-2010 规定桩基沉降计算经验系数应为 1.05，因此［案例 3.2.6］的计算沉降为 65 mm。稍大于实测推算最终沉降量。

2. ［案例 3.2.6］的桩数-沉降计算过程略，结果类似［案例 3.2.1］。

沉降控制复合桩基沉降计算的"盲区"位于 208～268 根桩区间。［案例 3.2.6］的桩数正位于"盲区"中。

3. ［案例 3.2.6］的 JCCAD 软件沉降试算结果如图 3.2.6-3。

［案例 3.2.6］的 JCCAD 软件计算值"平均沉降 S_1"86.83 mm 与实测推算最终沉降量 40 mm 之比为 2.17，计算结果不满足 80%保证率的要求。需要调整群桩沉降放大系数。

［案例 3.2.6］的 JCCAD 软件计算值"等效作用法沉降 S_2"为 21.76×0.65＝14.1 mm，与实测推算最终沉降量 40 mm 之比为 0.35，计算结果不满足 80%保证率的要求。

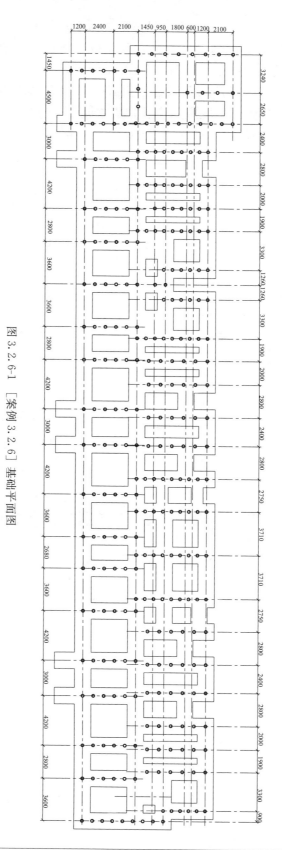

图 3.2.6-1 [案例 3.2.6] 基础平面图

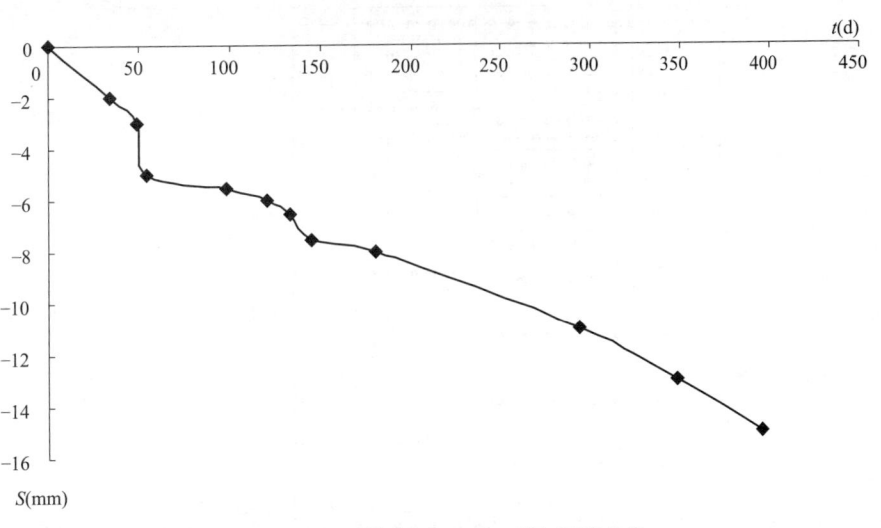

图 3.2.6-2 ［案例 3.2.6］时间-沉降曲线

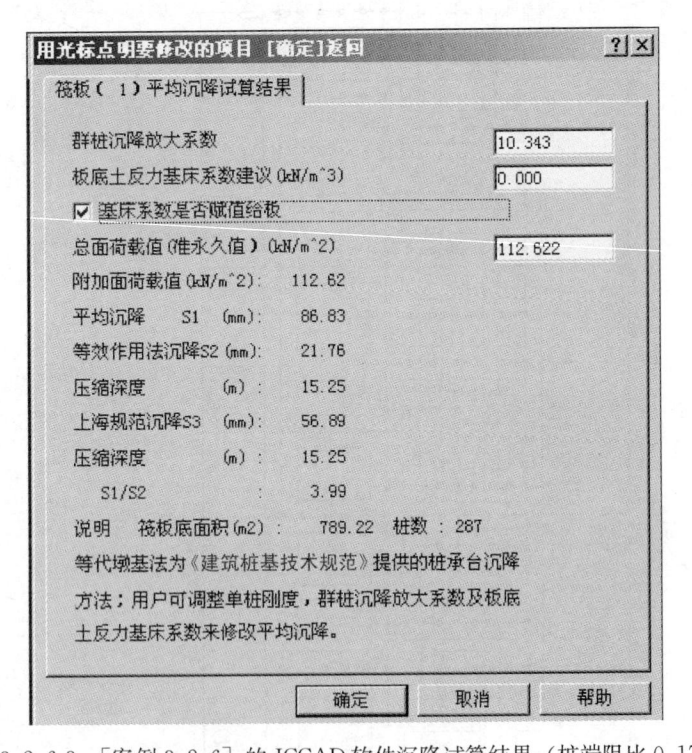

图 3.2.6-3 ［案例 3.2.6］的 JCCAD 软件沉降试算结果（桩端阻比 0.177）

且由《建筑桩基技术规范》等效作用分层总和法的定义，应该不能计算距径比为 7.9 的［案例 3.2.6］桩基沉降，而 JCCAD 软件却给出了计算结果。这说明 JCCAD 软件的"等效作用法"在疏桩基础沉降计算方面时不能辨识距径比是否超限。

［案例 3.2.6］的 JCCAD 软件计算值"上海规范沉降 S_3"为 $56.89 \times 1.05 = 59.7$ mm，与实测推算最终沉降值 40 mm 之比为 1.49，计算结果不满足 80%保证率的要求。但与手算明德林应力公式法计算值 65 mm 相符。

108

3.2.7 上海宝山区某底框住宅计算沉降

［案例3.2.7］为上海宝山区某六层底层框架商住楼（林柏，2010），南北2幢住宅之间为单层商场。［案例3.2.7］地基土物理力学性质指标见表3.2.7-1。

地基土的物理力学性质指标 表 3.2.7-1

| 层序 | 土的名称 | 物 理 性 质 | | | | | 力 学 性 质 | | | | 原位测试 |
| | | | | | | | 剪切试验 | | 压缩试验 | | |
		厚度 h (m)	含水量 w (%)	密度 ρ (g/cm³)	天然孔隙比 e	塑性指数 I_p	内摩擦角 ϕ (°)	内聚力 C (kPa)	压缩模量 E_s (MPa)	压缩系数 α^{1-2} (MPa⁻¹)	比贯入阻力 P_s (MPa)
①	填土	1.6	—	—	—	—	—	—	—	—	—
②	粉质黏土	1.8	26.6	19.5	0.78	14.3	20.0	17.0	6.19	0.31	1.08
③-1	砂质粉土	3.0	30.0	19.1	0.84	—	27.3	4.2	7.69	0.24	1.59
③-2	淤泥质粉质黏土	1.8	40.4	17.7	1.16	4.2	9.0	10.0	2.56	0.77	0.52
④	淤泥质黏土	5.8	50.4	16.9	1.44	9.7	7.0	10.0	1.71	1.35	0.52
⑤-1	黏土	3.1	40.8	17.8	1.17	19.3	7.8	13.3	2.42	0.85	0.64
⑤-2	粉质黏土	3.0	32.6	18.4	0.97	14.8	11.8	13.3	3.66	0.52	0.7
⑥	暗绿色粉质黏土	5.9	23.8	20.1	0.69	17.8	21.0	40.2	8.4	0.22	2.45
⑦	砂质粉土	4.6	29.1	19.4	0.79	—	26.7	6.4	12.16	0.17	—
⑧	粉质黏土	>4.7	38.9	18.0	1.11	15.9	13.8	15.7	4.15	0.49	—

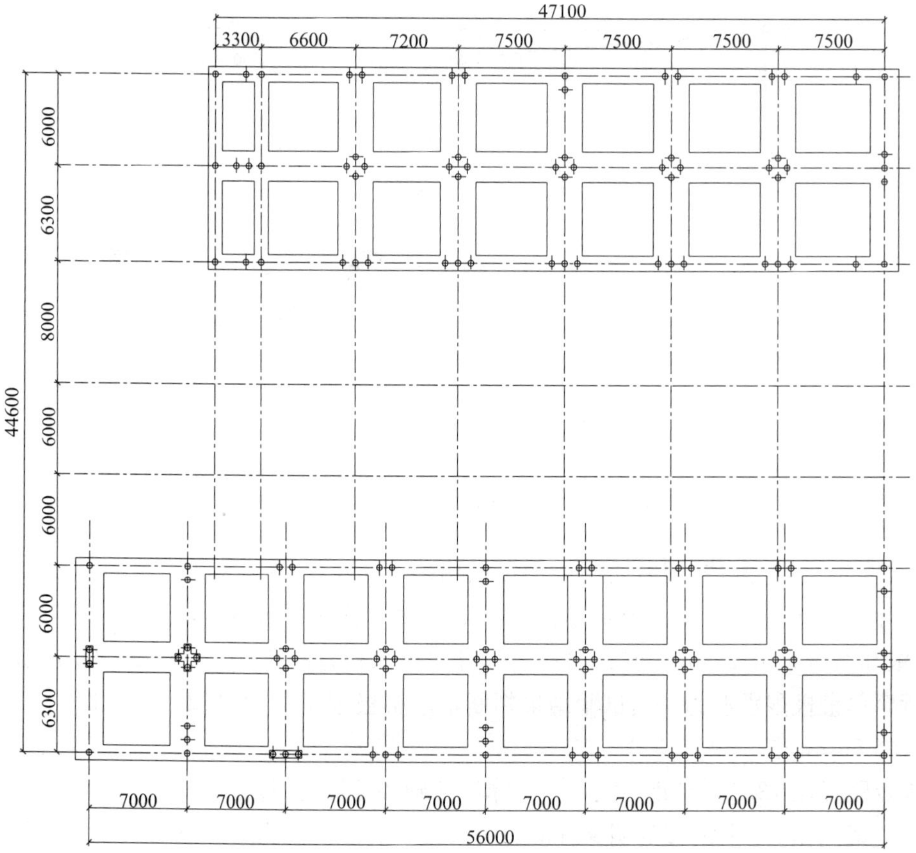

图 3.2.7-1 ［案例3.2.7］基础平面图

［案例 3.2.7］以第 6 层暗绿色粉质黏土层作为复合桩基桩端持力层，采用 0.25 m× 0.25 m×20 m 微型桩，共 135 根桩。

［案例 3.2.7］基础平面图如图 3.2.7-1。

［案例 3.2.7］结构封顶后因故停工 5 个月，因此沉降观测时间较长。建成后情况理想。

［案例 3.2.7］时间-沉降曲线如图 3.2.7-2。

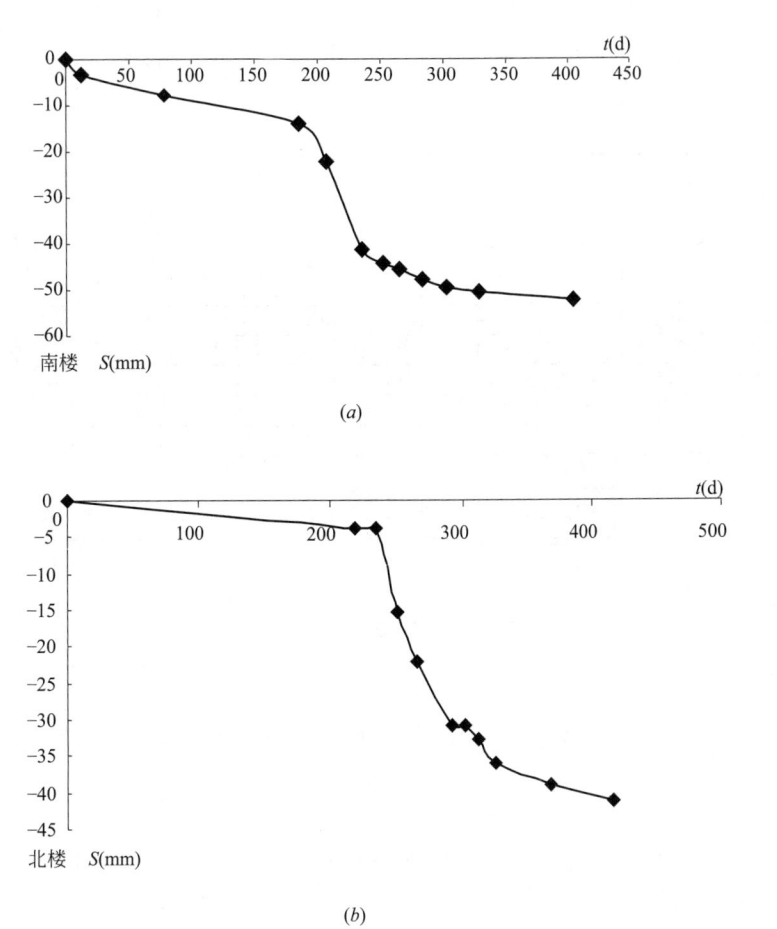

图 3.2.7-2 ［案例 3.2.7］时间-沉降曲线

［案例 3.2.7］南楼（6 层底框）上部结构总重 56000 kN，基础自重 17120 kN，基础外包尺寸 58.0 m×13.3 m，基础净面积 464.5 m²，面积系数 ω=0.60。基础埋深 1.7 m。共 73 根 0.25 m×0.25 m×20 m 方桩，设计单桩承载力标准值 340 kN。单桩静载荷试验未进行至单桩极限承载力。由试验结果判断，单桩极限承载力可超过 800 kN。实测推算最终沉降 60 mm。

等效距径比 13.0。因此不能采用实体深基础法计算沉降。

1. ［案例 3.2.7］南楼的明德林应力公式法的计算沉降为 60.8 mm（计算过程略）。

对于桩入土深度小于 30 m 时，上海市标准《地基基础设计规范》DGJ 08-11-2010 规定桩基沉降计算经验系数应为 1.05，因此［案例 3.2.6］南楼的计算沉降为 63.8 mm。与实测推算最终沉降量 60 mm 相符。

2.［案例 3.2.7］南楼的 JCCAD 软件沉降试算结果如图 3.2.7-3。

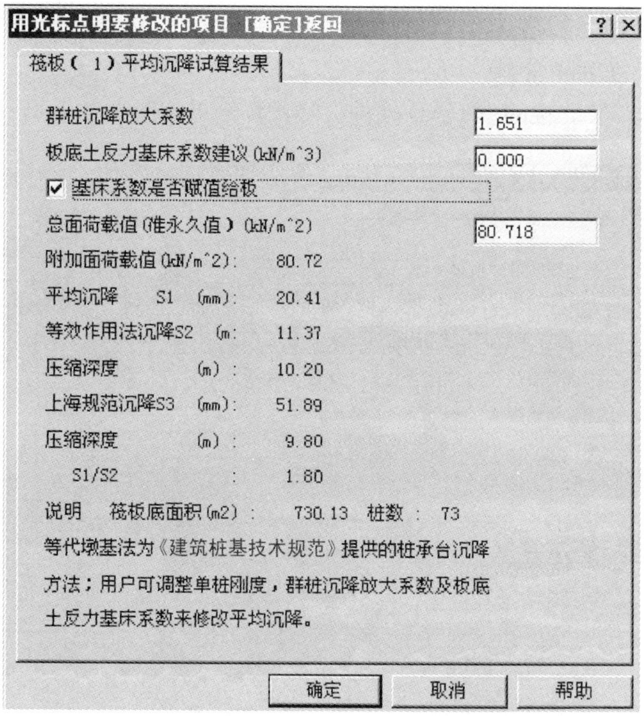

图 3.2.7-3 ［案例 3.2.7］南楼的 JCCAD 软件沉降试算结果（桩端阻比 0.143）

［案例 3.2.7］南楼的 JCCAD 软件计算值"平均沉降 S_1"20.14 mm 与实测推算最终沉降量 60 mm 之比为 0.35，计算结果不满足 80% 保证率的要求。需要调整群桩沉降放大系数。

［案例 3.2.7］南楼的 JCCAD 软件计算值"等效作用法沉降 S_2"为 11.37×0.9＝10.2 mm，与实测推算最终沉降量 60 mm 之比为 0.17，计算结果不满足 80% 保证率的要求。且由《建筑桩基技术规范》等效作用分层总和法的定义，应该不能计算距径比为 13 的［案例 3.2.7］南楼桩基沉降，而 JCCAD 软件却给出了计算结果。这说明 JCCAD 软件的"等效作用法"在疏桩基础沉降计算时不能辨识距径比是否超限。

［案例 3.2.7］南楼的 JCCAD 软件计算值"上海规范沉降 S_3"为 51.89×1.05＝54.5 mm，与实测推算最终沉降值 60 mm 之比为 0.91，计算结果满足 80% 保证率的要求。与手算明德林应力公式法计算值 55.2 mm 相符。

［案例 3.2.7］北楼（6 层底框）上部结构总重 47000 kN，基础自重 9820 kN，基础外包尺寸 48.6 m×13.3 m，基础净面积 380.4 m²，面积系数 ω＝0.59。基础埋深 1.7 m。共 62 根 0.25 m×0.25 m×20 m 桩，单桩承载力标准值 340 kN。单桩静载荷试验未进行至单桩极限承载力。由试验结果判断，单桩极限承载力可超过 800 kN。实测推算最终沉

降 50 mm。

等效距径比 13.0。因此不能采用实体深基础法计算沉降。

3. ［案例 3.2.7］北楼的明德林应力公式法的计算沉降为 65.75 mm（计算过程略）。

对于桩入土深度小于 30 m 时，上海市标准《地基基础设计规范》DGJ 08-11-2010 规定桩基沉降计算经验系数应为 1.05，因此 ［案例 3.2.6］北楼的计算沉降为 69.0 mm。稍大于实测推算最终沉降量 50 mm。

4. ［案例 3.2.7］北楼的 JCCAD 软件沉降试算结果如图 3.2.7-4。

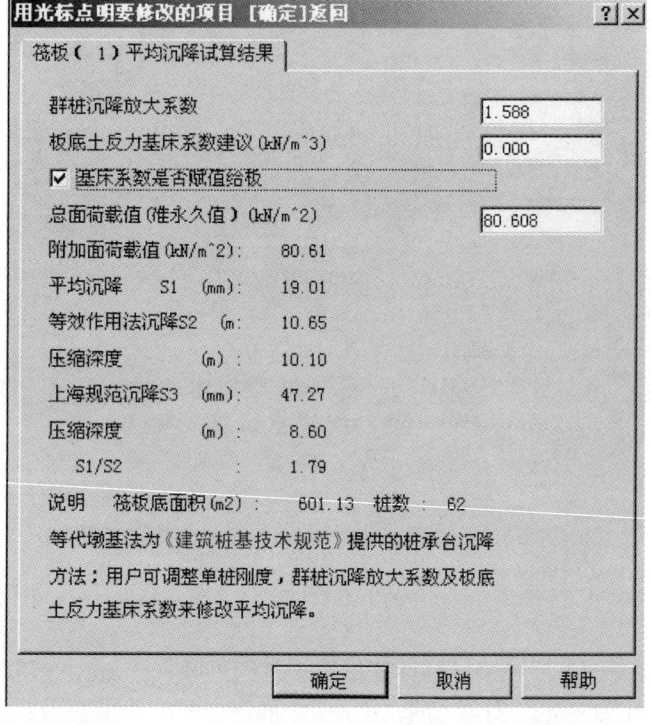

图 3.2.7-4　［案例 3.2.7］北楼的 JCCAD 软件沉降试算结果（桩端阻比 0.143）

［案例 3.2.7］北楼的 JCCAD 软件计算值"平均沉降 S_1" 19.01 mm 与实测推算最终沉降量 50 mm 之比为 0.38，计算结果不满足 80% 保证率的要求。需要调整群桩沉降放大系数。

［案例 3.2.7］北楼的 JCCAD 软件计算值"等效作用法沉降 S_2"为 $10.65 \times 0.9 = 9.6$ mm，与实测推算最终沉降量 50 mm 之比为 0.19，计算结果不满足 80% 保证率的要求。且由《建筑桩基技术规范》等效作用分层总和法的定义，应该不能计算距径比为 13 的 ［案例 3.2.7］北楼桩基沉降，而 JCCAD 软件却给出了计算结果。这说明 JCCAD 软件的"等效作用法"在疏桩基础沉降计算时不能辨识距径比是否超限。

［案例 3.2.7］北楼的 JCCAD 软件计算值"上海规范沉降 S_3"为 $47.27 \times 1.05 = 49.6$ mm，与实测推算最终沉降值 50 mm 之比为 0.99，计算结果满足 80% 保证率的要求。与手算明德林应力公式法计算值 53.8 mm 相符。

5. 对于 ［案例 3.2.7］南楼，相对于"盲区"的区段为桩数不少于 165 根（$S_a/d =$

7.55，属疏桩基础）。

对于［案例 3.2.7］北楼，相对于"盲区"的区段为桩数不少于 139 根（$S_a/d=$ 9.55，属疏桩基础）。

3.2.8　上海普陀区某 20 层高层住宅

［案例 3.2.8］为《建筑桩基技术规范》表 4 "承台效应系数工程实测与计算比较"中序号 4 的工程实例（陈强华，1990），即上海普陀区某 20 层高层住宅。

［案例 3.2.8］的地质勘察资料由原设计单位抄录而得，比较可靠。

［案例 3.2.8］地基土物理力学性质指标见表 3.2.8-1。

地基土的物理力学性质指标　　　　　　　　　　　　　表 3.2.8-1

| 层序 | 土的名称 | 物理性质 | | | | 力学性质 | | | |
| | | | | | | 剪切试验 | | 压缩试验 | |
		厚度 h (m)	含水量 w (%)	重力密度 ρ (g/cm³)	天然孔隙比 e	内摩擦角 ϕ (°)	内聚力 C (kPa)	压缩模量 E_s (MPa)	压缩系数 α^{1-2} (MPa⁻¹)
①	杂填土	1.0	—	—	—	—	—	—	—
②	褐黄色黏质粉土	1.9	35.1	1.85	0.979	20.00	12	6.83	0.28
③	灰色砂质粉土、粉砂	9.9	32.9	1.88	0.909	27.75	6	10.31	0.18
④	灰色黏土	7.7	38.9	1.82	1.091	7.25	18	3.55	0.56
⑤	灰色粉质黏土	4.3	34.3	1.85	0.982	9.75	21	4.12	0.46
⑥	暗绿色粉质黏土	>3.0	22.1	2.03	0.642	18.75	32	8.5	0.19

注：E_s 为土的自重压力至土的自重压力加附加压力作用时的压缩模量。

［案例 3.2.8］的半地下室高 2.9 m，埋深 1.7 m，半地下室底板为梁板式结构，基础梁宽 0.6 m，底板厚 0.3 m，半地下室底面积 489.3 m²。以粉砂层为桩基持力层，建筑物总重（扣除水浮力后）为 95220 kN，共布置 183 根 0.4 m×0.4 m×7.5 m 钢筋混凝土短桩。

［案例 3.2.8］的静载荷试验单桩极限承载力为 520 kN，按桩土共同作用进行设计。桩土荷载分担实测持续时间为 4 年以上。共埋设 10 只荷载传感器，实测 10 根桩的桩顶荷载平均值为 434.7 kN；还埋设 54 只土压力盒，实测承台底土反力平均值为 20.4 kPa（不含地下水浮力），与按承台效应系数计算所得的承台土抗力 18 kPa 相符。

［案例 3.2.8］桩位平面图如图 3.2.8-1。

［案例 3.2.8］施工到 13 层之前，沉降量约为 29 mm，沉降速率 0.05～0.14 mm/d；从 13 层到结构到顶沉降量达到 158 mm，沉降速率达到 0.34 mm/d，为前一阶段的 5.5 倍；结构到顶半年后，沉降速率为 0.1～0.14 mm/d。竣工后 730 d 实测沉降为 245 mm。

根据实测沉降资料由双曲线法推算［案例 3.2.8］的实测推算最终沉降为 397 mm。

［案例 3.2.8］时间-沉降曲线如图 3.2.8-2。

［案例 3.2.8］的桩均布置于剪力墙下，单排桩的间距一般为 3.3 m，满足距径比不小于 6 倍桩径的疏桩基础的要求；桩边长 0.4 m（折合 ϕ0.354 m），稍大于上海地基规范与《建筑桩基技术规范》关于复合疏桩基础计算法的桩径规定，但《建筑桩基技术规范》表

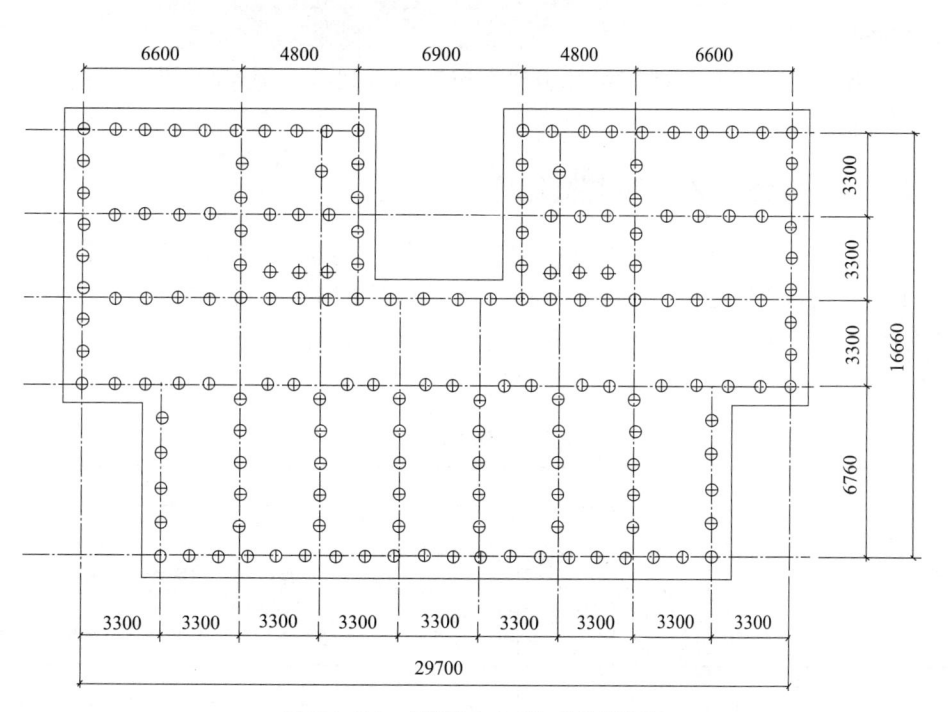

图 3.2.8-1 ［案例 3.2.8］桩位平面图

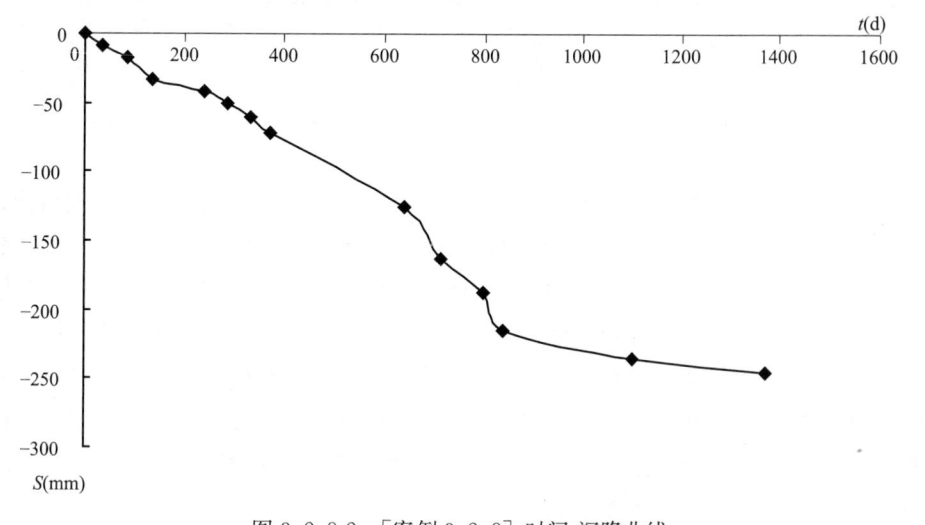

图 3.2.8-2 ［案例 3.2.8］时间-沉降曲线

13 中序号 6 的绍兴工程，桩径为 $\phi0.4$ m；序号 8～序号 10 的天津某工程，桩径为 $\phi0.42$ m；均与［案例 3.2.8］的桩径相近。且由长期的原位测试可以确定桩土荷载分担比例与桩顶实测荷载，因此［案例 3.2.8］可归于广义疏桩基础。

1. 183 根桩的极限承载力之和等于上部结构荷载与基础自重之和，因此由"沉降控制复合桩基"法规定，应按 $Q=488.6$ kN，$\alpha=0.45$，由明德林应力公式法直接计算沉降。

由明德林应力公式法计算［案例 3.2.8］的沉降等于 1.05×510 mm$=536$ mm，与实测推算最终沉降值 397 mm 之比为 1.35（计算过程略）。

2. ［案例 3.2.8］的 JCCAD 软件沉降试算结果如图 3.2.8-3。

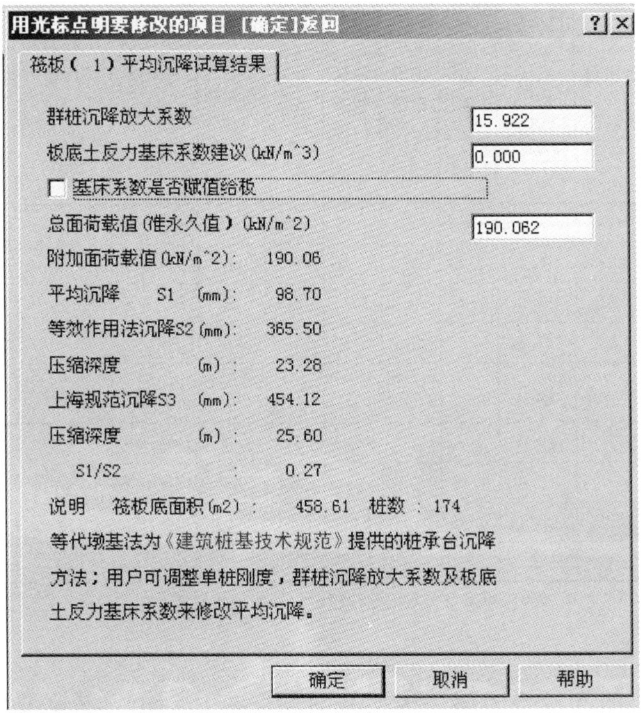

图 3.2.8-3 ［案例 3.2.8］的 JCCAD 软件沉降试算结果（桩端阻比 0.45）

［案例 3.2.8］的 JCCAD 软件计算值"平均沉降 S_1"98.7 mm 与实测推算最终沉降量 397 mm 之比为 0.25，计算结果不满足 80% 保证率的要求。需要调整群桩沉降放大系数。

［案例 3.2.8］的 JCCAD 软件计算值"等效作用法沉降 S_2"为 1.2×365.5 mm＝439 mm，与实测推算最终沉降量 397 mm 之比为 1.11，计算结果满足 80% 保证率的要求。

［案例 3.2.8］的 JCCAD 软件计算值"上海规范沉降 S_3"为 1.05×454.12 mm＝477 mm，与实测推算最终沉降值 397 mm 之比为 1.20，计算结果满足 80% 保证率的要求。但 JCCAD 软件计算值与手算值相符。

3. 由于［案例 3.2.8］的轴线方向桩距约为 3 倍桩径，因此实际上再增加桩数就不能归于"广义疏桩基础"；而该工程实测沉降已达到近 400 mm，再减少桩数就失去实际意义。因此［案例 3.2.8］不绘制桩数-计算沉降曲线。但桩数-沉降曲线显然亦为斜率较大的折线。

3.2.9 福州某住宅小区 4 幢多层住宅

［案例 3.2.9］为福州某住宅小区中采用复合桩基的 6 号楼、9 号楼、10 号楼、14 号楼（张雁，1994），即《建筑桩基技术规范》表 4"承台效应系数工程实测与计算比较"中第 11～14 项工程实例。

［案例 3.2.9］的地基土物理力学性质指标见表 3.2.9-1。

115

土的物理力学性质指标及承载力 表 3.2.9-1

层序	土的名称	物 理 性 质						力 学 性 质			原位测试		建议采用	
		厚度 h (m)	含水量 w (%)	重力密度 ρ (g/cm³)	天然孔隙比 e	塑性指数 I_P	液性指数 I_L	剪切试验		压缩试验	标贯试验 N (修正击数)	地基土承载力特征值 f_{ak} (kPa)	钻孔灌注桩	
								内摩擦角 φ (°)	内聚力 C (kPa)	压缩模量 E_s (MPa)			桩周土摩擦力容许值 q_{sk} (kPa)	桩端土承载力容许值 q_{pk} (kPa)
①	杂填土	1.1	—	—	—	—	—	—	—	—	—	60~120	8~12	—
②	黏土	0.7	36.6	18.1	1.00	22.0	0.49	14.2	36	4.5	—	100	22	—
③	淤泥	4.0	70.0	15.9	1.81	19.3	1.74	12.4	21	1.4	—	45	6	—
④	淤泥质土	4.0	62.6	17.0	—	25.1	0.77	—	—	4.2	—	80	16	—
⑤	中细砂	6.0	—	18.0	—	—	—	—	—	11.0	12.5	200	20	900~1200
⑥	中砂	6.5	—	19.0	—	—	—	—	—	11.0	—	250	20	1200
⑦	淤泥质土	2.1	47.9	17.0	1.31	14.78	1.41	13.1	32	4.0	—	100	12	—
⑧	黏性土	2.2	20.3	20.4	0.58	9.81	0.35	14.3	99	8.0	—	17	17	650
⑨	中粗砂	(未穿)	—	—	—	—	—	—	—	14.0	18	22	22	2000

注：第5层中细砂与第6层中砂的压缩模量，系根据标贯数据参照福州地区类似工程地质勘察资料确定的。

1. 6号楼

[案例3.2.9] 的6号楼上部结构加基础总重 26185 kN，基础面积 218.21 m²（按 17.5 m×12.5 m），共布置 65 根 ϕ0.4 m×15.5 m 沉管灌注桩，单桩承载力标准值 300 kN。未检索到静载荷试桩数据。底板下共埋设 18 只土压力盒，原位实测板底土反力 19.5 kPa，历时超过 650 d。

[案例3.2.9] 6号楼等效距径比4.6，但为轴线布桩，属于广义疏桩基础。

[案例3.2.9] 6号楼基础平面图如图 3.2.9-1。

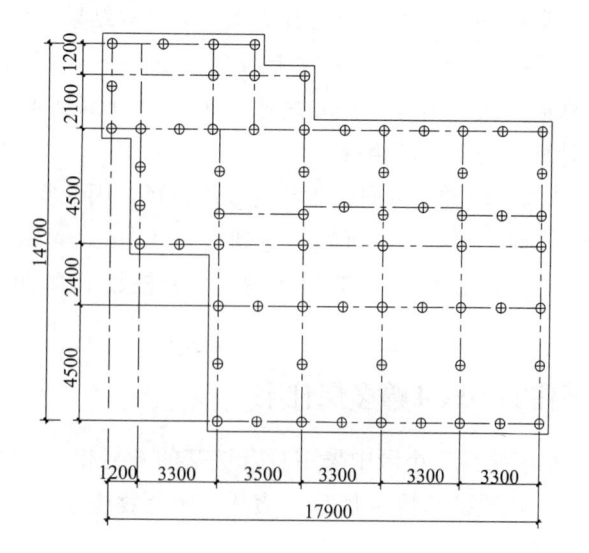

图 3.2.9-1 [案例3.2.9] 6号楼基础平面图

实测推算最终沉降约为 80 mm。实测最后沉降速率为 0.038 mm/d。尚未达到沉降稳定的标准。时间-沉降曲线如图 3.2.9-2。

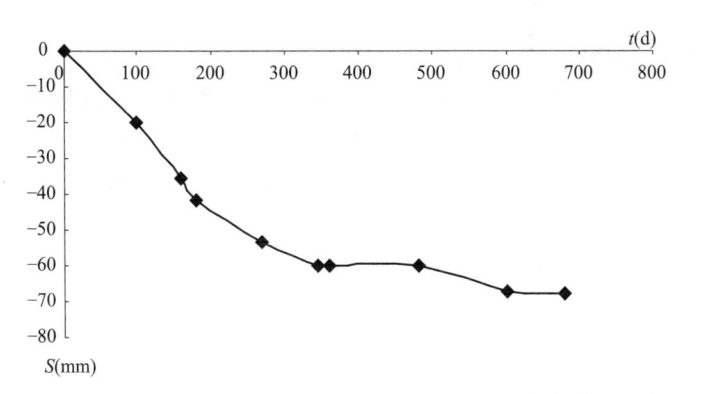

图 3.2.9-2 ［案例 3.2.9］6 号楼时间-沉降曲线

(1)［案例 3.2.9］6 号楼共 65 根桩的极限承载力之和大于上部结构荷载与基础自重之和，因此由"沉降控制复合桩基"法规定，应按扣除承台底土自重应力的附加桩顶平均荷载 $Q=356.5$ kN，$\alpha=0.211$，由明德林应力公式法直接计算沉降。

［案例 3.2.9］6 号楼明德林应力公式法的计算沉降为 75.6 mm，与实测推算最终沉降 80 mm 之比为 0.945（计算过程略）。

(2)［案例 3.2.9］6 号楼的 JCCAD 软件沉降试算结果如图 3.2.9-3。

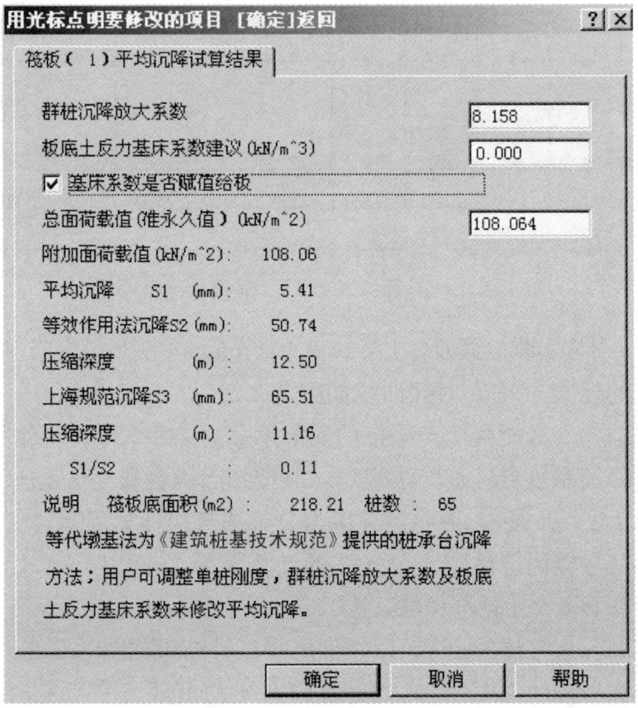

用光标点明要修改的项目 [确定]返回

筏板（ 1 ）平均沉降试算结果

群桩沉降放大系数　　　　　　　　　　8.158

板底土反力基床系数建议(kN/m^3)　　　0.000

☑ 基床系数是否赋值给板

总面荷载值(准永久值)(kN/m^2)　　　108.064

附加面荷载值(kN/m^2)：　108.06

平均沉降　　S1　(mm)：　　5.41

等效作用法沉降S2 (mm)：　50.74

压缩深度　　　(m)：　　12.50

上海规范沉降S3　(mm)：　65.51

压缩深度　　　(m)：　　11.16

　　S1/S2　　　　　0.11

说明　筏板底面积(m2)：218.21　桩数：65

等代墩基法为《建筑桩基技术规范》提供的桩承台沉降

方法：用户可调整单桩刚度，群桩沉降放大系数及板底

土反力基床系数来修改平均沉降。

确定　　取消　　帮助

图 3.2.9-3 ［案例 3.2.9］6 号楼的 JCCAD 软件沉降试算结果（桩端阻比 0.211）

［案例3.2.9］6号楼的JCCAD软件计算值"平均沉降S_1"5.35 mm与实测推算最终沉降量80 mm之比为0.07，计算结果不满足80%保证率的要求。需要调整群桩沉降放大系数。

［案例3.2.9］6号楼的JCCAD软件计算值"等效作用法沉降S_2"为1.2×50.74 mm＝60.9 mm，与实测推算最终沉降量80 mm之比为0.76，计算结果不满足80%保证率的要求。

［案例3.2.9］6号楼的JCCAD软件计算值"上海规范沉降S_3"为65.5 mm，与实测推算最终沉降值80 mm之比为0.82，计算结果满足80%保证率的要求。JCCAD软件计算值与手算值相符。

（3）［案例3.2.9］6号楼沉降控制复合桩基沉降计算的"盲区"位于39～44根桩区间。

2. 9号楼

［案例3.2.9］的9号楼上部结构加基础总重54782 kN，基础尺寸40.4 m×11.3 m，共布置154根ϕ0.4 m×15.5 m沉管灌注桩，单桩承载力标准值300 kN。底板下共埋设18只土压力盒，实测板底土反力24.5 kPa，历时超过650 d。

［案例3.2.9］9号楼等效距径比4.3，但为轴线布桩，属于广义疏桩基础。

［案例3.2.9］9号楼基础平面图如图3.2.9-4。

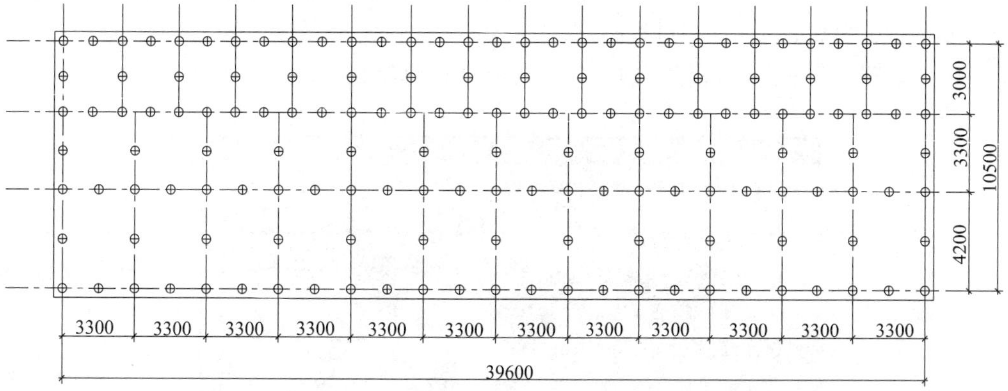

图3.2.9-4　［案例3.2.9］9号楼基础平面图

［案例3.2.9］9号楼实测推算最终沉降约为100 mm。实测最后沉降速率为0.044 mm/d。尚未达到沉降稳定的标准。沉降-时间曲线如图3.2.9-5。

（1）［案例3.2.9］9号楼共154根桩的极限承载力之和大于上部结构荷载与基础自重之和，因此由"沉降控制复合桩基"法规定，应按扣除承台底土自重应力的附加桩顶平均荷载$Q=314.8$ kN，$\alpha=0.211$，由明德林应力公式法直接计算沉降。

［案例3.2.9］9号楼明德林应力公式法的计算沉降为90.3 mm，与实测推算最终沉降100 mm之比为0.903（计算过程略）。

（2）［案例3.2.9］9号楼的JCCAD软件沉降试算结果如图3.2.9-6。

［案例3.2.9］9号楼的JCCAD软件计算值"平均沉降S_1"8.63 mm与实测推算最终沉降量100 mm之比为0.09，计算结果不满足80%保证率的要求。需要调整群桩沉降放大系数。

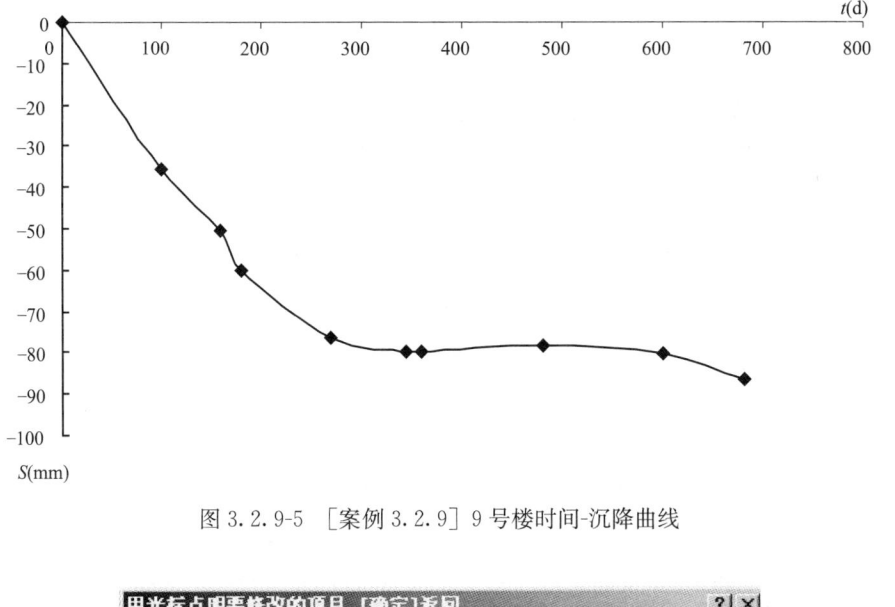

图 3.2.9-5 ［案例 3.2.9］9 号楼时间-沉降曲线

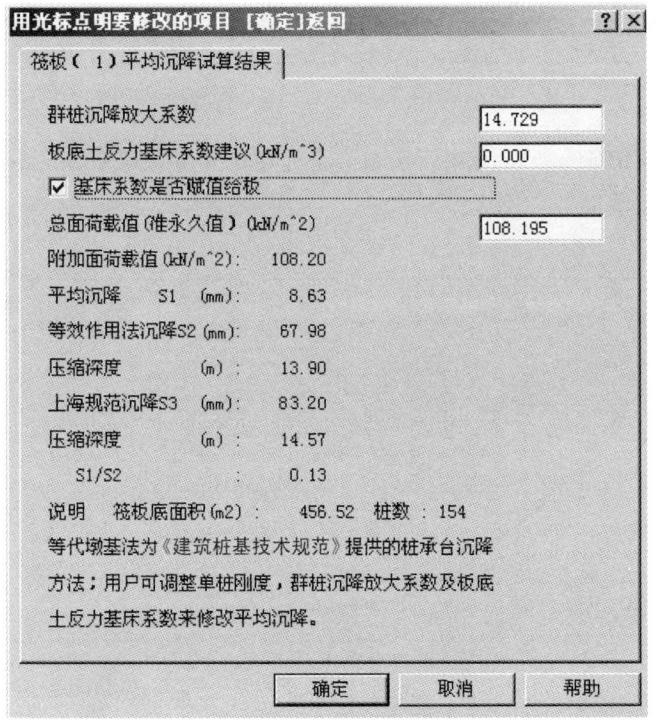

图 3.2.9-6 ［案例 3.2.9］9 号楼的 JCCAD 软件沉降试算结果（桩端阻比 0.211）

［案例 3.2.9］9 号楼的 JCCAD 软件计算值"等效作用法沉降 S_2"为 1.2×67.98 mm＝81.6 mm，与实测推算最终沉降量 100 mm 之比为 0.82，计算结果满足 80% 保证率的要求。

［案例 3.2.9］9 号楼的 JCCAD 软件计算值"上海规范沉降 S_3"为 83.20 mm，与实测推算最终沉降值 100 mm 之比为 0.83，计算结果不满足 80% 保证率的要求。JCCAD 软件计算值与手算值接近。

（3）［案例3.2.9］9号楼沉降控制复合桩基沉降计算的"盲区"位于81～91根桩区间。

3. 10号楼

［案例3.2.9］的10号楼上部结构加基础总重45788 kN，基础面积381.57 m²（按38.1 m×10 m），共布置122根 φ0.4 m×15.5 m沉管灌注桩，单桩承载力标准值300 kN。底板下共埋设18只土压力盒，实测板底土反力32.1 kPa，历时超过650 d。

［案例3.2.9］10号楼等效距径比4.4，但为轴线布桩，属于广义疏桩基础。

［案例3.2.9］10号楼基础平面图如图3.2.9-7。

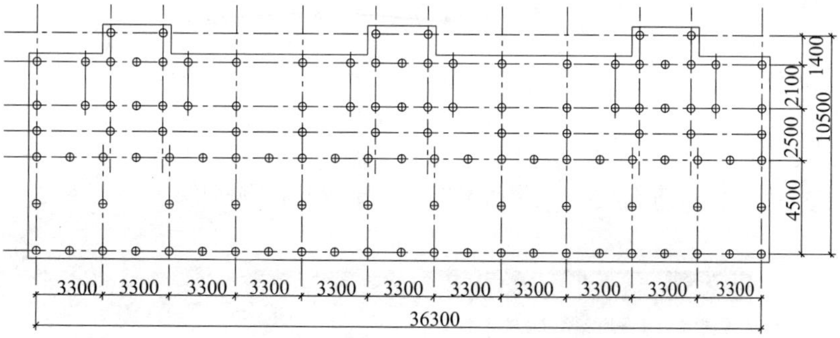

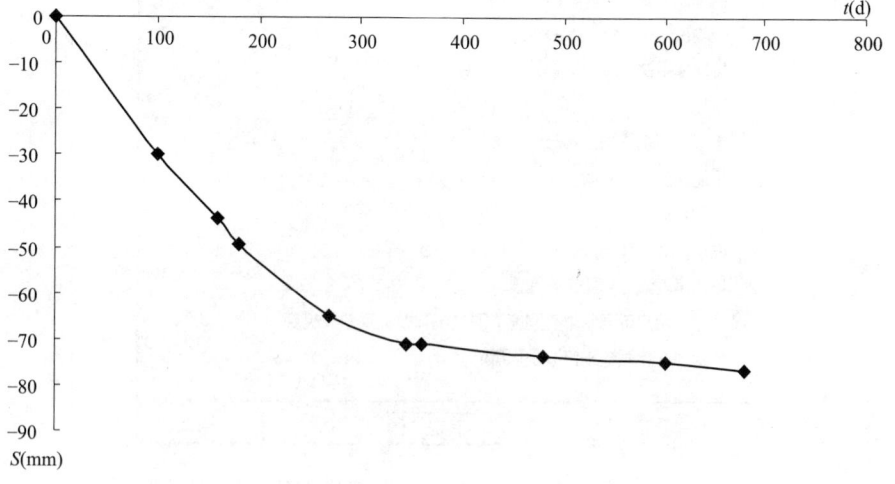

图3.2.9-7 ［案例3.2.9］10号楼基础平面图

实测推算最终沉降约为90 mm。实测最后沉降速率为0.031 mm/d，尚未达到沉降稳定的标准。时间-沉降曲线如图3.2.9-8。

图3.2.9-8 ［案例3.2.9］10号楼时间-沉降曲线

（1）［案例3.2.9］10号楼共122根桩的极限承载力之和大于上部结构荷载与基础自重之和，因此由"沉降控制复合桩基"法规定，应按扣除承台底土自重应力的附加桩顶平均荷载 $Q=332.2$ kN，$\alpha=0.211$，由明德林应力公式法直接计算沉降。

［案例3.2.9］10号楼明德林应力公式法的计算沉降为88.1 mm，与实测推算最终沉降90 mm之比为0.979（计算过程略）。

（2）［案例 3.2.9］10 号楼的 JCCAD 软件沉降试算结果如图 3.2.9-9。

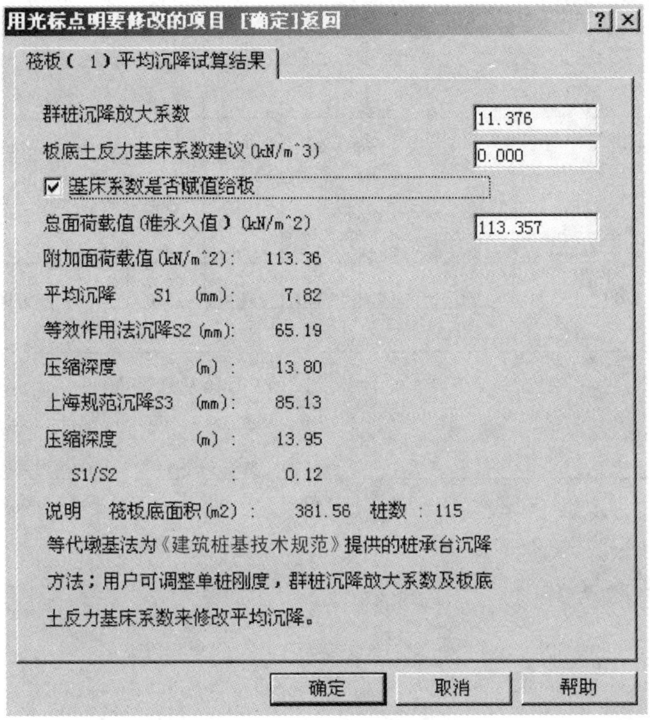

图 3.2.9-9 ［案例 3.2.9］10 号楼的 JCCAD 软件沉降试算结果（桩端阻比 0.211）

［案例 3.2.9］10 号楼的 JCCAD 软件计算值"平均沉降 S_1" 7.82 mm 与实测推算最终沉降量 90 mm 之比为 0.09，计算结果不满足 80% 保证率的要求。需要调整群桩沉降放大系数。

［案例 3.2.9］10 号楼的 JCCAD 软件计算值"等效作用法沉降 S_2"为 1.2×65.19 mm＝78.3 mm，与实测推算最终沉降量 90 mm 之比为 0.87，计算结果满足 80% 保证率的要求。

［案例 3.2.9］10 号楼的 JCCAD 软件计算值"上海规范沉降 S_3"为 85.10 mm，与实测推算最终沉降值 90 mm 之比为 0.95，计算结果满足 80% 保证率的要求。且 JCCAD 软件计算值与手算值相符。

（3）［案例 3.2.9］10 号楼沉降控制复合桩基沉降计算的"盲区"位于 68～77 根桩区间。

4. 14 号楼

［案例 3.2.9］的 14 号楼上部结构加基础总重 54782 kN，基础尺寸 40.4 m×11.3 m，共布置 154 根 ϕ 0.4 m×15.5 m 沉管灌注桩，单桩承载力标准值 300 kN。底板下共埋设 18 只土压力盒，实测板底土反力 19.4 kPa，历时超过 650 d。

［案例 3.2.9］14 号等效距径比 4.3，但为轴线布桩，属于广义疏桩基础。

［案例 3.2.9］14 号楼基础平面图如图 3.2.9-10。

［案例 3.2.9］14 号实测推算最终沉降约为 80 mm。实测最后沉降速率为 0.019 mm/d。尚未达到沉降稳定的标准。时间-沉降曲线如图 3.2.9-11。

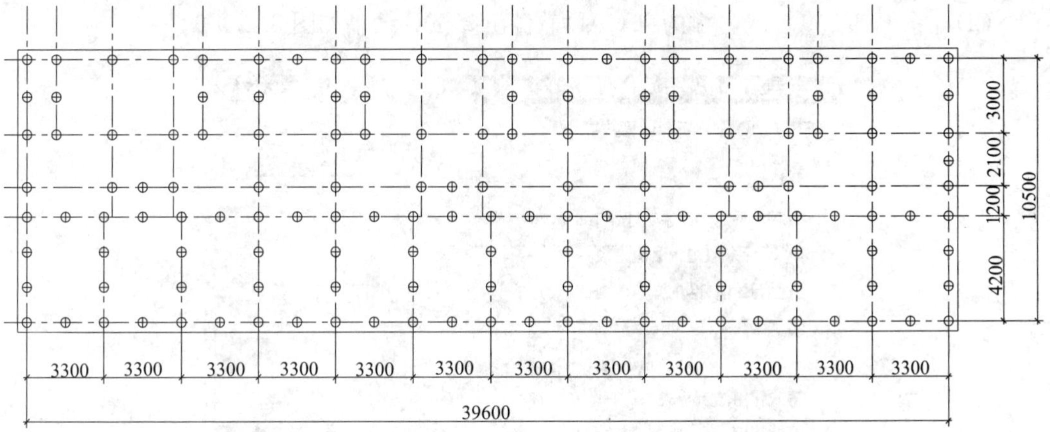

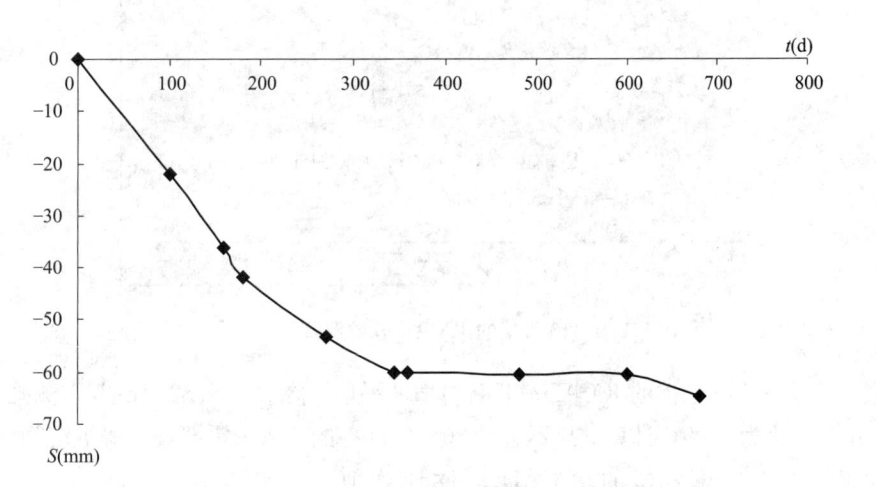

图 3.2.9-10　〔案例 3.2.9〕14 号楼基础平面图

图 3.2.9-11　〔案例 3.2.9〕14 号楼时间-沉降曲线

（1）〔案例 3.2.9〕14 号共 154 根桩的极限承载力之和大于上部结构荷载与基础自重之和，因此由"沉降控制复合桩基"法规定，应按扣除承台底土自重应力的附加桩顶平均荷载 $Q=314.8$ kN，$\alpha=0.211$，由明德林应力公式法直接计算沉降。

〔案例 3.2.9〕14 号明德林应力公式法的计算沉降为 89.4 mm，与实测推算最终沉降 80 mm 之比为 1.118（计算过程略）。

（2）〔案例 3.2.9〕14 号楼的 JCCAD 软件沉降试算结果如图 3.2.9-12。

〔案例 3.2.9〕14 号楼的 JCCAD 软件计算值"平均沉降 S_1" 8.36 mm 与实测推算最终沉降量 80 mm 之比为 0.10，计算结果不满足 80% 保证率的要求。需要调整群桩沉降放大系数。

〔案例 3.2.9〕14 号楼的 JCCAD 软件计算值"等效作用法沉降 S_2"为 1.2×66.89 mm=80.3 mm，与实测推算最终沉降量 80 mm 之比为 1.0，计算结果满足 80% 保证率的要求。

〔案例 3.2.9〕14 号楼的 JCCAD 软件计算值"上海规范沉降 S_3"为 85.2 mm，与实测推算最终沉降值 80 mm 之比为 1.07，计算结果满足 80% 保证率的要求。且 JCCAD 软

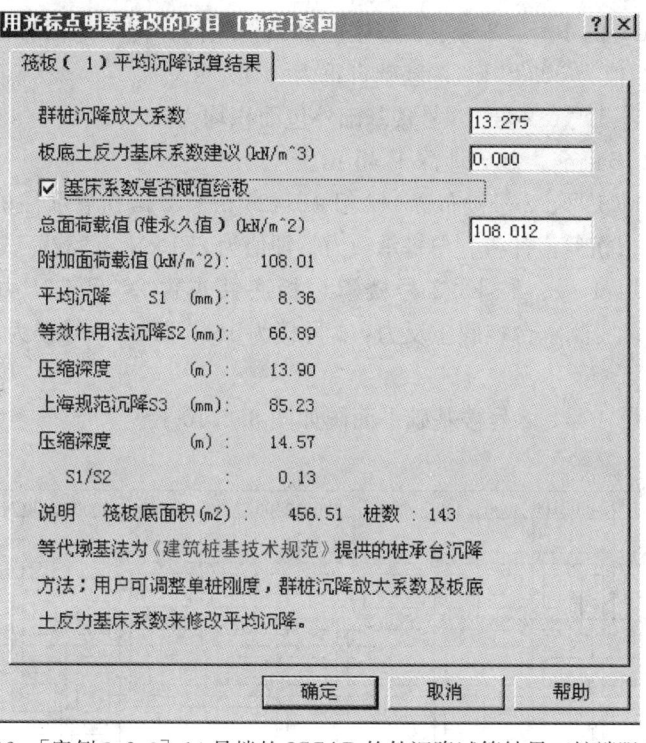

图 3.2.9-12 ［案例 3.2.9］14 号楼的 JCCAD 软件沉降试算结果（桩端阻比 0.211）

件计算值与手算值相符。

（3）［案例 3.2.9］14 号沉降控制复合桩基沉降计算的"盲区"位于 81～91 根桩区间。

3.2.10 绍兴同一地块选择不同桩数案例的计算沉降

［案例 3.2.10］为浙江绍兴某住宅群（冯军洪，2000），共 6 幢 6 层砖混住宅。其中 1 号、2 号、3 号楼采用复合疏桩基础，其他建筑采用常规桩基。

［案例 3.2.10］的地基土物理力学性质指标见表 3.2.10-1。

地基土物理力学性质指标 表 3.2.10-1

层序	土的名称	物 理 性 质				载力标准值 (kPa)	压缩模量 E_s (MPa)	桩周土摩阻力标准值 (kPa)	桩端土承载力标准值 (kPa)
		厚度 h (m)	含水量 w (%)	重力密度 ρ (kN/m³)	天然孔隙比 e				
①	杂填土	1.07	—	—	—				
②	粉质黏土	0.47	31.3	19.0	0.866	80	4.85	9	—
③	粉质黏土	2.28	39.2	18.1	1.078	65	6.73	7	—
④	淤泥质黏土	4.22	54.9	17.0	1.467	60	1.52	6	—
⑤	黏土	0.88	25.8	20.1	0.689	140	7.30	17	—
⑥	黏土	2.20	23.6	20.5	0.627	235	8.16	29	950
⑦	粉土	6.85	31.9	19.3	0.893	130	7.85	16	700
⑧	黏土	未穿	38.5	18.6	1.009	115	6.12	10	—

123

[案例 3.2.10] 的 1 号、2 号、3 号楼上部结构相同，传至地面标高处对应于长期效应组合的竖向荷载值为 50339 kN，基础自重为 12457 kN。

[案例 3.2.10] 1 号、2 号、3 号楼基础外包面积均为 636.48 m² (49.2 m×12.94 m)，基础净面积为 429.54 m²。基础埋深 1.45 m。

[案例 3.2.10] 1 号、2 号楼布置 142 根 $\phi 0.426$ m×12 m 沉管灌注桩，3 号楼布置 162 根 $\phi 0.426$ m×12 m 沉管灌注桩。单桩承载力特征值为 270 kN。静载荷试桩未压至极限值。

[案例 3.2.10] 1 号、2 号、3 号楼承台板底共布置 27 只土压力盒，测试时间为 1380 d (近 4 年)。实测承台板底土反力：1 号楼为 15.6 kPa，2 号楼为 15.4 kPa，3 号楼为 15.6 kPa。

[案例 3.2.10] 1 号、2 号楼基础平面图如图 3.2.10-1。

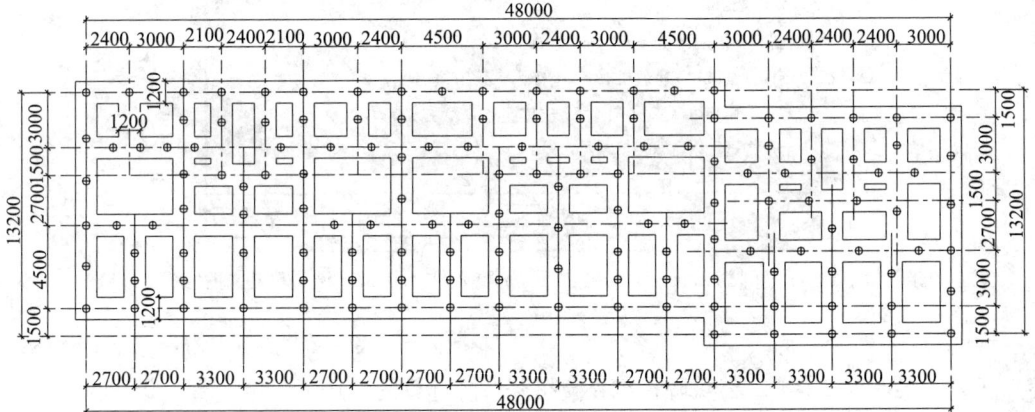

图 3.2.10-1　[案例 3.2.10] 1 号、2 号楼基础平面图

[案例 3.2.10] 3 号楼基础平面图如图 3.2.10-2。

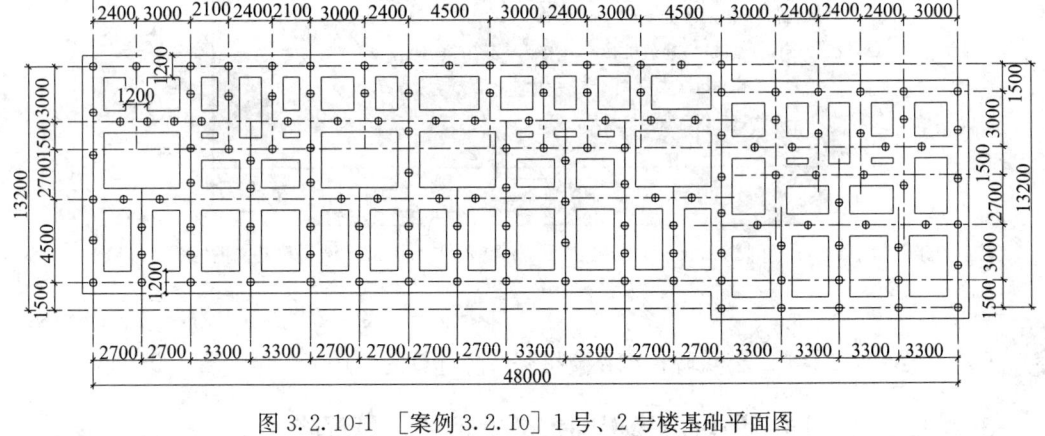

图 3.2.10-2　[案例 3.2.10] 3 号楼基础平面图

[案例 3.2.10] 1 号楼时间-沉降曲线如图 3.2.10-3。

[案例 3.2.10] 2 号楼时间-沉降曲线如图 3.2.10-4。

[案例 3.2.10] 3 号楼时间-沉降曲线如图 3.2.10-5。

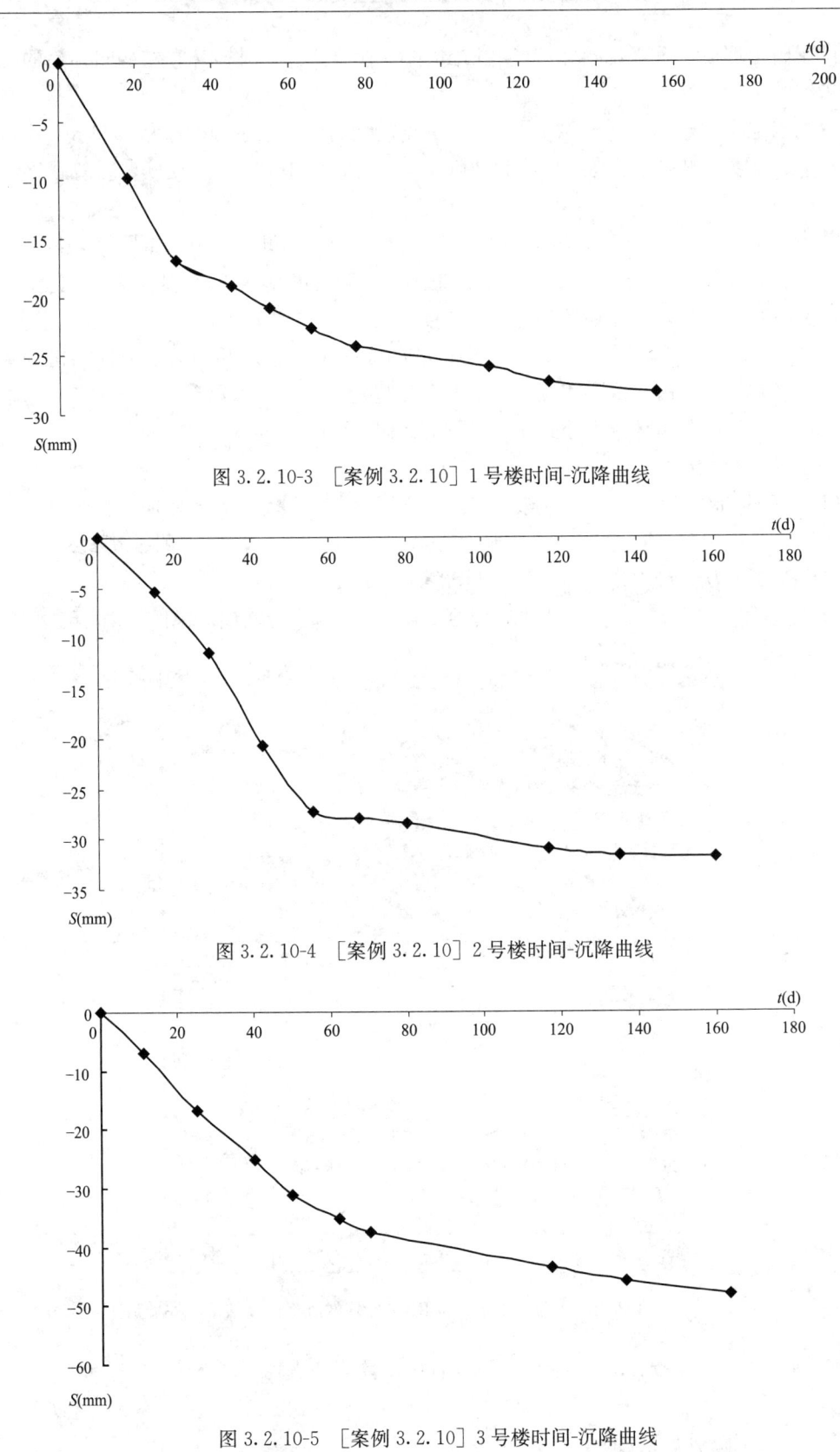

图 3.2.10-3 ［案例 3.2.10］1 号楼时间-沉降曲线

图 3.2.10-4 ［案例 3.2.10］2 号楼时间-沉降曲线

图 3.2.10-5 ［案例 3.2.10］3 号楼时间-沉降曲线

由于附近埋设的沉降观测标准点（12 m 长沉管灌注桩）被破坏，结构封顶后的沉降观测未继续进行。

根据当地实践经验，［案例 3.2.10］1 号楼实测推算最终沉降约为 70 mm，［案例 3.2.10］2 号楼实测推算最终沉降约为 80 mm，［案例 3.2.10］3 号楼实测推算最终沉降约为 100 mm。

其中［案例 3.2.10］3 号楼的桩数（162 根）多于［案例 3.2.10］1 号、2 号楼（142 根），而实测沉降反而大于 1 号、2 号楼，是因为实际上三幢楼的地基土并非完全一样，但具体资料有所缺失，因此在沉降计算上未能反映出来。

［案例 3.2.10］的 1 号、2 号、3 号楼桩群的极限承载力之和均大于上部结构荷载与基础自重之和，因此由"沉降控制复合桩基"法规定，应按扣除承台底土自重应力的附加桩顶平均荷载，由明德林应力公式法直接计算沉降。

1. 1 号、2 号楼

（1）［案例 3.2.10］1 号、2 号楼应按 $Q=363.3$ kN，$\alpha=0.37$，由明德林应力公式法直接计算［案例 3.2.10］1 号、2 号楼的沉降等于 187 mm，与实测推算最终沉降值 70(80)mm 之比为 2.67（2.34）（计算过程略）。

（2）［案例 3.2.10］1 号、2 号楼的 JCCAD 软件沉降试算结果如图 3.2.10-6。

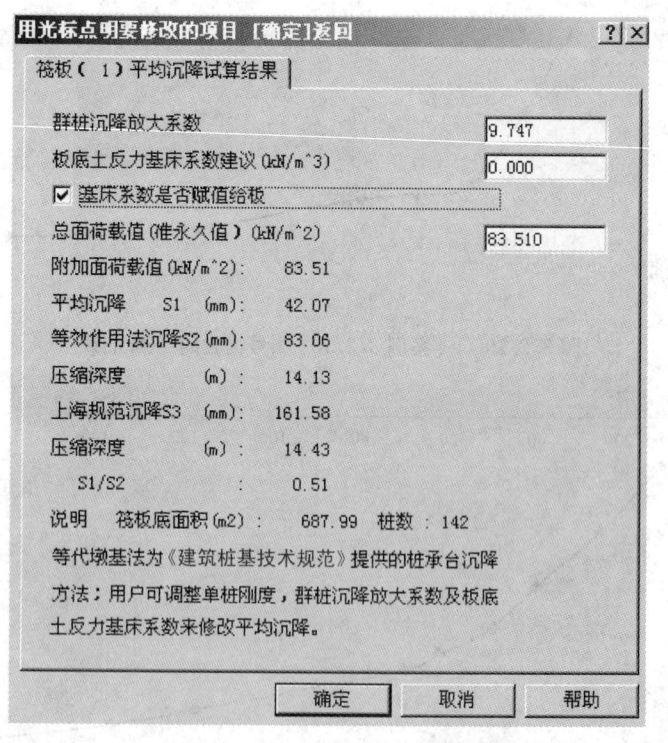

图 3.2.10-6　［案例 3.2.10］1 号、2 号楼的 JCCAD 软件沉降试算结果（桩端阻比 0.37）

［案例 3.2.10］1 号、2 号楼的 JCCAD 软件计算值"平均沉降 S_1" 42.07 mm 与实测推算最终沉降量 70（80）mm 之比为 0.60（0.53），计算结果不满足 80% 保证率的要求。需要调整群桩沉降放大系数。

[案例 3.2.10] 1 号、2 号楼的 JCCAD 软件计算值"等效作用法沉降 S_2"为 1.2×83.06 mm＝99.7 mm，与实测推算最终沉降量 70（80）mm 之比为 1.42（1.25），计算结果不满足 80％保证率的要求。

[案例 3.2.10] 1 号、2 号楼的 JCCAD 软件计算值"上海规范沉降 S_3"为 161.6 mm，与实测推算最终沉降值 70(80)mm 之比为 2.31（2.02），计算结果不满足 80％保证率的要求。且 JCCAD 软件计算值与手算值相符。

2. 3 号楼

(1) [案例 3.2.10] 3 号楼应按 $Q=318.4$ kN，$\alpha=0.37$，由明德林应力公式法计算 [案例 3.2.10] 3 号楼的沉降等于 172.6 mm，与实测推算最终沉降值 100 mm 之比为 1.73（计算过程略）。

(2) [案例 3.2.10] 3 号楼的 JCCAD 软件沉降试算结果如图 3.2.10-7。

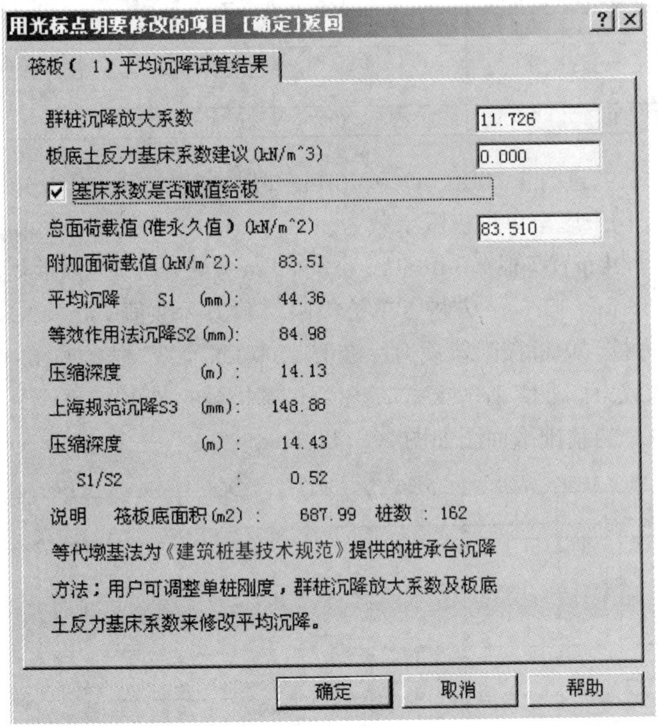

图 3.2.10-7 [案例 3.2.10] 3 号楼的 JCCAD 软件沉降试算结果（桩端阻比 0.37）

[案例 3.2.10] 3 号楼的 JCCAD 软件计算值"平均沉降 S_1" 44.36 mm 与实测推算最终沉降量 100 mm 之比为 0.29，计算结果不满足 80％保证率的要求。需要调整群桩沉降放大系数。

[案例 3.2.10] 3 号楼的 JCCAD 软件计算值"等效作用法沉降 S_2"为 1.2×84.98 mm＝102 mm，与实测推算最终沉降量 100 mm 之比为 1.02，计算结果满足 80％保证率的要求。

[案例 3.2.10] 3 号楼的 JCCAD 软件计算值"上海规范沉降 S_3"为 148.9 mm，与实测推算最终沉降值 100 mm 之比为 1.49，计算结果不满足 80％保证率的要求。但 JCCAD 软件计算值与手算值相符。

(3) [案例 3.2.10] 的沉降控制复合桩基沉降计算"盲区"位于 96～117 根桩区间。

3.2.11 南京某综合楼

［案例3.2.11］为南京某9层框架综合楼（宰金珉，1993），上部结构总重190780 kN，1层地下室，基础尺寸44.6 m×37.1 m，面积1655.09 m²，底板厚0.4 m。基础埋深2.8 m。

［案例3.2.11］的地基土物理力学性质指标见表3.2.11-1。

地基土物理力学性质指标　　　　　　　　　　　　　　表3.2.11-1

| 层序 | 土的名称 | 物理性质 | | | | | 地基承载力特征值 f_{ak} (kPa) | 压缩模量 E_s (MPa) | 混凝土预制桩 | |
		厚度 h (m)	含水量 w (%)	重力密度 ρ (g/cm³)	天然孔隙比 e	液性指数 I_L			桩周土摩擦力极限值 q_{sk} (kPa)	桩端土端阻力极限值 q_{pk} (kPa)
①	填土	2.40	—	—	—	—				
②-1	粉砂	6.5	29.0	18.8	0.840	—	140	10.6	42	—
②-2	粉土夹粉砂	10.7	35.1	18.3	0.983	—	110	7.7	32	1400
②-3	粉砂	10.3	29.1	18.6	0.866	—	160	8.5	42	2200
②-4	黏质粉土	5.1	31.7	18.6	0.970	0.88	120	4.8	42	
②-5	黏土夹粉土	>13.2	32.1	18.2	0.970	0.99	100	4.1	30	

［案例3.2.11］共进行了0.45 m×0.45 m×21 m与0.45 m×0.45 m×24 m的2根单桩静载荷试验，均未压至单桩极限承载力。

［案例3.2.11］共布置7根0.3 m×0.3 m×8.5 m方桩（单桩极限承载力标准值500 kN），12根0.35 m×0.35 m×15.5 m方桩（单桩极限承载力标准值1000 kN），29根0.45 m×0.45 m×18.0 m方桩（单桩极限承载力标准值1400 kN），37根0.45 m×0.45 m×21.0 m方桩（单桩极限承载力标准值1700 kN，为常规桩基桩数的35%），等效距径比9.9。

［案例3.2.11］的基础平面图如图3.2.11-1。

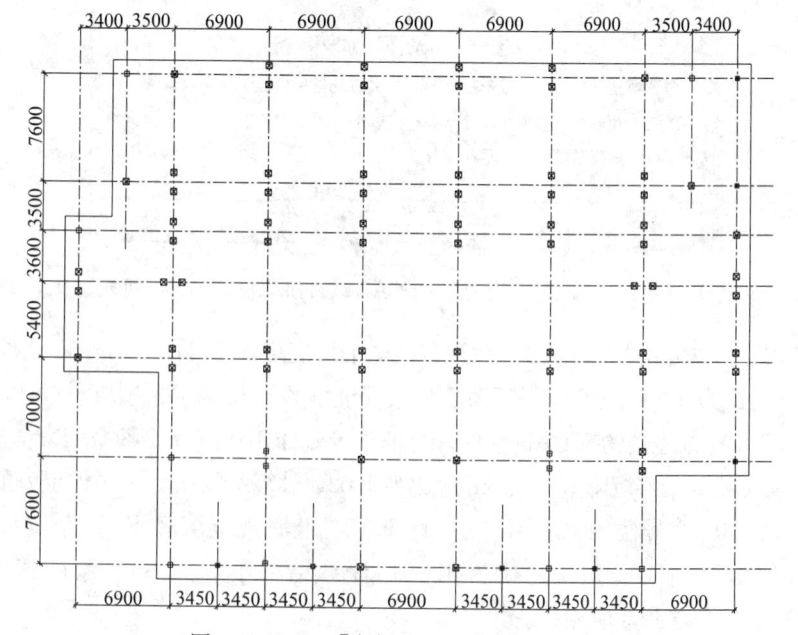

图3.2.11-1　［案例3.2.11］基础平面图

〔案例3.2.11〕共埋设2只桩顶反力计、32只桩应变计、58只土压力盒。实测基底净土抗力为30.0 kPa（扣除地下水浮力）。

〔案例3.2.11〕的实测推算最终沉降约为30 mm。实测时间-沉降曲线如图3.2.11-2。

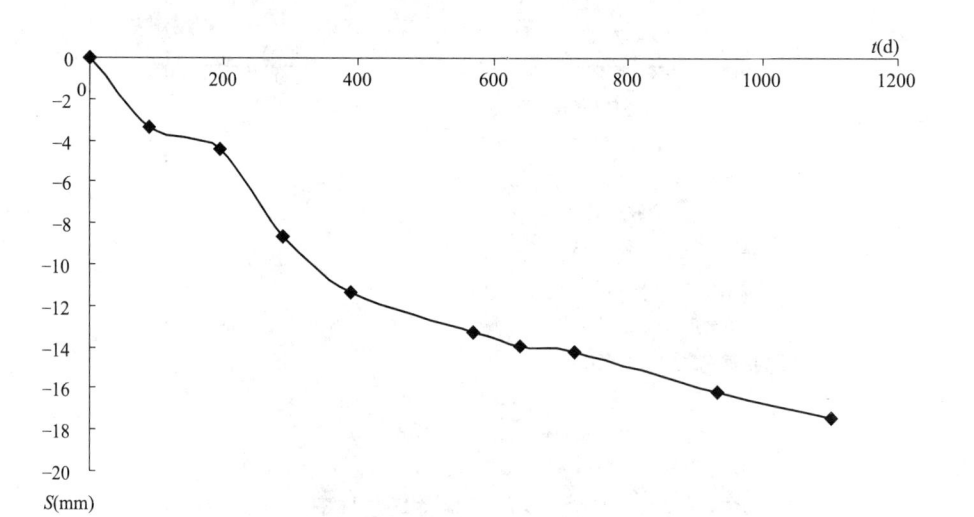

图3.2.11-2　〔案例3.2.11〕实测时间-沉降曲线

按底板（400厚）自重10 kPa，基底2.8 m埋深的土自重压力18.8 kPa/m×2.8 m＝52.64 kPa，故计算桩基沉降时应扣除土自重压力52.64 kPa。

1.〔案例3.2.11〕按各类桩均摊底板面积扣除土自重压力52.64 kPa后，可得

0.3 m×0.3 m×8.5 m桩的桩顶荷载为414 kN，小于单桩设计极限承载力500 kN；

0.35 m×0.35 m×15.5 m桩的桩顶荷载为1045 kN，略大于单桩设计极限承载力1000 kN；

0.45 m×0.45 m×18.0 m桩的桩顶荷载为1311 kN，小于单桩设计极限承载力1400 kN；

0.45 m×0.45 m×21.0 m桩的桩顶荷载为1803 kN，略大于单桩设计极限承载力1700 kN。

因此可按各类桩的桩顶荷载为实际分担值或单桩极限承载力，由明德林应力公式法计算〔案例3.2.11〕沉降（计算过程略）。

〔案例3.2.11〕计算沉降258 mm，远大于〔案例3.2.11〕的实测值。

2.〔案例3.2.11〕的JCCAD软件沉降试算结果如图3.2.11-3。

〔案例3.2.11〕的JCCAD软件计算值"平均沉降S_1"8.68 mm与实测推算最终沉降量30 mm之比为0.29，计算结果不满足80%保证率的要求。需要调整群桩沉降放大系数。

〔案例3.2.11〕的JCCAD软件计算值"等效作用法沉降S_2"为1.2×114.16 mm＝137 mm，与实测推算最终沉降量30 mm之比为4.57，计算结果不满足80%保证率的要求。

由《建筑桩基技术规范》等效作用分层总和法的定义，应该不能计算距径比达到9.9

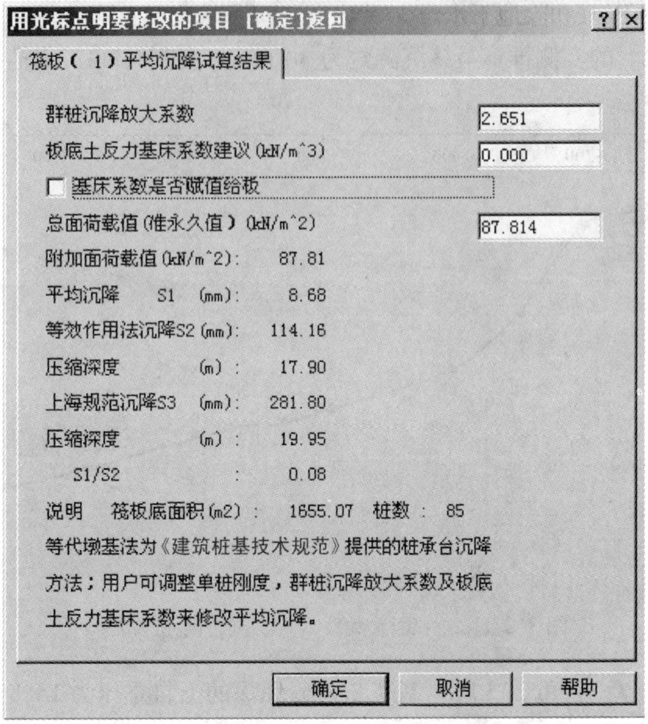

图 3.2.11-3 ［案例 3.2.11］的 JCCAD 软件沉降试算结果

的桩基沉降，而 JCCAD 软件却给出了计算结果。这说明 JCCAD 软件可能是对于距径比大于 6 的桩基，一律按距径比等于 6 的桩基计算；也有可能 JCCAD 软件的等效作用分层总和法本身就存在缺陷。由于 JCCAD 软件不给出计算书，因此难以判断。

［案例 3.2.11］的 JCCAD 软件计算值"上海规范沉降 S_3"为 281.8 mm，与实测推算最终沉降值 30 mm 之比为 9.39，计算结果不满足 80％保证率的要求。这说明不考虑桩径的明德林应力公式法确实不适合计算小桩群沉降。但 JCCAD 软件计算值与手算值比较接近。

3. 探讨：实际上该工程的沉降计算属于"上硬下软"的浅埋粉性土桩基沉降计算难题，至今未得到完全解决。

参考文献［12］第 5 章就给出上海、苏南等地的浅埋粉性土桩基沉降计算值与实测值背离的工程实例。尤其是第 5 章的第 7 节、第 8 节，还给出地基土条件相似、甚至邻近的高层与多层建筑浅埋粉性土桩基，其沉降计算值与实测值严重背离的案例。

此外，由于粉性土、砂土的取土时极易受到扰动，因此浅埋粉性土压缩模量的取值问题一直是个难题，也影响了这类地基土中桩基础沉降计算的准确性。

3.2.12 南京某花园住宅楼 4 号楼

［案例 3.2.12］为南京某花园 6 层砖混住宅楼 4 号楼（胡庆兴，2002）。

［案例 3.2.12］的地基土物理力学性质指标见表 3.2.12-1。

		物 理 性 质					地基承载力特征值 f_{ak} (kPa)	压缩模量 E_s (MPa)
层序	土的名称	厚度 h (m)	含水量 w (%)	重力密度 ρ (g/cm³)	天然孔隙比 e	液性指数 I_L		
①-2	冲填土	0.8	31.0	19.0	0.879	0.75	—	7.0
②-1	粉质黏土	2.9	30.5	19.1	0.855	0.81	120	7.6
②-3	粉质黏土	2.9	34.1	18.5	0.976	1.22	120	10.2
②-4	粉质黏土、粉土	3.2	36.8	18.2	1.059	1.35	130	8.1
②-5	淤泥质黏质粉土	12.6	41.1	17.6	1.181	1.51	80	4.4
②-7	粉质黏土夹粉砂	>5.1	37.9	17.8	1.112	1.55	90	6.3

地基土物理力学性质指标　　　　　　　　　　　　表 3.2.12-1

[案例 3.2.12] 的上部结构总重 65800 kN，基础自重 26040 kN，基础尺寸 62.0 m×14.0 m，共布置 90 根 ϕ0.425 m×22 m 沉管灌注桩（为常规桩基桩数 283 根的 32%），单桩承载力标准值 325 kN，等效距径比 7.3。

[案例 3.2.12] 的桩顶共布置 13 只桩顶反力计，承台板底共布置 35 只土压力盒，测试时间为 600d。实测承台板底土反力为 10.0 kPa。

[案例 3.2.12] 的基础平面图如图 3.2.12-1。

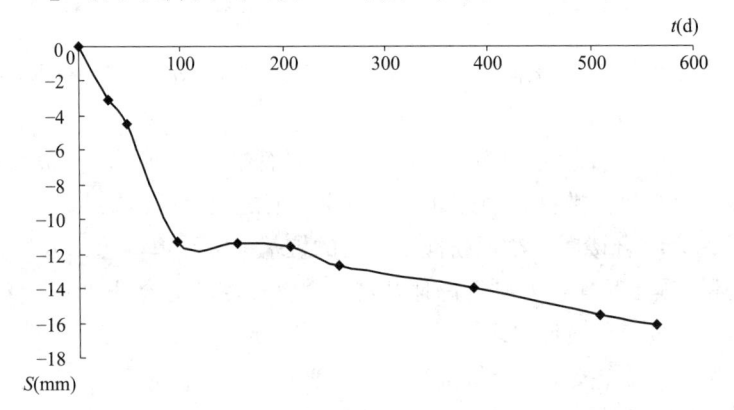

图 3.2.12-1　[案例 3.2.12] 基础平面图

[案例 3.2.12] 时间-沉降曲线（竣工一年后）如图 3.2.12-2。

图 3.2.12-2　[案例 3.2.12] 时间-沉降曲线

131

[案例 3.2.12] 因桩长 22 m，而地基土勘察深度仅 25 m，因此无法由"沉降控制复合桩基"法计算沉降。

3.2.13 18 项工程实例"沉降控制复合桩基"法计算结果

18 项工程实例"沉降控制复合桩基"法计算沉降与实测沉降对比，见表 3.2.13-1。

"沉降控制复合桩基"法计算沉降与实测沉降　　　　　　表 3.2.13-1

序号	工程名称	层数	平均压缩模量 E_s(MPa)	等效距径比	疏桩桩数/常规桩数	计算沉降(mm)	实测推算最终沉降(mm)	计算沉降/实测沉降
1	上海徐汇区住宅(1)	6	2.43	6.8	0.38	156.5	150	1.04
2	上海徐汇区住宅(2)	6	2.43	5.77	0.75	108	136	0.79
3	上海砖混住宅(1)	6	7.40	7.95	0.87	128	130	0.98
4	上海砖混住宅(2)	6	7.40	9.75	0.58	134	80	—
5	上海宝山区 7 层(1)	7	20.0	7.88	0	66	50	1.32
6	上海宝山区 7 层(2)	7	18.4	7.39	0.535	62.2	40	1.56
7	上海宝山区商住楼南楼	6	4.00	13.0	0.34	63.8	60	1.06
8	上海宝山区商住楼北楼	6	4.00	13.0	0.37	69.0	50	1.36
9	上海高层住宅	20	9.75	4.1	0.50	536	397	1.35
10	福州住宅 6 号楼	7	6.5	4.6	0.73	91	80	1.14
11	福州住宅 9 号楼	7	6.5	4.3	0.72	112	100	1.12
12	福州住宅 10 号楼	7	6.5	4.4	0.76	109	90	1.21
13	福州住宅 14 号楼	7	6.5	4.3	0.77	109	80	1.36
14	绍兴住宅 1 号楼	6	5.6	4.97	0.56	187	70	2.67
15	绍兴住宅 2 号楼	6	5.6	4.97	0.56	187	80	2.34
16	绍兴住宅 3 号楼	6	5.6	4.65	0.64	173	100	1.73
17	南京综合楼	9	8.8	9.9	0.35	257.7	30	8.59
18	南京砖混住宅	6	6.6	6.9	0.30		26	—
平均值								1.85

注：1. 序号 3 上海砖混住宅（2）的实测推算最终沉降量无法确定；

2. 序号 18 南京砖混住宅因地基土勘察深度仅 25 m（桩长 22 m），因此无法由"沉降控制复合桩基"法计算沉降。

由表 3.2.13-1 可知，上海地基规范"沉降控制复合桩基法"计算沉降与实测值相比，计算值基本都偏于安全的。

序号 14、15、16 浙江绍兴的 3 例工程实例，仅有竣工实测沉降，最终沉降量很可能远大于表 3.2.13-1 提供的数据，因此计算值与实测值之比也可能偏大。

序号 17 的南京综合楼属于浅埋粉性土地区的桩基沉降计算难题，至今尚未得到解决。

若扣除上述 4 项工程实例，则上海地基规范"沉降控制复合桩基法"计算沉降与实测值之比为 1.19。满足工程设计要求。

上海地基规范"沉降控制复合桩基法"的"盲区"，一般位于减去桩群极限承载力后的基底附加压力不大于零这一区段。在此区段，桩数越多，计算沉降越大。

当然"盲区"的大小还受到单桩极限承载力取值的影响，但因为一般工程设计很少要求静载荷试验进行到单桩极限承载力，因此"盲区"大小的准确程度较难确定。不过从理论上可以很清楚地发现，由于上海地基规范"沉降控制复合桩基法"的计算假定，"盲区"确实存在。

3.2.14　18 项工程实例 JCCAD 软件"上海规范沉降 S_3"计算结果

18 项工程实例 JCCAD 软件"上海规范沉降 S_3"计算沉降与实测沉降对比，见表 3.2.14-1。

"沉降控制复合桩基"法计算沉降与实测沉降　　　　　　　表 3.2.14-1

序号	工程名称	层数	平均压缩模量 $\bar{E}_s$(MPa)	等效距径比	疏桩桩数/常规桩数	"上海规范沉降 S_3"计算沉降(mm)	实测推算最终沉降(mm)	计算沉降/实测沉降
1	上海徐汇区住宅(1)	6	2.43	6.8	0.38	101.7	150	0.68
2	上海徐汇区住宅(2)	6	2.43	5.77	0.75	71.2	136	0.52
3	上海砖混住宅(1)	6	7.40	7.95	0.87	133.5	130	1.03
4	上海砖混住宅(2)	6	7.40	9.75	0.58	—	80	—
5	上海宝山区 7 层(1)	7	20.0	7.88	0	45.7	50	0.91
6	上海宝山区 7 层(2)	7	18.4	7.39	0.535	59.0	40	1.48
7	上海宝山区商住楼南楼	6	4.00	13.0	0.34	57.2	60	0.95
8	上海宝山区商住楼北楼	6	4.00	13.0	0.37	52.3	50	1.05
9	上海高层住宅	20	9.75	4.1	0.50	439	397	1.11
10	福州住宅 6 号楼	7	6.5	4.6	0.73	60.3	80	0.75
11	福州住宅 9 号楼	7	6.5	4.3	0.72	78.7	100	0.79
12	福州住宅 10 号楼	7	6.5	4.4	0.76	79.8	90	0.89
13	福州住宅 14 号楼	7	6.5	4.3	0.77	80.4	80	1.00
14	绍兴住宅 1 号楼	6	5.6	4.97	0.56	116.5	70	1.66
15	绍兴住宅 2 号楼	6	5.6	4.97	0.56	116.5	80	1.46
16	绍兴住宅 3 号楼	6	5.6	4.65	0.64	110.4	100	1.10
17	南京综合楼	9	8.8	9.9	0.35	281.8	30	9.39
18	南京砖混住宅	6	6.6	6.9	0.30	—	26	—
平均值								1.54

注：1. 序号 3 上海砖混住宅（1）的实测推算最终沉降量无法确定；

2. 序号 18 南京砖混住宅因地基土勘察深度仅 25 m（桩长 22 m），因此无法由 JCCAD 软件"上海规范沉降 S_3"计算沉降。

由表 3.2.14-1 可知，JCCAD 软件"上海规范沉降 S_3"计算沉降与实测值相比，除序号 1 与序号 2 这 2 个工程实例外，其余计算值均偏于安全的。

序号 14、序号 15、序号 16 浙江绍兴的 3 例工程实例，仅有竣工实测沉降，最终沉降量很可能远大于表 3.2.14-1 提供的数据，因此计算值与实测值之比也可能偏大。

序号 17 的南京综合楼属于浅埋粉性土地区的桩基沉降计算难题，至今尚未得到解决。

若扣除上述 4 项工程实例，则 JCCAD 软件"上海规范沉降 S_3"计算沉降与实测值之比为 0.93，基本满足工程设计要求。

3.3 《建筑桩基技术规范》"软土地基减沉复合疏桩基础"计算法探讨

"软土地基减沉复合疏桩基础"法属于《建筑桩基技术规范》推荐的计算方法。这种方法的原理是单桩沉降加上天然地基沉降，单桩沉降可以很方便地手算，天然地基沉降的争议较少。因此看起来各种基础软件没有单列"软土中减沉复合疏桩基础法"，但实际上必要的元素均已列入软件了。

本节将根据"3.2节上海地基规范'沉降控制复合桩基'法探讨"提供的18项工程实例，对"软土中减沉复合疏桩基础法"作较详细的探讨。

3.3.1 上海徐汇区某住宅（1）计算沉降

[案例 3.3.1] 的数据参见"3.2.1 上海徐汇区某住宅（1）计算沉降"。

[案例 3.3.1] 共布置 152 根 200 mm×200 mm×16000 mm 方桩（为常规桩基桩数的 38%）。

减沉复合疏桩基础沉降计算过程如下：

单桩桩端极限阻力标准值：

$$R_{pk}=1000\times0.2\times0.2\times0.8=32\ kN$$

单桩桩侧极限摩阻力标准值：

$$R_{sk}=0.2\times4\times(12.33\times15\times0.8+3.67\times42\times0.8)=217.02\ kN$$

单桩极限承载力标准值：$R_a=R_{pk}+R_{sk}=32+217.02=249.02\ kN$

单桩承载力特征值：$R_a=\dfrac{1}{2}R_k=124.51k\ N$

对于等效距径比为 7.72、轴线方向桩中心距为 1500 的疏桩基础，考虑取挤土效应系数为 $\eta_p=1.0$。否则计算沉降将远大于实测值了。

承台底附加荷载为 $P=42500\ kN$，$n=152$

$$A_C=42.42\times10.88\ m^2$$

$$P_0=1.0\times\frac{42500-152\times124.55}{42.42\times10.88}=51.07\ kN/m^2$$

$$S_s=44\ mm\ （计算过程略）$$

$$\bar{q}_{su}=\frac{217.02}{16\times4\times0.2}=16.95\ kN/m^2$$

$$\bar{E}_S=\frac{4.33\times1.63+2.7\times1.6+1.77\times9.1+3.12\times3.67}{16}=2.43\ MPa$$

$$S_a/d=0.886\sqrt{42.42\times10.88}/\sqrt{152}\times0.2=7.72$$

$$d=1.27\times0.2$$

$$S_{sp}=280\times\frac{16.95}{2.43}\times\frac{1.27\times0.2}{7.72\times7.72}=8.3\ mm$$

$$\psi=1.0$$

$$S=1.0\times(244+8.3)=252 \text{ mm}$$

［案例 3.3.1］计算沉降与《建筑桩基技术规范》表 4 中序号 7 的计算结果（158 mm）有较大差别。

若［案例 3.3.1］计算沉降时取单桩承载力 $R_a=0.8R_k=199.2$ kN，则可得计算沉降约为 158 mm，与《建筑桩基技术规范》表 13 中序号 7 的计算结果相符。

但是关于"软土地基减沉复合疏桩基础"计算法的原理，参考文献［5］指出：

根据天津大港软土基地的桩土共同作用模型试验结果，对于大桩距（6d）群桩，在工作荷载（1/2 单桩极限承载力，即单桩承载力标准值）下，桩间土的压缩引起的沉降占 90% 以上。

鉴于复合桩基承台底桩、土沉降协调，在大桩距条件下，桩基沉降计算可取两种模型：

（1）如同常规桩基那样，计算桩端以下土的压缩量；

（2）计算桩间土的沉降。

对于前者要涉及桩端塑性刺入，在理论上难以解决，而复合疏桩基础桩间土的压缩占总沉降量的绝大部分，故采用计算桩间土的压缩沉降模型。即"软土地基减沉复合疏桩基础"计算法。

由上述参考文献［5］的意见可推论，当桩顶荷载超过 1/2 单桩极限承载力后，桩间土的压缩引起的沉降将小于 90%，因此需要计算桩端以下土的压缩量。

由此可见，在"软土地基减沉复合疏桩基础"法中，一般应取 0.5 倍单桩极限承载力，才符合该方法的定义。

至于《建筑桩基技术规范》对于该工程的计算过程中是否引入其他系数与计算技巧，则需等到那些工程实例的数据与计算过程公布后方能得知。

现假定［案例 3.3.1］的沉降计算按 9 根桩静载荷试桩中初试压最低值 210 kN 计算，则计算沉降为：

$$P'_0=(47972-152\times210)/360-[18\times0.5+(18-10)\times0.7+(18.8-10)\times0.07]=29.4 \text{ kPa}$$

$S'=140.5+8.3=149$ mm。为单桩荷载取 250 kN 时计算沉降 252 mm 的 0.59。

可见"软土地基减沉复合疏桩基础"法的计算结果，受到静载荷试桩结果准确与否的极大影响。

将［案例 3.3.1］采用"软土地基减沉复合疏桩基础"法所得计算沉降，以及 133 根、200 根、359 根桩疏桩基础的计算沉降，绘制成桩数-沉降曲线，如图 3.3.1-1。

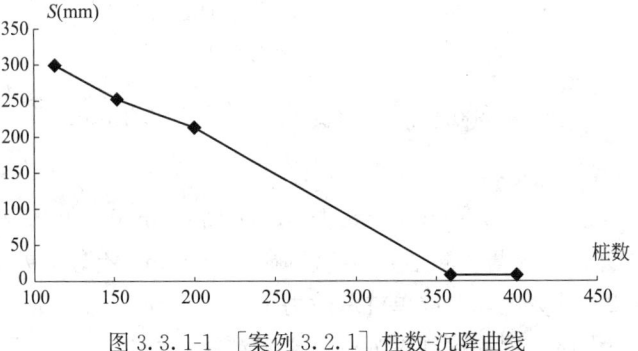

图 3.3.1-1 ［案例 3.2.1］桩数-沉降曲线

由图 3.3.1-1 可知［案例 3.3.1］从桩数 133 根到 359 根的疏桩基础"软土地基减沉复合疏桩基础"法计算沉降，其桩数—沉降曲线呈现为斜率较大、在"盲点"前基本为直线、在"盲区"转成水平的折线。

也就是说，"软土地基减沉复合疏桩基础"法可能不适合用来进行［案例 3.3.1］复合疏桩基础的桩数优化设计估算。

同样，"减去桩群承载力后的基底附加压力等于零"的桩数区间，即为"软土地基减沉复合疏桩基础"法的"盲区"。对于［案例 3.3.1］，相对于"盲区"的区段为桩数不少于 359 根（$S_a/d=5.02$，仍属疏桩基础）。

3.3.2　上海徐汇区某住宅（2）计算沉降

［案例 3.3.2］的数据参见"3.3.1　上海徐汇区某住宅（1）计算沉降"。

［案例 3.3.2］减沉复合疏桩基础沉降计算过程如下：

单桩桩端极限阻力标准值：

$$R_{pk}=1000\times0.2\times0.2\times0.8=32\ kN$$

单桩桩侧极限摩阻力标准值：

$$R_{sk}=0.2\times4\times(12.33\times15\times0.8+3.67\times42\times0.8)=217.02\ kN$$

单桩极限承载力标准值：$R_a=R_{pk}+R_{sk}=32+217.02=249.02\ kN$

单桩承载力特征值：$R_a=\dfrac{1}{2}R_k=124.5\ kN$

对于等效距径比为 5.8、垂直与轴线方向桩排间距为 3000 左右的疏桩基础，考虑取挤土效应系数为 $\eta_p=1.0$。否则计算沉降将远大于实测值了。

承台底附加荷载为 $P=54400\ kN$，$n=370$

$$A_C=42.42\times10.88\ m^2$$

$$P_0=1.0\times\frac{54400-370\times124.5}{44.86\times14.0}=13.3\ kN/m^2$$

$$S_s=68.4\ mm（计算过程略）$$

$$\bar{q}_{su}=\frac{217.02}{16\times4\times0.2}=16.95\ kN/m^2$$

$$\bar{E}_S=\frac{4.33\times1.63+2.7\times1.6+1.77\times9.1+3.12\times3.67}{16}=2.43\ MPa$$

$$S_a/d=0.886\sqrt{42.42\times10.88}/\sqrt{152}\times0.2=7.72$$

$$d=1.27\times0.2$$

$$S_{sp}=280\times\frac{16.95}{2.43}\times\frac{1.27\times0.2}{7.72\times7.72}=8.3\ mm$$

$$\psi=1.0$$

$$S=1.0\times(68.4+8.3)=77\ mm$$

［案例 3.3.2］计算沉降与实测推算最终沉降（136 mm）有较大差别。

若［案例 3.3.2］计算沉降时取单桩承载力 $R_a=0.83R_k=103\ kN$，则可得计算沉降约为 142 mm；或假设该工程的预制桩沉桩挤土较严重，故挤土效应系数取为 1.8，则可得计算沉降约为 131 mm。这就与实测推算最终沉降（136 mm）相符。

3.3.3 同一小区不同设计参数选择案例计算沉降（1）

上海某住宅小区两个采用不同长度微型桩的减沉复合疏桩基础案例（［案例 3.3.3］与［案例 3.3.4］），属于探讨"软土地基减沉复合疏桩基础"法适用范围的非常难得的工程实例，值得特别注意。

［案例 3.3.3］的数据参见"3.3.3 同一小区不同设计参数选择案例计算沉降（1）"。

1. 由［案例 3.3.3］选择的参数计算沉降

由［案例 3.3.3］选择的参数，所得减沉复合疏桩基础沉降计算过程如下：

单桩桩端极限阻力标准值：
$$R_{pk} = 600 \times 0.2 \times 0.2 = 24 \text{ kN}$$

单桩桩侧极限摩阻力标准值：
$$R_{sk} = 0.2 \times 4 \times (15 \times 1.5 + 20 \times 7.7 + 15 \times 2.7 + 25 \times 4.1) = 255.6 \text{ kN}$$

单桩极限承载力标准值：$R_a = R_{pk} + R_{sk} = 24 + 255.6 = 279.6 \text{ kN}$

单桩承载力特征值：$R_a = \dfrac{1}{2} R_k = 140 \text{ kN}$

取挤土效应系数为 $\eta_p = 1.3$。
$$F = 55440 \text{ kN}, \quad n = 250$$
$$A_C = 804.35 \text{ m}^2$$
$$P_0 = 1.3 \times \frac{55440 - 250 \times 140}{804.35} = 33.0 \text{ kN/m}^2$$
$$S_s = 48 \text{ mm （计算过程略）}$$
$$\bar{q}_{su} = \frac{255.6}{16 \times 4 \times 0.2} = 20 \text{ kN/m}^2$$
$$\bar{E}_S = \frac{7.99 \times 1.5 + 11.1 \times 7.7 + 2.56 \times 2.7 + 3.51 \times 4.1}{16} = 7.4 \text{ MPa}$$
$$S_a/d = 0.886 \sqrt{804.35} / \sqrt{250} \times 0.2 = 7.9$$
$$d = 1.27 \times 0.2$$
$$S_{sp} = 280 \times \frac{20}{7.4} \times \frac{1.27 \times 0.2}{7.9 \times 7.9} = 3.1 \text{ mm}$$
$$\psi = 1.0$$
$$S = 1.0 \times (48 + 3.1) = 51 \text{ mm}$$

［案例 3.3.3］计算沉降 51 mm 与该工程实例实测推算最终沉降 130 mm 有较大差距。即使假设该工程的预制桩沉桩挤土较严重，取挤土效应系数为 1.8，计算沉降约为 70 mm，与实测推算最终沉降之比为 0.535，仍远低于合理范围。

按单桩极限承载力为 280 kN 计算，疏桩基础的桩数为常规桩基桩数 500 根的 50%。

［案例 3.3.3］的 167 根、195 根、292 根、396 根桩沉降计算过程略。

［案例 3.3.3］的 167 根、195 根、250 根、292 根、396 根桩疏桩基础的桩数-沉降曲

线，如图 3.3.3-1。

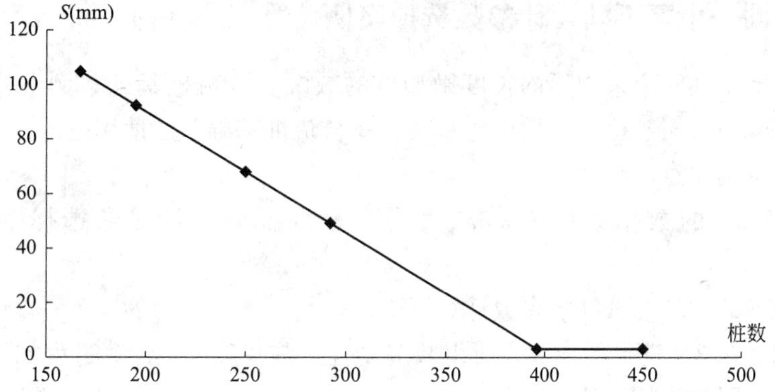

图 3.3.3-1 ［案例 3.3.3］桩数-沉降曲线

由图 3.3.3-1 可知从［案例 3.3.3］桩数 167 根到 396 根的疏桩基础"软土地基减沉复合疏桩基础"法计算沉降，其桩数-沉降曲线呈现为斜率较大、在"盲点"前基本为直线、在"盲区"转成水平的折线。

由此可见，"软土地基减沉复合疏桩基础"法可能不适合用来进行［案例 3.3.3］复合疏桩基础的桩数优化设计估算。且对于［案例 3.3.3］，由于计算沉降明显小于实测值，因此也难以判断桩数-沉降曲线中的哪一区段，是［案例 3.3.3］的"软土地基减沉复合疏桩基础"法的适用范围。

同样，"减去桩群承载力后的基底附加压力等于零"的桩数区间，即为"软土地基减沉复合疏桩基础"法的"盲区"。对于本工程实例，相对于"盲区"的区段为桩数不少于 396 根（$S_a/d = 6.3$，属疏桩基础）。

2. 由［案例 3.3.4］选择的参数计算沉降

由［案例 3.3.4］的参数，所得减沉复合疏桩基础沉降计算过程如下：

单桩桩端极限阻力标准值：

$$R_{pk} = 1000 \times 0.2 \times 0.2 = 40 \text{ kN}$$

单桩桩侧极限摩阻力标准值：

$$R_{sk} = 0.2 \times 4 \times (30 \times 1.5 + 35 \times 7.7 + 30 \times 2.7 + 40 \times 4.1) = 447.6 \text{ kN}$$

单桩极限承载力标准值：$R_a = R_{pk} + R_{sk} = 40 + 447.6 = 487.6 \text{ kN}$

单桩承载力特征值：$R_a = \dfrac{1}{2} R_k = 244 \text{ kN}$

$$P_0 = 1.3 \times \frac{55440 - 250 \times 244}{804.35} = -8.9 \text{ kN/m}^2$$

可得计算沉降 $S = 1.0 \times (0 + 4.6) = 4.6 \text{ mm}$

由此可见，无论是按［案例 3.3.3］选择的参数，还是按［案例 3.3.4］选择的参数，计算单桩承载力，并由"软土地基减沉复合疏桩基础"法计算沉降，所得结果均远小于实测沉降值。

由计算结果可知，250 根桩正处于"盲区"（多于 228 根桩）。此时只要桩数多于 228

根，[案例 3.3.3] 计算沉降均约等于 5 mm 左右。

3.3.4 同一小区不同设计参数选择案例计算沉降（2）

[案例 3.3.4] 的数据参见"3.3.4 同一小区不同设计参数选择案例计算沉降（2）"。

[案例 3.3.4] 共布置 161 根 200 mm×200 mm×18000 mm 方桩（按单桩极限承载力为 560 kN 计算，为常规桩基桩数 279 根的 57.8%）。

单桩承载力特征值：$R_a = \frac{1}{2}R_k = 280$ kN

取挤土效应系数为 $\eta_p = 1.3$。

$$F = 61210 \text{ kN}, \quad n = 161$$

$$A_C = 625 \text{m}^2$$

$$P_0 = 1.3 \times \frac{61210 - 161 \times 280}{625} = 25.8 \text{ kN/m}^2$$

$$S_S = 23.6 \text{ mm （计算过程略）}$$

$$\bar{q}_{su} = \frac{255.6}{16 \times 4 \times 0.2} = 20 \text{ kN/m}^2$$

$$\bar{E}_S = \frac{7.99 \times 1.5 + 11.1 \times 7.7 + 2.56 \times 2.7 + 3.51 \times 4.1}{16} = 7.4 \text{ MPa}$$

$$S_a/d = 0.886\sqrt{804.35}/\sqrt{250} \times 0.2 = 7.9$$

$$d = 1.27 \times 0.2$$

$$S_{sp} = 280 \times \frac{20}{7.4} \times \frac{1.27 \times 0.2}{7.9 \times 7.9} = 3.1 \text{ mm}$$

$$\psi = 1.0$$

$$S = 1.0 \times (23.6 + 3.1) = 26.7 \text{ mm}$$

[案例 3.3.4] 按"软土地基减沉复合疏桩基础"法可得出计算沉降为 26.7 mm。

由于 [案例 3.3.4] 仅提供实测沉降为 80 mm，但既未说明是否竣工沉降，也未说明是否数年后的实测数据，以及提供相应的沉降速率，因此难以判断 [案例 3.3.4] 的实测推算最终沉降量是多少，也无法判断计算沉降与实测结果的符合程度，但计算值偏小是确定无疑的。

3.3.5 同一地块不同桩长案例的计算沉降（1）

[案例 3.3.5] 为上海宝山区某住宅小区 7 层框架结构住宅（1），上部结构传至承台底面处对应于长期效应组合的竖向荷载值为 84273 kN。

承台外包面积约为 798 m²（64.5 m×11.1 m），承台梁宽 600 mm，承台净面积约为 263 m²。$\omega = 0.33$。共布置 112 根 300 mm×300 mm×20000 mm 方桩。基础埋深 1.95 m。

[案例 3.3.5] 共埋设 14 只桩顶钢筋应力计，16 只承台底土压力盒。原位测试承台底土反力为 10 kPa。

[案例 3.3.5] 结构封顶后 5 个月（427d）实测平均沉降 20 mm 左右，相应的沉降速率

为 0.068 mm/d，尚未达到沉降停测标准。估计实测推算最终沉降量不超过 40 mm 左右。

［案例 3.3.5］的地基土物理力学性质指标与基础平面图参见"3.3.5 上海宝山区某小区不同桩长案例的计算沉降（1）"。

由静载荷试桩可得单桩极限承载力标准值为 1600 kN，$\alpha = 0.225$。

［案例 3.3.5］共 112 根桩的承载力特征值之和大于上部结构荷载与基础自重之和，桩的距径比为 7.9，因此既不能采用等效作用分层总和法，也不能采用"软土地基减沉复合疏桩基础"法计算沉降。但由原位实测数据，［案例 3.3.5］确实属于复合疏桩基础，虽然实测承台底土反力尚小于承台自重加承台上的土重。

但通过调整单桩承载力特征值的大小，应该可以采用"软土地基减沉复合疏桩基础"法得出计算沉降值为 40 mm 左右的结果。具体操作方法可参照［案例 3.3.3］与［案例 3.3.4］。

3.3.6 同一地块不同桩长案例的计算沉降（2）

［案例 3.3.6］为上海宝山区某住宅小区 7 层框架结构住宅（2），上部结构传至承台底面处对应于长期效应组合的竖向荷载值为 102750 kN。

承台外包面积约为 798m²（66.22 m×12.05 m），承台净面积为 623m²。$\omega = 0.78$。共布置 287 根 200 mm×200 mm×16000 mm 方桩。基础埋深 2.65 m。

［案例 3.3.6］共埋设 23 只桩顶钢筋应力计，19 只承台底土压力盒。原位测试承台底土反力为 15 kPa，单桩平均荷载 325.5 kN。

［案例 3.3.6］结构封顶后 5 个月（427d）实测平均沉降 15 mm 左右，相应的沉降速率为 0.035 mm/d，尚未达到沉降停测标准。估计实测推算最终沉降量不超过 40 mm 左右。

［案例 3.3.6］的地基土物理力学性质指标与基础平面图参见"3.2.6 上海宝山区某小区不同桩长案例的计算沉降（2）"。

由静载荷试桩可得单桩极限承载力标准值为 384 kN，$\alpha = 0.177$。

［案例 3.3.6］共 287 根桩的极限承载力之和大于上部结构荷载与基础自重之和，因此可以采用"软土地基减沉复合疏桩基础"法计算沉降。

减沉复合疏桩基础沉降计算过程如下：

单桩桩端极限阻力标准值：

$$R_{pk} = 1700 \times 0.2 \times 0.2 \times 0.8 = 54 \text{ kN}$$

单桩桩侧极限摩阻力标准值：

$$R_{sk} = 0.2 \times 4 \times 0.8(3.7 \times 15 + 1.2 \times 22 + 7.3 \times 26 + 3.8 \times 65) = 332 \text{ kN}$$

单桩极限承载力标准值：$R_a = R_{pk} + R_{sk} = 54 + 332 = 386 \text{ kN}$

单桩承载力特征值：$R_a = \dfrac{1}{2} R_k = 193 \text{ kN}$

对于等效距径比为 7.4 的疏桩基础，考虑取挤土效应系数为 $\eta_p = 1.0$。否则计算沉降将远大于实测值了。

承台底附加荷载为 $P = 84683 \text{ kN}$，$n = 287$

$$A_C = 66.22 \times 12.05 \text{ m}^2$$

$$P_0 = 1.0 \times \frac{84683 - 287 \times 193}{66.22 \times 12.05} = 36.7 \text{ kN/m}^2$$

$$S_S = 45 \text{ mm（计算过程略）}$$

$$\bar{q}_{su} = \frac{332}{16 \times 4 \times 0.2} = 25.94 \text{ kN/m}^2$$

$$\bar{E}_S = \frac{5.42 \times 1.3 + 10.91 \times 1.4 + 3.16 \times 2.2 + 10 \times 5 + 18 \times 5.7}{16} = 11.37 \text{ MPa}$$

$$S_a/d = 0.886\sqrt{66.22 \times 12.05}/\sqrt{287} \times 0.2 = 7.4$$

$$d = 1.27 \times 0.2$$

$$S_{sp} = 280 \times \frac{25.94}{11.37} \times \frac{1.27 \times 0.2}{7.4 \times 7.4} = 3.0 \text{ mm}$$

$$\psi = 1.0$$

$$S = 1.0 \times (45 + 3) = 48 \text{ mm}$$

［案例 3.3.6］计算沉降与实测沉降结果（40 mm）相符。

3.3.7 上海宝山区某底框住宅计算沉降

［案例 3.3.7］为上海宝山区某六层底层框架商住楼，南北 2 幢住宅之间为单层商场。具体数据参见"3.3.7 上海宝山区某底框住宅计算沉降"。

［案例 3.3.7］南楼（6 层底框）上部结构总重 56000 kN，基础自重 17120 kN，基础外包尺寸 58.0 m×13.3 m，基础净面积 464.5 m²，面积系数 $\omega = 0.60$。73 根 0.25 m× 0.25 m×20 m 方桩（为常规桩基桩数 215 根的 34%），单桩承载力标准值 340 kN。等效距径比 11.5。

$$F = 56000 \text{ kN}, n = 73$$

$$A_C = 58.0 \times 13.3 \text{ m}^2$$

$$P_0 = 1.0 \times \frac{56000 - 73 \times 340}{58 \times 13.3} = 40.4 \text{ kN/m}^2$$

$$S_s = 199 \text{ mm（计算过程略）}$$

$$S_a/d = 0.886 \times \sqrt{58 \times 13.3}/\sqrt{73} \times 0.25 = 11.5$$

$$b = 0.25$$

$$\bar{E}_S = 4.0 \text{ MPa}$$

$$S_{sp} = 280 \times \frac{30.6}{4.0} \times \frac{1.27 \times 0.25}{11.5 \times 11.5} = 5 \text{ mm}$$

$$\psi = 1.0$$

$$S = 1.0 \times (198 + 5) = 203 \text{ mm}$$

挤土效应系数取 1.0，［案例 3.3.7］南楼计算沉降 203 mm，实测推算最终沉降 60 mm。

［案例 3.3.7］北楼（6 层底框）上部结构总重 47000 kN，基础自重 9820 kN，基础外包尺寸 48.6 m×13.3 m，基础净面积 380.4 m²，面积系数 $\omega = 0.59$。62 根 0.25 m× 0.25 m×20 m 桩（为常规桩基桩数 215 根的 37%），单桩承载力标准值 340 kN。等效距

径比 11.4。

挤土效应系数取 1.0，计算沉降 141 mm。

$$F = 47000 \text{ kN}, \ n = 62$$

$$A_{\text{C}} = 48.6 \times 13.3 \text{ m}^2$$

$$P_0 = 1.0 \times \frac{47000 - 62 \times 340}{48.6 \times 13.3} = 40.1 \text{ kN/m}^2$$

$$S_{\text{s}} = 136 \text{ mm （计算过程略）}$$

$$S_{\text{a}}/d = 0.886 \times \sqrt{58 \times 13.3} / \sqrt{73} \times 0.25 = 11.5$$

$$d = 0.2215$$

$$\bar{E}_{\text{S}} = 4.0 \text{ MPa}$$

$$S_{\text{sp}} = 280 \times \frac{30.6}{4.0} \times \frac{1.27 \times 0.25}{11.5 \times 11.5} = 5 \text{ mm}$$

$$\psi = 1.0$$

$$S = 1.0 \times (136 + 5) = 141 \text{ mm}$$

［案例 3.3.7］北楼计算沉降 141 mm，实测推算最终沉降 50 mm。

［案例 3.3.7］计算沉降值均远大于实测值。

由于［案例 3.3.7］实测沉降均十分理想，因此再增加桩数就缺乏实际意义；而［案例 3.3.7］最少的实际布桩数为单柱单桩，因此也不能再减少桩数。因此对［案例 3.3.7］不绘制桩数-计算沉降曲线。但桩数—沉降曲线显然亦为斜率较大的折线。

对于［案例 3.3.7］南楼，相对于"盲区"的区段为桩数不少于 165 根（S_{a}/d = 7.55，属疏桩基础）。

对于［案例 3.3.7］北楼，相对于"盲区"的区段为桩数不少于 139 根（S_{a}/d = 9.55，属疏桩基础）。

3.3.8　上海普陀区某 20 层高层住宅

［案例 3.3.8］为《建筑桩基技术规范》表 4 "承台效应系数工程实测与计算比较"中序号 4 的工程实例，为上海普陀区某 20 层高层住宅。具体数据参见 "3.3.8　上海普陀区某 20 层高层住宅"。

［案例 3.3.8］上部结构总重 95220 kN（扣除水浮力），基础尺寸 29.85 m×16.48 m，基础面积 492 m²，183 根 0.4 m×0.4 m×7.5 m 方桩（为常规桩基桩数 366 根的 50%），由静载荷试验可知单桩极限承载力标准值为 520 kN，单桩承载力标准值 260 kN。等效距径比 3.6，但为轴线布桩，实测基底土抗力为 18.0 kPa。

由于沉桩过程中，地面隆起量约为打入桩总体积的 5% 左右，折合整个地面平均隆起 30 mm 左右，因此挤土效应系数取 1.3。

$$F = 95220 \text{ kN}, \ n = 183$$

$$A_{\text{C}} = 29.85 \times 16.48 \text{ m}^2$$

$$P_0 = 1.3 \times \frac{95220 - 183 \times 260}{29.85 \times 16.48} = 126.0 \text{ kN/m}^2$$

$$S_S = 337 \text{ mm（计算过程略）}$$

$$S_a/d = 0.886 \times \sqrt{29.85 \times 16.48} / \sqrt{183} \times 0.4 = 3.6$$

$$b = 0.4$$

$$\overline{E}_S = 9.75 \text{ MPa}$$

$$S_{sp} = 280 \times \frac{27.26}{9.75} \times \frac{1.27 \times 0.4}{3.6 \times 3.6} = 31 \text{ mm}$$

$$\psi = 1.0$$

$$S = 1.0 \times (337 + 31) = 368 \text{ mm}$$

计算沉降 368 mm，与实测推算最终沉降量 397 mm 相符。

由于［案例 3.3.8］的轴线方向桩距约为 3 倍桩径，因此实际上再增加桩数就不能归于"广义疏桩基础"；而该工程实测沉降已达到近 400 mm，再减少桩数就失去实际意义。因此［案例 3.3.8］不绘制桩数-沉降曲线。但桩数-沉降曲线显然亦为斜率较大的折线。

3.3.9　福州某住宅小区多层住宅

［案例 3.3.9］为福州某住宅小区中采用复合桩基的 6 号楼、9 号楼、10 号楼、14 号楼，即《建筑桩基技术规范》表 4 "承台效应系数工程实测与计算比较"中第 11～14 项工程实例。

［案例 3.3.9］的地基土物理力学性质指标参见 "3.3.9　福州某住宅小区多层住宅"。

1. 6 号楼

［案例 3.3.9］的 6 号楼上部结构加基础总重 26185 kN，基础面积 218.21 m^2（按 17.5 m×12.5 m），共布置 65 根 ϕ 0.4 m×15.5 m 沉管灌注桩，单桩承载力标准值 300 kN。

等效距径比 4.6，但为轴线布桩，属于广义疏桩基础。

基础平面图与沉降-时间曲线参见 "3.2.9　福州某住宅小区多层住宅"。

挤土效应系数取 1.3。

$$F = 26185 - 13.8 \times 218.21 = 23174 \text{ kN}, \quad n = 65$$

$$A_C = 17.5 \times 12.5 \text{ m}^2$$

$$P_0 = 1.3 \times \frac{23174 - 65 \times 300}{17.5 \times 12.5} = 21.8 \text{ kN/m}^2$$

$$S_S = 82 \text{ mm（计算过程略）}$$

$$S_a/d = \sqrt{17.5 \times 12.5} / \sqrt{65} \times 0.4 = 4.6$$

$$d = 0.4$$

桩身范围内按厚度加权的平均压缩模量 $\overline{E}_S = 6.5$ MPa。

单桩桩端极限阻力标准值：

$$R_{pk} = 0.8 \times 2100 \times 0.2 \times 0.2 \times \pi \times 0.6 = 127 \text{ kN}$$

单桩桩侧极限摩阻力标准值：

$$R_{sk} = 0.4 \times 0.8 \times \pi(44 \times 0.7 + 12 \times 4 + 32 \times 4 + 40 \times 6.6) = 376.64 \times 0.4 \times \pi = 473 \text{ kN}$$

单桩极限承载力标准值：$R_a = R_{pk} + R_{sk} = 127 + 473 = 600$ kN

单桩承载力特征值：$R_a = \dfrac{1}{2}R_k = 300$ kN

$$\bar{q}_{su} = \frac{376.64}{15.5} = 24.3 \text{ kN/m}^2$$

$$S_{sp} = 280 \times \frac{24.3}{6.5} \times \frac{0.4}{4.6 \times 4.6} = 19.8 \text{ mm}$$

$$\psi = 1.0$$

$$S = 1.0 \times (82 + 19.8) = 102 \text{ mm}$$

［案例 3.3.9］6 号楼计算沉降 102 mm，与实测推算最终沉降 80 mm 相符。

［案例 3.3.9］6 号楼的 50 根、65 根、70 根、78 根桩疏桩基础的桩数-沉降曲线，如图 3.3.9-1。

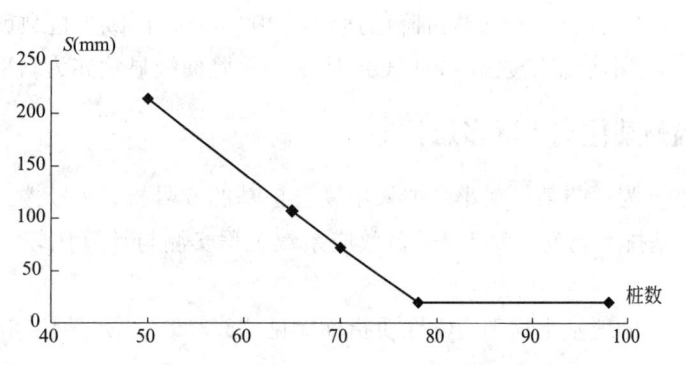

图 3.3.9-1 ［案例 3.2.9］6 号楼桩数-沉降曲线

对于［案例 3.3.9］6 号楼，相对于"盲区"的区段为桩数不少于 78 根（$S_a/d = 4.2$，轴线布桩，仍属广义疏桩基础）。

2. 9 号楼、14 号楼

［案例 3.3.9］的 9 号楼、14 号楼上部结构加基础总重 54782 kN，基础尺寸 40.4 m× 11.3 m，共布置 154 根 ϕ0.4 m×15.5 m 沉管灌注桩，单桩承载力标准值 300 kN。

等效距径比 4.3，但为轴线布桩，属于广义疏桩基础。

挤土效应系数取 1.3。

$$F = 54782 - 13.8 \times 40.4 \times 11.3 = 48482 \text{ kN}, \quad n = 154$$

$$A_C = 40.4 \times 11.3 \text{ m}^2$$

$$P_0 = 1.3 \times \frac{48482 - 154 \times 300}{40.4 \times 11.3} = 6.5 \text{ kN/m}^2$$

$$S_s = 24.6 \text{ mm （计算过程略）}$$

$$S_a/d = \sqrt{40.4 \times 11.3}/\sqrt{154} \times 0.4 = 4.3$$

$$d = 0.4$$

桩身范围内按厚度加权的平均压缩模量 $\bar{E}_s = 6.5$ MPa。

$$S_{sp} = 280 \times \frac{24.3}{6.5} \times \frac{0.4}{4.3 \times 4.3} = 22.6 \text{ mm}$$

$$\psi = 1.0$$

$$S=1.0\times(24.6+22.6)=47 \text{ mm}$$

计算沉降 47 mm；均远小于［案例 3.3.9］9 号楼实测推算最终沉降 100 mm，［案例 3.3.9］14 号楼实测推算最终沉降 80 mm。

［案例 3.3.9］9 号楼、14 号楼的 100 根、120 根、140 根、154 根、156 根、162 根桩疏桩基础的桩数-沉降曲线，如图 3.3.9-2。

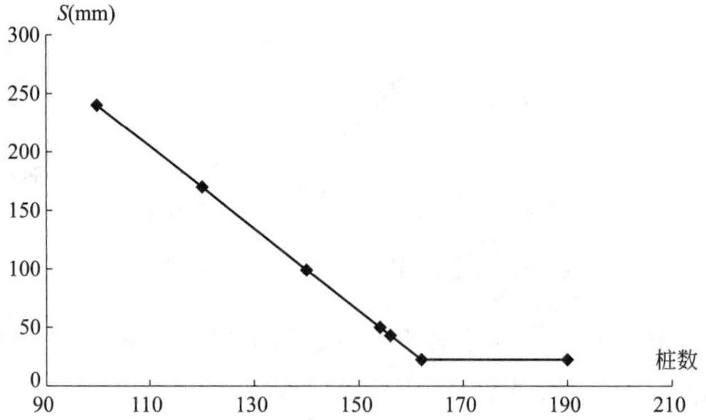

图 3.3.9-2 ［案例 3.2.9］9 号楼、14 号楼桩数-沉降曲线

对于［案例 3.3.9］的 9 号楼、14 号楼，相对于"盲区"的区段为桩数不少于 162 根（$S_a/d=4.2$，轴线布桩，仍属广义疏桩基础）。

3. 10 号楼

［案例 3.3.9］的 10 号楼上部结构加基础总重 45788 kN，基础面积 381.57 m²（按 38.1 m×10 m），122 根 ϕ0.4 m×15.5 m 沉管灌注桩（为常规桩基桩数的 76%），单桩承载力标准值 300 kN。

等效距径比 4.4，但为轴线布桩。属于广义疏桩基础。

挤土效应系数取 1.3。

$$F=45788-13.8\times38.1\times10=40530 \text{ kN}, n=122$$

$$A_C=38.1\times10 \text{ m}^2$$

$$P_0=1.3\times\frac{40530-122\times300}{38.1\times10}=13.4 \text{ kN/m}^2$$

$$S_s=49.1 \text{ mm（计算过程略）}$$

$$S_a/d=\sqrt{38.1\times10}/\sqrt{122}\times0.4=4.4$$

$$d=0.4$$

桩身范围内按厚度加权的平均压缩模量 $E_s=6.5$ MPa。

$$S_{sp}=280\times\frac{24.3}{6.5}\times\frac{0.4}{4.4\times4.4}=21.6 \text{ mm}$$

$$\psi=1.0$$

$$S=1.0\times(49.1+21.6)=71 \text{ mm}$$

［案例 3.3.9］10 号楼计算值小于实测推算最终沉降 90 mm。

［案例 3.3.9］10 号楼的 90 根、100 根、110 根、122 根、135 根桩疏桩基础的桩数-

沉降曲线，如图 3.3.9-3。

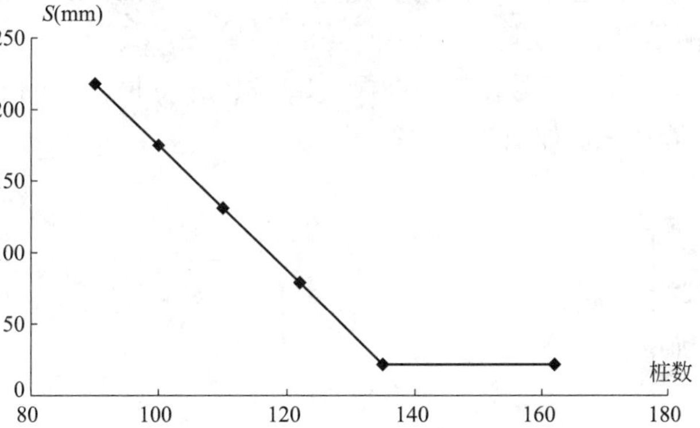

图 3.3.9-3　［案例 3.3.9］10 号楼桩数-沉降曲线

对于［案例 3.3.9］10 号楼，相对于"盲区"的区段为桩数不少于 135 根（$S_a/d=4.2$，轴线布桩，仍属广义疏桩基础）。

3.3.10　绍兴同一地块选择不同桩数案例的计算沉降

［案例 3.3.10］为浙江绍兴某住宅群，共 6 幢 6 层砖混住宅。其中 1 号、2 号、3 号楼采用复合疏桩基础，其他建筑采用常规桩基。

［案例 3.3.10］的数据参见"3.3.10　同一地块选择不同桩数案例的计算沉降"。

［案例 3.3.10］1 号、2 号、3 号楼上部结构传至地面标高处对应于长期效应组合的竖向荷载值为 50339 kN。实测基底土抗力为 15.4～15.6 kPa。

［案例 3.3.10］1 号、2 号、3 号楼基础外包面积均为 636.48 m^2，基础净面积为 429.54 m^2。

［案例 3.3.10］1 号、2 号楼布置 142 根 ϕ0.426 m×12 m 沉管灌注桩（为常规桩基桩数的 56%），［案例 3.3.10］3 号楼布置 162 根 ϕ0.426 m×12 m 沉管灌注桩（为常规桩基桩数的 64%）。单桩承载力特征值为 270 kN。

对于等效距径比为 4.97～4.65、轴线方向桩中心距为 1500、但单排桩之间距离为 3 m 左右的广义复合疏桩基础，取挤土效应系数为 $\eta_p=1.3$。

1. 1 号、2 号楼

1 号、2 号楼　$F=50339$ kN，$n=142$

$$A_C=49.19\times12.94\ m^2$$

$$P_0=1.3\times\frac{50339-142\times270}{49.19\times12.94}=24.5\ kN/m^2$$

1 号、2 号楼沉降 $S_s=61.5$ mm（计算过程略）

$$S_a/d=\sqrt{49.19\times12.94}/\sqrt{142}\times0.426=4.97$$

$$d=0.426$$

$$\bar{E}_S=5.6\ MPa$$

$$S_{sp} = 280 \times \frac{26}{5.6} \times \frac{0.426}{4.97 \times 4.97} = 22 \text{ mm}$$

$$\psi = 1.0$$

$$S = 1.0 \times (61.5 + 22) = 84 \text{ mm}$$

1 号、2 号楼竣工实测推算最终沉降分别约为 70 mm 与 80 mm。计算值与实测值符合得较好。

2. 3 号楼

3 号楼 $F = 50339$ kN，$n = 162$

$$A_C = 49.19 \times 12.94 \text{ m}^2$$

$$P_0 = 1.3 \times \frac{50339 - 162 \times 270}{49.19 \times 12.94} = 13.48 \text{ kN/m}^2$$

3 号楼沉降 $S_S = 32$ mm（计算过程略）

$$S = 1.0 \times (32 + 22) = 54 \text{ mm}$$

［案例 3.3.10］3 号楼计算值远小于实测推算最终沉降约为 100 mm。

［案例 3.3.10］若布置 187 根单桩承载力特征值为 270 kN 的 $\phi 0.426$ m×12 m 沉管灌注桩，由于桩数少于常规桩数 253 根，因此仍属于减沉复合疏桩基础。

但此时的基底附加压力

$$P_0 = 1.3 \times \frac{50339 - 187 \times 270}{49.19 \times 12.94} = -0.30 \text{ kN/m}^2 < 0$$

因此计算沉降即等于桩对土的影响值 S_{sp}

$$S_{sp} = 280 \times \frac{26}{5.6} \times \frac{0.426}{4.97 \times 4.97} = 22 \text{ mm}$$

且当桩数大于 187 根、小于 253 根时，按"软土地基减沉复合疏桩基础"法所得计算沉降仍等于 22 mm。

将［案例 3.3.10］采用"软土地基减沉复合疏桩基础"法所得计算沉降，以及 85 根、187 根、250 根桩疏桩基础的计算沉降，绘制成桩数-沉降曲线，如图 3.3.10-1。

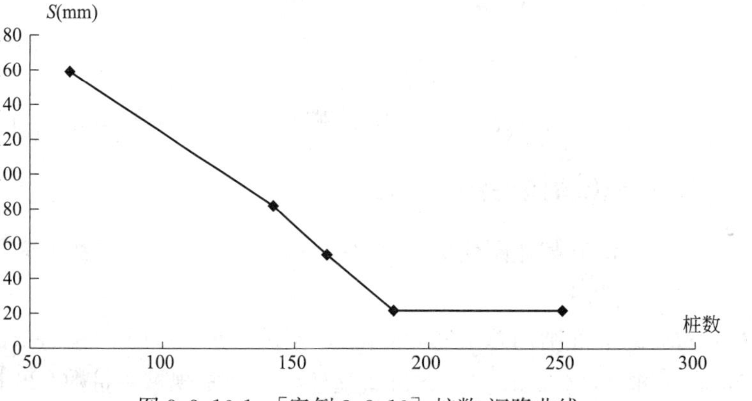

图 3.3.10-1 ［案例 3.3.10］桩数-沉降曲线

由图 3.3.10-1 可知从桩数 85～250 根的疏桩基础"软土地基减沉复合疏桩基础"法计算沉降，其桩数-沉降曲线呈现为斜率较大、在"盲点"前基本为直线、在"盲区"转成水平的折线。

也就是说，"软土地基减沉复合疏桩基础"法可能不适合用来进行［案例 3.3.10］的复合疏桩基础的桩数优化设计估算。

同样，"减去桩群承载力后的基底附加压力等于零"的桩数区间，即为"软土地基减沉复合疏桩基础"法的"盲区"。对于［案例 3.3.10］，相对于"盲区"的区段为桩数不少于 187 根（$S_a/d=4.33$，轴线布桩，仍属广义疏桩基础）。

3.3.11　南京某综合楼

［案例 3.3.11］为南京某综合楼（9 层框架），上部结构总重 190780 kN，1 层地下室，基础尺寸 44.6 m×37.1 m，面积 1655.09 m²，底板厚 0.4 m。基础埋深 2.8 m。

［案例 3.3.11］的数据参见"3.3.11　南京某综合楼"。

［案例 3.3.11］共布置 7 根 0.3 m×0.3 m×8.5 m 方桩（单桩极限承载力标准值 500 kN），12 根 0.35 m×0.35 m×15.5 m 方桩（单桩极限承载力标准值 1000 kN），29 根 0.45 m×0.45 m×18.0 m 方桩（单桩极限承载力标准值 1400 kN），37 根 0.45 m×0.45 m×21.0 m 方桩（单桩极限承载力标准值 1700 kN），（为常规桩基桩数的 35%），等效距径比 9.9。

按底板（400 厚）自重 10 kPa，基底 2.8m 埋深的土自重压力 18.8 kPa/m×2.8 m＝52.64 kPa，故计算桩基沉降时应扣除土自重压力 52.64 kPa。

挤土效应系数取 1.0。

$$F=190780+(10-52.64)\times1655.09=120207 \text{ kN}$$
$$A_C=1655.09 \text{ m}^2（按 44.6 \text{ m}\times37.1 \text{ m}）$$

桩群承载力标准值

$$7\times250+12\times500+29\times700+37\times850=59500 \text{ kN}$$

$$P_0=1.0\times\frac{120207-59500}{1655.09}=36.7 \text{ kN/m}^2$$

［案例 3.3.11］沉降 $S_S=67$ mm（计算过程略）

$$S_{sp}=280\times\frac{60}{8.0}\times\frac{1.27\times0.45}{9.9\times9.9}=12 \text{ mm}$$

［案例 3.3.11］计算沉降为 79 mm，与实测推算最终沉降 30 mm 之比为 2.63。

3.3.12　南京某花园住宅楼 4 号楼

［案例 3.3.12］为南京某花园住宅楼 4 号楼（6 层砖混）。各项数据参见"3.3.12　南京某花园住宅楼 4 号楼"。

［案例 3.3.12］的上部结构总重 65800 kN，基础自重 26040 kN，基础尺寸 62.0 m×14.0 m，共布置 90 根 ϕ0.425 m×22 m 沉管灌注桩（为常规桩基桩数 283 根的 32%），单桩承载力标准值 325 kN。等效距径比 7.6。

［案例 3.3.12］的桩顶共布置 13 只桩顶反力计，承台板底共布置 35 只土压力盒，测试时间为 600d。实测承台板底土反力为 10.0 kPa。

基底 1.55 m 埋深的土自重压力 $19 \times 1 + 9 \times 0.55 = 23.95$ kPa，故计算桩基沉降时应扣除土自重压力 23.95 kPa。

挤土效应系数取 1.0。

$$F = 65800 + 26040 - 23.95 \times 62 \times 14 = 71050 \text{ kN}$$

$$A_C = 868 \text{ m}^2 (按 62.0 \times 14.0)$$

桩群承载力标准值

$$90 \times 325 = 29250 \text{ kN}$$

$$P_0 = 1.0 \times \frac{71050 - 29250}{868} = 48.2 \text{ kN/m}^2$$

［案例 3.3.11］沉降 $S_s = 84.8$ mm（计算过程略）

未检索到［案例 3.3.11］的桩侧阻力与端阻力数据，因此无法计算桩身压缩。

但［案例 3.3.11］不考虑桩身压缩的计算沉降 85 mm 也远大于实测推算最终沉降 26 mm，两者之比为 3.4。

［案例 3.3.11］的 90 根、100 根、120 根、140 根、180 根、203 根桩疏桩基础的桩数-沉降曲线，如图 3.3.12-1。

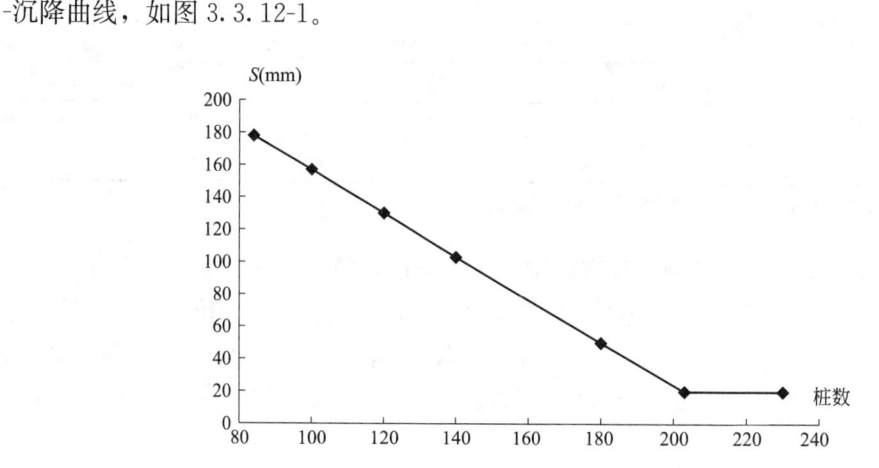

图 3.3.12-1 ［案例 3.3.11］桩数-沉降曲线

对于［案例 3.3.11］，相对于"盲区"的区段为桩数多于等于 203 根（$S_a/d = 4.4$，轴线布桩布不下，不属广义疏桩基础）。

3.3.13 18 项工程实例计算沉降汇总与讨论

18 项工程实例的"软土地基减沉复合疏桩基础"法计算结果见表 3.3.13-1。

"软土地基减沉复合疏桩基础"法计算沉降与实测沉降   表 3.3.13-1

序号	工程名称	层数	平均压缩模量 E_s（MPa）	等效距径比	疏桩桩数/常规桩数	计算沉降（mm）	实测推算最终沉降（mm）	计算沉降/实测沉降
1	上海徐汇区住宅(1)	6	2.43	6.8	0.38	274	150	1.83
2	上海徐汇区住宅(2)	6	2.43	5.77	0.75	77	136	0.57
3	上海砖混住宅(1)	6	7.40	7.95	0.87	4.6	130	0.04

序号	工程名称	层数	平均压缩模量 E_s（MPa）	等效距径比	疏桩桩数/常规桩数	计算沉降（mm）	实测推算最终沉降（mm）	计算沉降/实测沉降
4	上海砖混住宅（2）	6	7.40	9.75	0.58	67	80	—
5	上海宝山区 7 层（1）	7	20.0	7.88	0	—	50	—
6	上海宝山区 7 层（2）	7	18.4	7.39	0.535	48	40	1.20
7	上海宝山区商住楼南楼	6	4.00	13.0	0.34	213	60	3.55
8	上海宝山区商住楼北楼	6	4.00	13.0	0.37	221	50	4.42
9	上海高层住宅	20	9.75	4.1	0.50	350	397	0.88
10	福州住宅 6 号楼	7	6.5	4.6	0.73	107	80	1.34
11	福州住宅 9 号楼	7	6.5	4.3	0.72	50	100	0.50
12	福州住宅 10 号楼	7	6.5	4.4	0.76	79	90	0.88
13	福州住宅 14 号楼	7	6.5	4.3	0.77	43	80	0.54
14	绍兴住宅 1 号楼	6	5.6	4.97	0.56	82	70	1.17
15	绍兴住宅 2 号楼	6	5.6	4.97	0.56	82	80	1.03
16	绍兴住宅 3 号楼	6	5.6	4.65	0.64	54	100	0.54
17	南京综合楼	9	8.8	9.9	0.35	69	30	2.30
18	南京砖混住宅	6	6.6	6.9	0.30	85	26	3.27
平均值								1.504

注：序号 4 上海砖混住宅（2）的实测推算最终沉降量无法确定。

由表 3.3.13-1 可看出，18 项工程实例中，有 5 项的计算沉降远远大于实测值；有 5 项的计算沉降明显小于实测值；有 6 项的计算沉降与实测值之比在合理范围内，离散性过大。既有计算值与实测沉降量之比高达 4.42 的案例，也有计算值仅为实测沉降量 1/28 的案例。由此可见"软土地基减沉复合疏桩基础法"的计算结果不如"沉降控制复合桩基法"合理。

又由［案例 3.3.3］、［案例 3.3.4］等的计算过程可以清楚地看出，单桩承载力的取值对"软土地基减沉复合疏桩基础法"的计算结果影响极大，稍有变化，计算沉降就将大幅度改变，因此比较难以准确地掌握。尤其在静载荷试桩时没有压至单桩极限承载力的情况下，准确运用"软土地基减沉复合疏桩基础法"就更依赖于设计者的经验了。

由 3.3.13-1 与各项工程实例的桩数-沉降曲线图可以看出，"软土地基减沉复合疏桩基础"法计算所得桩数-沉降曲线，基本呈现为斜率较大、在"盲点"前基本为直线、在"盲区"转成水平的折线。因此，在计算桩数-沉降曲线上只能找到一小段范围，在此范围以内，计算沉降与实测值较为接近；而超出此范围的桩数-计算沉降，就明显不符合工程实践了。

这段范围的大小主要跟平均压缩模量 E_s、疏桩基础桩数与常规桩基桩数之比有关，而与等效径距比的关系不大。

当然以上讨论有可能是没能掌握"软土地基减沉复合疏桩基础法"的真正"精髓"。因为《建筑桩基技术规范》JGJ 94—2008 表 13 给出上海、绍兴、天津共 14 项复合疏桩基础案例，"软土地基减沉复合疏桩基础法"计算沉降与实测推算最终沉降之比为 0.94～

1.74，平均为 1.211，且均偏于安全。或许等到这 14 项工程资料公开发表后，就能找到正确的答案。

此外，对于同一工程，当桩数由复合疏桩基础过渡到常规桩基，运用"复合疏桩基础"法与"常规桩基计算法"计算沉降结果的衔接，若比较圆顺，则说明此种"复合疏桩基础"法比较成功。

而"沉降控制复合桩基"法与"软土地基减沉复合疏桩基础"法的"盲区"之存在，则说明两者都有一定的缺陷。

但比较上述两种方法计算所得的桩数-沉降曲线，相对而言，"软土地基减沉复合疏桩基础"法的适用范围更窄一些。"沉降控制复合桩基"法在这方面就较为合理。

由此也可以得知，若欲判断任何一种疏桩基础计算方法的合理性，只要绘制出计算桩数-沉降曲线，然后就可以直观地发现问题之所在了。

3.4 《建筑桩基技术规范》"疏桩复合桩基法"探讨

《建筑桩基技术规范》提供了桩中心距大于 6 倍桩径的疏桩复合桩基沉降计算方法，采用"考虑桩径影响的明德林应力公式法"：

$$s = \psi \sum_{i=1}^{n} \frac{\sigma_{zi} + \sigma_{zci}}{E_{si}} \Delta z_i + s_e \qquad \text{规范式（5.5.14-4）}$$

$$\sigma_{zi} = \sum_{j=1}^{n} \frac{Q_j}{l_j^2} \left[\alpha_j I_{p,ij} + (1 - \alpha_j) I_{s,ij} \right] \qquad \text{规范式（5.5.14-2）}$$

最终沉降计算深度：

$$\sigma_z + \sigma_{zc} = 0.2 \sigma_c \qquad \text{规范式（5.5.15）}$$

由《建筑桩基技术规范》另行给出"软土地基减沉复合疏桩基础"计算法看，"疏桩复合桩基法"似乎应该是仅适用于硬土地区疏桩复合桩基沉降计算的方法。但《建筑桩基技术规范》对"硬土"的准确范畴又未加以明确界定。

JCCAD、盈建科等软件均列入"疏桩复合桩基法"，并可能扩展到桩中心距小于 6 倍桩径的一般复合桩基。

由于桩轴线以外的"考虑桩径影响的明德林解"竖向应力解析式目前尚未通过积分方式求得，只有在桩身轴线处，数值计算值与按解析解计算值才是一致的。因此尚无法直接用积分式计算单桩、小桩群的沉降。

《建筑桩基技术规范》计算单排桩疏桩复合桩基沉降的例题（参见《建筑桩基技术规范》的表 12），是以 $z/l = 1.004$、1.008……直至沉降计算深度的"小分层"（对于该工程为 7 层 $\Delta Z_i = 0.065$ m、1 层 $\Delta Z_i = 0.195$ m、8 层 $\Delta Z_i = 0.325$ m、1 层 $\Delta Z_i = 1.625$ m，总共 1.4625 m）的计算沉降总和，近似代替"考虑桩径影响的明德林解"积分式的计算沉降。

"旗云"等软件计算桩基沉降的方法，目前版本均以沉降计算深度的"大分层"（分层厚度一般取 1 m 左右）计算沉降的总和，代替"考虑桩径影响的明德林解"的"小分层"计算沉降。

本节将在"3.2 上海地基规范'沉降控制复合桩基'法探讨"提供的 18 项工程实例

中，选取有桩土荷载分担原位实测数据的部分案例，对"疏桩复合桩基法"作较详细的探讨。同时分别给出"大分层"与"小分层"的计算结果，以便了解"大分层"与"小分层"计算结果的差别。

3.4.1　上海徐汇区某住宅（1）计算沉降

［案例 3.4.1］的数据参见"3.4.1　上海徐汇区某住宅（1）计算沉降"。

单桩静载荷试验单桩极限承载力为 $240\sim260$ kN，由此确定单桩极限承载力为 250 kN。

［案例 3.4.1］的沉降观测天数为 2202d（逾 6 年），实测推算最终沉降量为 150 mm。

［案例 3.4.1］共布置 152 根 200 mm×200 mm×16000 mm 方桩（为常规桩基桩数的 38%）。

按桩群承担单桩极限承载力之和，承台底基土分担 12.5 kPa，桩身自重 9.6 kN，由《建筑桩基技术规范》"疏桩复合桩基法"计算［案例 3.4.1］沉降。计算参数：$Q=259.6$ kN，$\alpha=0.128$，$l=16$ m，$b=0.2$ m，$l/d=70.9$，$L/B=42.42/10.88$，$\omega=0.78$，土反力 12.5 kPa（计算过程略）。

［案例 3.4.1］计算值 75.5 mm（小分层原理）与实测推算最终沉降量 150 mm 之比为 0.503。

"大分层"原理（取 $\Delta Z_i=1$ m 左右）的沉降计算见表 3.4.1-2。

［案例 3.2.1］考虑 0.6l 范围内桩群影响的沉降计算表（"小分层"原理）　表 3.4.1-1

$Q=259.6$ kN，$\alpha=0.128$，$l=16$ m，$b=0.2$ m，$l/d=70.9$，$L/B=42.42/10.88$，$\omega=0.78$，土反力 12.5 kPa

0.00l 范围内的桩为 1 根，0.10l 范围内的桩为 3 根，0.12l 范围内的桩为 2 根，0.16l 范围内的桩为 1 根，0.20l 范围内的桩为 9 根，0.3l 范围内的桩为 16 根，0.4l 范围内的桩为 14 根，0.5l 范围内的桩为 10 根，0.6l 范围内的桩为 57 根

z/l	I_p	I_{st}	σ_{zi} (kPa)	σ_{zci} (kPa)	$0.2\sigma_{ci}$ (kPa)	E_s (MPa)	ΔZ_i (m)	分层计算沉降 (mm)
1.060	78.926	44.775	49.8	4.5	—	3.52	0.96	14.81
1.120	51.522	41.088	43.0	4.3	27.8	5.78	0.96	7.86
1.200	46.511	37.611	39.3	3.9	30.0	6.91	1.28	8.00
1.300	41.871	33.628	35.2	3.6	30.6	6.91	1.60	8.98
1.400	37.427	30.060	31.4	3.2	31.1	6.91	1.60	8.01
1.500	33.705	26.826	28.1	3.0	31.7	6.91	1.60	7.20
最终沉降量(mm)								54.86

［案例 3.4.1］计算值 54.9 mm（大分层原理）与实测推算最终沉降量 150 mm 之比为 0.366。

3.4.2　上海徐汇区某住宅（2）计算沉降

［案例 3.4.2］的数据参见"3.4.2　上海徐汇区某住宅（1）计算沉降"。

单桩静载荷试验单桩极限承载力为 $240\sim260$ kN，由此确定单桩极限承载力为 250 kN。

［案例 3.4.2］的沉降观测天数为 2147d（近 6 年），实测推算最终沉降量为 136 mm。

［案例 3.4.2］共埋设 19 只桩顶钢筋应力计、60 只基础板底土压力盒，原位测试持续

时间为 1557d（逾 4 年），实测桩顶平均荷载为 141.8 kN，实测承台板底土反力为 16.7 kPa。

按桩群承担实测桩顶平均荷载之和，承台底基土分担 16.7 kPa，桩身自重 9.6 kN，由《建筑桩基技术规范》"疏桩复合桩基法"计算［案例 3.4.2］沉降。计算参数：$Q=$ 141.8 kN，$\alpha=0.128$，$l=16$ m，$b=0.2$ m，$l/d=70.9$，土反力 16.7 kPa（计算过程略）。

［案例 3.4.2］计算值 89.0 mm（小分层原理）与实测推算最终沉降量 136 mm 之比为 0.654。

［案例 3.4.2］计算值 78.5 mm（大分层原理）与实测推算最终沉降量 136 mm 之比为 0.577（计算过程略）。

3.4.3 上海宝山区某住宅计算沉降

［案例 3.4.3］的数据参见"3.4.3 同一地块不同桩长案例的计算沉降（2）"。

［案例 3.4.3］共埋设 23 只桩顶钢筋应力计，19 只承台底土压力盒。原位测试承台底土反力为 15 kPa，单桩平均荷载 325.5 kN。

［案例 3.4.3］结构封顶后 5 个月（427d）实测平均沉降 15 mm 左右，相应的沉降速率为 0.035 mm/d，尚未达到沉降停测标准。估计实测推算最终沉降量不超过 40 mm 左右。

由静载荷试桩可得单桩极限承载力标准值为 384 kN，$\alpha=0.177$。

按桩群承担实测桩顶平均荷载之和，承台底基土分担 15 kPa，桩身自重 9.6 kN，由《建筑桩基技术规范》"疏桩复合桩基法"计算［案例 3.4.3］沉降。计算参数：$Q=255.3$ kN，$\alpha=0.177$，$l=16$ m，$b=0.2$ m，$l/d=70.9$，土反力 15 kPa（计算过程略）。

［案例 3.4.3］计算值 41.0 mm（小分层原理）与实测推算最终沉降量 40 mm 之比为 1.025。

［案例 3.4.3］计算值 32.6 mm（大分层原理）与实测推算最终沉降量 40 mm 之比为 0.815（计算过程略）。

3.4.4 上海普陀区某 20 层高层住宅

［案例 3.4.4］为《建筑桩基技术规范》表 4 "承台效应系数工程实测与计算比较"中序号 4 的工程实例，为上海普陀区某 20 层高层住宅。具体数据参见"3.4.4 上海普陀区某 20 层高层住宅"。

［案例 3.4.4］的静载荷试验单桩极限承载力为 520 kN，按桩土共同作用进行设计。桩土荷载分担实测持续时间为 4 年以上。共埋设 10 只荷载传感器，实测 10 根桩的桩顶荷载平均值为 420.3 kN；还埋设 54 只土压力盒，实测承台底土反力平均值为 20 kPa（不含地下水浮力）。

［案例 3.4.4］实测推算最终沉降为 397 mm。$\alpha=0.45$。

按桩群承担实测桩顶平均荷载之和，承台底基土分担 20 kPa，由《建筑桩基技术规范》"疏桩复合桩基法"计算［案例 3.4.4］沉降。计算参数：$Q=420.3$ kN，$\alpha=0.45$，$l=7.5$ m，$b=0.4$ m，$l/d=16.6$，$L/B=29.7/16.48=1.8$，承台底土反力 20 kPa（计算过程略）。

［案例3.4.4］计算值 377.2 mm（小分层原理）与实测推算最终沉降量 397 mm 之比为 0.950。

［案例3.4.4］计算值 365.3 mm（大分层原理）与实测推算最终沉降量 397 mm 之比为 0.920（计算过程略）。

3.4.5 福州某住宅小区多层住宅

［案例3.4.5］的地基土物理力学性质指标参见"3.4.5 福州某住宅小区多层住宅"。

1. 6 号楼

［案例3.4.5］的 6 号楼单桩承载力标准值 300 kN。无静载荷试桩数据。底板下共埋设 18 只土压力盒，原位实测板底土反力 19.5 kPa，历时超过 650d。

［案例3.4.5］6 号楼的实测推算最终沉降约为 80 mm。

按桩群承担实测桩顶平均荷载之和，承台底基土分担 20 kPa，由《建筑桩基技术规范》"疏桩复合桩基法"计算［案例3.4.5］6 号楼沉降。计算参数：$Q=293.5$ kN，$\alpha=0.211$，$l=15.5$ m，$d=0.4$ m，$l/d=38.75$，板底土分担 19.5 kPa（计算过程略）。

［案例3.4.5］6 号楼计算值 21.2 mm（小分层原理）与实测推算最终沉降量 80 mm 之比为 0.265。

［案例3.4.5］6 号楼计算值 15.5 mm（大分层原理）与实测推算最终沉降量 80 mm 之比为 0.194。（计算过程略）

2. 9 号楼

［案例3.4.5］的 9 号楼单桩承载力标准值 300 kN。无静载荷试桩数据。底板下共埋设 18 只土压力盒，实测板底土反力 24.5 kPa，历时超过 650d。

［案例3.4.5］9 号楼的实测推算最终沉降约为 100 mm。

按桩群承担实测桩顶平均荷载之和，承台底基土分担 24.5 kPa，由《建筑桩基技术规范》"疏桩复合桩基法"计算［案例3.4.5］9 号楼。计算参数：$Q=245.3$ kN，$\alpha=0.211$，$l=15.5$ m，$d=0.4$ m，$l/d=38.75$，板底土分担 24.5 kPa（计算过程略）。

［案例3.4.5］9 号楼计算值 30.7 mm（小分层原理）与实测推算最终沉降量 100 mm 之比为 0.307。

［案例3.4.5］9 号楼计算值 26.0 mm（大分层原理）与实测推算最终沉降量 100 mm 之比为 0.260（计算过程略）。

3. 10 号楼

［案例3.4.5］的 10 号楼单桩承载力标准值 300 kN。无静载荷试桩数据。底板下共埋设 18 只土压力盒，实测板底土反力 32.1 kPa，历时超过 650d。

［案例3.4.5］10 号楼的实测推算最终沉降约为 90 mm。

按桩群承担实测桩顶平均荷载之和，承台底基土分担 24.5 kPa，由《建筑桩基技术规范》"疏桩复合桩基法"计算［案例3.4.5］10 号楼。计算参数：$Q=238.5$ kN，$\alpha=0.211$，$l=15.5$ m，$d=0.4$ m，$l/d=38.75$，板底土分担 32.1 kPa（计算过程略）。

［案例3.4.5］10 号楼计算值 30.0 mm（小分层原理）与实测推算最终沉降量 90 mm 之比为 0.333。

[案例 3.4.5] 10 号楼计算值 24.9 mm（大分层原理）与实测推算最终沉降量 90 mm 之比为 0.277（计算过程略）。

4. 14 号楼

[案例 3.4.5] 的 14 号楼单桩承载力标准值 300 kN。无静载荷试桩数据。底板下共埋设 18 只土压力盒，实测板底土反力 19.4 kPa，历时超过 650d。

[案例 3.4.5] 14 号楼的实测推算最终沉降约为 80 mm。

按桩群承担实测桩顶平均荷载之和，承台底基土分担 19.4 kPa，由《建筑桩基技术规范》"疏桩复合桩基法"计算 [案例 3.4.5] 14 号楼。计算参数：$Q = 259.7$ kN，$\alpha = 0.211$，$l = 15.5$ m，$d = 0.4$ m，$l/d = 38.75$，板底土分担 19.4 kPa（计算过程略）。

[案例 3.4.5] 14 号楼计算值 30.5 mm（小分层原理）与实测推算最终沉降量 80 mm 之比为 0.381。

[案例 3.4.5] 14 号楼计算值 25.0 mm（大分层原理）与实测推算最终沉降量 80 mm 之比为 0.313（计算过程略）。

3.4.6 绍兴同一地块选择不同桩数案例的计算沉降

[案例 3.4.6] 的数据参见"3.4.6 同一地块选择不同桩数案例的计算沉降"。

[案例 3.4.6] 1 号楼实测推算最终沉降约为 70 mm，2 号楼实测推算最终沉降约为 80 mm，3 号楼实测推算最终沉降约为 100 mm。

[案例 3.4.6] 1 号、2 号、3 号楼承台板底共布置 27 只土压力盒，测试时间为 1380d（近 4 年）。实测承台板底土反力：1 号楼为 15.6 kPa，2 号楼为 15.4 kPa，3 号楼为 15.6 kPa。

按桩群承担实测桩顶平均荷载之和，承台底基土分担 15.6 kPa，由《建筑桩基技术规范》"疏桩复合桩基法"计算 [案例 3.4.6] 1 号、2 号楼。计算参数：$Q = 363.3$ kN，$\alpha = 0.37$，$l = 15.5$ m，$d = 0.426$ m，$l/d = 36.4$，土反力 15.6 kPa（计算过程略）。

[案例 3.4.6] 1 号、2 号楼计算值 57.5 mm（小分层原理）与 1 号楼实测推算最终沉降量 70 mm 之比为 0.821，与 2 号楼实测推算最终沉降量 80 mm 之比为 0.719。

[案例 3.4.6] 1 号、2 号楼计算值 44.5 mm（大分层原理）与 1 号楼实测推算最终沉降量 70 mm 之比为 0.636，与 2 号楼实测推算最终沉降量 80 mm 之比为 0.556（计算过程略）。

3.4.7 10 项工程实例"疏桩复合桩基法"计算结果

10 项工程实例"疏桩复合桩基法"计算沉降与实测沉降对比，见表 3.4.7-1。

"疏桩复合桩基法"计算沉降与实测沉降　　　　　　　　　　表 3.4.7-1

序号	工程名称	实测推算最终沉降（mm）①	计算沉降（小分层原理）(mm)②	计算沉降（大分层原理）(mm)③	②/①	③/①	③/②
1	上海徐汇区住宅(1)	150	75.5	54.9	0.503	0.366	0.727
2	上海徐汇区住宅(2)	136	89.0	78.5	0.654	0.577	0.882

序号	工程名称	实测推算最终沉降（mm）①	计算沉降（小分层原理）(mm)②	计算沉降（大分层原理）(mm)③	②/①	③/①	③/②
3	上海宝山区 7 层(2)	40	41.0	32.6	1.025	0.815	0.795
4	上海高层住宅	397	377.2	365.3	0.950	0.920	0.968
5	福州住宅 6 号楼	80	21.2	15.5	0.265	0.194	0.731
6	福州住宅 9 号楼	100	30.7	26.0	0.307	0.260	0.847
7	福州住宅 10 号楼	90	30.0	24.9	0.333	0.277	0.830
8	福州住宅 14 号楼	80	30.5	25.0	0.381	0.313	0.820
9	绍兴住宅 1 号楼	70	57.5	44.5	0.821	0.636	0.774
10	绍兴住宅 2 号楼	80	57.5	44.5	0.719	0.556	0.774
平均值					0.596	0.491	0.811

由表 3.4.7-1 可知，"疏桩复合桩基法"（小分层原理）计算沉降与实测值相比，计算值基本均偏于不安全。且两者之比的离散性太大，在收集到大量数据之前，很难提出一个合理的修正系数。

"旗云"等软件目前版本采用的"大分层原理"（分层厚度一般取 1 m 左右）计算沉降。"大分层原理"计算值与"小分层原理"计算值之比一般为 0.8 左右，这说明两种原理的计算结果都适合工程实用。但计算沉降与实测值之比的离散性同样存在问题。

由本节提供的 10 例上海、福州、绍兴等地疏桩复合桩基工程的计算结果看，《建筑桩基技术规范》"疏桩复合桩基法"可以用来计算疏桩复合桩基的沉降，但可能需要经过大量当地工程实例的统计，才能得出符合当地实践的经验系数。

虽然本节据以讨论的工程实例数量较少、地域不广，但其中序号 1、序号 4、序号5~序号 8 的工程实例即《建筑桩基技术规范》表 4 提供的案例，应该较为可靠，也较为典型。

因此似可得出初步结论：应用《建筑桩基技术规范》"疏桩复合桩基法"计算疏桩复合桩基沉降的前提，尚不够充分；"盈建科"、"旗云"等软件应用《建筑桩基技术规范》"疏桩复合桩基法"计算疏桩复合桩基所得结果，一般远小于实际情况；因此，JCCAD、"盈建科"等软件将《建筑桩基技术规范》"疏桩复合桩基法"推广到一般复合桩基的沉降计算上去，计算结果需要做较大修正，才可能符合实际情况。

3.5　关于疏桩复合桩基础承台底效应系数的探讨

《建筑桩基技术规范》实际上并未提供标准疏桩复合桩基础的承台底土抗力原位实测数据，但提供了 7 项广义疏桩复合桩基础的承台底土抗力原位实测数据。因此《建筑桩基技术规范》提供的径距比大于 6 倍桩径承台效应系数，似缺少足够实际工程原位实测数据支持。

目前已检索到承台位于地下水位以下的 10 例标准疏桩复合桩基础、11 例广义疏桩复合桩基础原位实测桩土荷载分担资料，以及承台位于地下水位以上的 3 例广义疏桩复合桩基础原位实测桩土荷载分担资料。因此可以就《建筑桩基技术规范》提供的径距比大于6倍桩径的承台效应系数进行初步探讨。

3.5.1　承台底土位于地下水位以下的标准疏桩复合桩基础

《建筑桩基技术规范》给出表5.2.5中径距比大于6倍桩径的承台效应系数，可以用来计算疏桩复合桩基础的承台底土抗力。

由《建筑桩基技术规范》表5.2.5计算苏、浙、沪10项工程疏桩复合桩基础的承台底土抗力，与原位实测承台底土抗力的对比见表3.5-1。

软土地区疏桩复合桩基础承台土抗力计算与实测比较　　　　表 3.5.1-1

序号	工程名称	等效距径比	承台底基土	承台底土承载力特征值(kPa)	计算承台效应系数	计算承台土抗力(kPa)	实测承台土抗力(kPa)	计算值/实测值
1	南京9层框架	9.9	粉砂	140	0.5	70.0	30 (50)	2.33
2	南京6层砖混	7.0	粉质黏土与淤泥质粉质黏土	83	0.4	33.2	7.0 (10)	4.74
3	徐州9层框架	6.35	粉质黏土	110	0.4	44.0	18.7 (36.7)	2.35
4	上海徐汇区6层砖混A楼	6.5	粉质黏土与淤泥质黏土	63	0.4	25.2	7.72 (10.2)	3.26
5	上海徐汇区6层砖混B楼	6.5	粉质黏土与淤泥质黏土	63	0.4	25.2	14.2 (16.7)	1.77
6	上海青浦区6层砖混	6.0	粉质黏土与黏土	80	0.4	32.0	3.65 (9.65)	8.77
7	上海宝山区7层框架A楼	7.8	粉质黏土与砂质粉土	100	0.5	50.0	3.0 (10)	13.33
8	上海宝山区7层框架B楼	7.4	粉质黏土与砂质粉土	100	0.5	50.0	12.5 (15)	3.2
9	浙江宁波6层底框	7.9	粉质黏土与淤泥质粉质黏土	72	0.4	28.8	3.2 (6.2)	9.0
10	浙江台州5层框架	10.3	粉质黏土与淤泥	56	0.4	22.4	4.6 (7.1)	4.87
				平均值				5.36

注：1. 承台土抗力，括号内为未扣除静水压力值，括号外为扣除静水压力（浮力）值。

　　2. 计算承台系数由《建筑桩基技术规范》规定，对于饱和黏性土中的挤土桩基，一律取低值的0.8倍，即0.8×0.5＝0.4。

上述10项工程实例承台底基土的共同之处有两点，其一是均位于地下水位以下，其二是均位于软土地区。

由表3.5.1-1所示江苏、浙江、上海三地共10项标准疏桩复合桩基础的承台底土抗力实测结果可知，当距径比大于6倍桩径时，无论承台下为淤泥质土或粉砂，10例工程实例的承台底土抗力计算值均明显大于实测值，两者之比为1.77～13.33，平均为5.36。

这10例工程实例的实测承台底土抗力与地基土承载力特征值之比平均等于0.124，远小于《建筑桩基技术规范》表5.2.5给出的承台效应系数0.50～0.80。

可见目前能检索到的标准疏桩复合桩基础原位实测资料，并未支持《建筑桩基技术规范》提供的径距比大于6倍桩径的承台效应系数。

3.5.2　承台底土位于地下水位以下的广义疏桩复合桩基础

对于桩沿轴线布置、且至少有一个方向的桩距不小于 6 倍桩径的复合桩基，一般认为也可按疏桩复合桩基础考虑承台土抗力，称之为"广义疏桩复合桩基础"。

由《建筑桩基技术规范》表 5.2.5 计算上海、福州、绍兴、北京等地 11 项工程广义疏桩复合桩基础的承台底土抗力，与原位实测承台底土抗力的对比见表 3.5.2-1。

软土地区广义疏桩复合桩基础承台土抗力计算与实测比较　　　　表 3.5.2-1

序号	工程名称	等效距径比	承台底基土	承台底土承载力特征值(kPa)	计算承台土效应系数	计算承台土抗力(kPa)	实测承台土抗力(kPa)	计算值/实测值
1	上海 20 层剪力墙	3.75	黏质粉土	90	0.5	45.0	20.4 (40.4)	2.21
2	上海 12 层剪力墙	3.82	淤泥质粉质黏土	60 (80)	0.4	24.0	33.8 (63.8)	0.71
3	上海 32 层剪力墙	4.31	淤泥质粉质黏土	60 (80)	0.4	24.0	19.0 (39.0)	1.26
4	福州 7 层框架 6 号	4.15	黏、填土				19.5 (38.1)	1.12
5	福州 7 层框架 9 号	4.3		54.5 (110)	0.4	21.8	24.5 (35.9)	0.89
6	福州 7 层框架 10 号	4.4	黏、填土				32.1 (38.5)	0.68
7	福州 7 层框架 14 号	4.3					19.4 (38.5)	1.12
8	浙江绍兴 6 层砖混 1 号	4.97	粉质黏土、淤泥质黏土	64	0.4	25.6	15.6	1.64
9	浙江绍兴 6 层砖混 2 号	4.97					15.4	1.66
10	浙江绍兴 6 层砖混 3 号	4.65					15.5	1.65
11	北京某 36 层大楼外围框架	5.24	细中砂	350	0.7	245	(102.6)	0.42
	平均值							1.21

注：1. 承台土抗力，括号内为未扣除静水压力值，括号外为扣除静水压力（浮力）值。

2. 计算承台系数由《建筑桩基技术规范》规定，对于饱和黏性土中的挤土桩基，一律取低值的 0.8 倍，即 0.8×0.5 ＝0.4。

3. 表中"承台底土承载力特征值"一栏中，括号内数字为《建筑桩基技术规范》表 4 给出的数据。

4. 表中序号 11"北京某 36 层大楼外围框架"的计算承台效应系数，系按《建筑桩基技术规范》（P285）给出的选项。

上述 11 项工程实例承台底基土的共同之处有两点，其一是均位于地下水位以下，其二是除北京工程外均位于软土地区。

由表 3.5.2-1 所示福州、绍兴、上海、北京四地共 11 项广义疏桩复合桩基础的承台底土抗力实测结果可知，11 例工程实例的承台底土抗力计算值与实测值之比为 0.42～2.21，平均为 1.21。其中序号 3～序号 5、序号 7 的 4 项工程的承台底土抗力计算值与实测值之比，达到保证率为80%的工程一般标准。

若按《建筑桩基技术规范》表4给出的承台底土承载力特征值，则表3.5.2-1所示11项广义疏桩复合桩基础中，只有序号2"上海12层剪力墙"的承台底土抗力计算值与实测值之比0.95，达到保证率为80%的工程一般标准。由此可见，承台底土抗力计算值受到承台底土承载力特征值取值的较大影响。

在21项标准疏桩复合桩基础与广义疏桩复合桩基础中，实测承台底土抗力符合《建筑桩基技术规范》疏桩复合桩基承台效应系数的仅为1例或3例（受承台底土承载力特征值取值的影响）。

由此可见，至少对于软土地区承台底土位于地下水位以下的疏桩复合桩基，由《建筑桩基技术规范》的承台效应系数计算所得的承台土抗力可能偏于不安全。至于非软土地区承台底土位于地下水位以下的疏桩复合桩基，由于仅检索到北京一例，样本过少，暂不作探讨。

因此，软土地区承台底土位于地下水位以下的疏桩复合桩基的承台土抗力计算，目前尚不宜采用《建筑桩基技术规范》提供的承台效应系数，而宜运用各地工程实践所积累的数据。

表3.5.2-1所示上海5例、南京2例、浙江2例、徐州1例，共10例标准复合疏桩工程实例中的地域，既有典型软黏土地区、也有浅埋硬土区，还包括1例粉性土区的小高层疏桩复合桩基，因此对于承台底土位于地下水位以下的工程就有着一定的代表性。这对于成因基本相同的我国沿海大部分软黏土地区的疏桩复合桩基设计，或许有着一定的借鉴意义。

当然，对于上部荷载远大于桩群极限承载力的疏桩基础，如常见的采用天然地基但布置有少量抗拔桩的地下室，虽然设计人员常按天然地基计算底板配筋，但这类基础实际上仍属于疏桩基础；而这类疏桩基础的单桩实际荷载完全可能达到单桩极限承载力，因此板底土反力也可能接近地基土承载力特征值了。

从上述意义上看，《建筑桩基技术规范》提供的桩距大于6倍桩径的承台效应系数是可能符合工程实际的，只不过尚未检索到有关原位监测资料而已。

此外，如11例广义疏桩复合桩基工程实例表中序号1的"上海20层剪力墙"，半地下室高度2.9 m，埋深1.4 m，有关资料给出的地下水浮力约为6 kPa，而1994年版《建筑桩基技术规范》给出的地下水浮力为20 kPa，这相当于基础埋深大于3 m，明显有误。

又如序号2的"上海12层剪力墙"，有关资料给出该建筑装修后1.5年的实测含地下水浮力的土反力为50 kPa，而1994年版《建筑桩基技术规范》给出的含地下水浮力的土反力为63.8 kPa，尚未检索到依据。

上述抵牾之处以及第一章所述承台底土的承载力特征值取值疑问，似可说明《建筑桩基技术规范》表4给出的数据，可供参考，但不宜直接作为设计的依据。

3.5.3 承台底土位于地下水位以上的疏桩复合桩基础

对于承台底土位于地下水位以上的疏桩复合桩基原位实测资料，仅检索到3项工程实例，即表1.3.1-3中序号72～序号74的黄土地区储罐（徐至钧，1982）。

这 3 项工程均采用圆形承台、桩沿圆周布置，因此属于"广义疏桩复合桩基础"。其桩土荷载分担的原位监测，系按上部储罐灌注液体分级加载时进行的，未报道灌注液体分级加载的具体持续时间，但估计不太可能延续数十天。尚未检索到该项目长期原位监测的资料。

因此该黄土地区储罐工程的桩土荷载分担原位监测，类似大型足尺的"广义疏桩复合桩基础"静载荷试验。

至于在长期荷载作用下，地层水位以上的疏桩复合桩基础承台底土反力，是否会接近《建筑桩基技术规范》计算值，尚未检索到其他资料，故难以定论。

因此本节关于《建筑桩基技术规范》的距径比大于 6 时承台效应系数的探讨，仅限于承台底土位于地下水位以下的软土地区疏桩复合桩基础。

3.6　小　　结

由于对建筑物沉降要求的提高，疏桩复合基础的应用范围已有较大幅度的缩小。

然而，随着刚—柔性长短桩复合地基的发展，疏桩复合基础重新获得更广大的应用范围。除了建筑物以外，疏桩复合基础对于路堤与地面处理都十分适用。因此疏桩复合基础的沉降计算仍值得探讨。

关于 JCCAD、"盈建科"等软件计算疏桩复合基础的探讨可以分成三部分：

1. 承台底土抗力计算值与工程实践的符合程度

由苏、浙、沪三地共 10 项标准疏桩基础的承台底土抗力实测结果可知，至少对于软土地区承台底土位于地下水位以下的疏桩复合桩基，由《建筑桩基技术规范》的承台效应系数计算所得的承台土抗力可能明显偏于不安全。软土地区疏桩复合桩基的承台土抗力计算，目前似尚不宜采用《建筑桩基技术规范》提供的承台效应系数，而应运用各地工程实践所积累的数据。

2. 三种疏桩复合基础计算方法的适用范围

单纯以计算值与实测推算最终沉降量的符合程度而言，上海地基规范"沉降控制复合桩基法"较合适。而且 JCCAD 软件关于疏桩复合基础的计算方法，仅列入上海地基规范"沉降控制复合桩基法"一项，可见本章的分析是符合实际的。

但上海地基规范"沉降控制复合桩基法"的最大劣势是属于地方性规范，上海以外地区的工程师与设计审查人员完全有足够的理由拒绝接受。

《建筑桩基技术规范》"软土地基减沉复合疏桩基础法"与"疏桩复合桩基法"的优势正好与之相反，因此可以对这两种方法加以利用。

上海地基规范"沉降控制复合桩基法"与《建筑桩基技术规范》"疏桩复合桩基法"的特点之一，是计算桩顶荷载可以超过单桩承载力特征值。而单纯由《建筑桩基技术规范》的字面上看，"软土地基减沉复合疏桩基础"法的计算桩顶荷载不能超过单桩承载力特征值。

但工程实践证明，疏桩复合桩基的实测桩顶反力完全可以超过单桩承载力特征值，甚至接近单桩极限承载力，见表 3.6.0-1。

3.6 小　结

原位实测桩顶反力与单桩极限承载力的对比　　　　　　　　表 3.6.0-1

序号	工程名称	静载试桩单桩极限承载力	原位实测单桩反力	②/①
		(kN)①	(kN)②	
1	上海高层住宅	520	434.7	0.836
2	上海徐汇区 6 层砖混 A 楼	250	147.8	0.591
3	上海徐汇区 6 层砖混 B 楼	250	141.8	0.567
4	上海宝山区 7 层框架 B 楼	384	325.5	0.848
5	南京 9 层框架	—	接近单桩极限承载力	—
6	宁波 6 层框架	350	285.7	0.816

因此在应用"软土地基减沉复合疏桩基础"法时，可以通过调整桩顶反力来修正其计算结果。本章给出的算例［案例 3.2.4］就是将单桩荷载几乎降低一半，使得计算沉降与实测值相符的。

虽然尚不能百分之百确定［案例 3.2.4］就是《建筑桩基技术规范》表 13 中第 5 项的上海工程，但由于［案例 3.2.4］的计算过程是由《建筑桩基技术规范》主要起草人给出的（见参考文献［6］），因此这种计算技巧似应代表《建筑桩基技术规范》关于"软土地基减沉复合疏桩基础法"的态度。

上述关于"软土地基减沉复合疏桩基础法"的意见正确与否，也许等到有关人员公开发表《建筑桩基技术规范》表 13 的 14 项工程的资料与沉降计算过程，就可以得到完全解决了。

3. JCCAD、盈建科等软件计算过程与结果与有关规范方法的异同

通过改变输入目前版本 JCCAD 软件的桩侧土阻力、端阻力与单桩承载力，可得试算沉降均不变。以此可判断目前版本 JCCAD 软件的计算过程与结果，与有关规范的明德林应力公式法计算过程有所不同：

1）目前版本 JCCAD 软件的"上海规范沉降 S_3"，有可能仅按总重量平均分配到每根桩，再由明德林应力公式法计算沉降。与单桩承载力是否满足地勘资料计算值无关。

2）目前版本 JCCAD 软件由明德林应力公式法计算桩基沉降所需桩端阻比的取值，有可能取值为与地基土条件无关的某一定值。

目前版本盈建科软件的计算原理基本符合《建筑桩基技术规范》规定。但对于预制桩基础的沉降计算，未乘以"预制桩挤土效应系数"与后注浆折减系数，这一点应予以注意。

目前版本盈建科软件未提供实体深基础法，也将国标地基规范的"不考虑桩径影响的明德林应力公式法"归为"上海规范法"。而《建筑桩基技术规范》的"等效作用分层总和法"与明德林应力公式法计算结果的差别，可参见本书第 4.2 节。

结合当地疏桩复合基础的实际沉降资料，利用上海地基规范"沉降控制复合桩基法"计算出沉降值，然后通过调整桩顶计算反力等措施，转换成《建筑桩基技术规范》"软土地基减沉复合疏桩基础法"或"疏桩复合桩基法"的计算过程。或许就可以满足各方面的要求了。

关于 JCCAD、盈建科等基础软件计算疏桩复合基础内力的问题，其实关键还是在于沉降计算与桩土荷载分担。尤其是桩土荷载分担比的问题，人为的可变因素更多，有关地基处理规范的意见也相对更为模糊，因此更需要依靠工程实践的积累。

4 基础软件计算常规桩基础 的疑难与探讨

4.1 引　　言

除非地基土与承台底脱开，或者无地下水浮力，否则实际上不存在纯粹的常规桩基。尤其是对于大跨度、小桩群的桩基础（如纯地下室），不考虑实际存在的承台板底土反力，虽然对于桩基设计偏于保守，但对于地下室底板与基础梁的内力计算，是偏于不安全的。因此本章所探讨的"常规桩基"，属于不考虑承台底土反力的理想状态桩基础。

各种基础计算软件计算桩基础的起点都是桩弹簧刚度。而桩弹簧刚度的确定与沉降计算密切相关，因此承台板内力计算的关键就是桩基础的沉降计算问题。

遇到沉降计算问题，设计人员首先想到的是直接应用 JCCAD、盈建科等软件的计算结果。可惜软件给出的桩基础沉降计算结果并非唯一的：如 JCCAD 软件，一共给出 5 种桩基沉降计算方法与计算结果；又如盈建科软件，给出等效作用分层总和法、考虑桩径影响的明德林应力公式法与不考虑桩径影响的明德林应力公式法计算方法及计算结果。

其实这并不奇怪，因为国标地基规范与《建筑桩基技术规范》提供的桩基础沉降计算方法，本来就有这么多，基础计算软件只不过将规范的公式编为程序而已。

由此可见，探讨桩基础沉降计算问题，就不可能避开对地基基础规范有关计算方法的探讨。但由于地基基础规范一般并不公布其所掌握有关沉降计算经验系数的资料，因此最合理的办法就是尽可能检索出地基基础规范据以立论的工程实例，以及有着可靠的长期沉降观测资料的案例，这样既可以对地基基础规范的有关沉降计算方法的适用范围进行探讨，也可以供大家自行判断各种计算软件沉降计算结果的合理性。

本章采用上述工程实例数据，分别对明德林应力公式法（不考虑桩径影响）、明德林应力公式法（考虑桩径影响）、实体深基础法、等效作用分层总和法、单桩与小桩群基础沉降计算法、预制桩挤土效应系数等的适用范围进行初步探讨。

同时还对按盈建科、旗云等软件的计算原理，所得单桩与小桩群基础计算沉降与实测值的差别及原因进行初步探讨。

本章还提供近 30 例桩基础承台板钢筋应力原位实测资料，可供参考。

本章就 JCCAD 与盈建科软件计算原理对桩基承台板内力计算值的影响，由工程实例进行初步探讨；最后探讨了 22 桩以下的承台桩基的沉降计算问题。

4.2　两种明德林应力公式法的探讨

明德林应力公式法实际上有两种：一种是常用的"不考虑桩径影响的明德林应力公式

法"，另一种是"考虑桩径影响的明德林应力公式法"。

与计算桩基础沉降的实体深基础法相比，明德林应力公式法能够方便地考虑桩基中桩数、桩间距、不规则布桩与不同桩长等因素对沉降计算的影响。

关于明德林应力公式法，JCCAD 软件列出"新《建筑桩基技术规范》明德林法"、"国标地基规范明德林法"与"上海规范法"；盈建科软件列出"新《建筑桩基技术规范》明德林法"、"等效作用分层总和法"（由"不考虑桩径影响的明德林应力公式法"转换而来）与"上海规范法"。

"上海规范法"其实也就是"不考虑桩径影响的明德林应力公式法"。其与"国标地基规范明德林法"并列，应该是因为这两种规范关于明德林应力公式法计算结果的沉降计算经验系数有所不同，且"上海规范法"的沉降计算经验系数不适用于上海以外地区之故。

"新《建筑桩基技术规范》明德林法"指的就是"考虑桩径影响的明德林应力公式法"。

"不考虑桩径影响的明德林应力公式法"适用于常规桩基这一点，已经得到大量工程实践的证明。而无论是《建筑桩基技术规范》，还是 JCCAD、盈建科等软件，均未对"考虑桩径影响的明德林应力公式法"是否适用于常规桩基作出明确的界定。因此需要进行探讨。

4.2.1　明德林应力公式法不能计算建筑物下各点的实际沉降量

JCCAD、盈建科等软件试算桩基沉降的结果中，会出现位移图。此时设计人员常会因为在底板内力计算时，是否需要考虑各点的计算沉降差而纠结。这一点疑难可以从明德林应力公式法的定义得到澄清。

关于明德林应力公式法能否计算建筑物下各点的实际沉降量这一点，《建筑桩基技术规范》的回应是：桩基任一点最终沉降量可用等效作用分层总和法计算。既然等效作用分层总和法系由明德林应力公式法转化而来，那就是说，《建筑桩基技术规范》认为明德林应力公式法能够计算建筑物下各点的实际沉降量。

盈建科软件的技术说明更是明确地指出：对于桩筏基础，按明德林应力解的方法，可计算每个桩顶位置的沉降。

然而事实上明德林应力公式的表达式并非像表面看上去那样是纯理论公式，其实质也就是一种计算桩基沉降的经验拟合方法。

《上海地基基础设计规范》DGJ 08-11—2010 对桩基础沉降计算规定仅采用明德林应力公式法，其坚实后盾是上海地区 95 幢建筑的长期沉降观测数据，以及由此确定的上海地区桩基最终沉降量计算的经验修正系数。而上海地基规范根据这 95 幢建筑沉降观测数据统计结果，作了经验性规定：

1. 统计时是将各幢建筑物中心点计算沉降值或最大计算沉降值，与实测各点的平均沉降值进行比较。因此明德林应力公式法计算得到的最大沉降值，不是代表建筑物在某处实际发生的最大沉降值，而是估算的建筑物最终平均沉降值。

2. 桩群中各单桩沉降计算荷载是单桩的平均附加荷载，不考虑由于上部结构刚度和变形所引起的附加荷载重分布。桩的端阻力假定为桩端的集中力，桩的侧阻力假设为沿桩身线性增长分布。

3. 压缩模量一般采用勘察报告中提供的由室内土工压缩试验得到的数据。上海地区黏性土获取未扰动的原状土样较容易，因此室内土工试验得到的压缩模量较可靠；但砂性土获取未扰动的原状土样较困难，因此室内土工试验得到的压缩模量通常比实际的小，可能影响最终计算结果。

由上述经验性规定，可知明德林应力公式法的计算方法与上海地区 95 幢建筑的统计分析方法，采用了大量假设。因此根据这种计算方法仅能估算建筑物最终平均沉降量的规定，可知明德林应力公式法不能计算建筑物下各点的实际沉降量。

国标地基规范明德林应力公式法的桩基沉降计算经验系数，系由部分软土地区 63 栋已建桩基工程的沉降观测资料统计所得的。其中上海地区的资料估计应该占 50% 左右。

《建筑桩基技术规范》"等效作用分层总和法"的桩基沉降计算经验系数，系根据上海、天津、北京、沈阳、西安、温州等地，共 150 份已建桩基工程的沉降观测资料统计所得的。其中上海地区的资料 73 份就占到了总数的 48.7%。而《建筑桩基技术规范》认为等效作用分层总和法与明德林应力公式法"等效"。

因此《上海地基基础设计规范》关于明德林应力公式法不能计算建筑物下各点实际沉降量的规定，也应该适用于国标地基规范与《建筑桩基技术规范》。而依据国标地基规范与《建筑桩基技术规范》编制的 JCCAD、盈建科等软件，所谓"明德林应力公式法能够计算建筑物下各点的实际沉降量"的论断，至少对于上海地区的桩基工程肯定不适用，对于沿海软土地区很可能也不适用。至于是否适用于其他地区，则要看《建筑桩基技术规范》编制组掌握的有关桩基工程实测各点沉降值，与明德林应力公式法计算值的相符程度能否满足工程要求了。

事实上，《建筑桩基技术规范》的主要起草人刘金砺（《建筑桩基技术规范应用手册》，2010）指出，经典土力学中的角点法忽略上部结构的整体抗弯刚度，中点计算沉降是矩形筏板 1/4 等分矩形角点的 4 倍；工程实测中还未发现如此巨大的差异沉降，可见上部结构整体抗弯刚度具有不可忽略的作用。因此对于桩筏基础各点沉降，应通过上部结构-筏板-桩土的共同作用分析确定，或根据实测与角点法计算值间的经验关系确定。

补充一点：一般认为属于柔性基础的路堤桩筏基础，实测各点的沉降量并未出现巨大的差异沉降；真正属于绝对柔性基础的储罐桩筏基础，实测各点的沉降量也未出现巨大的差异沉降。因此明德林应力公式法不能计算建筑物下各点实际沉降量，看来并非完全因为上部结构整体抗弯刚度的影响了。

由此可见对于 JCCAD、盈建科等软件由明德林应力公式法计算桩基沉降时给出的位移图，需要关注的只是其中心沉降值。

此外，由《上海地基基础设计规范》关于复合桩基沉降计算的规定可知，当桩群平均单桩荷载小于单桩极限承载力时，是可以采用明德林应力公式法计算复合桩基沉降的，计算结果与实测值符合得较好。

上海、福建、浙江等地区复合桩基的沉降计算值与实测沉降值的对比，说明由明德林应力公式法计算复合桩基沉降，其精度不低于其他方法的计算结果，且不需要任何假设。

4.2.2 两种明德林应力公式法的区别

《建筑桩基技术规范》指出，由明德林解导出的盖得斯应力计算式模型是作用于桩轴线的集中力，因而其桩端平面以下一定范围内应力集中现象极明显，与有一定直径桩的实际性状相差甚大，用于计算压缩层厚度很小的桩基沉降显然不妥。因此给出"考虑桩径影响的明德林解应力影响系数"。

由《建筑桩基技术规范》关于"考虑桩径影响的明德林解应力影响系数"的定义，该系数应该也适用于常规桩基的沉降计算。

JCCAD、盈建科、旗云等软件关于桩基沉降计算，均列出"新《建筑桩基技术规范》明德林法"，未说明是采用哪一种方法，且与国标地基规范的"明德林法"、上海规范法并列。但由于《建筑桩基技术规范》未列出"不考虑桩径影响的明德林应力公式法"，那么从逻辑上讲，所谓"新《建筑桩基技术规范》明德林法"，应该是指"考虑桩径影响的明德林应力公式法"。

JCCAD软件目前未提供桩基沉降计算的过程，而是直接给出结果。因此无法判断是否确实采用"考虑桩径影响的明德林应力公式法"。

盈建科软件提供桩筏基础的沉降计算书，明确标明"依据规范：《建筑桩基技术规范JGJ 94—2008》第5.5.14条"，且给出桩群中某一单桩的计算沉降，因此可以确定是采用"考虑桩径影响的明德林应力公式法"。

旗云软件提供桩基沉降的计算书，标明"设计依据《建筑桩基技术规范》JGJ 94—2008"，且可以计算单桩沉降，因此也可以确定是采用"考虑桩径影响的明德林应力公式法"。

由于对于"考虑桩径影响的明德林解"，桩轴线以外的竖向应力解析式目前尚未通过积分方式求得，即不能像"不考虑桩径影响的明德林解"那样直接计算沉降。因此可以通过细分计算土层厚度来逼近积分式的沉降计算结果的（简称"小分层"）。

如《建筑桩基技术规范》条文说明第5.5.15条中的36层办公楼沉降计算，桩端以下一定区域内的计算土层厚度，就是按0.004倍桩长（0.004×15＝0.06 m）划分的。

为了判断"考虑桩径影响的明德林应力公式法"的计算结果，与实测沉降的符合程度，现提供上海地区4例有可靠实测沉降数据的典型案例，均严格按照《建筑桩基技术规范》"考虑桩径影响的明德林应力公式法"的计算过程进行计算。并与"不考虑桩径影响的明德林应力公式法"的计算结果、实测沉降值，进行比较。

目前盈建科与旗云软件关于桩基沉降计算的共同特点是，计算土层厚度基本按1.0 m划分。这符合《建筑桩基技术规范》第5.5.14条的规定，沉降计算的分层厚度不应超过计算深度的0.3倍（简称"大分层"）。但与《建筑桩基技术规范》例题的"小分层"思路有所不同。

由于直接按"小分层"的思路编制程序并不困难，因此盈建科与旗云软件的编制者应该是有自己的考虑。关于盈建科与旗云软件上述思路的合理与否，本章不作具体讨论，因为一旦这些软件根据工程实践进行修改，则各种讨论就将落空。

但是，按"大分层"与"小分层"的思路计算所得结果是否接近，需要得到解答。

而本章提供的4例上海高层建筑桩基典型案例，以及第4.4节所述的单桩、小桩群基础实例，均可供校核JCCAD、盈建科、旗云等软件计算结果与实测沉降的符合程度，并为工程师判断软件计算结果的合理与否提供帮助。

又由于《建筑桩基技术规范》关于"考虑桩径影响的明德林应力公式法"，只提供到影响范围为0.6倍桩长的应力影响系数，因此本节提供的工程实例也以此为限，并尽可能地选择《建筑桩基技术规范》直接认可或有可靠的长期实测数据的工程实例。

4.2.3 上海徐汇区12层大楼沉降计算对比

［案例4.2.1］为上海徐汇区某12层建筑。

具体资料参见"1.4.2 上海某 12 层大楼复合桩基沉降计算探讨"。

［案例 4.2.1］考虑桩径影响的明德林应力公式法沉降计算参数为：$Q=666.2$ kN，$\alpha=0.215$，$l=25.3$ m，$b=0.45$ m，$l/d=50$。

1. 若由《建筑桩基技术规范》规定，桩基沉降计算深度的附加应力不大于 0.2 倍土自重应力，则［案例 4.2.1］计算总沉降为 $S=24.1$ mm（未乘以经验系数），远小于实测推算最终沉降量 93 mm。

2. 若按上海地基规范规定，明德林应力公式法的计算深度取附加应力不大于 0.1 倍土自重应力处；又，《建筑桩基技术规范》未提供"考虑桩径影响的明德林应力公式法"的桩基沉降计算经验系数，现参照《建筑桩基技术规范》等效作用分层总和法的系数，并取挤土效应系数的最大值 1.8。沉降计算深度范围内压缩模量当量值为 21 MPa。可得案例 4.2.1 计算总沉降为 $S=1.8\times0.64\times34.13=39.3$ mm，仍远小于实测推算最终沉降量 93 mm（计算过程略）。

3. 案例 4.2.1 的上海规范"不考虑桩径影响的明德林应力公式法"计算沉降为 $S=1.05\times97.6=102$ mm，与实测推算最终沉降量 93 mm 相符（计算过程略）。

4.2.4　上海某 26 层框架—核心筒沉降计算对比

［案例 4.2.2］即《建筑桩基技术规范》表 4 中序号 8 的"26 层框架-核心筒"（1 层地下室）（殷永安，1989），是否属于上海地区用于统计桩基沉降计算经验系数的 95 幢建筑，尚不清楚。但［案例 4.2.2］的内外共布置 33 个永久沉降观测点，已检索到 1986 年 12 月~1990 年 11 月的部分实测沉降数据。实测推算最终沉降值为 66.6 mm。因此数据应该是比较可靠的。

［案例 4.2.2］地基土的物理力学性质指标见表 4.2.4-1。

地基土的物理力学性质指标及承载力表　　　　表 4.2.4-1

层序	土的名称	物理性质		力学性质			
				剪切试验		压缩试验	
		厚度 h (m)	重力密度 ρ (kN/m³)	内摩擦角 ϕ (°)	内聚力 C (MPa)	压缩模量 $E_{S0.1-0.2}$ (MPa)	$E_{S0.5-0.7}$ (MPa)
①	杂填土	1.10	—	—	—	—	—
②	粉质黏土	1.10	19.5	24.7	30	6.35	—
③	砂质粉土	11.50	19.0	33.8	22	9.63	—
④	淤泥质黏土	6.20	17.7	8.8	12	2.30	—
⑤	淤泥质粉质黏土	9.70	17.7	4.1	36	2.81	—
⑥-1	粉质黏土	13.50	18.8	10.8	27	5.14	—
⑥-2	有机质粉质黏土	0.90	19.3	9.7	44	5.67	—
⑦	黏质粉土	3.70	20.2	25.0	69	9.49	—
⑧	粉质黏土	8.30	19.0	17.4	3	5.04	—
⑨-1	砂质粉土	1.50	19.2	25.5	12	6.79	—
⑨-2	粉质黏土	2.00	20.3	25.1	18	9.06	—
⑨-3	砂质粉土	6.00	19.1	28.6	6	9.35	29.93

续表

层序	土的名称	物理性质		力学性质			
				剪切试验		压缩试验	
		厚度 h (m)	重力密度 ρ (kN/m³)	内摩擦角 ϕ (°)	内聚力 C (MPa)	压缩模量	
						$E_{S0.1-0.2}$ (MPa)	$E_{S0.5-0.7}$ (MPa)
⑩	粉细砂	2.50	19.2	36.9	0	14.76	43.48
⑪	砂质粉土	7.50	18.6	25.4	6	8.49	25.70
⑫	中砂	1.65	20.8	39.4	5	15.60	38.38
⑬	粗砂	3.15	20.8	39.1	8	15.16	37.25
⑭	砾砂	5.50	—	—	—	—	40.0
⑮	粗砂	未穿					40.0

注：最后一栏为土的自重压力至土的自重压力加附加压力作用时的压缩模量。

[案例4.2.2]采用230根ϕ0.6096 m×52.3 m钢管桩，单桩承载力特征值为2600 kN。桩顶位于地面以下7.6 m，桩端进入第9c层砂质粉土0.6 m，筏板厚2.3 m，面积约2400 m²。

上部结构与地下室总重约720000 kN。扣除基底土自重压力后的单桩平均附加荷载为1914 kN。

[案例4.2.2]桩位图如下图4.2.4-1。

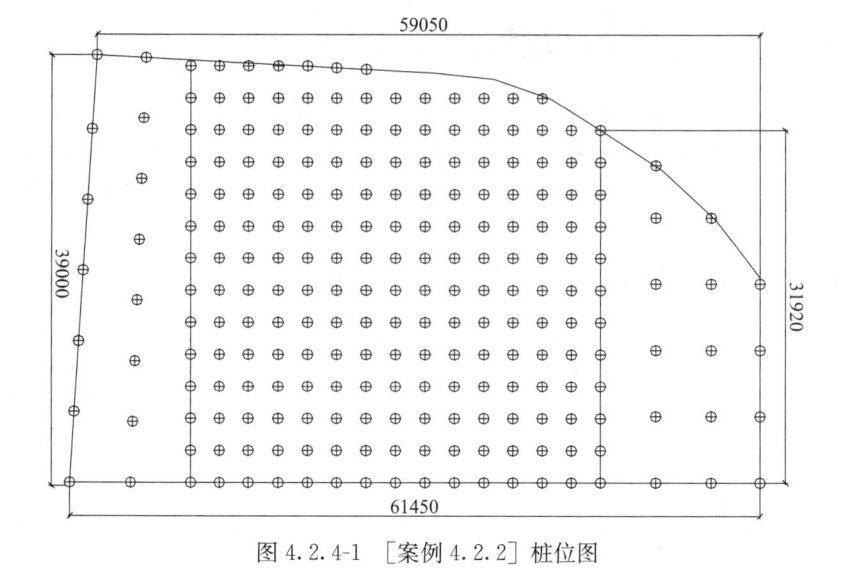

图4.2.4-1 [案例4.2.2]桩位图

[案例4.2.2]实测时间-沉降曲线如图4.2.4-2。

[案例4.2.2]考虑桩径影响的明德林应力公式法沉降计算参数为：$Q=1914$ kN，$\alpha=0.199$，$l=52.3$ m，$d=0.6096$ m，$l/d=86$。

1. 若由《建筑桩基技术规范》规定，桩基沉降计算深度的附加应力不大于0.2倍土自重应力，则[案例4.2.2]计算总沉降为$S=19.9$ mm（未乘以经验系数），远小于实测推算最终沉降值66.6 mm。

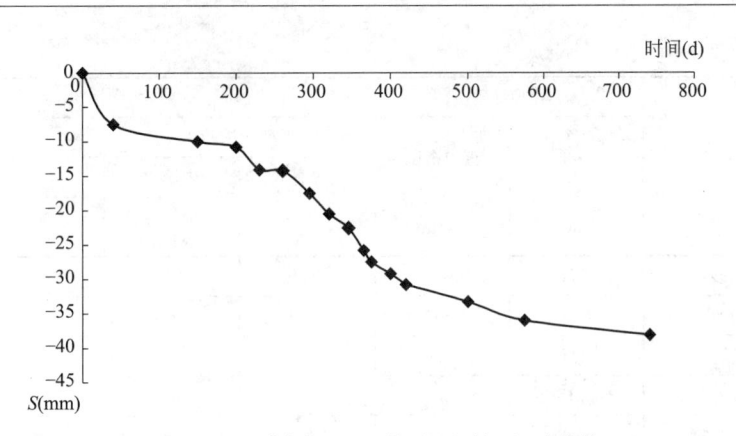

图 4.2.4-2 ［案例 4.2.2］实测时间-沉降曲线

2. 若按上海地基规范规定，明德林应力公式法的计算深度取附加应力不大于 0.1 倍土自重应力处；又，《建筑桩基技术规范》未提供"考虑桩径影响的明德林应力公式法"的桩基沉降计算经验系数，现参照《建筑桩基技术规范》等效作用分层总和法的系数，沉降计算深度范围内压缩模量当量值为 32.17 MPa。可得［案例 4.2.2］计算总沉降为 $S=0.5283\times82.89=43.8$ mm，小于实测推算最终沉降量 66.6 mm，不满足 80% 的保证率的要求（计算过程略）。

3. ［案例 4.2.2］的上海规范"不考虑桩径影响的明德林应力公式法"计算沉降为 $S=0.801\times77.4=62.0$ mm，与实测推算最终沉降量 66.6 mm 相符（计算过程略）。

4.2.5 上海黄浦区 30 层大楼沉降计算对比

［案例 4.2.3］为上海黄浦区某 30 层大楼，框架核心筒结构（蒋利学，2002）。

［案例 4.2.3］不确定是否属于上海地基基础规范用于桩基沉降计算经验系数统计分析的 95 幢建筑，但曾对该建筑内外 28 个沉降观测点进行了 6.6 年以上的沉降实测，因此数据应该是比较可靠的。

［案例 4.2.3］地基土物理力学性质指标见表 4.2.5-1。

地基土物理力学性质指标   表 4.2.5-1

| 层序 | 土的名称 | 物理性质 | | | 力学性质 | | 原位测试 | |
| | | 厚度 | 含水量 | 天然孔隙比 | 压缩试验 | | 比贯入阻力 | 标贯试验 |
		h (m)	w (%)	e	压缩模量 $E_{S0.1-0.2}$ (MPa)	压缩系数 $a_{0.1-0.2}$ (MPa^{-1})	P_s (MPa)	N 击数
①	填土	3.7	—	—	—	—	—	—
②	淤泥质粉质黏土	1.7	45.1	1.26	2.89	0.78	0.64	1
③	黏质粉土	0.8	35.4	0.98	8.65	0.38	2.41	8
④	淤泥质黏土	10.6	50.0	1.38	2.18	1.09	0.55	1
⑤-1	粉质黏土	11.7	35.0	1.01	4.52	0.41	1.04	35
⑤-2	粉质黏土	17.8	33.4	0.99	5.16	0.37	1.67	7
⑥	黏质粉土	2.0	22.5	0.66	7.89	0.21	3.33	15
⑦	砂质粉土	3.3	21.8	0.66	11.21	0.15	13.96	23

层序	土的名称	物理性质			力学性质		原位测试	
		厚度 h (m)	含水量 w (%)	天然孔隙比 e	压缩试验		比贯入阻力 P_s (MPa)	标贯试验 N 击数
					压缩模量 $E_{S0.1-0.2}$ (MPa)	压缩系数 $a_{0.1-0.2}$ (MPa^{-1})		
⑧	粉细砂	9.9	27.3	0.84	17.52	0.12	23.23	41
⑨	砂质粉土	2.8	30.9	0.95	13.09	0.17	—	27
⑩	粉质黏土	4.4	23.9	0.67	8.54	0.19	—	15
⑪-1	粉细砂	4.8	25.7	0.86	13.41	0.14	—	39
⑪-2	细砂	未穿	—	—	—	—	—	40

［案例4.2.3］采用钢管桩，桩长 49.9 m，桩断面 ϕ609.6 mm。采用第8层粉细砂作为桩端持力层，共238根。底板厚度 1600 mm。

［案例4.2.3］桩位平面图如图 4.2.5-1。

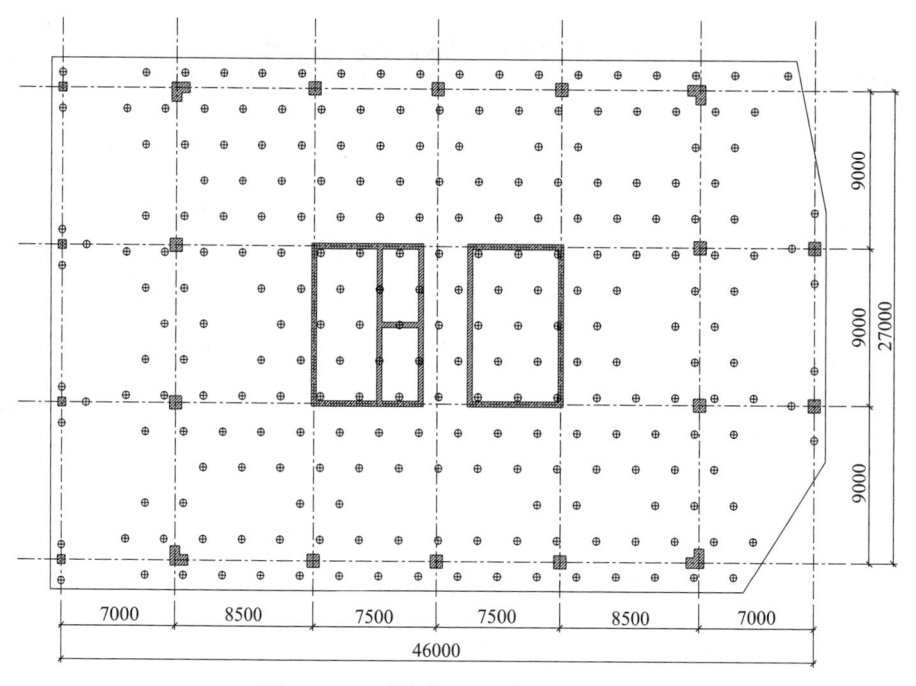

图 4.2.5-1 ［案例4.2.3］桩位平面图

［案例4.2.3］已知沉降实测时间由 1984 年 5 月～1990 年 12 月，历时 6.6 年，实测最后平均沉降量为 40.8 mm。

［案例4.2.3］考虑桩径影响的明德林应力公式法沉降计算参数为：$Q=1583$ kN，$\alpha=0.171$，$l=49.9$ m，$d=0.6096$ m，$l/d=82$。

1. 若由《建筑桩基技术规范》规定，桩基沉降计算深度的附加应力不大于 0.2 倍土自重应力，则［案例4.2.3］计算总沉降为 $S=14.6$ mm（未乘以经验系数），远小于实测最后平均沉降量 40.8 mm。

2. 若按上海地基规范规定，明德林应力公式法的计算深度取附加应力不大于 0.1 倍土自重应力处；又，《建筑桩基技术规范》未提供"考虑桩径影响的明德林应力公式法"的桩基沉降计算经验系数，现参照《建筑桩基技术规范》等效作用分层总和法的系数，沉降计算深度范围内压缩模量当量值为 42 MPa。可得 [案例 4.2.3] 计算总沉降为 $S = 0.4533 \times 37.6 = 17.0$ mm，远小于实测最后平均沉降量 40.8 mm（计算过程略）。

3. [案例 4.2.3] 的上海规范"不考虑桩径影响的明德林应力公式法"计算沉降为 $S = 0.798 \times \times 59.77 = 47.7$ mm，与实测最后平均沉降量 40.8 mm 相符（计算过程略）。

4.2.6 上海某 32 层剪力墙沉降计算对比

[案例 4.2.4] 即《建筑桩基技术规范》表 4 中序号 7 的"32 层剪力墙"（董建国，1989），为上海某 32 层建筑，是否属于上海地基基础规范用于桩基沉降计算经验系数统计分析的 95 幢建筑之一尚不清楚。但据已检索到的资料，[案例 4.2.4] 的部分原位实测进行了 7 年，因此沉降实测数据应该是比较可靠的。

[案例 4.2.4] 地基土的物理力学性质指标见表 4.2.6-1。

地基土的物理力学性质指标及承载力表 表 4.2.6-1

层序	土的名称	物理性质		力学性质			
				剪切试验		压缩试验	
		厚度	重力密度	内摩擦角	内聚力	压缩模量	
		h （m）	ρ （kN/m³）	ϕ （°）	C （kPa）	$E_{S0.1-0.2}$ （MPa）	$E_{S0.5-0.7}$ （MPa）
①	杂填土	1.2	16.0	—	—	—	—
②	粉质黏土	1.6	18.2	13.6	13	4.1	—
③	淤泥质粉质黏土	5.5	17.8	19.0	7	3.6	—
④	淤泥质黏土	11.4	16.9	7.8	10	2.0	—
⑤-1	淤泥质粉质黏土	2.8	18.3	20.0	6	4.0	—
⑤-2	淤泥质粉质黏土	8.2	17.9	23.5	6	5.1	—
⑤-3	淤泥质粉质黏土	4.8	17.7	20.5	7	4.2	—
⑤-4	淤泥质粉质黏土	2.0	17.9	18.1	7	3.5	—
⑥	粉质黏土	1.3	19.9	17.0	26	8.4	—
⑦	砂质粉土	3.7	19.4	23.0	7	12.1	—
⑧-1	黏土	12.0	17.6	18.6	12	4.2	—
⑧-2	粉质黏土夹砂	11.6	18.9	17.5	12	5.2	15.5
⑧-3	粉质黏土	5.3	19.8	18.2	15	6.8	20.3
⑨-1	黏质粉土	未穿	—	—	—	—	—

注：最后一栏为土的自重压力至土的自重压力加附加压力作用时的压缩模量。

[案例 4.2.4] 共布置 108 根 0.5m×0.5m×54.6m 钢筋混凝土预制方桩。

[案例 4.2.4] 的桩位平面图如图 4.2.6-1。

[案例 4.2.4] 的实测时间-沉降曲线如图 4.2.6-2。

[案例 4.2.4] 考虑桩径影响的明德林应力公式法沉降计算参数为：$Q = 2125$ kN，

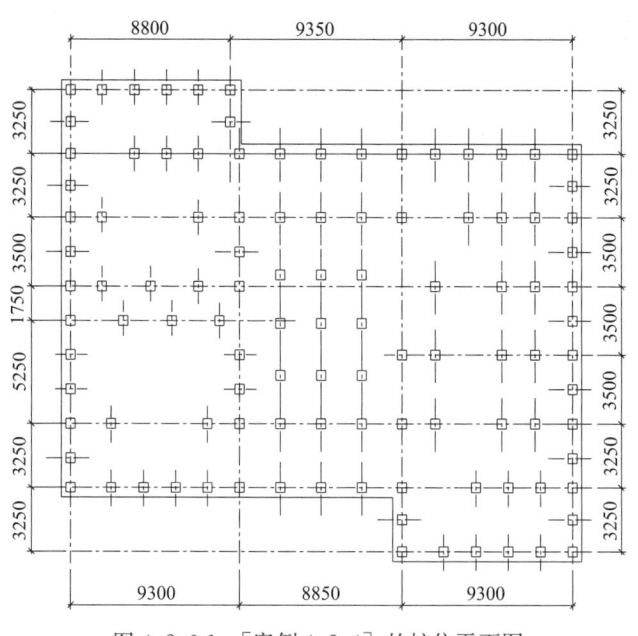

图 4.2.6-1 ［案例 4.2.4］的桩位平面图

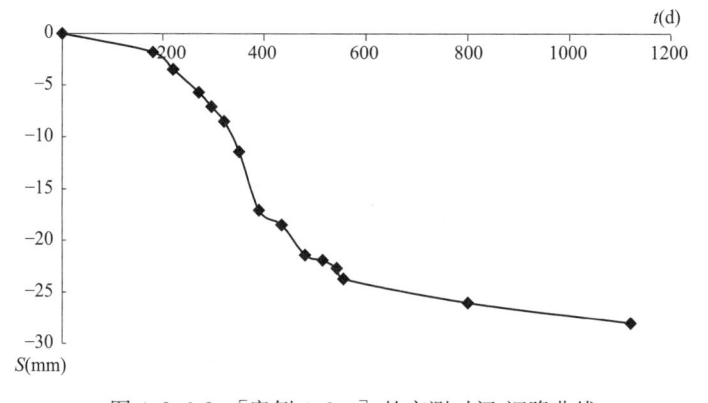

图 4.2.6-2 ［案例 4.2.4］的实测时间-沉降曲线

$\alpha=0.138$，$l=54.6$ m，$b=0.5$ m，$l/d=97$。

1. 若由《建筑桩基技术规范》规定，桩基沉降计算深度的附加应力不大于 0.2 倍土自重应力，则［案例 4.2.4］计算总沉降为 $S=41.6$ mm（未乘以经验系数），大于实测最终沉降量 36.8 mm。

2. 若按上海地基规范规定，明德林应力公式法的计算深度取附加应力不大于 0.1 倍土自重应力处；又，《建筑桩基技术规范》未提供"考虑桩径影响的明德林应力公式法"的桩基沉降计算经验系数，现参照《建筑桩基技术规范》等效作用分层总和法的系数，沉降计算深度范围内压缩模量当量值为 17.35 MPa。可得［案例 4.2.4］计算总沉降为 $S=0.725\times73.06=57.2$ mm，大于实测最终沉降量 36.8 mm（计算过程略）。

3. ［案例 4.2.4］的上海规范"不考虑桩径影响的明德林应力公式法"计算沉降为 $S=0.759\times100.6=76.4$ mm，大于实测推算最终沉降量 36.8 mm（计算过程略）。

4.2.7 本节小结

上海地区 4 幢建筑桩基沉降计算结果见表 4.2.7-1。

明德林应力公式法计算沉降量与实测值对比 表 4.2.7-1

序号	工程名称	桩型	实测沉降值①(mm)	考虑桩径明德林法计算值②(mm) $Z=0.2\sigma_c$	考虑桩径明德林法计算值③(mm) $Z=0.1\sigma_c$	不考虑桩径明德林法计算值④ $Z=0.1\sigma_c$	②/①	③/①	④/①	③/②	④/②
1	上海 12 层	预制桩	93.0	24.1	34.1	97.6	0.26	0.37	1.05	1.41	4.05
2	上海 26 层	钢管桩	66.6	19.9	82.9	77.4	0.30	1.24	1.16	4.17	3.89
3	上海 30 层	钢管桩	40.8	14.6	37.6	59.4	0.36	0.92	1.47	2.58	4.10
4	上海 32 层	预制桩	36.8	41.6	73.1	100.6	1.13	1.99	2.73	1.76	1.38
平均值							0.512	1.13	1.60	2.48	3.36

注：1. 表中"考虑桩径影响的明德林应力公式法"与"不考虑桩径影响的明德林应力公式法"的计算沉降值，均未乘以桩基沉降计算经验系数，以便作排除经验系数的纯粹比较。

2. 计算深度处的附加应力分成"不大于 0.2 倍土自重应力"与"不大于 0.1 倍土自重应力"两种。

上述 4 例上海地区的桩基工程采用两种明德林应力公式法试算的结果，说明"考虑桩径影响的明德林应力公式法"也能用于常规桩基的沉降计算。但是存在以下 4 个问题：

1. 对于上海地区的桩基工程而言，计算深度处的附加应力应修正为"不大于 0.1 倍土自重应力"，而不是《建筑桩基技术规范》规定的"不大于 0.2 倍土自重应力"，否则桩基沉降计算经验系数应作较大的调整，估计应为大于 3.0，这显然不合常理；

2. 即使计算深度处的附加应力取"不大于 0.1 倍土自重应力"，序号 1 的预制桩桩基计算沉降仍为实测推算最终沉降量的 36.6%，差距远超出合理范围。

3. 上海以外地区桩基工程采用"考虑桩径影响的明德林应力公式法"计算沉降，是否符合实测沉降量，并无实际数据的支持，因此计算结果是否合理只能依靠使用者自己的判断。

4.《建筑桩基技术规范》关于"考虑桩径影响的明德林应力公式法"计算范围的规定是，0.6 倍桩长为半径的水平面影响范围内的基桩数。按此规定，大部分桩基础工程的基桩将位于 0.6 倍桩长为半径的水平面影响范围外，计算沉降值将可能远小于实测值。如上海地区四项工程的计算沉降值与实测值之比为 0.512，就是一例。

由于"考虑桩径影响的明德林应力公式法"计算过程较为繁复，难以手算复核；对比"不考虑桩径影响的明德林应力公式法"，尚看不出有何优点。因此 JCCAD 与盈建科软件采用这种方法，除非有大量实测数据的支持，否则计算结果很可能偏于不安全。

目前版本盈建科软件对桩筏基础沉降计算采用《建筑桩基技术规范》的"单桩、单排桩沉降计算公式 (5.5.14-1)"，即"考虑桩径影响的明德林应力公式法"。由上述初步探讨可知计算值可能偏小 50% 左右。

4.3 国标地基规范、《建筑桩基技术规范》与上海地基规范的桩基础沉降计算方法对比

国标地基规范、《建筑桩基技术规范》与上海地基规范关于桩基础沉降的计算，分别

提供了明德林应力公式法、实体深基础法与等效作用分层总和法等方法。对于同一工程实例，各种方法的计算结果有时可能出现较大的差别，这对 JCCAD、盈建科等软件计算基础内力可能有着较大的影响。

现在采用上海地区 9 项有着 6~13 年实测沉降数据的工程实例数据，分别按明德林应力公式法、上海地基规范实体深基础法、国标地基规范实体深基础法与《建筑桩基技术规范》等效作用分层总和法计算沉降，并由 JCCAD 软件计算沉降，就能够初步判定这几种方法的适用范围了。

4.3.1 上海黄浦区某 30 层大楼桩基沉降计算

［案例 4.3.1］为上海黄浦区某 30 层大楼，框架核心筒结构。

具体资料参见"4.3.1 上海黄浦区 30 层大楼沉降计算对比"。

1. ［案例 4.3.1］的桩等效距径比为 4.56，小于 6.0，因此可按上海市标准《地基基础设计规范》的实体深基础法计算沉降。计算参数如下：$L/b=47.57/29.73$，钢管桩长 49.9 m，入土深度 55.2 m，基底附加压力 $P_0=266.4$ kPa。计算桩基沉降值为 31.5 mm，与实测最后平均沉降量 40.8 mm 之比为 0.77。考虑到［案例 4.3.1］的沉降尚未稳定，计算结果不满足 80% 的保证率（计算过程略）。

2. ［案例 4.3.1］按《建筑地基基础设计规范》GB 50007—2011"实体深基础法"计算桩基沉降值为 66.4 mm，与实测最后平均沉降量 40.8 mm 之比为 1.63。考虑到［案例 4.3.1］的沉降尚未稳定，计算结果可能满足 80% 的保证率（计算过程略）。

3. ［案例 4.3.1］按《建筑桩基技术规范》JGJ 94—2008"等效作用分成总和法"计算沉降，由 $L_c=47.57$ m，$B_c=29.73$ m，$n=238$，$l=49.9$ m，$d=0.6096$ m，可得：$n_b=12.2$，$C_0=0.04324$，$C_1=1.89932$，$C_2=12.6072$，$\psi_e=0.374$。计算桩基沉降值为 71.7 mm（挤土效应系数取 1.55），与实测最后平均沉降量 40.8 mm 之比为 1.76。计算结果不能满足 80% 的保证率（计算过程略）。

4. 不计各种经验系数的"等效作用分成总和法"计算沉降为：$4\times0.374\times266.4\times0.1455=58$ mm，与不计沉降计算经验系数的明德林应力公式法计算沉降 59.77 mm 之比为 0.97。

由此可见，"由明德林位移解推导而得的等效作用分成总和法"，其计算结果与明德林应力公式法计算结果相符。

5. ［案例 4.3.1］明德林应力公式法计算沉降值为 $0.798\times\times59.77=47.7$ mm，与实测推算最终沉降值 40.8 mm 之比为 1.17。考虑到［案例 4.3.1］的沉降尚未稳定，计算结果可能满足 80% 的保证率（计算过程略）。

6. ［案例 4.3.1］的 JCCAD 软件沉降试算结果如图 4.3.1-1。

［案例 4.3.1］的 JCCAD 软件计算值"平均沉降 S_1" 78.56 mm 与实测推算最终沉降值 40.8 mm 之比为 1.93，计算结果不满足 80% 保证率的要求，需要调整群桩沉降放大系数。

［案例 4.3.1］的 JCCAD 软件计算值"等效作用法沉降 S_2"为 $18.39\times1.2369=22.7$ mm，与实测推算最终沉降值 40.8 mm 之比为 0.56，不满足 80% 保证率的要求。但"等效作用法沉降 S_2" 18.39 mm，与不乘以沉降计算经验系数与挤土效应系数（$\psi=1.962$）的手算

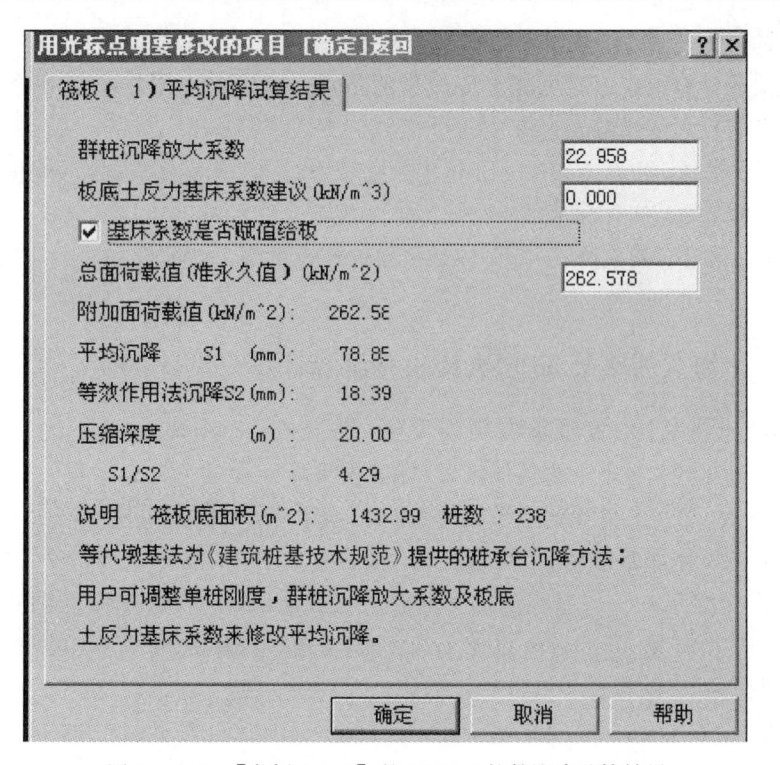

图 4.3.1-1 ［案例 4.3.1］的 JCCAD 软件沉降试算结果

沉降值 58.0 mm 之比为 0.317，超出合理范围。原因不明。

4.3.2 上海黄浦区某 24 层大楼沉降计算

［案例 4.3.2］为上海黄浦区某 24 层大楼，筒中筒结构（胡精发，1994）。

［案例 4.3.2］不确定是否属于上海地基基础规范用于桩基沉降计算经验系数统计分析的 95 幢建筑。但曾对该建筑进行了 7 年以上的沉降实测，因此数据应该是比较可靠的。

［案例 4.3.2］地基土物理力学性质指标见表 4.3.2-1。

地基土物理力学性质指标 　　　　　表 4.3.2-1

层序	土的名称	物理性质				力学性质				原位测试
		厚度	含水量	天然孔隙比	重力密度	压缩试验		剪切试验		标贯试验
						压缩模量	压缩系数	内摩擦角	内聚力	
		h (m)	w (%)	e	γ (kN/m³)	$E_{S0.1-0.2}$ (MPa)	$a_{0.1-0.2}$ (MPa⁻¹)	ϕ (°)	C (kPa)	N 击数
①	填土	2.3	—	—	—	—	—	—	—	—
②	粉质黏土	0.9	—	—	—	—	—	—	—	1~2
③	淤泥质粉质黏土	5.5	44.6	1.27	17.5	2.44	0.93	11.0	9	1
④	淤泥质黏土	8.3	50.1	1.46	16.9	2.59	0.95	7.5	10	<1
⑤-1	淤泥质黏质粉土	3.8	33.9	0.99	18.3	4.98	0.40	21.0	6	4~7
⑤-2	淤泥质粉质黏土	2.0	32.0	1.02	18.1	4.49	0.45	19.0	6	3~4
⑤-3	粉质黏土	12.7	33.0	0.99	18.3	5.53	0.36	21.5	7	6~10
⑤-4	黏土	12.3	32.8	1.03	18.2	5.64	0.36	11.5	19	9~10

层序	土的名称	物理性质				力学性质				原位测试
		厚度	含水量	天然孔隙比	重力密度	压缩试验		剪切试验		标贯试验
						压缩模量	压缩系数	内摩擦角	内聚力	
		h (m)	w (%)	e	γ (kN/m³)	$E_{S0.1-0.2}$ (MPa)	$a_{0.1-0.2}$ (MPa⁻¹)	ϕ (°)	C (kPa)	N 击数
⑥	粉质黏土	1.0	21.9	0.65	20.0	8.25	0.20	22.5	22	—
⑦	砂质粉土	3.3	21.5	0.64	19.9	10.93	0.15	27.0	4	35～45
⑧	粉细砂	6.3	24.0	0.73	19.5	17.0	0.10	—	—	＞50
⑨-1	黏质粉土	8.8	—		18.6	7.31		24.0	5	40～50
⑨-2	粉质黏土夹粉细砂	12.5	—		18.6	5.03		19.5	8	25～35
⑩	含砾中粗砂	4.7	—		—	—		—	—	43～50
⑪	粉细砂	未穿	—		—	—		—	—	＞50

[案例 4.3.2] 采用预制混凝土方桩，桩长 32.25 m ，入土深度 42.9 m，桩断面 500 mm×500 mm。采用第 5d 层黏土作为桩端持力层，共 429 根。底板厚度 1500 mm。

[案例 4.3.2] 桩位平面图如图 4.3.2-1。

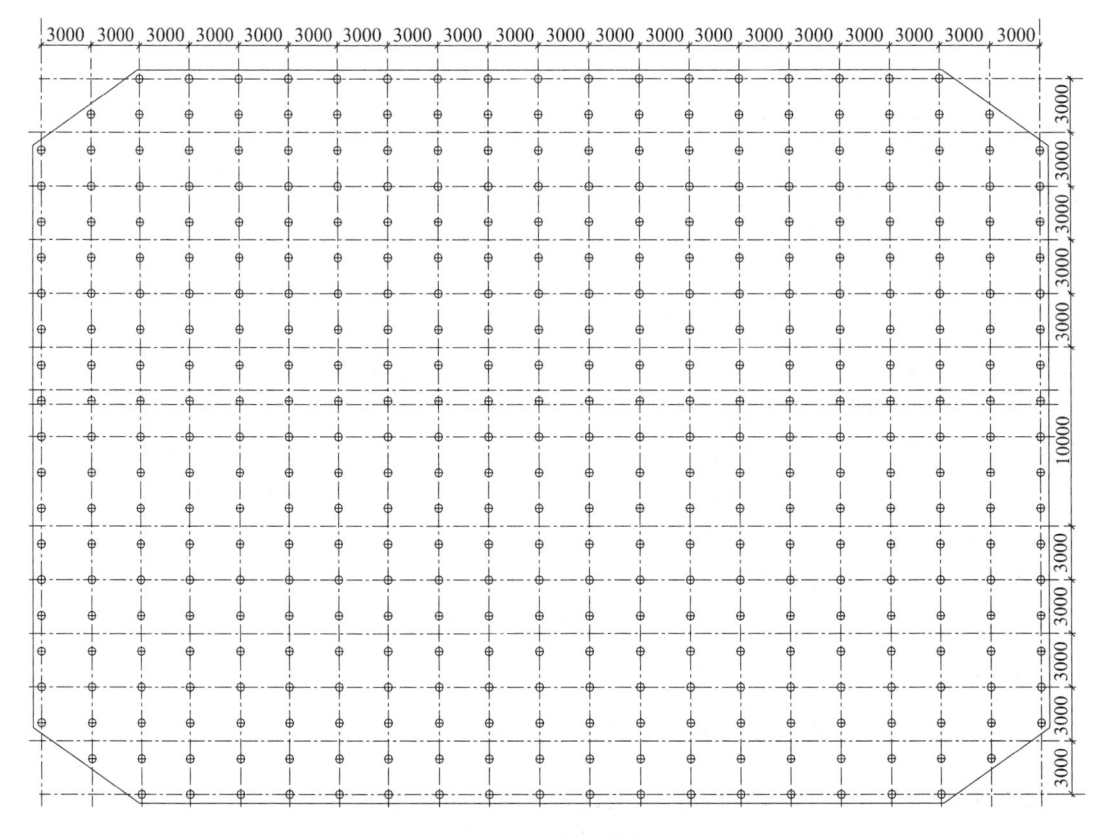

图 4.3.2-1 [案例 4.3.2] 桩位平面图

注：未能检索到 [案例 4.3.2] 的桩位平面图，仅有 [案例 4.3.2] 的桩数、基础平面图等资料。但桩位的具体布置，除对明德林应力公式法计算结果的影响一般在 10％以内外，对其他桩基沉降计算结果均无影响，因此按均布桩处理。

[案例 4.3.2] 已知经过 7 年多的沉降观测，实测最后平均沉降量为 155.1 mm，最大沉降量 165.99 mm，最小沉降量 146.7 mm，沉降已趋于稳定。

1. [案例 4.3.2] 的桩等效距径比为 4.23，小于 6.0，因此可按上海市标准《地基基础设计规范》的实体深基础法计算沉降。计算参数如下：$L/b = 62.6/39.1$，桩长 32.25 m，入土深度 42.9 m，基底附加压力 $P_0 = 287$ kPa。计算桩基沉降值为 149 mm，与实测最后平均沉降量 155 mm 之比为 0.96。计算结果满足 80% 的保证率。

2. [案例 4.3.2] 按《建筑地基基础设计规范》GB 50007—2011 "实体深基础法" 计算桩基沉降值为 189 mm，与实测最后平均沉降量 155 mm 之比为 1.22。考虑到 [案例 5.8.1] 的沉降尚未完全稳定，计算结果可能满足 80% 的保证率（计算过程略）。

3. [案例 4.3.2] 按《建筑桩基技术规范》JGJ 94—2008 "等效作用分成总和法" 计算沉降。由 $L_c = 62.6$ m，$B_c = 39.1$ m，$n = 429$，$l = 32.25$ m，$b = 0.5$ m，可得：$n_b = 16.4$，$C_0 = 0.0483$，$C_1 = 1.7462$，$C_2 = 11.1882$，$\psi_e = 0.453$。计算桩基沉降值为 194 mm（挤土效应系数取 1.55），与实测最后平均沉降量 155 mm 之比为 1.25。考虑到 [案例 5.8.1] 的沉降尚未完全稳定，计算结果可能满足 80% 的保证率（计算过程略）。

4. 不计各种经验系数的 "等效作用分成总和法" 计算沉降为：$4 \times 0.453 \times 181.3 \times 0.4585 = 196$ mm，与不计沉降计算经验系数的明德林应力公式法计算沉降 297 mm 之比为 0.66。

由此可见，"由明德林位移解推导而得的等效作用分成总和法"，其计算结果与明德林应力公式法计算结果的差别大于 30%。

5. [案例 4.3.2] 明德林应力公式法计算沉降值为 $0.921 \times 297.4 = 274$ mm，与实测推算最后沉降值 155 mm 之比为 1.77。计算结果不满足 80% 保证率的要求（计算过程略）。

6. [案例 4.3.2] 的 JCCAD 软件沉降试算结果如图 4.3.2-2。

[案例 4.3.2] 的 JCCAD 软件计算值 "平均沉降 S_1" 152.0 mm 与实测推算最终沉降值 155 mm 之比为 0.97，计算结果满足 80% 保证率的要求。

[案例 4.3.2] 的 JCCAD 软件计算值 "等效作用法沉降 S_2" 为 $341.19 \times 1.42755 = 487$ mm，与实测推算最终沉降值 155 mm 之比为 3.14，计算结果不满足 80% 保证率的要求。且 "等效作用法沉降 S_2" 341.19 mm，与不乘以沉降计算经验系数与挤土效应系数（$\psi = 0.9858$）的手算沉降值 196 mm 之比为 1.74，超出合理范围。原因不明。

[案例 4.3.2] 的 JCCAD 软件计算值 "上海规范沉降 S_3" 为 $470 \times 0.921 = 433$ mm，与实测推算最终沉降值 155 mm 之比为 2.79，计算结果不满足 80% 保证率的要求。且 "上海规范沉降 S_3" 470 mm，与不乘以沉降计算经验系数（$\psi = 0.921$）的手算沉降值 274 mm 之比为 1.72，超出合理范围。原因不明。

4.3.3 上海徐汇区某 12 层大楼沉降计算

[案例 4.3.3] 为上海徐汇区某 12 层建筑，剪力墙结构。

[案例 4.3.3] 具体资料参见 "4.3.3 上海徐汇区 12 层大楼沉降计算对比"。

1. [案例 4.3.3] 的桩等效距径比为 4.2，小于 6.0，因此可按上海市标准《地基基础设计规范》的实体深基础法计算沉降。计算参数如下：$L/b = 26.4/14.2$，桩长 25.5 m，

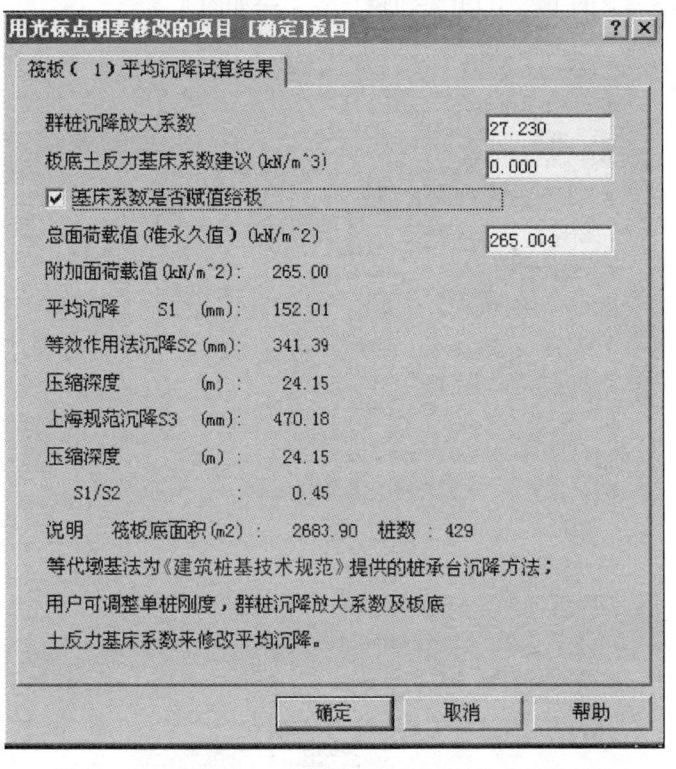

图 4.3.2-2 〔案例 4.3.2〕的 JCCAD 软件沉降试算结果

入土深度 29.1 m，基底附加压力 $P_0=228-18\times1.3-18.5\times2.9-17.4\times0.3=145.73$ kPa。计算桩基沉降值为 46.1 mm，与实测推算最终沉降值 93 mm 之比为 0.50。计算结果不满足 80% 的保证率（计算过程略）。

2. 〔案例 4.3.3〕按《建筑地基基础设计规范》GB 50007—2011 "实体深基础法"计算沉降值为 34.0 mm，与实测推算最终沉降值 93 mm 之比为 0.37。计算结果不满足 80% 的保证率（计算过程略）。

3. 〔案例 4.3.3〕按《建筑桩基技术规范》JGJ 94—2008 "等效作用分成总和法"计算沉降。由 $L_c=26.4$ m，$B_c=14.2$ m，$n=82$，$l=25.5$ m，$b=0.45$ m，可得：$n_b=6.64$，$C_0=0.0636$，$C_1=1.752$，$C_2=9.701$，$\psi_e=0.352$。计算桩基沉降值为 44.2 mm（挤土效应系数取 1.55），与实测推算最终沉降值 93 mm 之比为 0.48。计算结果不满足 80% 的保证率（计算过程略）。

4. 不计各种经验系数的 "等效作用分成总和法" 计算沉降为：$4\times0.352\times145.73\times0.1323=27$ mm，与不计沉降计算经验系数的明德林应力公式法计算沉降 97.6 mm 之比为 0.28。

由此可见，"由明德林位移解推导而得的等效作用分成总和法"，其计算结果与明德林应力公式法计算结果的差别大于 70%。

5. 〔案例 4.3.3〕明德林应力公式法计算沉降值为 $1.05\times71.0=74.6$ mm，与实测推算最终沉降值 93 mm 之比为 0.801。计算结果满足 80% 保证率的要求（计算过程略）。

6. ［案例 4.3.3］的 JCCAD 软件沉降试算结果如图 4.3.3-1。

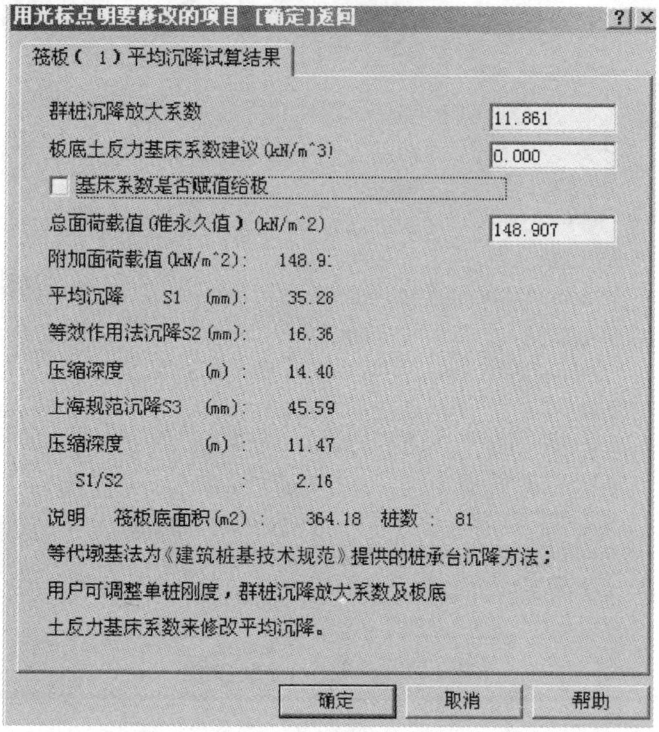

图 4.3.3-1　［案例 4.3.3］的 JCCAD 软件沉降试算结果

　　［案例 4.3.3］的 JCCAD 软件计算值"平均沉降 S_1" 35.28 mm 与实测推算最终沉降值 93 mm 之比为 0.38，计算结果不满足 80% 保证率的要求。需要调整群桩沉降放大系数。

　　［案例 4.3.3］的 JCCAD 软件计算值"等效作用法沉降 S_2"为 $16.36 \times 1.6275 = 26.6$ mm，与实测推算最终沉降值 93 mm 之比为 0.29，计算结果不满足 80% 保证率的要求。且"等效作用法沉降 S_2" 16.36 mm，与不乘以沉降计算经验系数与挤土效应系数（$\psi = 1.1538$）的手算沉降值 27.1 mm 之比为 0.60，超出合理范围。原因不明。

　　［案例 4.3.3］的 JCCAD 软件计算值"上海规范沉降 S_3"为 $45.59 \times 1.05 = 47.9$ mm，与实测推算最终沉降值 93 mm 之比为 0.52，计算结果不满足 80% 保证率的要求。且"上海规范沉降 S_3" 45.59 mm，与不乘以沉降计算经验系数（$\psi = 1.05$）的手算沉降值 71 mm 之比为 0.64，超出合理范围。

4.3.4　上海某 7 层冷库沉降计算

　　［案例 4.3.4］为上海某 7 层冷库，无梁楼盖结构（黄绍铭，1982）。暗绿色硬土层在地面以下 25 m 处。

　　［案例 4.3.4］属于 1999 年版上海地基基础规范用于桩基沉降计算经验系数统计分析的 69 幢建筑之一，还可能属于 2010 年版上海地基基础规范用于桩基沉降计算经验系数统计分析的 95 幢建筑之一。因此数据应该是比较可靠的。

　　［案例 4.3.4］地基土物理力学性质指标见表 4.3.4-1。

地基土物理力学性质指标　　　　　　　　　　表 4.3.4-1

| 层序 | 土的名称 | 物理性质 | | | 力学性质 |
		厚度 h （m）	含水量 w （%）	天然孔隙比 e	压缩试验 压缩模量 E_s （MPa）
①	杂填土	1.1	—	0.95	
②	灰黄色粉质黏土	3.7	32	1.2	
③	灰色淤泥质粉质黏土	7.8	42	1.35	
④	灰色淤泥质粉质黏土	8.2	48	—	
⑤	灰色黏土	5.2	—	—	
⑥	暗绿色粉质黏土	3.7	25		13.0
⑦	褐黄色粉质黏土	6.0	33		13.0
⑧	黄色粉砂	20.0	25		21.5
⑨	灰黄色细砂	>5.6	—		21.5

注：压缩模量为考虑土的自重压力至土的自重压力加附加压力作用时的压缩模量。

　　[案例 4.3.4] 采用预制钢筋混凝土方桩，桩长 26 m，桩断面 450 mm×450 mm。采用第 6 层暗绿色粉质黏土作为桩端持力层，共 724 根，每根柱下布置 8~9 根桩，承台-基础梁式桩基础。

　　[案例 4.3.4] 桩位平面图如图 4.3.4-1。

　　[案例 4.3.4] 沉降实测时间由 1959 年 3 月~1972 年 12 月，历时 13.75 年，实测最后平均沉降量为 275 mm，最终沉降速率为 0.005 mm/d，已达到沉降稳定的标准（连续两次半年沉降量不超过 2 mm）。实测推算最终沉降量为 304 mm。

　　1. [案例 4.3.4] 的桩等效距径比为 4.0，小于 6.0，因此可按上海市标准《地基基础设计规范》的实体深基础法计算沉降。计算参数如下：L/b＝60.5/48.5，桩长 26 m，入土深度 26.7 m，基底附加压力 P_0＝518600/60.5×48.5＝176.74 kPa。计算桩基沉降值为 245 mm（挤土效应系数取 1.55），与实测推算最终沉降值 304 mm 之比为 0.81。计算结果满足 80% 的保证率（计算过程略）。

　　2. [案例 4.3.4] 按《建筑地基基础设计规范》GB 50007—2011 "实体深基础法" 计算桩基沉降值为 146 mm，与实测推算最终沉降值 304 mm 之比为 0.48。计算结果不满足 80% 的保证率（计算过程略）。

　　3. [案例 4.3.4] 按《建筑桩基技术规范》JGJ 94—2008 "等效作用分成总和法" 计算沉降。由 L_c＝60.5 m，B_c＝48.5 m，n＝724，l＝26 m，b＝0.45m，可得：n_b＝24.1，C_0＝0.0388，C_1＝1.765，C_2＝11.244，ψ_e＝0.483。计算桩基沉降值为 201 mm（挤土效应系数取 1.8），与实测推算最终沉降值 304 mm 之比为 0.66。计算结果不满足 80% 的保证率（计算过程略）。

　　4. 不计各种经验系数的 "等效作用分成总和法" 计算沉降为：4×0.483×176.74×0.4416＝151 mm，与不计沉降计算经验系数的明德林应力公式法计算沉降 243 mm 之比为 0.62。

　　由此可见，"由明德林位移解推导而得的等效作用分成总和法"，其计算结果与明德林

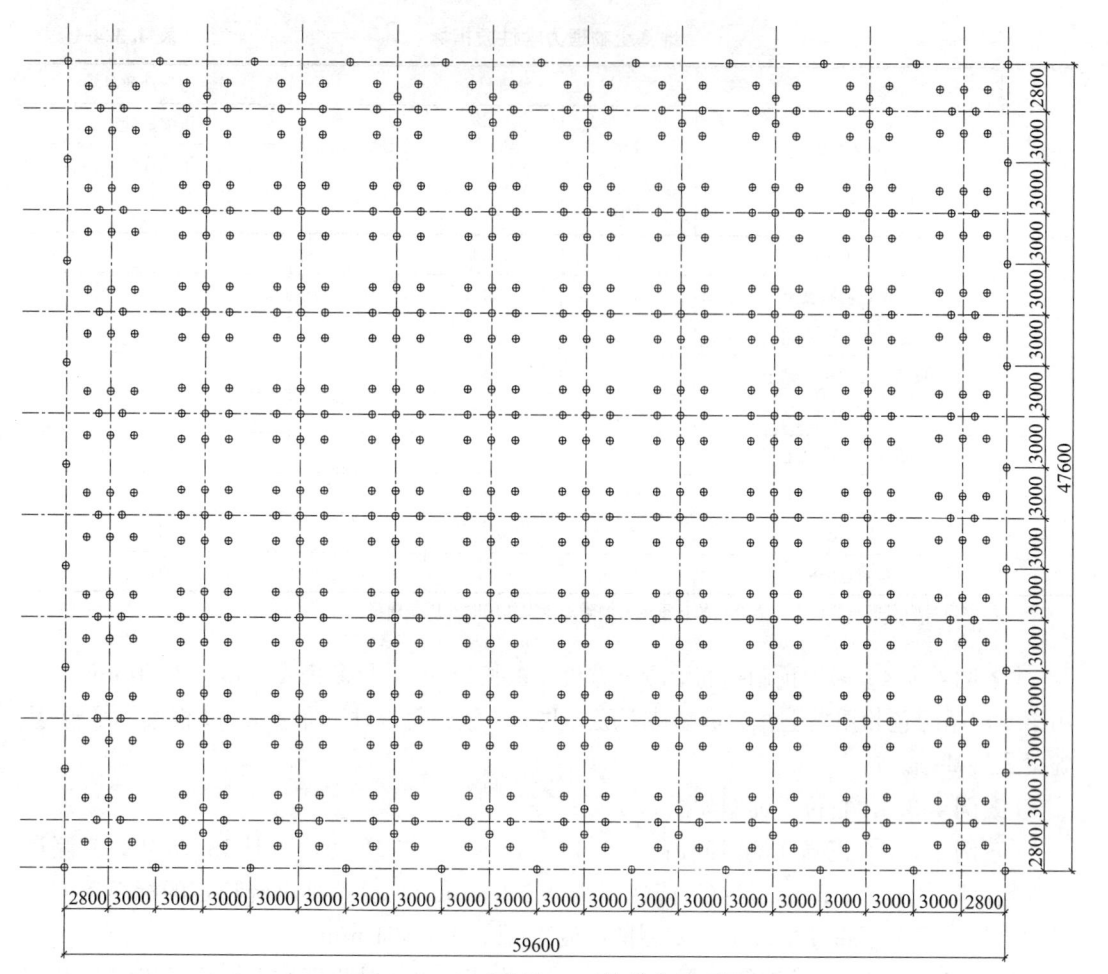

图 4.3.4-1　[案例 4.3.4] 桩位平面图

应力公式法计算结果的差别大于 30%。

5. [案例 4.3.4] 明德林应力公式法计算沉降值为 $1.05 \times 259 = 272$ mm，与实测推算最终沉降值 304 mm 之比为 0.80。计算结果满足 80%保证率的要求（计算过程略）。

6. [案例 4.3.4] 的 JCCAD 软件沉降试算结果如图 4.3.4-2。

[案例 4.3.4] 的 JCCAD 软件计算值"平均沉降 S_1" 167.35 mm 与实测推算最终沉降值 304 mm 之比为 0.55，计算结果不满足 80%保证率的要求。需要调整群桩沉降放大系数。

[案例 4.3.4] 的 JCCAD 软件计算值"等效作用法沉降 S_2"为 $96.2 \times 1.6275 = 157$ mm，与实测推算最终沉降值 304 mm 之比为 0.52，计算结果不满足 80%保证率的要求。且"等效作用法沉降 S_2" 96.2 mm，与不乘以沉降计算经验系数与挤土效应系数（$\psi = 1.1538$）的手算沉降值 151 mm 之比为 0.64，超出合理范围。原因不明。

[案例 4.3.4] 的 JCCAD 软件计算值"上海规范沉降 S_3"为 $194.34 \times 1.05 = 204$ mm，与实测推算最终沉降值 304 mm 之比为 0.67，计算结果不满足 80%保证率的要求。且"上海规范沉降 S_3" 194.34 mm，与不乘以沉降计算经验系数（$\psi = 1.05$）的手算沉降值 259 mm 之比为 0.75，超出合理范围。

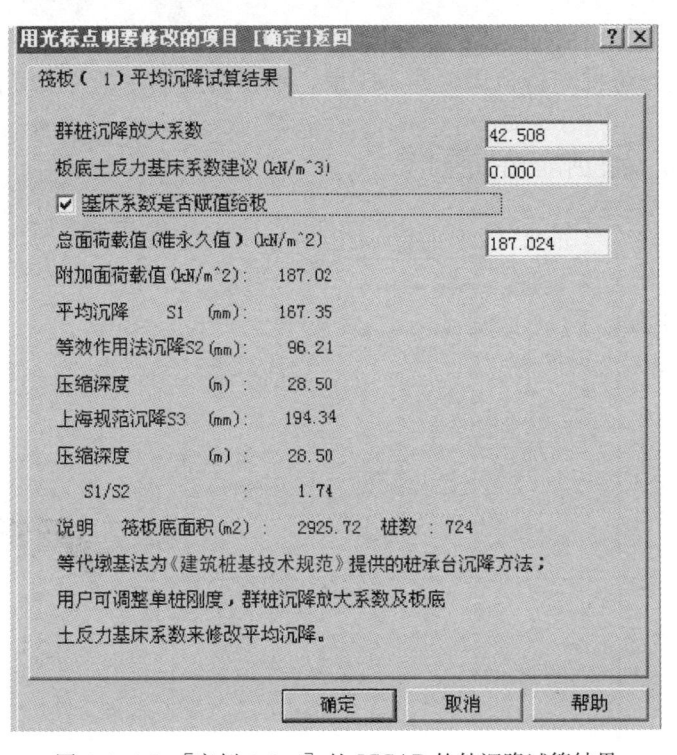

图 4.3.4-2 ［案例 4.3.4］的 JCCAD 软件沉降试算结果

4.3.5 上海某公寓沉降计算

［案例 4.3.5］为上海某公寓。暗绿色硬土层缺失（1999 年版上海地基规范）。

［案例 4.3.5］可能属于 1999 年版上海地基基础规范用于桩基沉降计算经验系数统计分析的 69 幢建筑之一，因为在 1999 年版上海地基基础规范的条文说明中，该案例是作为明德林应力公式法的计算例题的，因此数据应该是比较可靠的。

［案例 4.3.5］地基土物理力学性质指标见表 4.3.5-1。

<table>
<tr><td colspan="7" align="center">地基土物理力学性质指标</td><td>表 4.3.5-1</td></tr>
<tr><td rowspan="4">层序</td><td rowspan="4">土的名称</td><td colspan="4" align="center">物理性质</td><td colspan="2" align="center">力学性质</td></tr>
<tr><td rowspan="3">厚度
h
（m）</td><td rowspan="3">含水量
w
（%）</td><td rowspan="3">重力密度
ρ
（g/cm³）</td><td rowspan="3">天然孔隙比
e</td><td colspan="2" align="center">压缩试验</td></tr>
<tr><td colspan="2" align="center">压缩模量</td></tr>
<tr><td colspan="2" align="center">E_s
（MPa）</td></tr>
<tr><td>①</td><td>填土</td><td>1.0</td><td>—</td><td>18.0</td><td>—</td><td colspan="2">—</td></tr>
<tr><td>②</td><td>褐黄色粉质黏土</td><td>3.2</td><td>32.0</td><td>18.5</td><td>0.94</td><td colspan="2">—</td></tr>
<tr><td>③</td><td>灰色淤泥质粉质黏土</td><td>4.0</td><td>50.0</td><td>17.4</td><td>1.30</td><td colspan="2">—</td></tr>
<tr><td>④</td><td>灰色淤泥质粉质黏土</td><td>14.0</td><td>48.0</td><td>17.3</td><td>1.30</td><td colspan="2">—</td></tr>
<tr><td>⑤</td><td>灰色粉质黏土</td><td>8.0</td><td>32.0</td><td>18.7</td><td>0.90</td><td colspan="2">6.2</td></tr>
<tr><td>⑥</td><td>灰色砂质粉土</td><td>5.0</td><td>27.0</td><td>19.0</td><td>0.72</td><td colspan="2">16.0</td></tr>
<tr><td>⑦</td><td>黄细砂、灰细砂</td><td>8.0</td><td>—</td><td>19.0</td><td></td><td colspan="2">25.0</td></tr>
</table>

注：压缩模量为考虑土的自重压力至土的自重压力加附加压力作用时的压缩模量。

　　［案例 4.3.5］采用钻孔灌注桩，桩长 22 m，桩直径 600 m，入土深度 23.2 m。采用第 5 层粉质黏土作为桩端持力层，共 181 根，承台梁式桩基础。实测推算最终沉降为 183 mm。

　　［案例 4.3.5］桩位平面图如图 4.3.5-1。

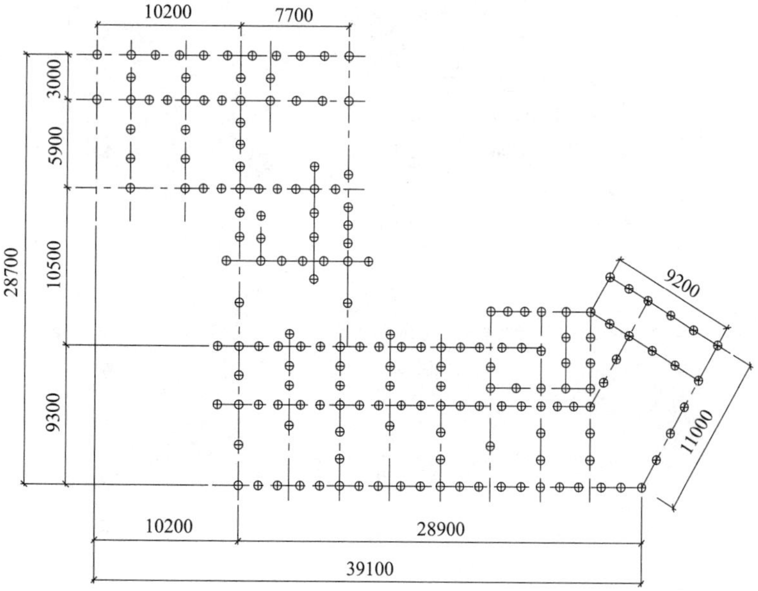

图 4.3.5-1　［案例 4.3.5］桩位平面图

　　1. ［案例 4.3.5］的桩等效距径比为 3.15，小于 6.0，因此可按上海市标准《地基基础设计规范》DGJ 08-11—2010 的实体深基础法计算沉降。计算参数如下：$L/b=64.8/10.0$，桩长 22 m，基础底附加压力 $P_0=179.9$ kPa。计算桩基沉降值为 152 mm，与实测推算最终沉降值 183 mm 之比为 0.83。计算结果满足 80% 的保证率（计算过程略）。

　　2. ［案例 4.3.5］按《建筑地基基础设计规范》GB 50007—2011"实体深基础法"计算桩基沉降值为 116 mm，与实测推算最终沉降值 183 mm 之比为 0.63。计算结果不满足 80% 的保证率（计算过程略）。

　　3. ［案例 4.3.5］按《建筑桩基技术规范》JGJ 94—2008"等效作用分成总和法"计算沉降。由 $L_c=64.8$ m，$B_c=10.0$ m，$n=181$，$l=22$ m，$d=0.6$ m，可得：$n_b=5.3$，$C_0=0.1816$，$C_1=1.735$，$C_2=6.2402$，$\psi_e=0.495$。计算桩基沉降值为 120 mm，与实测推算最终沉降值 183 mm 之比为 0.66。计算结果不满足 80% 的保证率（计算过程略）。

　　4. 不计各种经验系数的"等效作用分成总和法"计算沉降为：$4\times0.495\times179.9\times0.3217=115$ mm，与不计沉降计算经验系数的明德林应力公式法计算沉降 147 mm 之比为 0.78。由此可见，"由明德林位移解推导而得的等效作用分成总和法"，其计算结果与明德林应力公式法计算结果的差别大于 20%。

　　5. ［案例 4.3.5］明德林应力公式法计算沉降值为 $1.05\times147.0=154$ mm，与实测推算最终沉降值 183 mm 之比为 0.84。计算结果满足 80% 保证率的要求（计算过程略）。

4.3.6 上海闸北区某20层住宅沉降计算

[案例4.3.6]为上海闸北区某20层住宅（冯克康，1990），框架剪力墙结构。

[案例4.3.6]属于上海地基基础规范用于桩基沉降计算经验系数统计分析的95幢建筑之一，因此数据应该是可靠的。

[案例4.3.6]地基土物理力学性质指标见表4.3.6-1。

地基土物理力学性质指标

表4.3.6-1

层序	土的名称	物理性质				力学性质				原位测试	
		厚度 h (m)	含水量 w (%)	重力密度 ρ (g/cm³)	天然孔隙比 e	剪切试验		压缩试验		比贯入阻力 P_s (MPa)	标贯试验 N (击数)
						内摩擦角 ϕ (°)	内聚力 C (kPa)	压缩模量 $E_{S0.1-0.2}$ (MPa)	压缩模量 E_s (MPa)		
①	杂填土	1.5	—	—	—	—	—	—	—	—	—
②	褐黄色粉质黏土	1.5	—	1.88	—	—	—	—	—	2	8～10
③	褐灰色黏质粉土	4.5	40.0	1.77	1.14	25.2	16.7	4.81	0.43	2	8～10
④	灰色粉细砂	9.0	23.8	1.83	0.82	26.5	0	13.18	15.7	7～8	25～45
⑤	灰色粉质黏土	8.5	35.7	1.82	1.03	18.5	11.8	4.38	6.0	1	7～12
⑥	暗绿色黏土	4.0	25.0	2.01	0.70	16.2	28.7	0.17	12.6	2～2.5	20～22
⑦	褐黄色砂质粉土	14.5	33.2	1.85	0.94	—	—	11.93	17.9	—	30～35
⑧	灰色黏土	9.5	39.8	1.82	1.11	17.6	13.3	6.67	—	—	—
⑨	灰色粉质黏土	>7.0	33.9	1.82	0.99	22.0	10.0	6.21	—	—	—

注：第二栏压缩模量为考虑土的自重压力至土的自重压力加附加压力作用时的压缩模量。

[案例4.3.6]采用预制钢筋混凝土方桩，桩长8 m，桩断面450 mm×450 mm。采用第4层粉细砂作为桩端持力层，共220根。底板厚度900 mm。

对3根桩进行静载荷试验，其单桩极限承载力不小于1400 kN。

[案例4.3.6]桩位平面图如图4.3.6-1。

[案例4.3.6]沉降实测时间由1981年5月～1992年5月，历时11年，实测最后平均沉降量为319 mm，最终沉降速率为0.016 mm/d，尚未达到沉降稳定的标准（连续两次半年沉降量不超过2 mm）。实测推算最终沉降量为424 mm。

[案例4.3.6]实测时间-沉降曲线如图4.3.6-2。

1. [案例4.3.6]的桩等效距径比为3.38，小于6.0，因此可按上海市标准《地基基础设计规范》DGJ 08-11—2010的实体深基础法计算沉降。计算参数如下：$L/b = 26.74/24.33$，桩长8 m，入土深度10.0 m，基底附加压力 $P_0 = 181.3$ kPa。计算桩基沉降值为232.5 mm，与实测推算最终沉降值424 mm之比为0.55。计算结果不满足80%的保证率（计算过程略）。

2. [案例4.3.6]按《建筑地基基础设计规范》GB 50007—2011"实体深基础法"计算桩基沉降值为166.3 mm，与实测推算最终沉降值424 mm之比为0.39。计算结果不满足80%的保证率（计算过程略）。

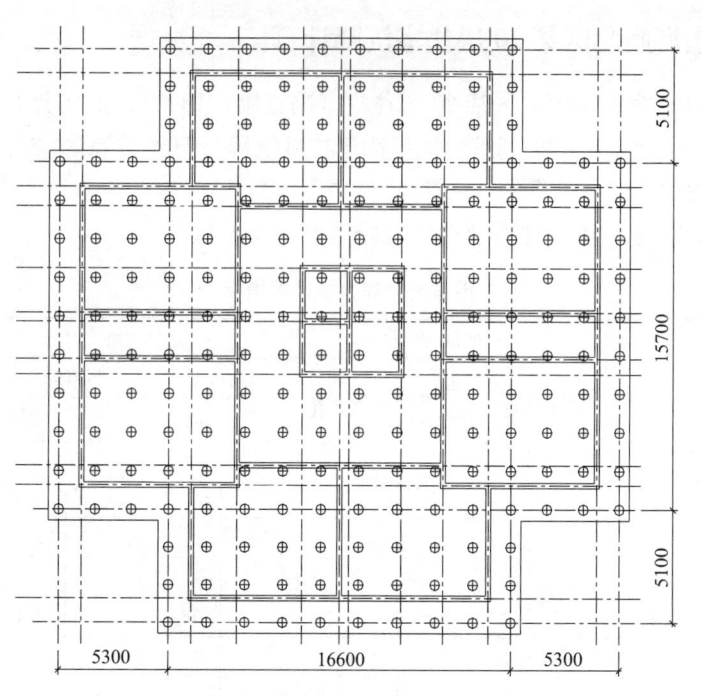

图 4.3.6-1 ［案例 4.3.6］桩位平面图

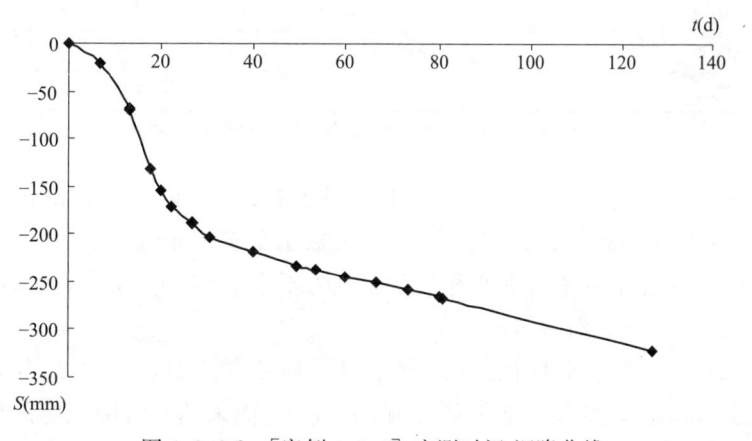

图 4.3.6-2 ［案例 4.3.6］实测时间-沉降曲线

3. ［案例 4.3.6］按《建筑桩基技术规范》JGJ 94—2008"等效作用分成总和法"计算沉降。由 $L_c=26.7$ m，$B_c=24.33$ m，$n=220$，$l=8$ m，$b=0.45$ m，可得：$n_b=14.148$，$C_0=0.0819$，$C_1=1.4492$，$C_2=7.4093$，$\psi_e=0.58$。计算桩基沉降值为 326 mm（挤土效应系数取 1.55），与实测推算最终沉降值 424 mm 之比为 0.77。计算结果不满足 80% 的保证率（计算过程略）。

4. 不计各种经验系数的"等效作用分成总和法"计算沉降为：$4\times0.58\times181.3\times0.4585=193$ mm。与不计沉降计算经验系数的明德林应力公式法计算沉降 382 mm 之比为 0.51。

由此可见，"由明德林位移解推导而得的等效作用分成总和法"，其计算结果与明德林应力公式法计算结果的差别大于40%。

5.〔案例4.3.6〕明德林应力公式法计算沉降值为1.05×382.1＝401 mm，与实测推算最终沉降值424 mm之比为0.95。计算结果满足80%保证率的要求（计算过程略）。

6.〔案例4.3.6〕的JCCAD软件沉降试算结果如图4.3.6-3。

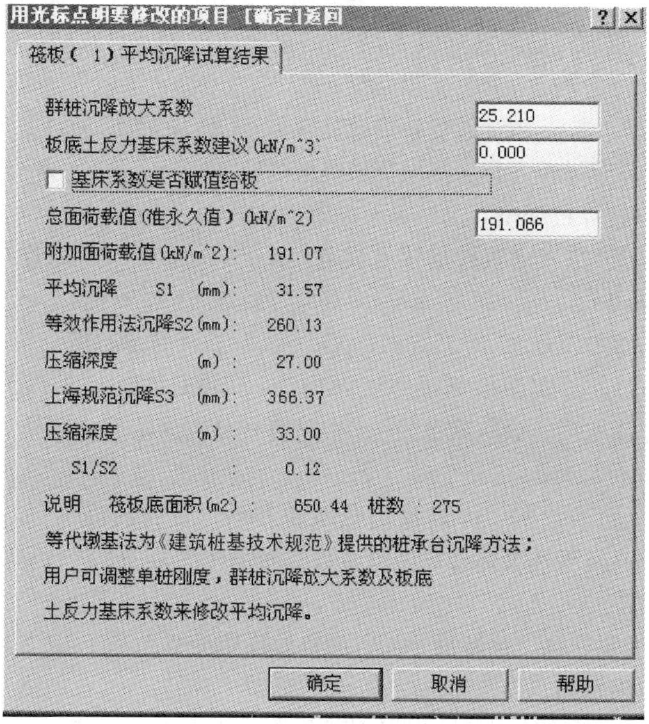

图4.3.6-3　〔案例4.3.6〕的JCCAD软件沉降试算结果

〔案例4.3.6〕的JCCAD软件计算值"平均沉降S_1"31.57 mm与实测推算最终沉降值424 mm之比为0.07，计算结果满足80%保证率的要求。需要调整群桩沉降放大系数。

〔案例4.3.6〕的JCCAD软件计算值"等效作用法沉降S_2"为260.13×1.6275＝423 mm，与实测推算最终沉降值424 mm之比为1.00，计算结果满足80%保证率的要求。但"等效作用法沉降S_2"260.13 mm，与不乘以沉降计算经验系数与挤土效应系数（$\psi=1.693$）的手算沉降值193 mm之比为1.35，超出合理范围。原因不明。

〔案例4.3.6〕的JCCAD软件计算值"上海规范沉降S_3"为366.37×1.05＝385 mm，与实测推算最终沉降值424 mm之比为0.91，计算结果满足80%保证率的要求。"上海规范沉降S_3"366.37 mm，与不乘以沉降计算经验系数（$\psi=1.05$）的手算沉降值392.1 mm之比为0.93，在合理范围。

4.3.7　上海某32层剪力墙沉降计算

〔案例4.3.7〕即《建筑桩基技术规范》表4中序号7的"32层剪力墙"，为上海某32层建筑。是否属于上海地基基础规范用于桩基沉降计算经验系数统计分析的95幢建筑之一尚不清楚。但据已检索到的资料，〔案例4.3.7〕的部分原位实测进行了7年，因此沉降实测数据应该是比较可靠的。

［案例 4.3.7］参见"4.3.7 上海某 32 层剪力墙沉降计算对比"。

1.［案例 4.3.7］的桩等效距径比为 4.1，小于 6.0，因此可按上海市标准《地基基础设计规范》DGJ 08-11—2010 的实体深基础法计算沉降。计算参数如下：$L/b=28.0/21.5$，桩长 54.6 m，入土深度 59.2 m，基底附加压力 $P_0=381.2$ kPa。计算桩基沉降值为 70.5 mm，与实测推算最终沉降值 36.8 mm 之比为 1.92。计算结果不满足 80％的保证率（计算过程略）。

2.［案例 4.3.7］按《建筑地基基础设计规范》GB 50007—2011"实体深基础法"计算桩基沉降值为 165.7 mm，与实测推算最终沉降值 36.8 mm 之比为 4.5。计算结果不满足 80％的保证率（计算过程略）。

3.［案例 4.3.7］按《建筑桩基技术规范》JGJ 94—2008"等效作用分成总和法"计算沉降。由 $L_c=28.0$ m，$B_c=21.5$ m，$n=108$，$l=54.6$ m，$b=0.5$ m，可得：$n_b=9.1$，$C_0=0.0288$，$C_1=2.0474$，$C_2=15.6215$，$\psi_e=0.28$。计算桩基沉降值为 116.1 mm（挤土效应系数取 1.55），与实测推算最终沉降值 36.8 mm 之比为 3.15。计算结果不满足 80％的保证率。即使取挤土效应系数为 1.0，计算桩基沉降值与实测推算最终沉降值之比仍达到 2.04（计算过程略）。

4. 不计各种经验系数的"等效作用分成总和法"计算沉降为：$4 \times 0.28 \times 381.2 \times 0.2312=98.7$ mm。与不计沉降计算经验系数的明德林应力公式法计算沉降 101.6 mm 之比为 0.97。

由此可见，"由明德林位移解推导而得的等效作用分成总和法"，其计算结果与明德林应力公式法计算结果相符。

5.［案例 4.3.7］明德林应力公式法计算沉降值为 $0.759 \times 101.6=76.4$ mm，与实测推算最终沉降量 36.8 mm 之比为 2.08（计算过程略）。

6.［案例 4.3.7］的 JCCAD 软件沉降试算结果如图 4.3.7-1。

［案例 4.3.7］的 JCCAD 软件计算值"平均沉降 S_1"125.2 mm 与实测推算最终沉降值 36.8 mm 之比为 3.40，计算结果不满足 80％保证率的要求。需要调整群桩沉降放大系数。

［案例 4.3.7］的 JCCAD 软件计算值"等效作用法沉降 S_2"为 $50.88 \times 1.17645=60$ mm，与实测推算最终沉降值 36.8 mm 之比为 1.63，计算结果不满足 80％保证率的要求。且"等效作用法沉降 S_2"50.88 mm，与不乘以沉降计算经验系数与挤土效应系数（$\psi=1.1625$）的手算沉降值 98.7 mm 之比为 0.52，超出合理范围。原因不明。

［案例 4.3.7］的 JCCAD 软件计算值"上海规范沉降 S_3"为 $87.42 \times 0.759=66$ mm，与实测推算最终沉降值 36.8 mm 之比为 1.79，计算结果不满足 80％保证率的要求。且"上海规范沉降 S_3"87.42 mm，与不乘以沉降计算经验系数（$\psi=0.759$）的手算沉降值 101.6 mm 之比为 0.86，在合理范围。

4.3.8 上海静安区某 20 层大楼沉降计算

［案例 4.3.8］为上海某 20 层大楼，剪力墙结构，1 层地下室（李良勇，1994）。

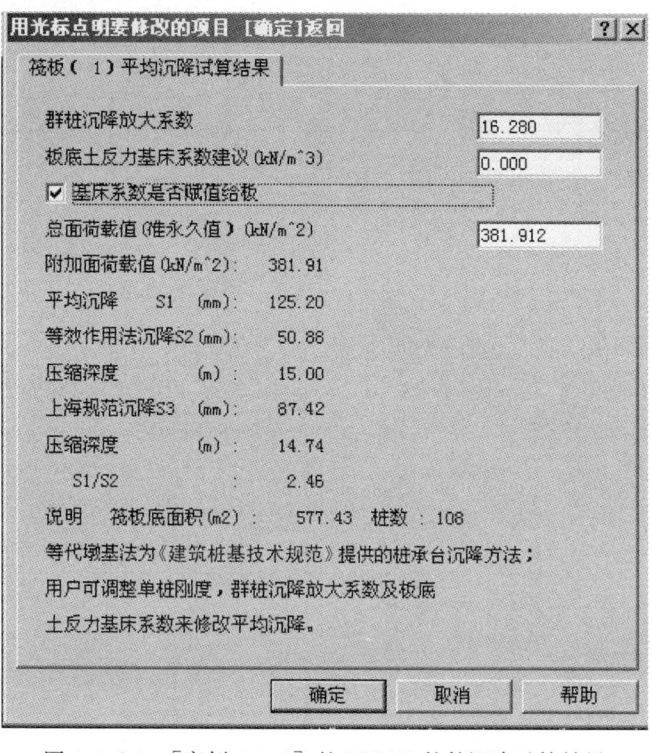

图 4.3.8-1 〔案例 4.3.8〕的 JCCAD 软件沉降试算结果

〔案例 4.3.8〕属于上海地基基础规范用于桩基沉降计算经验系数统计分析的 95 幢建筑，因此数据应该是比较可靠的。

〔案例 4.3.8〕地基土物理力学性质指标见表 4.3.8-1。

地基土物理力学性质指标

表 4.3.8-1

层序	土的名称	物理性质				力学性质			
		厚度 h (m)	含水量 w (%)	天然孔隙比 e	重力密度 γ (kN/m³)	压缩试验		剪切试验	
						压缩模量 $E_{S0.1-0.2}$ (MPa)	压缩系数 $a_{0.1-0.2}$ (MPa⁻¹)	内摩擦角 ϕ (°)	内聚力 C (kPa)
①	填土	—	—	—	—	—	—	—	—
②	粉质黏土	—	35.4	0.977	18.7	3.77	0.57	18.25	9
③	淤泥质粉质黏土	—	42.9	1.176	17.9	2.46	0.82	19.25	6
④	淤泥质黏土	10.74	50.0	1.376	17.3	2.19	0.99	12.00	8
⑤-1	黏土	5.06	37.0	1.040	18.4	3.02	0.65	9.75	15
⑤-2	粉质黏土	19.9	32.2	0.983	18.2	4.29	0.44	20.00	10
⑥	粉质黏土	0.90	19.6	0.557	20.9	6.62	0.23	20.00	26
⑦	粉细砂	13.0	26.9	0.771	19.2	13.5	0.13	30.00	5
⑧	粉质黏土	未穿	33.1	0.912	19.0	4.75	0.39	15.00	24

〔案例 4.3.8〕采用预制混凝土方桩，桩长 40.6 m，桩断面 450 mm×450 mm。采用第 7 层细砂作为桩端持力层，共 213 根。底板厚度 1500 mm。

［案例 4.3.8］桩位平面图如图 4.3.8-2。

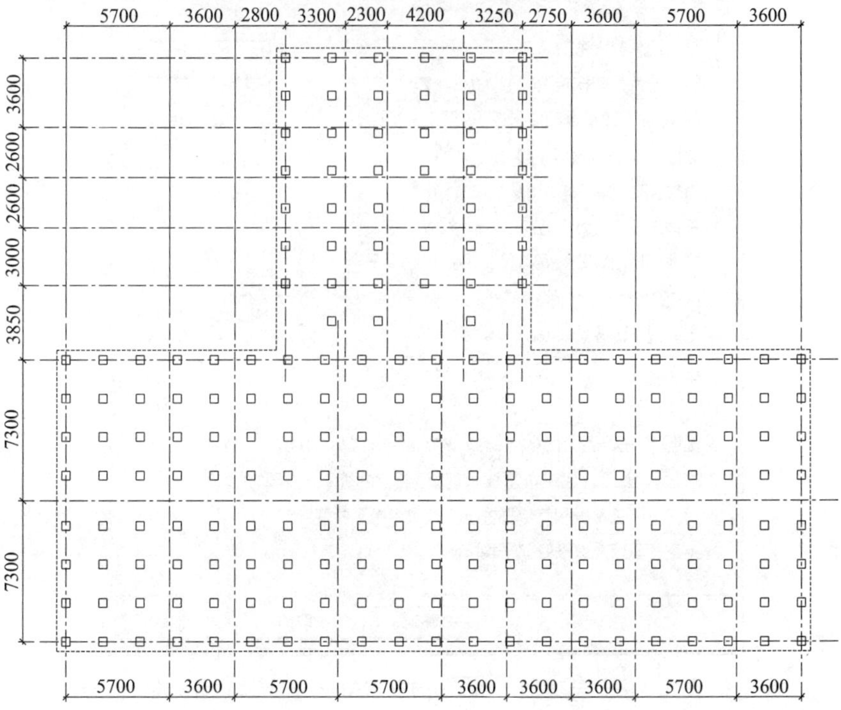

图 4.3.8-2　［案例 4.3.8］桩位平面图

注：未能检索到［案例 4.3.8］的桩位平面图，仅有［案例 4.3.8］的桩数、基础平面图等资料。但桩位的具体布置，除对明德林应力公式法计算结果的影响一般在 10% 以内外，对其他桩基沉降计算结果均无影响，因此按均布桩处理。

［案例 4.3.8］沉降实测时间由 1986 年 9 月～1991 年 11 月，历时 5.2 年，实测最后平均沉降量为 50.9 mm，最终沉降速率为 0.004 mm/d，已达到沉降稳定的标准（连续两次半年沉降量不超过 2 mm）。实测推算最终沉降量为 72.3 mm。

1. ［案例 4.3.8］的桩等效距径比为 4.0，小于 6.0，因此可按上海市标准《地基基础设计规范》DGJ 08-11—2010 的实体深基础法计算沉降。计算参数如下：$L/b=41.8/20.86$，桩长 40.6 m，入土深度 44.2 m，基底附加压力 $P_0=247.2$ kPa。计算桩基沉降值为 90.4 mm，与实测推算最终沉降量 72.3 mm 之比为 1.25。计算结果基本满足 80% 的保证率（计算过程略）。

2. ［案例 4.3.8］按《建筑地基基础设计规范》GB 50007—2011 "实体深基础法" 计算桩基沉降值为 129.8 mm，与实测推算最终沉降量 72.3 mm 之比为 1.795。计算结果不能满足 80% 的保证率（计算过程略）。

3. ［案例 4.3.8］按《建筑桩基技术规范》JGJ 94—2008 "等效作用分成总和法" 计算沉降。由 $L_c=41.8$ m，$B_c=20.86$ m，$n=213$，$l=40.6$ m，$b=0.45$ m，可得：$n_b=10.31$，$C_0=0.057$，$C_1=1.882$，$C_2=11.447$，$\psi_e=0.378$。计算桩基沉降值为 121.9 mm（挤土效应系数取 1.55），与实测推算最终沉降量 72.3 mm 之比为 1.686。计算结果不满足 80% 的保证率（计算过程略）。

4. 不计各种经验系数的"等效作用分成总和法"计算沉降为：$4×0.378×247.2×0.2787＝104.2$ mm，与不计沉降计算经验系数的明德林应力公式法计算沉降 102.9 mm 之比为 1.01。

由此可见，"由明德林位移解推导而得的等效作用分成总和法"，其计算结果与明德林应力公式法计算结果相符。

5. ［案例 4.3.8］明德林应力公式法计算沉降值为 $0.905×102.9＝93.1$ mm，与实测推算最终沉降量 72.3 mm 之比为 1.288。计算结果基本满足 80％保证率的要求（计算过程略）。

6. ［案例 4.3.8］的 JCCAD 软件沉降试算结果如图 4.3.8-3。

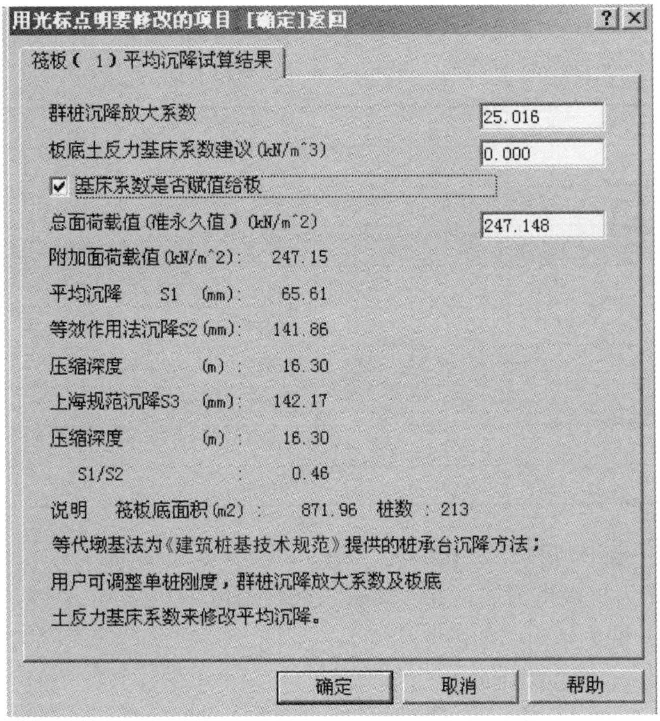

图 4.3.8-3 ［案例 4.3.8］的 JCCAD 软件沉降试算结果

［案例 4.3.8］的 JCCAD 软件计算值"平均沉降 S_1" 65.61 mm 与实测推算最终沉降值 72.3 mm 之比为 0.91，计算结果满足 80％保证率的要求。

［案例 4.3.8］的 JCCAD 软件计算值"等效作用法沉降 S_2"为 $141.86×1.40＝198.6$ mm，与实测推算最终沉降值 72.3 mm 之比为 2.75，计算结果不满足 80％保证率的要求。且"等效作用法沉降 S_2" 141.86 mm，与不乘以沉降计算经验系数与挤土效应系数（$\psi＝1.17$）的手算沉降值 104 mm 之比为 1.36，超出合理范围。原因不明。

［案例 4.3.8］的 JCCAD 软件计算值"上海规范沉降 S_3"为 $146.17×0.905＝132$ mm，与实测推算最终沉降值 72.3 mm 之比为 1.83，计算结果不满足 80％保证率的要求。且"上海规范沉降 S_3" 146.17 mm，与不乘以沉降计算经验系数（$\psi＝0.905$）的手算沉降值 102.9 mm 之比为 1.42，超出合理范围。原因不明。

4.3.9 上海静安区某26层大楼沉降计算

［案例4.3.9］为上海某26层大楼，剪力墙结构，1层地下室（陈亚平，1994）。

［案例4.3.9］属于上海地基基础规范用于桩基沉降计算经验系数统计分析的95幢建筑，因此数据应该是比较可靠的。

［案例4.3.9］地基土物理力学性质指标见表4.3.9-1。

地基土物理力学性质指标

表4.3.9-1

层序	土的名称	物理性质				力学性质			
		厚度 h (m)	含水量 w (%)	天然孔隙比 e	重力密度 γ (kN/m³)	压缩试验		剪切试验	
						压缩模量 $E_{s0.1-0.2}$ (MPa)	压缩系数 $a_{0.1-0.2}$ (MPa⁻¹)	内摩擦角 ϕ (°)	内聚力 C (kPa)
①	填土	—	—	—	—	—	—	—	—
②	黏土	—	34.2	0.99	18.5	4.1	0.46	14.5	17
③	淤泥质粉质黏土	—	46.1	1.29	17.4	2.1	1.04	16.25	7
④-1	淤泥质黏土	9.6	46.1	1.39	17.4	2.2	0.99	9.5	13
④-2	淤泥质黏质粉土	5.0	33.1	1.03	17.9	4.1	0.46	19.5	9
⑤	粉质黏土	21.0	20.0	0.61	20.4	8.3	0.19	23.45	45
⑥	粉质黏土	1.5	21.9	0.68	19.5	11.0	0.15	28.5	7
⑦	砂质粉土	—	26.2	0.77	19.1	12.5	0.14	30.0	5
⑨-1	细砂土	—	26.1	0.71	19.2	14.4	0.12	28.5	5
⑨-2	细砂土	—	30.0	0.87	18.6	10.3	0.18	—	—

［案例4.3.9］采用预制混凝土方桩，桩长40.5 m，桩断面450 mm×450 mm。采用第7层砂质粉土作为桩端持力层，共400根。底板厚度1500 mm。

［案例4.3.9］桩位平面图如图4.3.9-1。

［案例4.3.9］沉降实测时间由1980年10月～1989年9月，历时9年，实测最后平均沉降量为122 mm，最终沉降速率为0.005 mm/d，已达到沉降稳定的标准（连续两次半年沉降量不超过2 mm）。实测推算最终沉降量为141 mm。

1. ［案例4.3.9］的桩等效距径比为3.6，小于6.0，因此可按上海市标准《地基基础设计规范》的实体深基础法计算沉降。计算参数如下：$L/b=61.4/21.1$，桩长40.5 m，入土深度45.7 m，基底附加压力$P_0=353$ kPa。计算桩基沉降值为236 mm（挤土效应系数取1.55），与实测推算最终沉降量141 mm之比为1.674。计算结果不能满足80%的保证率（计算过程略）。

2. ［案例4.3.9］按《建筑地基基础设计规范》GB 50007—2011"实体深基础法"计算桩基沉降值为218 mm，与实测推算最终沉降量141 mm之比为1.546。计算结果不能满足80%的保证率（计算过程略）。

3. ［案例4.3.9］按《建筑桩基技术规范》JGJ 94—2008"等效作用分成总和法"计算沉降。由$L_c=61.4$ m，$B_c=21.1$ m，$n=400$，$l=40.5$ m，$b=0.45$ m，可得：$n_b=$

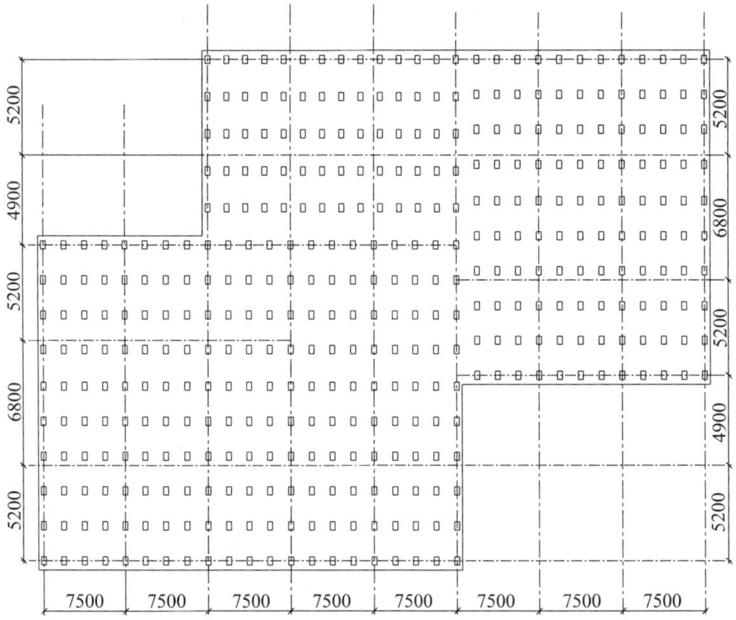

图 4.3.9-1 ［案例 4.3.9］桩位平面图

注：未能搜索到［案例 4.3.9］的桩位平面图，仅有［案例 4.3.9］的桩数、基础平面图等资料。但桩位的具体布置，除对明德林应力公式法计算结果的影响一般在 10％以内外，对其他桩基沉降计算结果均无影响，因此按均布桩处理。

11.7，$C_0=0.071$，$C_1=1.986$，$C_2=11.1$，$\psi_e=0.402$。计算桩基沉降值为 236 mm（挤土效应系数取 1.55），与实测推算最终沉降量 141 mm 之比为 1.674。计算结果不能满足 80％的保证率（计算过程略）。

4. 不计各种经验系数的"等效作用分成总和法"计算沉降为：$4\times0.402\times353\times0.3156=179.1$ mm，与不计沉降计算经验系数的明德林应力公式法计算沉降 206.8 mm 之比为 0.866。

由此可见，所谓"由明德林位移解推导而得的等效作用分成总和法"，其计算结果与明德林应力公式法计算结果的差别大于 10％。

5. ［案例 4.3.9］明德林应力公式法计算沉降值 $0.893\times206.8=185$ mm，与实测推算最终沉降量 141 mm 之比为 1.312。计算结果基本满足 80％保证率的要求（计算过程略）。

6. ［案例 4.3.9］的 JCCAD 软件沉降试算结果如图 4.3.9-2。

［案例 4.3.9］的 JCCAD 软件计算值"平均沉降 S_1" 190.31 mm 与实测推算最终沉降值 141 mm 之比为 1.35，计算结果不满足 80％保证率的要求。需要调整群桩沉降放大系数。

［案例 4.3.9］的 JCCAD 软件计算值"等效作用法沉降 S_2"为 $169.88\times1.384=235$ mm，与实测推算最终沉降值 141 mm 之比为 1.67，计算结果不满足 80％保证率的要求。且"等效作用法沉降 S_2" 169.88 mm，与不乘以沉降计算经验系数与挤土效应系数（$\psi=1.3175$）的手算沉降值 179 mm 之比为 0.949，在合理范围。

［案例 4.3.9］的 JCCAD 软件计算值"上海规范沉降 S_3"为 $188.59\times0.893=$

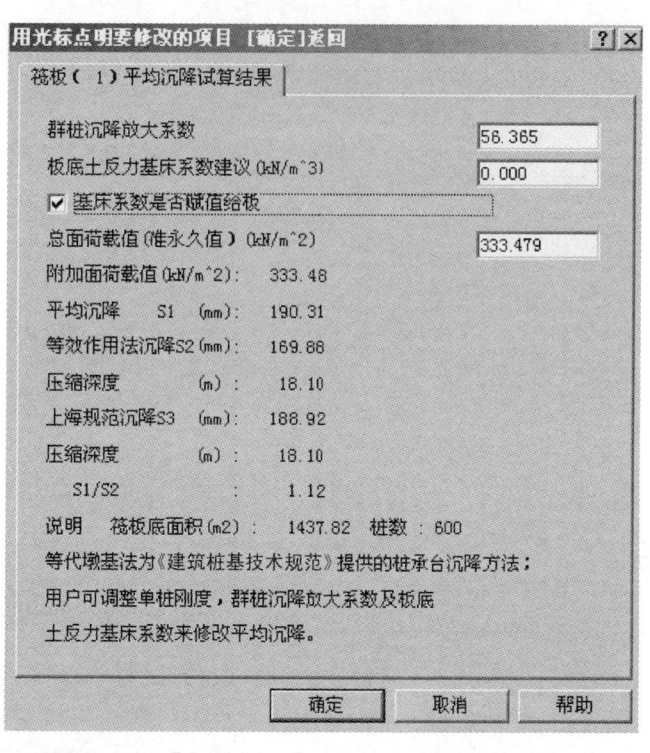

图 4.3.9-2 ［案例 4.3.9］的 JCCAD 软件沉降试算结果

169 mm，与实测推算最终沉降值 141 mm 之比为 1.20，计算结果满足 80％保证率的要求。且"上海规范沉降 S_3" 188.92 mm，与不乘以沉降计算经验系数（$\psi = 0.893$）的手算沉降值 206.8 mm 之比为 0.91，在合理范围。

4.3.10 上海 9 项工程实例沉降计算结果的探讨

上海 9 项工程实例沉降计算结果见表 4.3.10-1。

上海 9 项工程实例沉降计算对比 表 4.3.10-1

序号	工程名称	实测沉降 （mm） ① 实测日期	明德林应力公式法计算值 ② （mm）	上海地基规范实体深基础法计算值 ③ （mm）	国标地基规范实体深基础法计算值 ④ （mm）	《建筑桩基技术规范》等效作用分层总和法计算值 ⑤ （mm）	②/①	③/①	④/①	⑤/①
1	上海某 30 层大楼	40.8 1984～1990	47.7	31.5	66.4	71.7	1.17	0.77	1.63	1.12
2	上海某 24 层大楼	155.1 逾 7 年	274.0	149.0	189.0	194.0	1.77	0.96	1.22	1.23
3	上海某 12 层大楼	93 1984～1990	74.6	46.1	34.0	31.3	0.80	0.50	0.37	0.34
4	上海某 7 层冷库	304 1959～1972	272.0	194.0	146.0	201.0	0.89	0.64	0.48	0.66

序号	工程名称	实测沉降（mm）①	明德林应力公式法计算值②	上海地基规范实体深基础法计算值③	国标地基规范实体深基础法计算值④	《建筑桩基技术规范》等效作用分层总和法计算值⑤	②/①	③/①	④/①	⑤/①
		实测日期	（mm）	（mm）	（mm）	（mm）				
5	上海某公寓	183 / —	154.0	152.0	116.0	138.0	0.84	0.83	0.63	0.75
6	上海某20层大楼	424 / 1981～1992	401.0	232.5	166.3	326.0	0.95	0.55	0.39	0.77
7	上海某32层大楼	36.8 / 1987～1990	76.4	70.5	165.7	114.7	2.08	1.92	4.50	3.12
8	上海某20层大楼	72.3 / 1986～1991	93.1	90.4	129.8	121.9	1.29	1.25	1.80	1.69
9	上海某26层大楼	141 / 1980～1989	185	136.7	218	236	1.31	0.97	1.55	1.67
平均							1.23	0.93	1.39	1.26

注：1. 表中各种计算沉降值，已乘以有关规范规定的沉降计算经验系数。

2. 表中序号1、序号2的工程实例实测沉降为最后的实测结果，尚未达到沉降稳定标准。

3. 表中序号3、序号4、序号5、序号6、序号7的工程实例实测沉降为实测推算最终沉降值。

4. 表中序号2、序号3、序号4、序号6、序号7、序号8、序号9的工程实例为预制钢筋混凝土方桩，因此等效作用分层总和法的计算结果，根据实测沉降乘以1.3～1.8的预制桩挤土系数。

由表4.3.10-1可知，至少对于以上海软土桩基为代表的沿海软土地区桩基础而言，明德林应力公式法计算结果与实测沉降值的符合程度最高。因此上海地基规范规定《建筑桩基技术规范》的沉降计算以明德林应力公式法为准，实体深基础法只能用于初步设计阶段的沉降估算。

《建筑桩基技术规范》等效作用分层法与国标地基规范实体深基础法相比，准确程度一般稍高。但其原因是《建筑桩基技术规范》根据上海73例、天津17例、温州20例预制桩与钻孔灌注桩的沉降观测资料，引入了预制桩挤土效应系数。而在《建筑桩基技术规范》等效作用分层法计算表4.3.10-1中序号2～序号9这6项预制桩基础工程沉降时，就可以根据实测沉降乘以1.3～1.8的预制桩挤土系数，得到较好的结果。

由此可见，《建筑桩基技术规范》等效作用分层法与国标地基规范实体深基础法相比，除了计算过程繁复外，确实没有多少优势。

2008年版《建筑桩基技术规范》修订组收集上海、天津、北京、沈阳、西安等地共计150份已建桩基工程的沉降观测资料；2011年版国标地基规范修订组收集了部分软土地区62栋房屋的实测沉降资料；2010年版上海地基规范修订组选取了上海地区95幢建筑的实测沉降资料。上表中序号3～序号9的工程实例，就可能属于《建筑桩基技术规范》、国标地基规范与上海地基规范共有的资料。

可惜未能检索到上述百余份桩基工程的资料，因此难以对国标地基规范实体深基础法与等效作用分层总和法、明德林应力公式法与等效作用分层总和法的差别，作出结论性的判断。

4.3.11 等效作用分层总和法的疑难

《建筑桩基技术规范》指出，等效作用分层总和法的原理是，将按实体深基础布辛纳斯克解分层总和法计算桩基沉降，乘以等效沉降系数后，转换成按明德林应力公式法计算的桩基沉降。

换而言之，按等效作用分层总和法计算所得的桩基沉降值，与按明德林应力公式法计算结果之比，应该达到 90% 左右，才符合等效作用分层总和法的原意。

现在采用上海地区 9 项有着 6~13 年实测沉降数据的工程实例数据，分别采用等效作用分层总和法与明德林应力公式法计算桩基沉降，且不乘以经验系数，计算过程参见 4.3.1~4.3.9，对比结果见表 4.3.11-1。

等效作用分层总和法与明德林应力公式法计算沉降对比　　　表 4.3.11-1

序号	工程名称	桩型	桩端土 E_s （MPa）	明德林应力公式法计算值 ① （mm）	等效作用分层总和法计算值 ② （mm）	②/①
		桩尺寸 （m）	下卧层 E_s （MPa）			
1	上海 30 层大楼	钢管桩	52.6	59.8	71.0	1.19
		$\phi 0.6096 \times 49.9$	39.3			
2	上海某公寓	钻孔灌注桩	6.2	147	115	0.78
		$\phi 0.6 \times 22$	16.0			
3	上海 24 层大楼	预制混凝土方桩	12.4	297	196	0.66
		$0.5 \times 0.5 \times 32.25$	32.8			
4	上海 20 层大楼	预制混凝土方桩	15.7	382	193	0.51
		$0.45 \times 0.45 \times 8$	6.0			
5	上海 7 层冷库	预制混凝土方桩	13.0	259	151	0.58
		$0.45 \times 0.45 \times 26$	21.5			
6	上海 12 层大楼	预制混凝土方桩	12.0	71	27	0.38
		$0.45 \times 0.45 \times 25.5$	22.0			
7	上海 32 层大楼	预制混凝土方桩	8.8	101.6	98.7	0.97
		$0.5 \times 0.5 \times 54.6$	11.6			
8	上海某 20 层大楼	预制混凝土方桩	13.5	102.9	104.2	1.01
		$0.45 \times 0.45 \times 40.6$	4.8			
9	上海某 26 层大楼	预制混凝土方桩	12.5	206.8	179.1	0.87
		$0.45 \times 0.45 \times 40.5$	14.43			
平均						0.77

注：表中的明德林应力公式法与等效作用分层总和法计算沉降，均未乘以相应的沉降计算经验系数。

由表 4.3.11-1 中的对比可知，至少对于上海软土地区，明德林应力公式法与等效作用分层总和法计算结果相差较大。从桩型上看，钻孔灌注桩的两种方法计算结果的差距较小；其他如桩型、桩长、下卧层与桩端土的比值等因素，对两种方法计算结果差距的影响就不明显了。

由表 4.3.11-1 中 9 项工程的"等效作用分层总和法计算值/明德林应力公式法计算值",加入"桩入土深度"这个指标,并且不乘以任何经验系数,可得"上海桩基的等效作用分层总和法计算值/明德林应力公式法计算值散点图",如图 4.3.11-1。

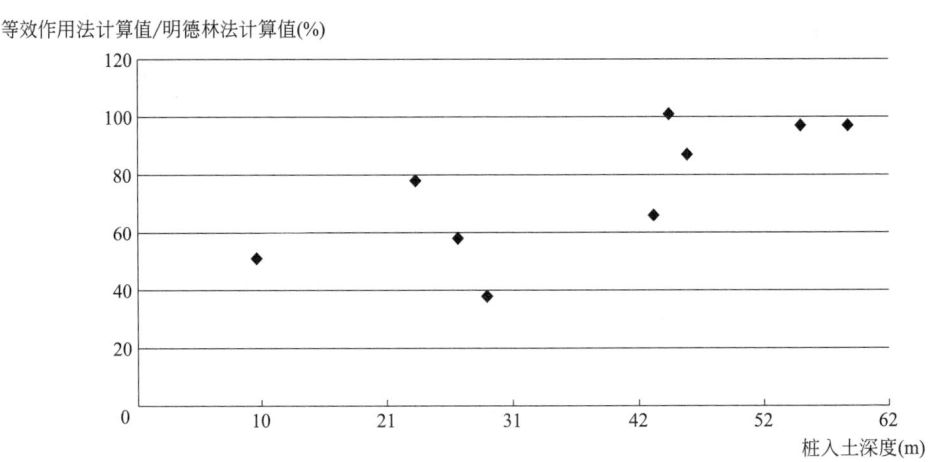

图 4.3.11-1　上海桩基的等效作用分层总和法计算值/明德林应力公式法计算值散点图

由上述 9 项上海桩基工程两种沉降计算方法计算结果的比值,与桩入土深度的关系,可以得出一个初步意见:两种沉降计算方法的比值与桩入土深度基本成正比,桩入土深度越小,等效作用分层总和法计算值与明德林应力公式法计算值的偏差越大。

一般理论分析认为,等效作用分层总和法直接将承台底部的附加压力当作桩端附加压力,使得附加应力计算值偏大,桩越长应力误差越大,最终计算结果有可能偏大(秋仁东,2011.10)。如按《建筑桩基技术规范》等效作用分层总和法,计算天津地区 6 项高层建筑的 45～63 m 钻孔灌注桩工程的沉降,发现实测沉降量与计算值之比为 0.21～0.41,平均为 0.30。计算值的误差较大。然而上述 9 项上海桩基工程计算结果恰好相反。

于是有另一种可能,就是至少对于上海地区这 9 项工程实例而言,明德林应力公式法与等效作用分层总和法并不完全"等效";且可发现以下 3 个特点:

1. 非排土桩的等效作用分层总和法计算值与明德林应力公式法计算值符合得很好;

2. 两种沉降计算方法计算结果的偏离程度,随着桩入土深度的减小而增大;

3. 等效作用分层总和法计算值基本上均小于明德林应力公式法计算值,且有些工程实例两种方法计算结果之比接近 0.5,远超合理范围。

当然以上意见仅根据上海 9 项工程实例得出,代表性尚嫌明显不足。若有《建筑桩基技术规范》的 150 栋房屋资料,就可能对等效作用分层总和法与明德林应力公式法的差异,进行更全面的比较,得出某种规律了。

至于不采用《建筑桩基技术规范》第 5.5.14 条文说明的［图 22］的桩长作为指标,是因为对于上海这类地基土分层比较有规律的情况,入土深度这个指标更能反映桩端持力层的性质。而桩长这个指标不能准确地反映出建筑物基础埋深对入土深度即桩端持力层的影响。

《建筑桩基技术规范》编制组曾应用等效作用分层总和法,计算上海、天津、北京、沈阳、西安等地共 150 栋房屋的沉降,可惜未应用明德林应力公式法再计算这 150 栋房屋的沉降,并将两者进行对比,否则就能够完美地解答本节的疑问了。

关于桩距不大于5～6倍桩径的复合桩基计算问题，上海地基规范规定，明德林应力公式法适用于桩顶平均荷载不大于单桩极限承载力的复合桩基。

《建筑桩基技术规范》未明确说明等效作用分层总和法是否适用于复合桩基。不过参考文献［12］就此问题根据福建地区的工程实例进行详细探讨，初步结论是：

等效作用分层总和法可能不适用于复合桩基。因为采用等效作用分层总和法计算常规桩基的沉降值，随着桩数的增加，有时会出现桩越多、计算沉降值反而越大的现象，且没有规律，因此也无法采用某个系数加以修正。这种奇特现象的准确原因不明。

虽然本次讨论的样本不多，地域也限于上海地区，但仅此就很难认为明德林应力公式法与等效作用分层总和法是等效的了。

4.3.12 关于《建筑桩基技术规范》预制桩挤土效应系数的探讨

《建筑桩基技术规范》根据温州10例预制桩与10例灌注桩、天津5例预制桩与12例灌注桩、上海约63例预制桩与10例灌注桩的实测沉降对比，得出预制桩挤土效应系数为1.3～1.8，作为等效作用分层总和法计算预制桩基础沉降的修正系数。

关于《建筑桩基技术规范》预制桩挤土效应系数的探讨有3个前提：

1.《建筑桩基技术规范》给出的等效作用分层总和法，与明德林应力公式法等效；

2.《建筑桩基技术规范》关于预制桩挤土效应系数的110个工程实例中，上海地区占到73例（66.4%）；

3. 上海地区桩基础沉降计算采用明德林应力公式法计算时，沉降计算经验系数中并无预制桩挤土效应系数。

由此可见，可以由上海地区预制桩基础沉降计算值与实测值的对比，从上海桩基工程沉降计算是否需要引入预制桩挤土效应系数的角度，探讨等效作用分层总和法与明德林应力公式法的关系。

目前只检索到1999年版上海地基规范用于分析桩基沉降计算经验系数的69例桩基工程数据。由实测资料可知钢管桩的挤土效应可能并不亚于预制桩，难以归类为非挤土桩（胡中雄，1997），因此将钢管桩也归入挤土桩类别。现将其中54例预制桩与钢管桩基础工程的建筑物层数、桩类型、明德林应力公式法计算沉降、实测推算最终沉降、测试时间等数据列表，见表4.3.12-1。

上海地区预制桩与钢管桩基础明德林应力公式法计算值与实测沉降量　表4.3.12-1

序号	工程名称	层数	桩类型	桩长/入土深度(m)	明德林法计算沉降值①(mm)	实测沉降量(mm)	实测推算最终沉降量②(mm)	实测时间(d)	②/①
1	××大楼	11	方桩	26.0/30.0	75	77	93	2310	0.81
2	××冷库	7	管桩	25.3/27.0	272	275	304	4950	0.89
3	××检疫所	13	管桩	40.9/43.6	48	52	68	1200	1.42
4	××高层	20	方桩	8.0/9.9	401	322	449	3810	1.12
5	××高层	20	方桩	8.0/9.9	401	321	405	3960	1.01
6	××高层	20	方桩	8.0/9.9	401	314	419	2880	1.04
7	××高层	22	方桩	24.5/26.4	197	97	124	2460	0.63

续表

序号	工程名称	层数	桩类型	桩长/入土深度(m)	明德林法计算沉降值①(mm)	实测沉降量(mm)	实测推算最终沉降量②(mm)	实测时间(d)	②/①
8	××高层	22	方桩	24.5/26.4	197	135	167	2730	0.85
9	××高层	22	方桩	24.5/26.4	197	138	159	2820	0.81
10	××高层	22	方桩	24.5/26.4	197	129	149	2550	0.76
11	××高层	22	方桩	24.5/26.4	197	141	161	2280	0.82
12	××高层	22	方桩	24.5/26.4	197	132	165	1890	0.84
13	××高层	22	方桩	24.5/26.4	197	115	147	2250	0.75
14	××高层	12	方桩	26.0/27.9	113	112	124	4140	1.10
15	××俱乐部	13	方桩	31.9/34.3	228	173	218	3210	0.96
16	××宾馆主楼	26	方桩	40.5/45.7	185	122	141	3210	0.76
17	××高层	20	方桩	24.0/26.0	168	204	236	2910	1.40
18	××高层	20	方桩	24.0/26.0	168	190	222	2910	1.32
19	××大楼	14	方桩	24.0/27.1	166	132	144	3660	0.87
20	××高层	14	方桩	22.0/24.1	165	115	141	1350	0.85
21	××新村高层	24	方桩	27.0/32.0	219	145	196	3180	0.89
22	××新村高层	24	方桩	27.0/32.0	219	127	147	3060	0.67
23	××新村高层	24	方桩	27.0/32.0	219	123	161	3240	0.74
24	××新村高层	24	方桩	27.0/32.0	219	101	125	3570	0.57
25	××新村高层	24	方桩	27.0/32.0	219	101	123	3090	0.56
26	××新村高层	18	方桩	30.0/32.2	295	144	202	3330	0.68
27	××小区高层	18	方桩	40.0/44.6	89	117	133	2400	1.49
28	××小区高层	18	方桩	27.0/31.4	139	107	124	1590	0.89
29	××小区高层	18	方桩	27.0/31.4	139	125	159	2040	1.14
30	××镇高层	18	方桩	25.0/29.5	111	83	111	2310	1.00
31	××镇高层	18	方桩	25.0/29.5	111	117	175	2310	1.58
32	××镇高层	18	方桩	35.0/38.7	85	49	58	1500	0.68
33	××镇高层	18	方桩	35.0/38.7	85	23	27	1620	0.32
34	××高层	15	方桩	28.7/33.0	245	233	301	1650	1.23
35	××高层	15	方桩	28.7/33.0	245	200	267	1350	1.09
36	××高层	15	方桩	28.7/33.0	245	202	291	1290	1.19
37	××高层	15	方桩	28.7/33.0	245	229	268	1620	1.09
38	××大厦	27	PHC	27.0/38.2	91	14	38	690	0.42
39	××大厦	33	方桩	30.5/37.3	325	90	158	870	0.49
40	××高层住宅	28	PHC	29.9/36.0	189	67	112	300	0.59
41	××宾馆	24	方桩	45.4/50.2	140	119	165	1680	1.18
42	××宾馆	29	方桩	44.1/49.7	128	97	97	1590	0.76
43	××宾馆	14	方桩	26.0/27.2	243	191	228	1320	0.94
44	××高层	22	方桩	41.0/45.2	144	107	142	1290	0.99
45	××高层	22	方桩	41.0/45.2	144	111	141	1290	0.98

续表

序号	工程名称	层数	桩类型	桩长/入土深度(m)	明德林法计算沉降值①(mm)	实测沉降量(mm)	实测推算最终沉降量②(mm)	实测时间(d)	②/①
46	××病房大楼	18	方桩	40.6/44.2	138	51	72	1860	0.52
47	××高层	18	方桩	23.0/25.4	142	75	101	1620	0.71
48	××高层	18	方桩	23.0/25.4	142	77	105	1620	0.74
49	××高层	18	方桩	23.0/25.4	142	74	114	1620	0.80
50	××游泳馆	3	方桩	16.0/18.8	97	99	115	3090	1.23
51	××高层	25	方桩	41.0/45.2	172	135	169	1710	0.98
52	××高层	25	方桩	41.0/45.2	172	137	165	1710	0.96
53	××高层	25	钢管桩	50.0/52.2	71	71	75	1860	1.06
54	××高层	16	钢管桩	44.0/46.0	47	18	18	480	0.38
平均									0.899

注：表中的明德林应力公式法计算值，已经乘以2010年版上海地基规范桩基沉降计算经验系数。

由表4.3.12-1可知，上海地区共54项预制桩与钢管桩基础工程实例中，以计算值的保证率80%为限，实测推算最终沉降量与明德林应力公式法计算沉降值之比不小于1.25的工程实例有序号3、序号17、序号18、序号27、序号31共5项工程实例，占9.3%；不大于0.8的有19项，占35.2%。也就说，计算沉降真正偏小并超出80%保证率（即计算值偏于不安全）、需要乘以某种系数的只占总数的不到10%。

这54项预制桩与钢管桩基础工程实例的沉降测试时间最长的为13年9个月，平均为6.1年。从实测最后沉降值与实测推算最终沉降量之比（1.21）可以看出，上海地区54项预制桩与钢管桩基础工程实例的实测沉降数据是比较可靠的。

由此可见，至少对于上海地区而言，明德林应力公式法计算值除了乘以上海地区的沉降计算经验系数外，并不需要另行添加预制桩挤土效应系数。

1999年版上海地基规范用于分析桩基沉降计算经验系数的非排土桩的明德林应力公式法计算值，与实测沉降量之比见表4.3.12-2。

上海地区钻孔灌注桩基础明德林应力公式法计算值与实测沉降量　　表4.3.12-2

序号	工程名称	层数	桩类型	桩长/入土深度(m)	明德林法计算沉降值①(mm)	实测沉降量(mm)	实测推算最终沉降量②(mm)	实测时间(d)	②/①
1	××中心	35	钻灌	55.2/63.9	32	15	24	510	0.75
2	××中心	28	钻灌	63.7/74.1	56	27	46	480	0.82
3	××大酒店	30	钻灌	47.0/54.7	55	20	31	510	0.56
4	××大厦	30	H钢	67.1/75.3	31	28	36	510	1.16
5	××娱乐城	30	钻灌	60.9/76.0	24	20	26	720	1.08
6	××高层住宅	33	钻灌	47.0/52.8	58	39	55	930	0.95
7	××高层住宅	33	钻灌	47.0/52.8	58	37	55	930	0.95
8	××高层住宅	33	钻灌	47.0/52.8	58	45	59	930	1.02
9	××高层住宅	33	钻灌	47.0/52.8	58	61	68	930	1.17
10	××活动中心	26	钻灌	48.0/60.0	68	33	42	1230	0.62
11	××图书馆	24	钻灌	42.0/47.0	131	38	53	1320	0.40

续表

序号	工程名称	层数	桩类型	桩长/入土深度(m)	明德林法计算沉降值①(mm)	实测沉降量(mm)	实测推算最终沉降量②(mm)	实测时间(d)	②/①
12	××高层	24	钻灌	35.8/39.4	136	48	75	960	0.55
平均									0.836

注：表中的明德林应力公式法计算值，已经乘以2010年版上海地基规范桩基沉降计算经验系数。

由表4.3.12-2可知，非排土桩的计算沉降普遍大于实测值。

由此可见，桩基础沉降计算的精度问题，可能并非引入挤土效应系数就能够解决的。

若考虑到钻孔灌注桩的长度一般均大于预制桩，桩端持力层多为上海第6层硬土层以下的粉性土或粉砂层这一因素，则钻孔灌注桩桩基沉降计算精度稍差的主要原因，非常可能与软土地区深层地基土的压缩模量很难准确确定这一因素，有着直接的关系。因此对于类似上海地区这样地基土垂直分布比较有规律的地区，由大量长期沉降实测数据支撑的按桩入土深度确定的沉降计算经验系数，可能更为实用。

若在"上海地区预制桩基明德林应力公式法计算值与实测沉降量散点图"中，将54项预制桩基工程实例的"沉降实测时间"这个指标，加入计算沉降值与实测沉降量的对比中去，可以得到"上海预制桩与钢管桩的实测沉降量/沉降计算值与沉降观测时间散点图"，如图4.3.12-1。

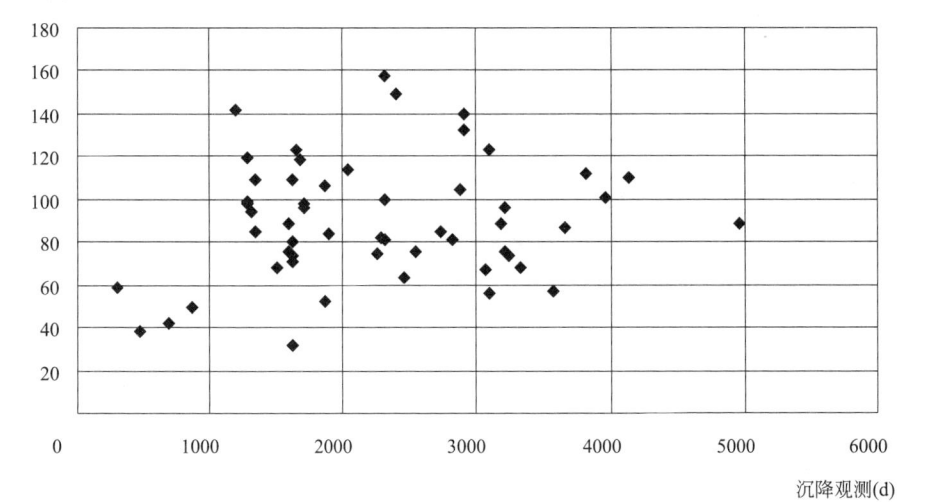

图 4.3.12-1　上海预制桩与钢管桩的实测沉降量/沉降计算值与沉降观测时间散点图

由图4.3.12-1或许可以得出一个初步结论，所谓上海预制桩与钢管桩"沉桩挤土效应"对桩基础沉降计算值的影响，与"沉降观测时间"有着相当密切的关系：

1. 当沉降观测时间少于3000 d（换言之，就是实测推算最终沉降量的数值不够精确），有5例工程实例的计算沉降偏小并超出80％保证率（即实测推算最终沉降量与计算值之比大于1.25，计算沉降值偏于不安全，可以乘以某种"沉桩挤土效应"），占总数的9.3％。

2. 当沉降观测时间沉降观测时间多于3000 d（换言之，就是实测推算最终沉降量的数值较精确），无一例计算沉降偏小并超出80％保证率（即计算值偏于不安全，需要乘以某种"沉桩挤土效应"）。

由此可见，预制桩"沉桩挤土效应"对桩基础沉降的影响，可能主要限于沉降观测时段的早期。随着沉降观测时间的延伸，"沉桩挤土效应"的影响或许将趋于消失。

4.3.13 端阻比对沉降计算结果影响的初步探讨

预制桩挤土效应客观存在，上海等地区早就对预制桩沉桩过程中的土体隆起与水平位移、超孔隙水压力等进行原位测试（陈绪禄，1980）。

预制桩挤土效应影响沉降的主要原因，是饱和黏土中沉桩引起的超孔隙水压力所导致的桩间土再固结，所产生的桩基负阻。上海等地也对桩身负摩阻进行原位测试（杨奇，2011）。

关于同等条件下预制桩与钻孔桩的沉降情况，上海曾对某高架道路1公里范围内35个桥墩的桩基进行实测沉降的对比（姚笑青，1999），其中17个为钻孔灌注桩基础，18个为预应力管桩基础，该段地层剖面较为均匀，所有桩端持力层均为⑦-2层粉细砂层。

预制桩桩长、桩间距与实测沉降（600d）见表4.3.13-1。

预制桩桩长、桩间距与实测沉降　　　　表 4.3.13-1

序号	1	2	3	4	5	6	7	8	9	10	11	12	13	14	15	16	17	18
桩数	13	13	13	13	13	15	15	16	16	16	13	13	13	13	13	15	15	15
桩长(m)	54	52	50	50	51	53	53	52	52	54	54	54	54	54	54	54	53	53
桩间距	3.5d(1.94m)																	
实测沉降(mm)	6.1	6.1	6.3	6.4	7.2	6.6	6.6	6.9	7.7	6.7	7.4	8.2	7.3	8.1	9.0	10.3	10.1	9.7

钻孔桩桩长、桩间距与实测沉降（600d）见表4.3.12-2。

钻孔桩桩长、桩间距与实测沉降　　　　表 4.3.13-2

序号	1	2	3	4	5	6	7	8	9	10	11	12	13	14	15	16	17
桩数	12	12	12	12	13	13	13	13	13	15	15	15	15	15	13	13	13
桩长(m)	52	52	52	52	52	52	52	52	53	54	54	54	54	54	54	54	54
桩间距	2.5d(2.0m)																
实测沉降(mm)	4.5	5.0	5.0	5.1	4.5	5.2	5.7	4.2	6.4	6.0	6.5	5.5	5.0	6.7	6.6	6.6	6.9

18个桥墩预制桩基础的实测平均沉降量为7.59mm，17个桥墩钻孔桩基础的实测平均沉降量为5.61mm。预制桩基础与桥墩钻孔桩基础的实测平均沉降量之比为1.353。这个结果看去似乎与《建筑桩基技术规范》提供的挤土效应系数是吻合的。

不过预制桩基础的"实测沉降量"大于钻孔桩基础的"实测沉降量"这个事实，并不等于预制桩基础的"计算沉降量"也一定大于钻孔桩基础的"计算沉降量"。其原因就在于明德林应力公式法计算桩基沉降时，能够考虑侧阻分布模式与端阻比例对沉降计算的影响，而等效作用分层总和法则不能考虑。

为了具体说明问题，现以上述上海某高架道路35个桥墩段的地基土、桩型与桩长，分别由明德林应力公式法与等效作用分层总和法进行计算、比较（［案例4.3.10］）。

尚未检索到上述上海某高架道路 35 个桥墩段的地基土压缩模量、桩侧阻力与端阻力数据，仅有土层厚度，但这对问题探讨的影响不太大。[案例 4.3.10] 的地基土物理力学性质指标见表 4.3.13-3，表中的桩侧阻力与端阻力极限值按上海地基规范提供的数据，桩端土的压缩模量按《建筑桩基技术规范》表 4 中序号 8 的上海"26 层框架-核心筒"地基土的数据。

地基土物理力学性质指标

表 4.3.13-3

层序	土的名称	厚度 h(m)	压缩模量 E_s(MPa)	预制桩		灌注桩	
				f_s(kPa)	f_p(kPa)	f_s(kPa)	f_p(kPa)
①	填土	1.5	—	—	—	—	—
②	粉质黏土	1.5	—	15	—	15	
③	淤泥质粉质黏土	3.5	—	15	—	15	
④	淤泥质黏土	11.0	—	27.5	—	22.5	
⑤-1	淤泥质黏质粉土	8.0	—	55	—	40	
⑤-2-1	粉质黏土	11.0	—	60	—	45	
⑤-3-1	粉质黏土	13.0	—	60	—	45	
⑤-3-2	粉质黏土	2.0	—	60	—	45	
⑦-2	粉细砂	>10	25.7	110	7000	80	2500

[案例 4.3.10] 的承台顶荷载均为 16000 kN，承台底标高取地面以下 1.5 m。每个承台下均布置 12 根桩。

[案例 4.3.10] 的承台平面图如图 4.3.13-1。

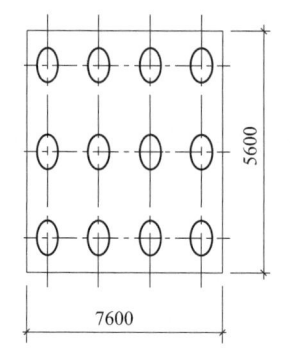

钻孔灌注桩基础

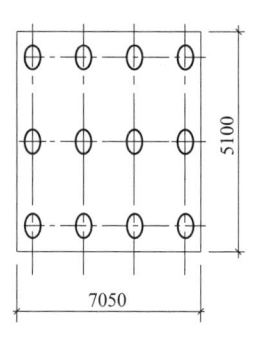

预应力管桩基础

图 4.3.13-1   [案例 4.3.7] 的钻孔灌注桩基础与预应力管桩基础示意图

[案例 4.3.10] 的 $\phi 0.55 \times 52$ m 预应力管桩单桩承载力计算特征值为：

$$R_a = 0.5[0.55\pi(5\times15+11\times27.5+8\times55+26\times60+2\times110)+0.55^2\times7000/4]$$
$$= 3075 \text{ kN}$$

$\phi 0.55 \times 52$ m 预应力管桩的桩端阻力与单桩承载力之比 $\alpha = 0.27$

[案例 4.3.10] 的 $\phi 0.8 \times 52$ m 钻孔灌注桩单桩承载力计算特征值为：

$$R_a = 0.5[0.8\pi(5\times15+11\times22.5+8\times40+26\times45+2\times80)+0.8^2\times2500/4]$$
$$= 3107 \text{ kN}$$

$\phi 0.8 \times 52$ m 钻孔灌注桩的桩端阻力与单桩承载力之比：$\alpha = 0.20$

1. ［案例 4.3.10］的 12 根 ϕ0.55m×52 m 预应力管桩桩基的明德林应力公式法计算沉降为 $S=0.815×26.2=21.4$ mm。

明德林应力公式法计算参数如下（计算过程略）：

$\alpha=0.27$，$Q=16000/12=1333$ kN，$L=52$ m，$\psi_m=0.815$；

$0.00l$ 范围内的桩为 1 根，$0.04l$ 范围内的桩为 4 根，$0.06l$ 范围内的桩为 4 根，$0.08l$ 范围内的桩为 3 根；$z/l=1.1$，$E_S=25.7$ MPa。

2. ［案例 4.3.10］（预制桩）按《建筑桩基技术规范》JGJ 94—2008 "等效作用分成总和法"计算沉降为 5.6 mm。计算参数：由 $L_c=7.05$ m，$B_c=5.1$ m，$n=12$，$l=52$ m，$d=0.55$ m，$P_0=16000/7.05×5.1=445$ kPa，可得 $n_b=3$，$C_0=0.0303$，$C_1=2.152$，$C_2=18.480$，$\psi_e=0.118$。挤土效应系数取 1.0。

3. ［案例 4.3.10］的 12 根 ϕ0.8m×52 m 钻孔灌注桩桩基的明德林应力公式法计算沉降为 $S=0.815×20.9=17.0$ mm。

明德林应力公式法计算参数如下（计算过程略）：

$\alpha=0.20$，$Q=16000/12=1333$ kN，$L=52$ m，$\psi_m=0.815$；

$0.00l$ 范围内的桩为 1 根，$0.04l$ 范围内的桩为 4 根，$0.06l$ 范围内的桩为 4 根，$0.08l$ 范围内的桩为 3 根；$z/l=1.1$，$E_S=25.7$ MPa。

4. ［案例 4.3.10］（钻孔桩）的按《建筑桩基技术规范》JGJ 94—2008 "等效作用分成总和法"计算沉降为 7.8 mm。计算参数：由 $L_c=7.6$ m，$B_c=5.6$ m，$n=12$，$l=52$ m，$d=0.8$ m，$P_0=16000/7.6×5.6=413$ kPa，可得 $n_b=3$，$C_0=0.0393$，$C_1=1.973$，$C_2=17.418$，$\psi_e=0.133$。挤土效应系数取 1.0。

由以上计算可知，按明德林应力公式法计算［案例 4.3.10］的桩基，预应力管桩桩基与钻孔灌注桩桩基的计算沉降之比为 21.4/17.0=1.26。这与上述 35 个桥墩预制桩基与桥墩钻孔桩基的实测平均沉降量之比为 1.353，是比较接近的。这说明由于明德林应力公式法计算桩基沉降时能够考虑侧阻分布模式与端阻比例对沉降计算的影响，因此在一定程度上可以反映出在同等条件下预制桩基础实际沉降大于钻孔桩基础的现实。

此外，高架桥桩基的桩承载力取值还有一个特殊情况，由于高架桥桩基实际上属于由沉降控制的桩基础，因此［案例 4.3.10］的单桩桩顶实际平均荷载不到单桩承载力特征值的 50%。在这种情况下，预制桩与钻孔桩的端阻力发挥状况可能有较大差别。因为［案例 4.3.10］的 20 个月实测沉降不大于 20 mm，预制桩端阻力可能有一定的发挥，而钻孔桩由于桩端沉淤（按规范规定不大于 50 mm）则有可能发挥不足。若考虑这个因素，则钻孔桩的端阻力取值应该更小些，此时预制桩的计算沉降就将更大于钻孔桩了。

而按《建筑桩基技术规范》等效作用分层总和法计算［案例 4.3.10］的桩基，预应力管桩桩基与钻孔灌注桩桩基的计算沉降之比为 5.6/6.4=0.875，反倒是钻孔灌注桩基的计算沉降值更大。由此可见，由于《建筑桩基技术规范》等效作用分层总和法计算桩基沉降时不能考虑侧阻分布模式与端阻比例对沉降计算的影响，且因为在同等条件下预制桩基的距径比一般均小于钻孔灌注桩基，因此钻孔灌注桩基的计算沉降略大于预制桩基的现象是符合等效作用分层总和法原理的。于是就需要引入"挤土效应系数"来修正等效作用分层总和法特性所导致的不太合理现象。

由此可见，《建筑桩基技术规范》等效作用分层总和法与明德林应力公式法之间的计算误差，或许可以通过调整桩基等效沉降系数的手段，使之趋于合理；但是，《建筑桩基技术规范》等效作用分层总和法难以区分预制桩与钻孔桩计算沉降的差别，则唯有通过某个系数来加以调节了。而《建筑桩基技术规范》实际上可能是将这个系数，隐含于"挤土效应系数"中，并注明"复打、复压、引孔沉桩"的预制桩基础，不适用"挤土效应系数"。不过这一说法与［案例4.3.10］的探讨是不符的。因为有关［案例4.3.10］的探讨中，完全未涉及挤土、复打、复压、引孔沉桩的影响。由此可知影响上述两种桩基沉降计算方法所获结果之差别的主要原因，是桩侧阻分布模式与端阻比例对沉降计算的影响。

因此，"挤土效应系数"只适用于《建筑桩基技术规范》等效作用分层总和法，或国标地基规范实体深基础法，而不宜随意推广到明德林应力公式法。

由于缺少上海地区以外的钻孔桩与预制桩实测沉降资料，尤其是尚未检索到《建筑桩基技术规范》给出的挤土效应系数最大达到1.8案例的资料，因此目前上述初步结论可能只适用于上海地区的钻孔桩与预制桩。

综上所述，至少对于上海地区的桩基础沉降计算（明德林应力公式法）而言，可能并不需要引入预制桩沉桩挤土效应系数。

当然，由于本节只检索到54例上海地区预制桩与钢管桩工程的资料，且为1999年以前的旧数据，显然不如《建筑桩基技术规范》提供的63例2008年以前上海地区预制桩工程、天津5例与温州10例预制桩工程数据，因此上述初步推论，非常可能随着《建筑桩基技术规范》与国标地基规范所掌握资料的公开而得到修正，甚至否定。

4.3.14 基础计算软件桩基沉降计算方法的选择

将以上各节中10项上海地区工程实例的实测沉降，由JCCAD软件3种桩基沉降计算方法所得结果（乘以各项系数）列表，见表4.3.14-1。

上海10项工程实例沉降计算对比   表4.3.14-1

序号	工程名称	实测沉降(mm)①	平均沉降 $S_1$②(mm)	等效作用法沉降 $S_2$③(mm)	上海规范沉降 $S_3$④(mm)	②/①	③/①	④/①
		实测日期						
1	上海某30层大楼	40.8	78.85	14.53	—	1.91	0.36	—
		1984～1990						
2	上海某24层大楼	155.1	152.01	336.54	455.96	0.98	2.17	2.94
		逾7年						
3	上海某12层大楼	93	26.36	18.88	47.02	0.28	0.20	0.51
		1984～1990						
4	上海某7层冷库	304	167.35	111.01	212.19	0.55	0.37	0.69
		1959～1972						
5	上海闸北区某20层大楼	424	31.57	440.4	358.83	0.10	1.04	0.85
		1981～1992						
6	上海某32层大楼	36.8	125.20	59.15	68.0	0.40	1.61	1.85
		1987～1990						

续表

序号	工程名称	实测沉降(mm)①	平均沉降 $S_1$②(mm)	等效作用法沉降 $S_2$③(mm)	上海规范沉降 $S_3$④(mm)	②/①	③/①	④/①
		实测日期						
7	上海静安区某20层大楼	72.3	66.51	165.98	128.55	0.92	2.30	1.78
		1986~1991						
8	上海某26层大楼	141	190.31	223.8	168.4	1.35	1.59	1.19
		1980~1989						
9	上海某20层剪力墙	397	98.70	679.83	383.78	0.25	1.71	0.97
		397d						
10	上海闸北区某20层大楼	424	31.57	440	359	0.07	1.04	0.85
		1981~1992						
平均						0.69	1.25	1.29

注：1. 表中"等效作用法沉降 S_2"与"上海规范沉降 S_3"均已乘以相应的沉降计算经验系数与预制桩挤土效应系数。

2. 表中"平均沉降 S_1"为"模型参数"选用"弹性地基梁板模型"与"倒楼盖模型"时的计算结果。

由表 4.3.14-1 可得以下初步结论：

1. 当"模型参数"选用"弹性地基梁板模型"与"倒楼盖模型"时，"平均沉降 S_1"计算值与实测值之比的离散性非常大，从 0.07~1.91。且有一个较明显的特点，即当桩端以下为"上硬下软"土层时，计算值明显偏小。由《JCCAD用户手册及技术条件》，这是因为"平均沉降 S_1"直接利用压缩范围小的单桩荷载-沉降关系确定群桩沉降，对于成层性土，尤其是桩端以下由软卧层的情况，误差较大。此外，确定"平均沉降 S_1"时，还应视土的性质除以"沉降完成系数 0.4~0.8"，以便考虑沉降的时间效应。因此在没有大量可靠沉降实测资料的前提下，对于如此难以把握、非规范推荐的沉降计算方法，不宜选用。

当"模型参数"选用"弹性解"与"弹性解修正"时，"平均沉降 S_1"就等于"上海规范沉降 S_3"。

2. "等效作用法沉降 S_2"计算值与实测值之比的离散性也非常大，从 0.2~2.30。且与手工计算的"等效作用分层总和法"计算值有较大差别。具体原因不明。

3. 由《建筑桩基技术规范》的说明，"等效作用法沉降 S_2"与"上海规范沉降 S_3"应该是等效的。但 JCCAD 软件的计算结果也证明了本章前面的探讨：两者其实并不等效。因此可不选用。

4. "上海规范沉降 S_3"计算值与实测值之比的离散性较小。但与手工计算的"明德林应力公式法"计算值仍有较大差别。具体原因不明。

5. JCCAD 软件给出桩基沉降试算的 3 个结果中，"上海规范沉降 S_3"较为可靠，但目前版本的 JCCAD 软件并未乘以相应的沉降计算经验系数，这一点必须加以特别注意。

由本章 4.2~4.4 节的探讨，对于 JCCAD 与盈建科软件桩基沉降计算方法与结果，可得出以下初步意见：

1. JCCAD 软件在桩基沉降试算时所给出 3 个结果的判别。

目前版本的 JCCAD 软件在桩基沉降试算时给出 3 个结果：平均沉降 S_1、等效作用法沉降 S_2、上海规范沉降 S_3。

两个参数：群桩沉降放大系数、板底土反力基床系数建议。

说明：等代墩基法为《建筑桩基技术规范》提供的桩承台沉降方法，用户可调整单桩刚度、群桩沉降放大系数及板底土反力基床系数来修改平均沉降。

由于这 3 个沉降计算结果之差距常超出合理范围，因此以下分别对上述沉降计算结果与参数进行说明：

（1）"上海规范沉降 S_3"实际就是国标地基规范推荐的明德林应力公式法，乘以上海地基规范的桩基沉降计算经验系数后，才真正是按上海规范计算的桩基沉降值。因此设计人员不应误解为这个结果只适用于上海地区的桩基础。

"上海规范沉降 S_3"应用于上海以外地区时，应乘以国标地基规范的明德林应力公式法计算桩基沉降经验系数，或各省地基规范的桩基沉降经验系数。

（2）"等效作用法沉降 S_2"，未乘以《建筑桩基技术规范》给出的桩基沉降计算经验系数，以及预制桩挤土效应系数。这一点设计人员应特别加以注意，因为直接应用JCCAD 软件计算结果，并不完全符合《建筑桩基技术规范》的规定。

（3）由 JCCAD 软件用户手册及技术条件，"平均沉降 S_1"是"单桩在群桩各桩平均荷载作用下的沉降"，并乘以了"群桩沉降放大系数"。

据此定义，"板底土反力基床系数"应该与"平均沉降 S_1"无关。但由 JCCAD 沉降试算结果可知，"板底土反力基床系数"的改变只影响"平均沉降 S_1"，而不影响"上海规范沉降 S_3"与"等效作用法沉降 S_2"。因此可以确定 JCCAD 软件对"平均沉降 S_1"又有所修正，能够计算复合桩基沉降，但又不是《建筑桩基技术规范》提供的"复合桩基法"。

由此可见，当"模型参数"选用"弹性地基梁板模型"与"倒楼盖模型"时，"平均沉降 S_1"不属于国标地基规范与《建筑桩基技术规范》推荐的沉降计算方法。

当"模型参数"选用"弹性解"与"弹性解修正"时，"平均沉降 S_1"等于"上海规范沉降 S_3"。

此外，"群桩沉降放大系数"对"平均沉降 S_1"的影响极大。在没有可靠沉降资料的前提下，任意修改"群桩沉降放大系数"可能得出不合理的桩基沉降结果。

（4）在 JCCAD 软件给出桩基沉降试算的 3 个结果中，"平均沉降 S_1"一般均最小，或等于"上海规范沉降 S_3"。由于对"上海规范沉降 S_3"的误解，有些设计人员避免选择"上海规范沉降 S_3"。可能由于《建筑桩基技术规范》等效作用分层总和法的预制桩挤土效应系数较难掌握，因此设计人员常选择"平均沉降 S_1"。但是这种选择值得商榷，因为"平均沉降 S_1"基本上属于纯理论的计算值，缺少大量各地实测桩基沉降的修正，是否可以乘以上海地基规范或《建筑桩基技术规范》的经验系数这一点尚不清楚。因此以此为基础进行的承台板内力与主裙楼沉降差控制等计算，均可能偏于不安全。

2. 盈建科软件桩基沉降计算方法的判别。

目前版本的盈建科软件在桩基沉降计算时，采用的是《建筑桩基技术规范》的等效作用分层总和法、考虑桩径影响的明德林应力公式法、上海规范法与复合桩基法。

因此盈建科软件的桩基沉降计算方法均符合国家规范的规定，但均未乘以相应的沉降计算经验系数。

本书有关章节（包括第1章、第3章、第4章）对等效作用分层总和法、考虑桩径影响的明德林应力公式法与复合桩基法计算结果与实际沉降的差别进行初步探讨，结论是：

（1）等效作用分层总和法与明德林应力公式法不"等效"，且无法考虑桩端阻比对预制桩及灌注桩沉降计算结果的影响，因此需要采用"预制桩挤土效应系数"、"后注浆灌注桩折减系数"加以修正。

（2）用于计算单桩、单排桩与小群桩沉降的"考虑桩径影响的明德林应力公式法"，除非有本地的实测沉降数据支持，其沉降计算经验系数不宜取为1.0，否则误差可能超过2.0。

（3）复合桩基法计算结果与实测沉降的误差较大，误差可能超过2.0。

（4）目前版本盈建科软件提供的沉降计算结果，除非盈建科软件的手册特别注明，均未乘以沉降计算经验系数。设计人员应特别加以注意，因为直接应用盈建科软件计算结果，并不符合《建筑桩基技术规范》的规定。

4.3.15　本节小结

1. 对于同一工程，至少对上海地区的9项桩基工程而言，明德林应力公式法与等效作用分层总和法的计算结果，有较大差别。

2. 等效作用分层总和法可能不适用于复合桩基的沉降计算。

3. 预制桩沉桩挤土效应系数可能不适用于上海地区。至少就上海地区的桩基沉降实测数据与明德林应力公式法计算值的对比而言，"预制桩沉桩挤土效应系数"似乎更像是对于等效作用分层总和法与明德林应力公式法之间计算误差的"纠偏"措施，因此仅适用于等效作用分层总和法，而不能直接应用于国标地基规范的明德林应力公式法等。

4. 等效作用分层总和法可能难以准确反映桩数增减对桩基计算沉降值的影响，直接采用明德林应力公式法进行计算更为合适。

由此可见，既然等效作用分层总和法与实体深基础法相比，并无任何特别的优势，且由明德林应力解直接编制桩基沉降计算程序的软件随手可得，因此"拐个大弯"去应用等效作用分层总和法计算桩基沉降的意义就不大了。

5. 目前版本JCCAD软件在桩基沉降试算时所给出3个结果，均未乘以相应的沉降计算经验系数；其中"平均沉降S_1"不属于国标地基规范与《建筑桩基技术规范》推荐的沉降计算方法，"上海规范沉降S_3"就是国标地基规范推荐的明德林应力公式法。

6. 目前版本盈建科软件的单桩与小桩群沉降计算采用《建筑桩基技术规范》的"等效作用分层总和法"，但未乘以相应的预制桩沉桩挤土效应系数。这些设定实际上与《建筑桩基技术规范》的规定不同。且由天津滨海地区6幢承台桩基（3桩承台）的计算可知，等效作用分层总和法计算值与实测值之比为55%左右，偏于不安全（邝羽平，2013）。

4.4　单桩与小桩群基础沉降计算法的探讨

随着工业产业升级、多层厂房增多及其对厂房沉降差控制要求的提高，对单桩（含单排桩）、小桩群沉降计算的要求就日益凸显其重要性了。

以往国标地基规范对于小桩群的沉降计算是采用深基础法。实践证明小桩群沉降计算不应采用与常规桩基相同的经验系数。

《建筑桩基技术规范》指出，不考虑桩径影响的明德林解不适用于计算压缩层厚度很小的单桩、小桩群沉降，因此提出以"考虑桩径影响的明德林解"计算单桩、小桩群沉降计算的思路，还提供了沉降计算经验系数。但《建筑桩基技术规范》建议的经验系数是由北京地区单桩试桩实测沉降为基础得出的，实践证明该系数不符合实际工程的小桩群沉降计算。

因此首要的任务就是检索出真正符合单桩（含单排桩）、小桩群基础定义，有沉降观测数据的工程实例。

其实大量单层框排架结构厂房桩基础就可以归类于小桩群基础，国标地基规范与《建筑桩基技术规范》编制组应该不缺少这类基础的沉降观测资料，可惜一般均不予公布，因此只能在各类公开发表的文献中收集资料。

现已检索到上海某持续 3 个月的 2 根单桩静载试验与 3 个小桩群承台、辽宁某公路桥 1 个小桩群承台、山西某单层厂房 2 个小桩群承台、安徽某单排桩疏桩复合桩基、南京某特大间距小桩群复合桩基，共 13 个案例的长期实测沉降数据。本节将依据这些数据对单桩与小桩群基础的沉降计算问题进行讨论。

单层框排架结构的单桩（含单排桩）与小桩群（一般指 6 桩及以下）基础较少计算沉降，因为目前常用的深基础法计算结果与实测值常相距较大。而设计人员对沉降计算问题，只要没有计算软件，就普遍存在畏难情绪。当然由本节的探讨可知，有些计算软件也确实存在不小的问题。

目前版本 JCCAD 软件没有计算单桩与小桩群基础沉降的功能，盈建科、旗云等软件有此功能。随着工程实践的需要，JCCAD 等软件完全有可能都增加这项功能的。因此本节对这些软件计算原理与《建筑桩基技术规范》例题的异同之处进行探讨。

包括《建筑桩基技术规范》的单桩沉降计算公式，一般常见的单桩沉降计算公式共有三个：

1.《建筑桩基技术规范》推荐的单桩、单排桩沉降计算公式（简称"《建筑桩基技术规范》单桩沉降公式"）：

$$s = \psi \sum_{i=1}^{n} \frac{\sigma_{zi}}{E_{si}} \Delta z_i + s_e \tag{4.4.0-1}$$

并给出硬土地区 7 项工程实例 33 根试桩的计算沉降与实测值的对比。

2. "上海单桩沉降公式"：

由明德林应力公式法，假定在工作荷载水平的桩顶荷载作用下，可忽略单桩桩端阻力分担作用，桩侧阻力近似按均匀分布，泊松比等于 0.4，采用数值分析方法加以简化后，推导出适用于上海软土地区单桩沉降计算近似公式（黄绍铭，2005）。通过各基桩对应力计算点产生的附加应力叠加，"上海单桩沉降公式"可以计算小桩群的沉降：

$$s = \frac{Q}{E_s L} + S_e \tag{4.4.0-2}$$

同时给出上海地区 5 例试桩的计算沉降与实测值的对比。

3.《铁路桥涵设计基本规范》TB 100021—2005 与《公路桥涵地基与基础设计规范》

JTG 063—2007 推荐的单桩沉降计算公式（简称"路桥规范单桩沉降公式"）：

$$s = \frac{Q}{A_0 C_0} + S_e \tag{4.4.0-3}$$

本节将就前述上海、辽宁、山西、安徽、南京等地共 10 个案例的实测沉降数据，分别采用上述 3 种单桩沉降计算方法与实体深基础法计算沉降，定量探讨各种沉降计算方法的适用范围。

由于桩轴线以外的"考虑桩径影响的明德林解"竖向应力解析式目前尚未通过积分方式求得，只有在桩身轴线处，数值计算值与按解析解计算值才是一致的。因此尚无法直接用积分式计算单桩、小桩群的沉降。

《建筑桩基技术规范》计算单排桩沉降的例题（参见《建筑桩基技术规范》的表 12），是以 $z/l = 1.004$、1.008⋯⋯直至沉降计算深度的"小分层"（对于该工程为 7 层 $\Delta Z_i = 0.065$ m、1 层 $\Delta Z_i = 0.195$ m、8 层 $\Delta Z_i = 0.325$ m、1 层 $\Delta Z_i = 1.625$ m，总共 4.875 m）的计算沉降总和，近似代替"考虑桩径影响的明德林解"积分式的计算沉降。

目前版本"旗云"软件计算桩基沉降的方法，以沉降计算深度的"大分层"（分层厚度一般取 1 m 左右）计算沉降的总和，代替"考虑桩径影响的明德林解"的"小分层"计算沉降。

目前版本盈建科软件计算桩基沉降的方法，以沉降计算深度的"中分层"（分层厚度一般取 0.3 m 左右）计算沉降的总和，代替"考虑桩径影响的明德林解"的"小分层"计算沉降。

本节分别给出 13 个案例的"大分层"与"小分层"以及盈建科软件、JCCAD 软件的计算结果，以便探讨对于单桩、小桩群基础，"大分层"与"中分层"、"小分层"计算结果的差别。

4.4.1 关于《建筑桩基技术规范》33 例单桩试桩实测数据的探讨

《建筑桩基技术规范》的"表 11 单桩、单排桩计算与实测沉降对比"给出北京、洛口地区 33 根桩的试桩实测沉降与计算值的对比。并以 33 根试桩静载实测沉降与"《建筑桩基技术规范》单桩沉降公式"计算值之比为 0.918 为依据，建议单桩的沉降计算经验系数可取 1.0。

但即使以试桩实测沉降与计算值相比，《建筑桩基技术规范》表 11 所列 33 根试桩中，北京银泰中心的 9 根试桩就有 7 根试桩的实测值与计算值之比为 0.45～0.66。计算值明显偏大。

现以北京财源国际中心西塔的试桩实测沉降（《建筑桩基技术规范》未收入。邱明兵，2011）为依据，由《建筑桩基技术规范》单桩沉降计算公式计算该工程 16.4 m 与 26.4 m 试桩的沉降，并与实测数据进行对比。

1. 北京财源国际中心西塔 $\phi 1.0$ m×16.4 m 试桩实测沉降与计算值见表 4.4.1-1。

北京财源国际中心西塔 $\phi 1.0 \times 16.4$ m 试桩沉降计算表 表 4.4.1-1

$Q = 14000$ kN，$a = 0.454$，$l = 16$ m，$d = 1.0$ m，$l/d = 16$，$\psi = 1.0$							
z/l	I_p	I_{st}	σ_{zi}(kPa)	$0.2\sigma_{ci}$(kPa)	E_s(MPa)	ΔZ_i(m)	分层计算沉降(mm)
1.004	130.202	7.095	3445	168.25	150	0.064	1.47

续表

z/l	I_p	I_{st}	σ_{zi}(kPa)	$0.2\sigma_{ci}$(kPa)	E_S(MPa)	ΔZ_i(m)	分层计算沉降(mm)
1.008	134.212	7.096	3544	168.51	150	0.064	1.51
1.012	127.849	7.063	3385	168.76	150	0.064	1.44
1.016	120.095	6.985	3190	169.02	150	0.064	1.36
1.020	111.316	6.857	2969	169.28	150	0.064	1.27
1.024	102.035	6.682	2733	169.53	150	0.064	1.17
1.028	92.751	6.469	2496	169.79	150	0.064	1.06
1.040	67.984	5.713	1859	170.56	150	0.192	2.38
1.060	40.837	4.493	1148	171.84	150	0.32	2.45
1.08	26.159	3.568	756	173.12	150	0.32	1.61
1.10	17.897	2.903	531	174.4	150	0.32	1.13
1.12	12.923	2.417	393	175.68	150	0.32	0.84
1.14	9.737	2.054	303	176.96	150	0.32	0.65
1.16	7.588	1.775	241	178.24	150	0.32	0.51
1.18	6.075	1.555	197	179.52	150	0.32	0.42
1.20	4.973	1.379	165	180.8	150	0.32	0.35
最终沉降量(mm)							19.62

桩身压缩量 $S_e = 5.85$ mm（计算过程略）。

$\phi 1.0$ m×16.4 m 试桩（$Q = 14000$ kN）时估算总沉降为 $S = 5.85 + 19.62 = 25.47$ mm，实测沉降为 12.34 mm；

$\phi 1.0$ m×16 m 试桩（$Q = 7000$ kN）时估算总沉降为 $S = 2.93 + 8.84 = 11.77$ mm（计算过程略），实测沉降为 5.10 mm，（$Q = 5600$ kN 时，实测沉降为 3.85 mm）。

2. 北京财源国际中心西塔 $\phi 1.0 \times 26.4$ m 试桩实测沉降与计算值见表 4.4.1-2。

北京财源国际中心西塔 $\phi 1.0 \times 26.4$ m 单桩试桩沉降计算表　　表 4.4.1-2

z/l	I_p	I_{st}	σ_{zi}(kPa)	$0.2\sigma_{ci}$(kPa)	E_S(MPa)	ΔZ_i(m)	分层计算沉降(mm)
$Q=19000$ kN,$\alpha=0.166$,$l=26$ m,$d=1.0$ m,$l/d=26$,$\psi=1.0$							
1.004	377.628	12.508	2055	202.48	150	0.104	1.42
（计算过程中间部分略）							
1.08	29.440	3.912	229	208.72	110	0.52	1.08
最终沉降量(mm)							10.94

桩身压缩量 $S_e = 12.90$ mm（计算过程略）。

$\phi 1.0$ m×26 m 试桩（$Q = 19000$ kN）时估算总沉降为 $S = 10.94 + 12.90 = 23.84$ mm，实测沉降为 19.44 mm；

$\phi 1.0$ m×26 m 试桩（$Q = 9500$ kN）时估算总沉降为 $S = 4.92 + 6.45 = 11.37$ mm（计算过程略），实测沉降为 6.98 mm，（$Q = 7600$ kN 时，实测沉降为 5.09 mm）。

由此可见，当桩顶荷载为设计单桩承载力特征值时，北京财源国际中心西塔试桩沉降实测值与计算值之比为 0.43～0.61；当桩顶荷载为设计单桩承载力极限值时，北京财源国际中心西塔试桩沉降实测值与计算值之比为 0.48~0.82。

由此可见按《建筑桩基技术规范》单桩沉降计算公式所得计算值域实测值相比，计算值偏大，且桩长较短的试桩沉降计算值误差更大些。

究其原因，是因为计算沉降时的压缩模量并未采用"土的自重压力至土的自重压力加附加压力作用时的压缩模量"。否则上述沉降计算中，第一分层的压缩模量就应该采用土自重压力 1012 kPa、至土自重压力加附加压力等于 3067 kPa 的压缩模量，即 $E_{S1.0~4.0}$。余类推。

对于卵砾石与砂土，这个要求实际上无法完成。即使对于黏土地基，也尚未检索到类似的实践。

因此，应用《建筑桩基技术规范》的单桩沉降计算公式，当采用"小分层"时，是否应完全采用"土的自重压力至土的自重压力加附加压力作用时的压缩模量"这一点，《建筑桩基技术规范》实际上回避了。

软黏土地基工程桩基沉降完成的时间一般持续数年乃至数十年，试桩时段内的单桩沉降量与桩群最终沉降量一般均相距极大，因此在试桩沉降与单桩实测推算最终沉降值之间实际上很难建立起有效的关系式。

检索大量文献中关于单桩沉降问题的探讨，均集中于以各种计算方法求单桩解静载荷试桩的沉降。然而，由于试桩沉降与工程桩（即使同为单桩）的沉降有着明显的差别，因此这些文献提供的大量方法，与单桩、小桩群实际工程的沉降计算仍然没有直接关系。

总之，解决单桩基础的沉降计算经验系数问题，还是需要依靠单桩、小桩群工程长期实测沉降数据的积累。如单层框排架厂房桩基础就可归之为单桩、小桩群基础。

4.4.2　"路桥规范单桩沉降公式"简介

《铁路桥涵设计基本规范》TB 100021—2005 与《公路桥涵地基与基础设计规范》JTJ 063—2007 推荐的单桩沉降计算公式（简称"路桥规范单桩沉降公式"）：

$$s=\frac{Q}{A_0C_0}+S_e$$

式中　A_0——自桩顶以 $\varphi/4$ 角扩散至桩端平面处的面积，φ 为桩身范围内各土层内摩擦角的加权平均值；

　　　C_0——桩端处土的竖向地基系数，当桩长 L 不大于 10 m 时，$C_0=10m_0$，当大于 10 m 时，$C_0=Lm_0$。

土的 m_0 值见表 4.4.2-1。

土的 m_0 值

表 4.4.2-1

土的名称	土的 m_0 值（kN/m²）
流塑黏性土，$I_L>1$，淤泥	1000~2000
软塑黏性土，$1>I_L>0.5$，粉砂	2000~4000
硬塑黏性土，$0.5>I_L>0$，细砂、中砂	4000~6000
半干硬性的黏性土，粗砂	6000~10000
砾砂，角砾土、碎石土、卵石土	10000~20000

由此可见，"路桥规范单桩沉降公式"的桩端沉降计算采用的是文克尔地基模型。

4.4.3 上海某跨线桥单桩与小桩群基础的沉降计算探讨

《建筑桩基技术规范》表 11 列出 33 根单桩、单排桩的试桩实测沉降与计算值的对比，从中得出《建筑桩基技术规范》单桩、单排桩沉降计算公式的经验系数为 1.0。

《建筑桩基技术规范》表 11 中洛口 3 组试桩的桩顶荷载为极限承载力，其余北京地区试桩的桩顶荷载均为特征值。但洛口 3 组试桩沉降计算值与实测沉降之比，也接近 1.0。这说明《建筑桩基技术规范》认为单桩、单排桩沉降计算公式，也适用于计算桩顶荷载为极限荷载时的单桩沉降。

但上述论证中隐含着一个前提，即单桩静载荷试桩的短期实测沉降（一般短于 1 星期）相当于该试桩的实测最终沉降；而《建筑桩基技术规范》单桩、单排桩沉降计算公式的计算结果与实测最终沉降值相符。事实上由工程实践可知，这个前提并非不证自明的。因为前者的稳定标准是连续两次在每小时内实测沉降量小于 0.1 mm；而后者的稳定标准是连续两次半年实测沉降量小于 2 mm。两者是否等同或接近，仍应由单桩、小桩群的长期实测加以验证。

以下由上海单桩静载荷试桩的长期实测沉降，以及上海、山西、辽宁、安徽、南京等地小桩群的长期实测沉降，对《建筑桩基技术规范》单桩、单排桩沉降计算公式的经验系数，进行初步探讨。

1. ［案例 4.4.1］单桩沉降计算探讨

上海某跨线桥工程（周健，2003）对该工程进行了 2 根不同桩长的单桩静载荷试验，特异之处在于静载荷试验的时间维持了 3 个月之久，并实测了沉降数据。同时还进行了该工程 3 个小桩群（4 桩与 5 桩）桥墩的沉降、桩土荷载分担等原位实测。

因此这个工程实例的数据完全符合单桩与小桩群沉降的定义，可以用来探讨"《建筑桩基技术规范》单桩沉降公式"、"上海单桩沉降公式"、"路桥规范单桩沉降公式"的适用范围，以及地基规范实体深基础法等对小桩群沉降计算的适用性。

而且该工程实例的荷载为单桩极限承载力，实测沉降为接近沉降稳定标准的长期沉降，因此就可以与短期沉降的单桩静载荷试桩结果进行对比了。

虽然该工程实例持续 3 个月的单桩静载荷试验，可能未采用上海地基规范所规定的深度与单桩埋深相同的沉降观测专用水准点，但由于 3 个月期间的地面沉降一般可以忽略不计，因此上海某跨线桥工程的沉降观测数据应该是可靠的。

［案例 4.4.1］为静载荷试压维持 3 个月的上海某跨线桥工程 $\phi 0.8 \times 23m$ 单桩试桩工程。地基土的物理力学性质指标及承载力见表 4.4.3-1。

地基土的物理力学性质指标及承载力表

表 4.4.3-1

层序	土的名称	物理性质		力学性质			钻孔灌注桩		单桥静力触探平均贯入阻力值 P_s(kPa)
				剪切试验		压缩试验	桩周土摩擦力极限值 f_s(kPa)	桩端土承载力极限值 f_p(kPa)	
		厚度 h(m)	重力密度 ρ(kN/m³)	内摩擦角 ϕ(°)	内聚力 C(kPa)	压缩模量 $E_{S0.1\sim0.2}$(MPa)			
1	填土	1.2	17.0	—	—	—			

层序	土的名称	物理性质		力学性质		压缩试验	钻孔灌注桩		单桥静力触探平均贯入阻力值 P_s(kPa)
		厚度 h(m)	重力密度 ρ(kN/m³)	剪切试验		压缩模量 $E_{S0.1\sim0.2}$ (MPa)	桩周土摩擦力极限值 f_s(kPa)	桩端土承载力极限值 f_p(kPa)	
				内摩擦角 ϕ(°)	内聚力 C(kPa)				
2-1	粉质黏土	1.5	18.9	17.6	24.3	4.66	15	200	820
2-3	黏质粉土	2.4	18.6	27.5	4.0	7.59	15	200	1490
3-1	淤泥质粉质黏土	3.8	18.0	20.4	14.83	3.80	15	200	770
3-2	黏质粉土	2.9	18.6	34.7	3.33	8.71	20	200	2270
3-3	淤泥质粉质黏土	3.1	17.6	15.5	14.0	3.48	20	200	1040
4	淤泥质黏土	7.0	17.2	9.6	12.0	2.48	20	400	820
5-1	黏土	6.0	17.6	10.1	14.83	3.14	35	350	1020
5-2	砂质粉土	3.7	18.0	30.0	4.0	7.61	45	1200	540
5-3	粉质黏土	3.6	20.0	17.0	45.0	7.41	55	800	2170
5-4.1	粉质黏土	2.9	19.0	—	—	5.40	65	1500	2980
5-4.2	黏质粉土	3.1	19.5	—	—	9.36	70	1800	4950
8-1	黏土	13.0	17.8	14.1	17.92	3.82	45	1000	2000
8-2	粉质黏土	未穿	18.8	15.0	27.0	4.10	50	1200	2700

[案例 4.4.1] 单桩试桩静载荷为 1320 kN，桩端持力层为第⑤-1 层黏土。稳定 3 个月后实测累计沉降 21.02 mm，第 3 个月的沉降速率约为 0.049 mm/d，尚未达到稳定的标准。预计最终沉降量不超过 30 mm。

[案例 4.4.1] 试桩实测时间-沉降曲线如图 4.4.3-1。

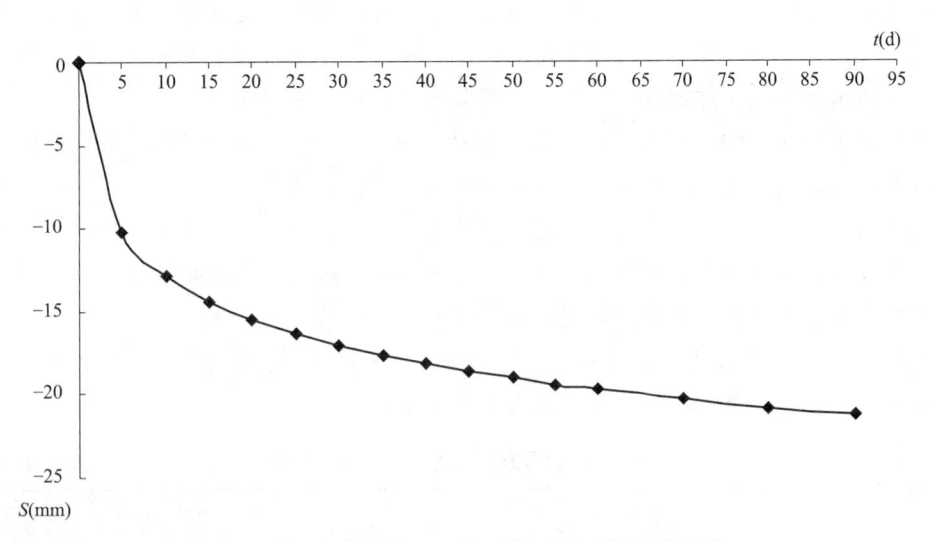

图 4.4.3-1　[案例 4.4.1] 试桩实测时间-沉降曲线

由 [案例 4.4.1] 试桩实测沉降-时间曲线可以看出，若按一般静载荷试桩的时间（≤5 d），该试桩的实测沉降应该是小于 10 mm；而实测推算最终沉降量应该为 25～30 mm 左右。

由此可见，软土地区常规单桩静载荷试桩的实测沉降（短期），与单桩静载荷试桩的长期实测沉降，相差很大。因此至少对于以上海为代表的软土地区，不宜以常规单桩静载荷试桩沉降量去预测该试桩的实际沉降量。

（1）由《建筑桩基技术规范》单桩沉降公式计算［案例4.4.1］沉降

$Q_{uk}=0.8\times\pi\times(1.5\times15+2.4\times15+3.8\times15+2.9\times20+3.1\times20+7.0\times20+1.1\times35)+\pi\times0.8^2\times350/4=1216$ kN，$\alpha=0.145$。

"小分层"原理的单桩沉降计算见表4.4.3-2。

［案例4.4.1］单桩试桩沉降计算（"小分层"原理）　　　　表4.4.3-2

z/l	I_p	I_{st}	σ_{zi}(kPa)	$0.2\sigma_{ci}$(kPa)	$E_{S0.1\sim0.2}$(MPa)	ΔZ_i(m)	分层计算沉降(mm)
\multicolumn{8}{c}{$Q=1320$ kN,$\alpha=0.169$,$l=23$ m,$d=0.8$ m,取 $l/d=30$,$\psi=1.0$}							
1.004	536.535	15.226	257.830	38.550	3.14	0.092	7.55
（计算过程中间部分略）								
1.060	51.415	5.344	32.763	41.908	3.14	0.230	0.96
最终沉降量(mm)									39.66

桩身压缩量 $S_e=1.44$ mm（计算过程略）。

$$S=1.44+39.66=41.1 \text{ mm}$$

因未检索到该案例的压缩曲线，故以上沉降计算系采用压缩模量 $E_{S0.1\sim0.2}$。若压缩模量采用"土的自重压力至土的自重压力加附加压力作用时的压缩模量"，则需要提供 $E_{S0.2\sim0.4}\sim E_{S0.2\sim0.25}$。根据对上海第5层粉质黏土压缩曲线的统计，$E_{S0.2\sim0.4}$ 与 $E_{S0.1\sim0.2}$ 之比约为1.5，因此［案例4.4.1］试桩的计算沉降就约为22 mm左右，与3个月实测累计沉降21.02 mm相符。

"大分层"原理（取 $\Delta Z_i=1$ m左右）的单桩沉降计算见表4.4.3-3。

［案例4.4.1］单桩试桩沉降计算（"大分层"原理）　　　　表4.4.3-3

z/l	I_p	I_{st}	σ_{zi}(kPa)	$0.2\sigma_{ci}$(kPa)	$E_{S0.1\sim0.2}$(MPa)	ΔZ_i(m)	分层计算沉降(mm)
\multicolumn{8}{c}{$Q=1320$ kN,$\alpha=0.145$,$l=23$ m,$d=0.8$ m,取 $l/d=30$,$\psi=1.0$}							
1.040	104.344	7.763	60.100	39.808	3.14	0.92	17.61
1.060	51.415	5.344	32.763	41.908	3.14	0.46	4.80
最终沉降量(mm)									22.41

按旗云软件"大分层"（取 $\Delta Z_i=1$ m左右）原理，［案例4.4.1］试桩的计算沉降为22.4 mm，与3个月实测累计沉降21.02 mm相符。

（2）由上海单桩沉降公式计算［案例4.4.1］沉降

可得［案例4.4.1］的计算沉降为 $s=18.28+1.44=19.7$ mm，计算值与3个月实测累计沉降值之比为0.94。

（3）由路桥规范单桩沉降公式计算［案例4.4.1］沉降

$\varphi/4=4.3°$，$A_0=2.349$ m²，$C_0=2000\times23=46000$ kN/m³，$S_e=1.44$ mm，$Q=1320$ kN，

可得［案例4.4.1］的计算沉降为 $s=12.22+1.44=13.7$ mm，计算值与3个月实测累计沉降值之比为0.65。

（4）由 JCCAD 软件计算［案例 4.4.1］沉降

JCCAD 软件不能直接计算单桩沉降。现按 4 柱单层框架、单柱单桩（桩距 8 m）计算单桩沉降。［案例 4.4.1］的 JCCAD 软件沉降试算结果如图 4.4.3-2。

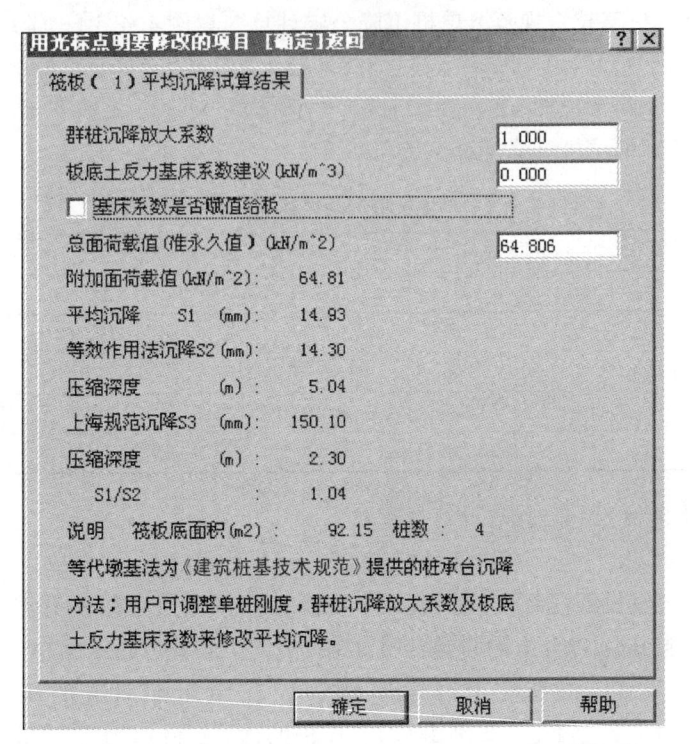

图 4.4.3-2　［案例 4.4.1］的 JCCAD 软件沉降试算结果

［案例 4.4.1］的 JCCAD 软件计算值"平均沉降 S_1" 14.93 mm 与实测累计沉降 21 mm 之比为 0.71，计算结果不满足 80% 保证率的要求。需要调整群桩沉降放大系数。

［案例 4.4.1］的 JCCAD 软件计算值"等效作用法沉降 S_2"为 $1.2 \times 14.3 = 17.2$ mm，与实测累计沉降 21 mm 之比为 0.82，计算结果满足 80% 保证率的要求。但由《建筑桩基技术规范》等效作用分层总和法的定义，应该不能计算距径比达到 10 的桩基沉降，而 JCCAD 软件却给出了计算结果。这说明 JCCAD 软件可能是对于距径比大于 6 的桩基，一律按距径比等于 6 的桩基计算；也有可能 JCCAD 软件的等效作用分层总和法本身就存在缺陷。由于 JCCAD 软件不给出计算书，因此难以判断。

［案例 4.4.1］的 JCCAD 软件计算值"上海规范沉降 S_3"为 $150.1 \times 1.05 = 157.6$ mm，与实测累计沉降 21 mm 之比为 7.5，计算结果不满足 80% 保证率的要求。这说明不考虑桩径的明德林应力公式法确实不适合计算小桩群沉降。

（5）由盈建科软件计算［案例 4.4.1］沉降

盈建科软件可计算单桩沉降。［案例 4.4.1］的盈建科软件"考虑桩径影响的明德林应力公式法"沉降试算结果如图 4.4.3-3。

［案例 4.4.1］的盈建科软件"考虑桩径影响的明德林应力公式法"沉降计算值 36.13 mm 与实测累计沉降 21 mm 之比为 1.72，计算结果不满足 80% 保证率的要求。

*			单桩沉降计算结果			*
ξ_e	Q_j	L_j	E_c	A_{ps}	s_e	
0.67	1279.8	23.0	30000	0.5027	1.3013	

ψ	Δz	α
1.00	0.3	0.124

压缩层 No	压缩模量(MPa)	厚度(m)	附加应力(kPa)	土的自重应力(kPa)	压缩量(mm)
(1)	3.14	0.30	177.4	190.3	16.9476
(2)	3.14	0.30	109.1	192.6	10.4275
(3)	3.14	0.30	49.5	195.0	4.7289
(4)	3.14	0.30	28.5	197.3	2.7246
	$E'=3.14$	$Z_n=1.20$			$\sum s=34.8286$
					$s=36.1299$

图 4.4.3-3 [案例 4.4.1]的盈建科软件沉降试算结果

由于盈建科软件采用的是"中分层"原理（取 $\Delta Z_i=0.3\sim0.6$ m 左右），因此沉降计算结果 36.13 mm，介于"小分层"原理计算结果（41.1 mm）与"大分层"原理计算结果（22.4 mm）之间，是合理的。

（6）探讨

上述 JCCAD（"平均沉降 S_1"）、盈建科、旗云软件的计算结果均未采用"土的自重压力至土的自重压力加附加压力作用时的压缩模量"。若按 $E_{S0.2\sim0.4}$ 与 $E_{S0.1\sim0.2}$ 之比为 1.5 计算，则 [案例 4.4.1] 试桩的三种软件计算沉降分别为约 22、24 mm 与 15 mm 左右，与 [案例 4.4.1] 3 个月实测累计沉降 21.02 mm 相比较，JCCAD（"平均沉降 S_1"）与盈建科软件的计算结果较为合理。

2. [案例 4.4.2] 单桩沉降计算探讨

[案例 4.4.2] 为维持 3 个月的上海某跨线桥工程 $\phi0.8\times29$ m 单桩静载荷试验工程。地基土的物理力学性质指标及承载力见表 4.4.3-4。

地基土的物理力学性质指标及承载力表　　　　　　　　　　表 4.4.3-4

层序	土的名称	物理性质		力学性质			钻孔灌注桩		单桥静力触探平均贯入阻力值 P_s(kPa)
				剪切试验		压缩试验	桩周土摩擦力极限值 f_s(kPa)	桩端土承载力极限值 f_p(kPa)	
		厚度 h(m)	重力密度 ρ(kN/m³)	内摩擦角 ϕ(°)	内聚力 C(kPa)	压缩模量 $E_{S0.1\sim0.2}$(MPa)			
1	填土	1.2	17.0	—	—	—	—	—	—
2-1	粉质黏土	1.7	18.9	17.6	24.3	4.66	15	200	820
3-1	淤泥质粉质黏土	6.4	18.0	20.4	14.83	3.8	15	200	770
3-2	黏质粉土	2.4	18.6	34.7	3.33	8.71	20	200	2270
3-3	淤泥质粉质黏土	3.5	17.6	15.5	14.0	3.48	20	200	1040
4	淤泥质黏土	7.1	17.2	9.6	12.0	2.48	20	400	820
5-1	黏土	6.1	17.6	10.1	14.83	3.14	35	350	1020
5-2	砂质粉土	3.5	18.0	30.0	4.0	7.61	45	1200	540
6-1	粉质黏土	4.1	20.0	17.0	45.0	7.41	55	800	1850
7-1	砂质粉土	3.5	19.0	—	—	5.4	65	1500	6650

层序	土的名称	物理性质		力学性质			钻孔灌注桩		单桥静力触探平均贯入阻力值 P_s(kPa)
				剪切试验		压缩试验	桩周土摩擦力极限值 f_s(kPa)	桩端土承载力极限值 f_p(kPa)	
		厚度 h(m)	重力密度 ρ(kN/m³)	内摩擦角 ϕ(°)	内聚力 C(kPa)	压缩模量 $E_{S0.1\sim0.2}$(MPa)			
7-2	砂质粉土	4.6	19.5	—	—	9.36	70	1800	5530
8-1	黏土	11.5	17.8	14.1	17.92	3.82	45	1000	2000
8-2	粉质黏土	未穿	18.8	15.0	27.0	4.10	50	1200	2700

[案例 4.4.2] 单桩试桩静载荷为 1800 kN，桩端持力层为第⑤-2 层砂质粉土。试桩静载荷 3 个月实测累计沉降为 13.0 mm，第 3 个月的沉降速率约为 0.038 mm/d，尚未达到稳定的标准。预计最终沉降量不超过 20 mm。

[案例 4.4.2] 试桩实测时间-沉降曲线如图 4.4.3-4。

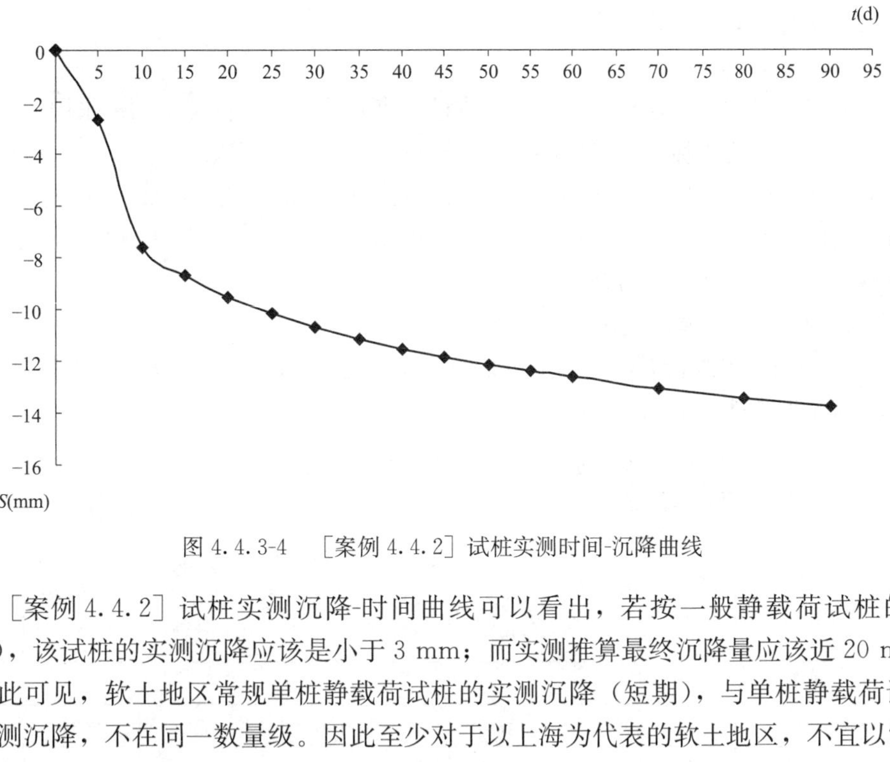

图 4.4.3-4　[案例 4.4.2] 试桩实测时间-沉降曲线

由 [案例 4.4.2] 试桩实测沉降-时间曲线可以看出，若按一般静载荷试桩的时间（≤5 d），该试桩的实测沉降应该是小于 3 mm；而实测推算最终沉降量应该近 20 mm。

由此可见，软土地区常规单桩静载荷试桩的实测沉降（短期），与单桩静载荷试桩的长期实测沉降，不在同一数量级。因此至少对于以上海为代表的软土地区，不宜以常规单桩静载荷试桩沉降量去预测该试桩的实际沉降量。

(1) 由《建筑桩基技术规范》单桩沉降公式计算 [案例 4.4.2] 沉降

$Q_{uk}=0.8\times\pi\times(1.7\times15+6.4\times15+2.4\times20+3.5\times20+7.1\times20+6.1\times35+0.6\times45)+\pi\times0.8^2\times1200/4=2166$ kN，$\alpha=0.278$。

"小分层" 原理的单桩沉降计算结果：$S=2.47+41.31=46.8$ mm（计算过程略）。

因未检索到该案例的压缩曲线，故以上沉降计算系采用压缩模量 $E_{S0.1\sim0.2}$。若压缩模量采用 "土的自重压力至土的自重压力加附加压力作用时的压缩模量"，则需要提供 $E_{S0.24\sim0.8}\sim E_{S0.25\sim0.29}$。对上海第⑤层粉质黏土，尚未检索到地质勘察报告提供 "土自重应力加附加应力达到 800 kPa"的压缩模量的工程实例，因此难以判断计算沉降与 3 个月实测累计沉降是否符合。

按旗云软件"大分层"（取 $\Delta Z_i = 1$ m 左右），［案例 4.4.2］试桩的计算沉降为 15.3 mm，与 3 个月实测累计沉降 13.0 mm 相符（计算过程略）。

（2）由上海单桩沉降公式计算［案例 4.4.2］沉降

可得［案例 4.4.2］的计算沉降为 $s = 8.16 + 2.47 = 10.6$ mm。计算值与 3 个月实测累计沉降值之比为 0.81。

（3）由路桥规范单桩沉降公式计算［案例 4.4.2］沉降

$\varphi/4 = 3.84°$，$A_0 = 2.976$ m²，$C_0 = 4000 \times 29 = 116000$ kN/m³，$S_e = 2.47$ mm，$Q = 1800$ kN

可得［案例 4.4.2］的计算沉降为 $s = 5.21 + 2.47 = 7.7$ mm，计算值与 3 个月实测累计沉降值之比为 0.59。

（4）由 JCCAD 软件计算［案例 4.4.2］沉降

JCCAD 软件不能直接计算单桩沉降。现按 4 柱单层框架、单柱单桩（桩距 8 m）计算单桩沉降。［案例 4.4.2］的 JCCAD 软件沉降试算结果如图 4.4.3-5。

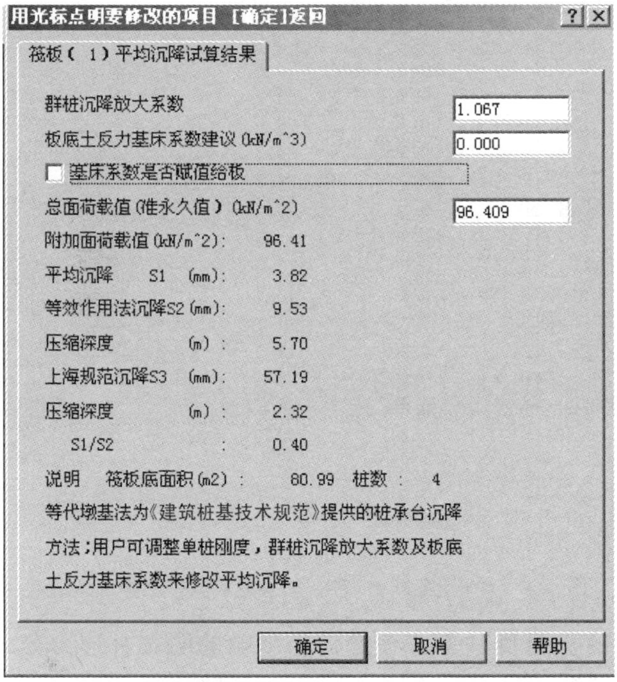

图 4.4.3-5 ［案例 4.4.2］的 JCCAD 软件沉降试算结果

［案例 4.4.2］的 JCCAD 软件计算值"平均沉降 S_1"3.82 mm 与实测累计沉降 13 mm 之比为 0.29，计算结果不满足 80% 保证率的要求。需要调整群桩沉降放大系数。

［案例 4.4.2］的 JCCAD 软件计算值"等效作用法沉降 S_2"为 $1.2 \times 9.53 = 11.4$ mm，与实测累计沉降 13 mm 之比为 0.88，计算结果满足 80% 保证率的要求。但由《建筑桩基技术规范》等效作用分层总和法的定义，应该不能计算距径比达到 10 的桩基沉降，而 JCCAD 软件却给出了计算结果。这说明 JCCAD 软件可能是对于距径比大于 6 的

桩基，一律按距径比等于 6 的桩基计算；也有可能 JCCAD 软件的"等效作用法"在小桩群沉降计算方面存在问题。由于 JCCAD 软件不给出计算书，因此难以判断。

[案例 4.4.2] 的 JCCAD 软件计算值"上海规范沉降 S_3"为 $57.19 \times 1.05 = 60.0$ mm，与实测累计沉降 13 mm 之比为 4.6，计算结果不满足 80% 保证率的要求。这说明不考虑桩径的明德林应力公式法确实不适合计算小桩群沉降。

（5）由盈建科软件计算 [案例 4.4.2] 沉降

盈建科软件可计算单桩沉降。[案例 4.4.2] 的盈建科软件"考虑桩径影响的明德林应力公式法"沉降试算结果如图 4.4.3-6。

```
*                          单桩沉降计算结果
       ξe      Qj       Lj       Ec       Aps       se
      0.61    1759.8    29.0     30000    0.5027    2.0799

       ψ      Δz       α
      1.00    0.3      0.252
```

压缩层 No	压缩模量(MPa)	厚度(m)	附加应力(kPa)	土的自重应力(kPa)	压缩量(mm)
(1)	7.61	0.30	439.2	235.0	17.3148
(2)	7.61	0.30	265.0	237.4	10.4455
(3)	7.61	0.30	129.1	239.9	5.0912
(4)	7.61	0.30	74.6	242.3	2.9394
(5)	7.41	0.30	38.9	245.1	1.5737
(6)	7.41	0.30	38.9	248.2	1.5737
(7)	7.41	0.30	25.2	251.2	1.0222
(8)	7.41	0.30	25.2	254.3	1.0222
(9)	7.41	0.30	17.6	257.3	0.7141
(10)	7.41	0.30	17.6	260.4	0.7141
(11)	7.41	0.30	13.6	263.4	0.5513
(12)	7.41	0.30	13.6	266.5	0.5513
(13)	7.41	0.30	11.1	269.6	0.4493
(14)	7.41	0.30	11.1	272.6	0.4493
(15)	7.41	0.30	9.4	275.7	0.3810
(16)	7.41	0.30	9.4	278.7	0.3810
(17)	7.41	0.30	8.2	281.8	0.3329
(18)	7.41	0.30	8.2	284.3	0.2220
(19)	5.40	0.30	7.3	286.7	0.4081
	E'=7.55	Zn=5.60			Σs=46.1373
					s=48.2172

图 4.4.3-6　[案例 4.4.2] 的盈建科软件沉降试算结果

[案例 4.4.2] 的盈建科软件"考虑桩径影响的明德林应力公式法"沉降计算值 48.2 mm 与实测累计沉降 13 mm 之比为 3.71，计算结果不满足 80% 保证率的要求。

盈建科软件采用的是"中分层"原理（取 $\Delta Z_i = 0.3$ m 左右），但沉降计算结果 48.2 mm，大于"小分层"原理计算结果（46.8 mm），不太合理的。

（6）探讨

上述 JCCAD（"平均沉降 S_1"）、盈建科、旗云软件的计算结果均未采用"土的自重压力至土的自重压力加附加压力作用时的压缩模量"。若压缩模量采用"土的自重压力至土的自重压力加附加压力作用时的压缩模量"，则需要提供 $E_{S0.24 \sim 0.8} \sim E_{S0.25 \sim 0.29}$。对上海第 5 层粉质黏土，尚未检索到地质勘察报告提供"土自重应力加附加应力达到 800 kPa"

的压缩模量的工程实例。但按此计算原理，无疑旗云软件的［案例4.4.2］沉降计算值将偏小。

因此对于［案例4.4.2］的沉降计算，所有方法均可能不满足80%保证率的要求。

3.［案例4.4.3］小桩群工程桩沉降计算探讨

［案例4.4.3］为上海某跨线桥工程1号墩，采用4根 $\phi 0.8 \times 19.5$ m 钻孔灌注桩，单桩平均荷载为595 kN，117 d 实测沉降 8.9 mm（第4个月沉降速率为 0.023 mm/d，尚未稳定）。预计最终沉降 10 mm 左右。地基土的物理力学性质指标及承载力见表4.4.3-1。

［案例4.4.3］试桩实测时间-沉降曲线如图4.4.3-7。

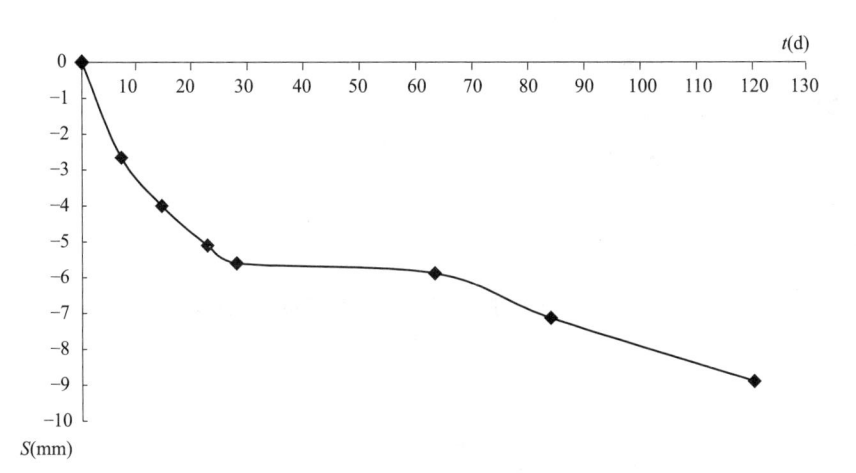

图 4.4.3-7 ［案例4.4.3］试桩实测时间-沉降曲线

（1）由《建筑桩基技术规范》单桩沉降公式计算［案例4.4.3］沉降

$Q_{uk} = 0.8 \times \pi \times (1.0 \times 15 + 2.4 \times 15 + 3.8 \times 15 + 2.9 \times 20 + 3.1 \times 20 + 6.3 \times 20) + \pi \times 0.8^2 \times 400/4 = 1287$ kN，$\alpha = 0.165$。

承台尺寸为 8.0 m × 3.8 m，承台埋深按 1.7 m。扣除承台底土自重压力的平均附加桩顶荷载为 368.1 kN。

"小分层"原理的单桩沉降计算结果：$S = 14.86$ mm（计算过程略）。

计算结果为 117 d 实测沉降 8.9 mm 的 167%。若采用"土的自重压力至土的自重压力加附加压力作用时的压缩模量"，［案例4.4.3］计算结果与实测沉降比较接近。

按旗云等软件"大分层"（取 $\Delta Z_i = 1$ m 左右），［案例4.4.3］小桩群的计算沉降为7.81 mm，与117 d 实测沉降 8.9 mm 比较接近（计算过程略）。

（2）由上海单桩沉降公式计算［案例4.4.3］沉降

$n = 0.12$ 的桩数为1根，$n = 0.4$ 的桩数为2根，通过各基桩对应力计算点产生的附加应力叠加，

$Q = 368.1$ kN，$L = 19.5$ m，$E_S = 2.48$ N/mm^2，$S_e = 0.34$ mm（计算过程略）

$$s = \frac{368.1 \times 1.089}{2.48 \times 19.5} + 0.34 = 8.28 + 0.34 = 8.6 \text{ mm}$$

上海单桩沉降公式计算结果与［案例4.4.3］的实测沉降值 8.9 mm 相符。

（3）路桥规范单桩沉降公式不能计算小桩群沉降

（4）上海地基规范实体深基础法计算［案例4.4.3］沉降

$L=8.0$ m，$b=3.8$ m，$N=2369.4$ kN，$P_0=2369.4/8.0\times3.8-1.2\times17-0.5\times18.9=48.1$ kPa

由上海地基规范实体深基础法可得［案例4.4.3］的计算沉降为 $s=0.7\times47.5=33.2$ mm，计算值与117d实测值之比为3.7。即使采用"土的自重压力至土的自重压力加附加压力作用时的压缩模量"，［案例4.4.3］计算结果应该也远大于实测沉降。

（5）国标地基规范实体深基础法计算［案例4.4.3］沉降

考虑扩散角，$\phi/4=4.65°$，$a=3.8+2\times19.5\times\tan4.65°=6.97$ m，$b=8.0+2\times19.5\times\tan4.65°=11.17$ m，$P_0=2369.4/6.97\times11.17-1.2\times17-0.5\times18.9=0.58$ kPa

由国标地基规范实体深基础法可得［案例4.4.3］的计算沉降为 $s=0.5\times1.1=0.5$ mm，计算值远小于实测沉降。

（6）由JCCAD软件计算［案例4.4.3］沉降

JCCAD软件不能直接计算小桩群沉降。现按4柱单层框架（柱距8 m）、单柱4桩计算沉降。［案例4.4.3］的JCCAD软件沉降试算结果如图4.4.3-8。

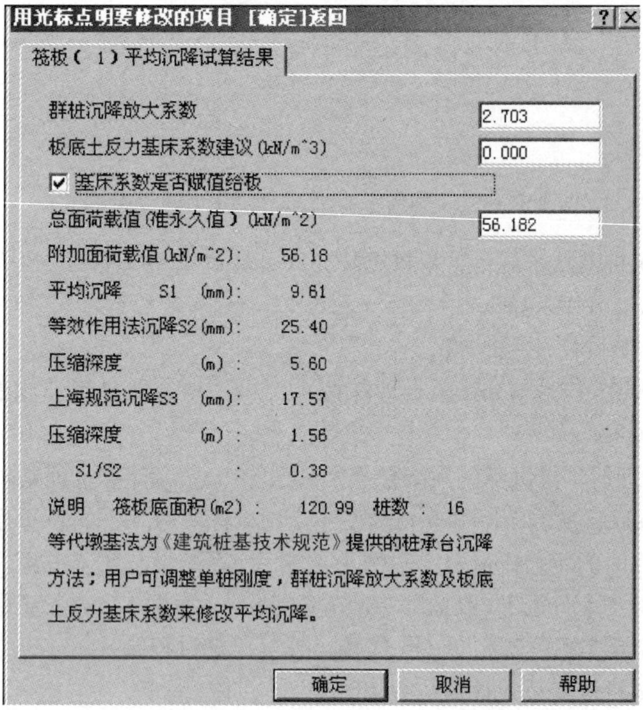

图4.4.3-8　［案例4.4.3］的JCCAD软件沉降试算结果

［案例4.4.3］的JCCAD软件计算值"平均沉降 S_1" 9.61mm 与实测累计沉降8.9 mm之比为1.08，计算结果满足80%保证率的要求。

［案例4.4.3］的JCCAD软件计算值"等效作用法沉降 S_2"为 $1.2\times25.4=30.5$ mm。与实测累计沉降8.9 mm之比为3.43，计算结果不满足80%保证率的要求。这说明JCCAD软件的"等效作用法"在小桩群沉降计算方面存在问题。由于JCCAD软

件不给出计算书，因此难以判断。

［案例4.4.3］的JCCAD软件计算值"上海规范沉降S_3"为$17.57 \times 1.05 = 18.4$ mm，与实测累计沉降8.9 mm之比为2.07，计算结果不满足80%保证率的要求。这说明不考虑桩径的明德林应力公式法确实不适合计算小桩群沉降。

（7）由盈建科软件计算［案例4.4.3］沉降

［案例4.4.3］的盈建科软件小桩群"考虑桩径影响的明德林应力公式法"沉降试算结果如图4.4.3-9。

压缩层 No	压缩模量(MPa)	厚度(m)	附加应力(kPa)	土的自重应力(kPa)	压缩量(mm)
(1)	3.48	0.60	67.8	96.2	11.6936
(2)	3.48	0.60	25.7	100.9	4.4227
(3)	3.48	0.60	15.6	105.5	2.6890
(4)	3.48	0.40	12.8	109.4	1.4692
(5)	2.48	0.60	9.4	113.2	2.2812
	E′=3.38	Zn=2.80			∑s=22.5557
					s=22.7146

图4.4.3-9　［案例4.4.3］的盈建科软件沉降试算结果

［案例4.4.3］的盈建科软件"考虑桩径影响的明德林应力公式法"沉降计算值22.7 mm与实测累计沉降8.9 mm之比为2.55，计算结果不满足80%保证率的要求。

盈建科软件采用的是"中分层"原理（取$\Delta Z_i = 0.6$ m左右），但沉降计算结果22.7 mm，大于"小分层"原理计算结果（14.8 mm），不太合理的。

［案例4.4.3］的盈建科软件小桩群"等效作用分层总和法"沉降试算结果如图4.4.3-10。

压缩层 No	压缩模量(MPa)	厚度(m)	附加应力(kPa)	土的自重应力(kPa)	压缩量(mm)
(1)	3.48	0.60	80.6	96.2	13.9021
(2)	3.48	0.60	76.5	100.9	13.1927
(3)	3.48	0.60	66.8	105.5	11.5093
(4)	3.48	0.40	57.0	109.4	6.5514
(5)	2.48	0.60	47.8	113.2	11.5744
(6)	2.48	0.60	38.7	117.7	9.3675
(7)	2.48	0.60	31.7	122.1	7.6751
(8)	2.48	0.60	26.5	126.5	6.4091
(9)	2.48	0.60	22.6	131.0	5.4644
	E′=3.01	Zn=5.20			∑s=85.6461
					s=85.8051

图4.4.3-10　［案例4.4.3］的盈建科软件沉降试算结果

［案例4.4.3］的盈建科软件"考虑桩径影响的明德林应力公式法"沉降计算值22.7 mm与实测累计沉降8.9 mm之比为2.55，计算结果不满足80%保证率的要求。

（8）由《建筑桩基技术规范》小桩群复合桩基沉降计算公式［案例4.4.3］沉降

［案例4.4.3］即本书第一章表1.3.1-3中序号16的"上海某桥梁4桩承台"，原位实测承台底土反力为11.1 kPa。承台尺寸为3.8×8.0 m。

与《建筑桩基技术规范》P251的疏桩复合桩基计算例题——某框架—核心筒结构相比，除了承台板的面积较小外，因此［案例4.4.3］可按《建筑桩基技术规范》式5.5.14-4计算疏桩复合桩基的沉降。

［案例4.4.3］的疏桩复合桩基沉降计算见表4.4.3-5。

［案例4.4.3］疏桩复合桩基沉降计算表   表4.4.3-5

| \multicolumn{10}{c}{$Q=289.3$ kN，$\alpha=0.165$，$l=19.5$ m，$d=0.8$ m，取 $l/d=25$，板底土分担 11.1 kPa} |

z/l	I_p	I_{st}	σ_{zi}(kPa)	σ_{ci}(kPa)	$0.2\sigma_{ci}$(kPa)	$E_{S0.1\sim0.2}$(MPa)	ΔZ_i(m)	分层计算沉降(mm)
1.004	377.962	14.298	61.511	0.40	35.12	2.48	0.078	1.95
1.008	348.548	14.455	57.513	0.40	35.23	2.48	0.078	1.82
1.012	309.461	13.840	51.689	0.39	35.35	2.48	0.078	1.64
1.016	266.478	13.577	45.541	0.39	35.46	2.48	0.078	1.44
1.020	225.388	12.892	39.394	0.38	35.57	2.48	0.078	1.25
1.024	189.308	12.149	33.909	0.37	35.68	2.48	0.078	1.08
1.028	159.069	11.410	29.239		35.80	2.48	0.078	
1.040	97.908	9.475	19.521		36.13	2.48	0.234	
\multicolumn{8}{c}{最终沉降量(mm)}	9.18

（9）探讨

对于［案例4.4.3］的沉降计算，所有方法均可能不满足80%保证率的要求。相对而言，盈建科软件"考虑桩径影响的明德林应力公式法"沉降计算值较为合理。

若今后版本计算软件的"考虑桩径影响的明德林应力公式法"，也采用"小分层"原理，则［案例4.4.3］的计算值就与实测值接近了。

4. ［案例4.4.4］小桩群工程桩沉降计算探讨

［案例4.4.4］为上海某跨线桥工程2号墩，采用5根ϕ0.8 m×27 m钻孔灌注桩，实测单桩平均荷载为988 kN，117 d实测沉降5.5 mm（第4个月沉降速率为0.020 mm/d，尚未稳定）。预计最终沉降8 mm左右。

地基土的物理力学性质指标及承载力见表4.4.3-1。

［案例4.4.4］实测时间-沉降曲线如图4.4.3-11。

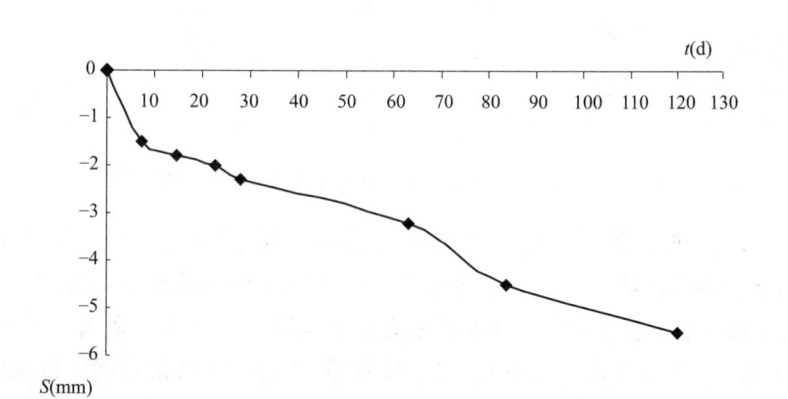

图4.4.3-11 ［案例4.4.4］实测时间-沉降曲线

（1）由《建筑桩基技术规范》单桩沉降公式计算［案例4.4.4］沉降

"小分层"原理的单桩沉降计算见表4.4.3-2。

$Q_{uk} = 0.8 \times \pi \times (1.0 \times 15 + 6.4 \times 15 + 2.4 \times 20 + 2.5 \times 20 + 7.1 \times 20 + 6.1 \times 35 + 0.5 \times 45) + \pi \times 0.8^2 \times 1200/4 = 2129$ kN，$\alpha = 0.283$。

承台尺寸为 10.8 m×3.8 m，承台埋深按 2.0 m。扣除承台底土自重压力的平均附加桩顶荷载为 696.5 kN。

"小分层"原理的单桩沉降计算结果：$S = 12.18$ mm（计算过程略）。

计算结果为 117 d 实测沉降 5.5 mm 的 221%。即使采用"土的自重压力至土的自重压力加附加压力作用时的压缩模量"，[案例 4.4.4]计算结果应该也远大于实测沉降。

按旗云等软件"大分层"（取 $\Delta Z_i = 1$ m 左右），计算结果为 117 d 实测沉降 5.5 mm 接近。（计算过程略）

（2）由上海单桩沉降公式计算［案例 4.4.4］沉降

$n = 0.2$ 的桩数为 4 根，通过各基桩对应力计算点产生的附加应力叠加，

$Q = 696.5$ kN，$L = 27$ m，$E_S = 7.61$ N/mm^2，$S_e = 0.89$ mm（计算过程略）

$$s = \frac{696.5 \times 1.089}{7.61 \times 27} + 0.89 = 3.69 + 0.89 = 4.6 \text{ mm}$$

与［案例 4.4.4］的实测沉降值 5.5 mm 较接近。

（3）路桥规范单桩沉降公式不能计算小桩群沉降。

（4）上海地基规范实体深基础法计算［案例 4.4.4］沉降

$L = 10.8$ m，$b = 3.8$ m，$N = 4928.2$ kN，$P_0 = 4928.2/10.8 \times 3.8 - 1.2 \times 17 - 0.8 \times 18.9 = 84.56$ kPa

由上海地基规范实体深基础法可得［案例 4.4.4］的计算沉降为 $s = 0.7 \times 39.5 = 27.7$ mm，计算值与 117d 实测值之比为 5.0。即使采用"土的自重压力至土的自重压力加附加压力作用时的压缩模量"，[案例 4.4.4]计算结果应该也远大于实测沉降。

（5）国标地基规范实体深基础法计算［案例 4.4.4］沉降

考虑扩散角，$\varphi/4 = 4.65°$，$a = 3.8 + 2 \times 19.5 \times \tan 4.65° = 6.97$ m，$b = 10.8 + 2 \times 19.5 \times \tan 4.65° = 13.97$ m，$P_0 = 4928.2/6.97 \times 13.97 - 1.2 \times 17 - 0.8 \times 18.9 = 15.1$ kPa

由国标地基规范实体深基础法可得［案例 4.4.4］的计算沉降为 $s = 0.5 \times 4.0 = 2.0$ mm，计算值与 117d 实测值之比为 0.36。此处的计算未采用"土的自重压力至土的自重压力加附加压力作用时的压缩模量"，[案例 4.4.4]计算结果远小于实测沉降。

（6）由 JCCAD 软件计算［案例 4.4.4］沉降

JCCAD 软件不能直接计算小桩群沉降。现按 4 柱单层框架（柱距 8 m）、单柱 5 桩计算沉降。［案例 4.4.4］的 JCCAD 软件沉降试算结果如图 4.4.3-12。

［案例 4.4.4］的 JCCAD 软件计算值"平均沉降 S_1"9.02 mm 与实测累计沉降 5.5 mm 之比为 1.64，计算结果不满足 80% 保证率的要求。需要调整群桩沉降放大系数。

［案例 4.4.4］的 JCCAD 软件计算值"等效作用法沉降 S_2"为 $1.2 \times 26.27 = 31.5$ mm。与实测累计沉降 5.5 mm 之比为 5.73，计算结果不满足 80% 保证率的要求。这说明 JCCAD 软件的"等效作用法"在小桩群沉降计算方面存在问题。由于 JCCAD 软件不给出计算书，因此难以判断。

［案例 4.4.4］的 JCCAD 软件计算值"上海规范沉降 S_3"为 $31.18 \times 1.05 =$

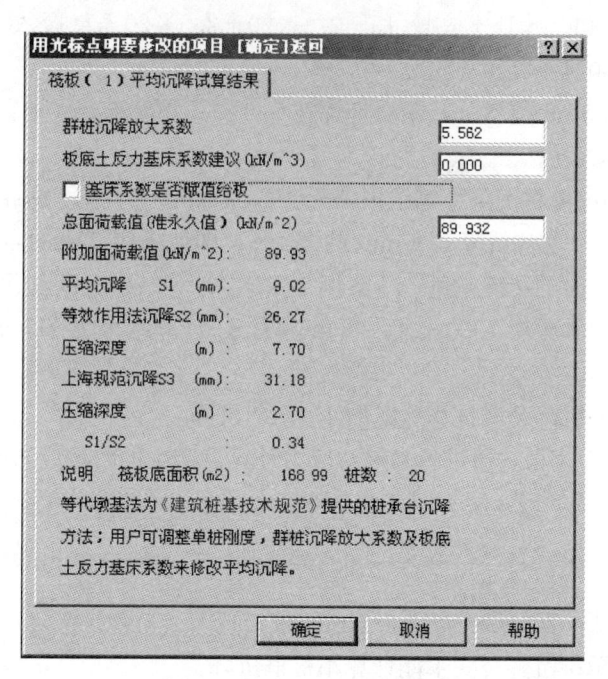

图 4.4.3-12 ［案例 4.4.4］的 JCCAD 软件沉降试算结果

32.7 mm，与实测累计沉降 5.5 mm 之比为 5.95，计算结果不满足 80% 保证率的要求。这说明不考虑桩径的明德林应力公式法确实不适合计算小桩群沉降。

（7）由盈建科软件计算［案例 4.4.4］沉降

盈建科软件可计算单桩沉降。［案例 4.4.2］的盈建科软件"考虑桩径影响的明德林应力公式法"沉降试算结果如图 4.4.3-13。

```
*                           单桩沉降计算结果
     ξe      Qj       Lj        Ec       Aps      se
    0.64    693.2    27.0      30000    0.5027   0.7886

     ψ      Δz       α
    1.00    0.8      0.266
```

压缩层 No	压缩模量(MPa)	厚度(m)	附加应力(kPa)	土的自重应力(kPa)	压缩量(mm)
(1)	7.61	0.80	134.7	224.0	14.1594
(2)	7.61	0.80	29.2	230.6	3.0722
(3)	7.61	0.30	23.5	235.1	0.9262
(4)	7.41	0.80	20.1	240.4	2.1732
(5)	7.41	0.80	18.0	248.5	1.9486
(6)	7.41	0.80	15.1	256.7	1.6318
(7)	7.41	0.80	14.0	264.8	1.5122
(8)	7.41	0.80	9.9	273.0	1.0647
(9)	7.41	0.10	9.9	277.6	0.1331
(10)	5.40	0.80	9.9	281.8	1.4610
	$E'=7.43$	$Zn=6.80$			$\sum s=28.0822$
					$s=28.8708$

图 4.4.3-13 ［案例 4.4.4］的盈建科软件沉降试算结果

［案例 4.4.4］的盈建科软件"考虑桩径影响的明德林应力公式法"沉降计算值 28.87 mm 与实测累计沉降 13 mm 之比为 2.22，计算结果不满足 80% 保证率的要求。

（8）由《建筑桩基技术规范》小桩群复合桩基沉降计算公式［案例4.4.3］沉降

［案例4.4.4］即本书第一章表1.3.1-3中序号17的"上海某桥梁5桩承台"，原位实测承台底土反力为15.0 kPa，承台尺寸为3.8 m×10.0 m。

与《建筑桩基技术规范》P251的疏桩复合桩基计算例题——某框架—核心筒结构相比，除了承台板的面积较小外，因此［案例4.4.4］可按《建筑桩基技术规范》式5.5.14-4计算疏桩复合桩基的沉降。

［案例4.4.4］的疏桩复合桩基沉降计算见表4.4.3-6。

［案例4.4.4］疏桩复合桩基沉降计算表　　　　　　　表4.4.3-6

$Q=610.0$ kN,$a=0.283$,$l=27$ m,$d=0.8$ m,取$l/d=35$,板底土分担15.0 kPa								
0.0l 范围内的桩为1根,0.2l 范围内的桩为4根								
z/l	I_p	I_{st}	σ_{zi}(kPa)	σ_{zci}(kPa)	$0.2\sigma_{ci}$(kPa)	$E_{S0.1\sim0.2}$(MPa)	ΔZ_i(m)	分层计算沉降(mm)
1.004	536.979	23.624	141.333		46.478	7.61	0.108	
1.008	480.551	22.770	127.457		46.643	7.61	0.108	
1.012	408.346	21.135	109.379		46.807	7.61	0.108	
1.016	335.621	19.193	90.991		46.972	7.61	0.108	
1.020	272.231	17.328	74.861		47.136	7.61	0.108	
1.024	220.850	15.690	61.730		47.300	7.61	0.108	
1.028	180.474	14.296	51.314		47.463	7.61	0.108	
1.040	105.220	11.320	31.709		47.628	7.61	0.324	
最终沉降量(mm)								

（9）探讨

上述JCCAD（"平均沉降S_1"）、盈建科、旗云软件的计算结果均未采用"土的自重压力至土的自重压力加附加压力作用时的压缩模量"。若压缩模量采用"土的自重压力至土的自重压力加附加压力作用时的压缩模量"，则需要提供$E_{S0.24\sim0.8}\sim E_{S0.25\sim0.29}$。对上海第5层粉质黏土，尚未检索到地质勘查报告提供"土自重应力加附加应力达到800 kPa"的压缩模量的工程实例。但按此计算原理，无疑旗云软件的［案例4.4.2］沉降计算值将偏小。

对于［案例4.4.4］的沉降计算，所有方法均可能不满足80%保证率的要求。相对而言，"考虑桩径影响的明德林应力公式法"（"小分层"原理）沉降计算值较为合理。

若今后版本计算软件的"考虑桩径影响的明德林应力公式法"，也采用"小分层"原理，则［案例4.4.4］的计算值就与实测值接近了。

5. ［案例4.4.5］小桩群工程桩沉降计算探讨

［案例4.4.5］为上海某跨线桥工程3号墩（4桩承台），采用4根$\phi0.8\times19.5$ m钻孔灌注桩，实测单桩平均荷载为657 kN，117 d实测沉降6.6 mm（第4个月沉降速率为0.023 mm/d，尚未稳定）。预计最终沉降9 mm左右。

承台尺寸为8.0 m×3.8 m，承台埋深按1.7 m。扣除承台底土自重压力的平均附加桩顶荷载为430.1 kN。地基土的物理力学性质指标及承载力见表4.4.3-1。

［案例4.4.5］实测时间-沉降曲线如图4.4.3-14。

（1）由《建筑桩基技术规范》单桩沉降公式计算［案例4.4.5］沉降

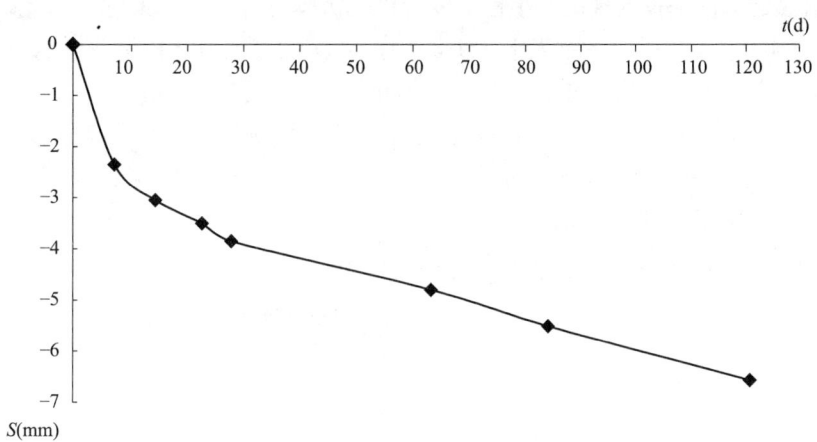

图 4.4.3-14 ［案例4.4.5］实测时间-沉降曲线

"小分层"原理的单桩沉降计算结果：$S=17.61$ mm（计算过程略）。

［案例4.4.5］计算值为117 d实测沉降6.5 mm的271%。即使采用"土的自重压力至土的自重压力加附加压力作用时的压缩模量"，［案例4.4.5］计算结果应该也远大于实测沉降。

按旗云等软件"大分层"（取 $\Delta Z_i = 1$ m左右），计算结果16.0 mm为117 d实测沉降6.5 mm的140%。（计算过程略）

（2）由上海单桩沉降公式计算［案例4.4.5］沉降

$n=0.12$ 的桩数为1根，$n=0.4$ 的桩数为2根，通过各基桩对应力计算点产生的附加应力叠加，

$Q=430.1$ kN，$L=19.5$ m，$E_s=2.48$ N/mm²，$S_e=0.40$ mm（计算过程略）

$$s=\frac{430.1\times1.089}{2.48\times19.5}+0.40=9.68+0.40=10.1 \text{ mm}$$

与［案例4.4.5］的实测沉降值6.5 mm相比，可见上海单桩沉降公式计算结果比较合理。

（3）路桥规范单桩沉降公式不能计算小桩群沉降

（4）上海地基规范实体深基础法计算［案例4.4.5］沉降

$L=8.0$ m，$b=3.8$ m，$N=2610$ kN，$P_0=2610/8.0\times3.8-1.2\times17-0.5\times18.9=61.01$ kPa

由上海地基规范实体深基础法可得［案例4.4.5］的计算沉降为 $s=0.7\times60.2=42.5$ mm，计算值与117d实测值之比为6.4。即使采用"土的自重压力至土的自重压力加附加压力作用时的压缩模量"，［案例4.4.5］计算结果应该也远大于实测沉降。

（5）国标地基规范实体深基础法计算［案例4.4.5］沉降

考虑扩散角，$\varphi/4=4.65°$，$a=3.8+2\times19.5\times\tan4.65°=6.97$ m，$b=8.0+2\times19.5\times\tan4.65°=11.17$ m，$P_0=2610/6.97\times11.17-1.2\times17-0.5\times18.9=3.7$ kPa

由国标地基规范实体深基础法可得［案例4.4.5］的计算沉降为 $s=0.5\times7.4=3.7$ mm，［案例4.4.5］计算结果远小于实测沉降。

（6）由JCCAD软件计算［案例4.4.1］沉降

226

JCCAD软件不能直接计算小桩群沉降。现按4柱单层框架（柱距8 m）、单柱4桩计算沉降。［案例4.4.5］的JCCAD软件沉降试算结果如图4.4.3-15。

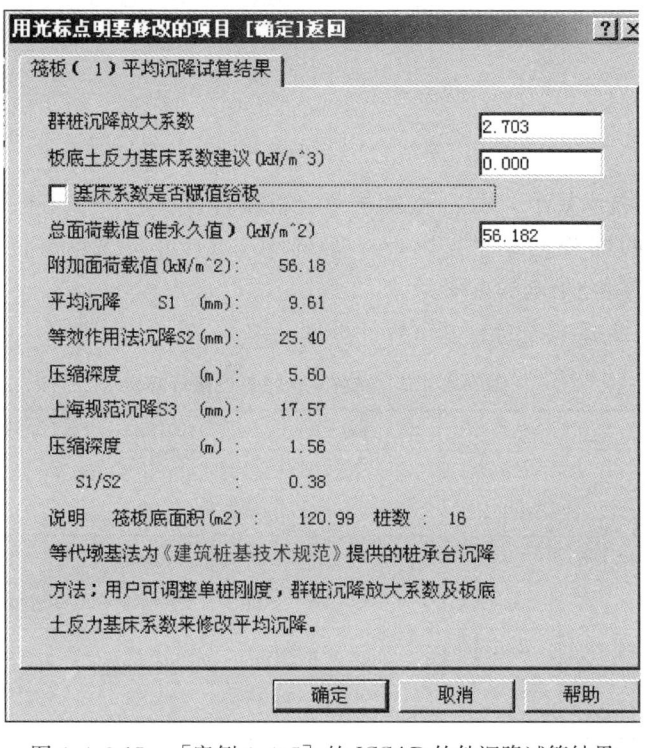

图4.4.3-15　［案例4.4.5］的JCCAD软件沉降试算结果

［案例4.4.5］的JCCAD软件计算值"平均沉降S_1"9.61 m与实测累计沉降6.6 mm之比为1.46，计算结果不满足80%保证率的要求。需要调整群桩沉降放大系数。

［案例4.4.5］的JCCAD软件计算值"等效作用法沉降S_2"为$1.2 \times 25.4 = 30.5$ mm。与实测累计沉降6.6 mm之比为4.62，计算结果不满足80%保证率的要求。这说明JCCAD软件的"等效作用法"在小桩群沉降计算方面存在问题。由于JCCAD软件不给出计算书，因此难以判断。

［案例4.4.5］的JCCAD软件计算值"上海规范沉降S_3"为$17.57 \times 1.05 = 18.4$ mm，与实测累计沉降6.6 mm之比为2.79，计算结果不满足80%保证率的要求。这说明不考虑桩径的明德林应力公式法确实不适合计算小桩群沉降。

（7）由盈建科软件计算［案例4.4.5］沉降

盈建科软件可计算单桩沉降。［案例4.4.5］的盈建科软件"考虑桩径影响的明德林应力公式法"沉降试算结果如图4.4.3-16。

［案例4.4.5］的盈建科软件"考虑桩径影响的明德林应力公式法"沉降计算值26.1 mm与实测累计沉降6.6 mm之比为3.95，计算结果不满足80%保证率的要求。

（8）由《建筑桩基技术规范》小桩群复合桩基沉降计算公式［案例4.4.3］沉降

［案例4.4.5］即本书第一章表1.3.1-3中序号18的"上海某桥梁4桩承台"，原位实测承台底土反力为12.0 kPa，承台尺寸为3.8×8.0 m。

压缩层 No	压缩模量(MPa)	厚度(m)	附加应力(kPa)	土的自重应力(kPa)	压缩量(mm)
(1)	3.48	0.60	78.9	96.2	13.6112
(2)	3.48	0.60	29.5	100.9	5.0799
(3)	3.48	0.60	17.6	105.5	3.0425
(4)	3.48	0.40	14.3	109.4	1.6475
(5)	2.48	0.60	10.4	113.2	2.5088
	$E'=3.38$	$Zn=2.80$			$\sum s=25.8899$
					$s=26.0763$

图 4.4.3-16　［案例 4.4.5］的盈建科软件沉降试算结果

与《建筑桩基技术规范》P251 的疏桩复合桩基计算例题——某框架—核心筒结构相比，除了承台板的面积较小外，因此［案例 4.4.5］可按《建筑桩基技术规范》式 5.5.14-4 计算疏桩复合桩基的沉降。

［案例 4.4.5］的疏桩复合桩基沉降计算见表 4.4.3-7。

［案例 4.4.5］疏桩复合桩基沉降计算表　　　　　　表 4.4.3-7

z/l	I_p	I_{st}	σ_{zi}(kPa)	σ_{zci}(kPa)	$0.2\sigma_{ci}$(kPa)	$E_{S0.1\sim0.2}$(MPa)	ΔZ_i(m)	分层计算沉降(mm)
\multicolumn{9}{c}{$Q=344.9$ kN，$\alpha=0.183$，$l=19.5$ m，$d=0.8$ m，取 $l/d=25$，板底土分担 12.0 kPa}								
\multicolumn{9}{c}{$0.0l$ 范围内的桩为 1 根，$0.12l$ 范围内的桩为 1 根，$0.4l$ 范围内的桩为 2 根}								
1.004	377.962	14.298	73.333		35.12	2.48	0.078	
1.008	348.548	14.455	68.566		35.23	2.48	0.078	
1.012	309.461	13.840	60.882		35.35	2.48	0.078	
1.016	266.478	13.577	54.293		35.46	2.48	0.078	
1.020	225.388	12.892	46.965		35.57	2.48	0.078	
1.024	189.308	12.149	40.426		35.68	2.48	0.078	
1.028	159.069	11.410	34.859		35.80	2.48	0.078	
1.040	97.908	9.475	23.273		36.13	2.48	0.234	
\multicolumn{9}{c}{最终沉降量(mm)}								

（9）探讨

对于［案例 4.4.5］的沉降计算，所有方法均可能不满足 80% 保证率的要求。相对而言，"考虑桩径影响的明德林应力公式法"（"小分层"原理）沉降计算值较为合理。

若今后版本计算软件的"考虑桩径影响的明德林应力公式法"，也采用"小分层"原理，则［案例 4.4.3］的计算值就与实测值接近了。

4.4.4　辽宁某公路桥小桩群基础的沉降计算探讨

［案例 4.4.6］为辽宁某公路桥工程 1 号桥墩（王桂虎，2009），该工程对小桩群桥墩进行了近一年的沉降、桩土荷载分担等原位测试。因此这个工程实例的数据完全符合单桩与小桩群沉降计算的定义，可以用来探讨"《建筑桩基技术规范》单桩沉降公式"、"上海单桩沉降公式"、"路桥规范单桩沉降公式"的适用范围，以及地基规范实体深基础法对小桩群沉降计算的适用性。

［案例 4.4.6］地基土的物理力学性质指标及承载力见表 4.4.4-1。

地基土的物理力学性质指标及承载力表　　　　表 4.4.4-1

| 层序 | 土的名称 | 物理性质 | | 力学性质 | | | 承载力基本容许值 f_{ao}(kPa) | 桩侧摩阻力标准值 q_{ik}(kPa) |
| | | 厚度 h(m) | 重力密度 ρ(kN/m³) | 剪切试验 | | 压缩试验 | | |
				内摩擦角 ϕ	内聚力 C(kPa)	压缩模量 E_s(MPa)		
①	粉质黏土	3.5	19.2	21.2°	18.4	5.5	110	35
②	粉质黏土	5.0	20.1	20.6°	25.2	6.7	110	35
③	粉质黏土	4.8	18.9	23.6°	26.7	7.2	180	40
④	黏土	6.7	19.8	17.1°	33.4	8.2	240	40
⑤	黏土	4.2	20.0	16.9°	42.6	6.7	280	40

　　［案例 4.4.6］采用 5 根 ϕ0.3 m×15 m 钢筋混凝土预制管桩，桩距 1.5 m，实测承台总荷载为 3400 kN，单桩平均荷载为 680 kN。340 d 实测累计平均沉降为 38.6 mm，且已达到稳定的标准。

　　承台尺寸为 3.0 m×3.0 m，承台埋深按 2.0 m。扣除承台底土自重压力的平均附加桩顶荷载为 610.9 kN。

　　［案例 4.4.6］实测时间-沉降曲线如图 4.4.4-1。

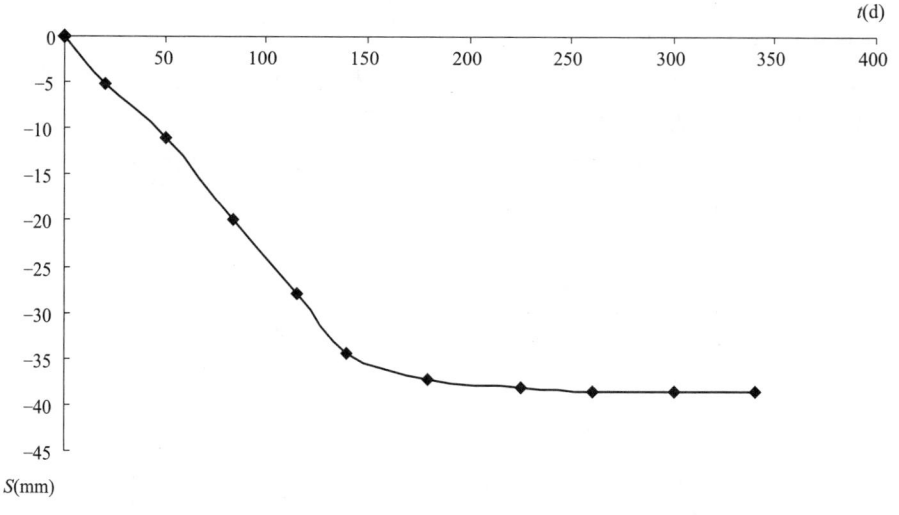

图 4.4.4-1　［案例 4.4.6］实测时间-沉降曲线

　　（1）由《建筑桩基技术规范》单桩沉降公式计算［案例 4.4.6］沉降

　　"小分层"原理的单桩沉降计算结果：$S=30.385+0.206=30.6$ mm（计算过程略）。

　　［案例 4.4.6］的计算并未采用"土的自重压力至土的自重压力加附加压力作用时的压缩模量"，计算值与实测最终沉降量接近。

　　按旗云等软件"大分层"（取 $\Delta Z_i=1$ m 左右），计算值 8.9 mm 远小于 340 d 实测累计平均最终沉降 38.6 mm（计算过程略）。

　　（2）由上海单桩沉降公式计算［案例 4.4.6］沉降

　　$n=0.10$ 的桩数为 4 根，通过各基桩对应力计算点产生的附加应力叠加，

$Q=610.9$ kN，$L=15$ m，$E_S=8.2$ N/mm^2，$S_e=0.206$ mm（计算过程略）

$$s=\frac{610.9\times2.018}{8.2\times15}+0.229=10.022+0.206=10.2\text{ mm}$$

由［案例 4.4.6］实测沉降 38.6 mm，可见上海单桩沉降公式计算远小于实测沉降量。

（3）路桥规范单桩沉降公式不能计算小桩群沉降

（4）国标地基规范实体深基础法计算计算［案例 4.4.6］沉降

不考虑扩散角，

$$P_0=\frac{680\times5}{3^2}-2\times19.2=339.4\text{ kPa}$$

由国标地基规范实体深基础法可得［案例 4.4.6］沉降的计算沉降为 $s=0.5\times193=96.5$ mm（计算过程略），计算值远大于实测沉降量。

考虑扩散角，$\varphi/4=5.155°$，$a=b=3.0+2\times15\times\tan5.155°=5.435$ m，

$$P_0=\frac{680\times5}{5.435^2}-2\times19.2=76.7\text{ kPa}$$

由国标地基规范实体深基础法可得［案例 4.4.6］沉降的计算沉降为 $s=0.5\times43.62=21.8$ mm（计算过程略），计算值小于实测沉降量。

（5）由 JCCAD 软件计算［案例 4.4.6］沉降

JCCAD 软件不能直接计算小桩群沉降。现按 4 柱单层框架（柱距 8 m）、单柱 5 桩计算沉降。［案例 4.4.6］的 JCCAD 软件沉降试算结果如图 4.4.4-2。

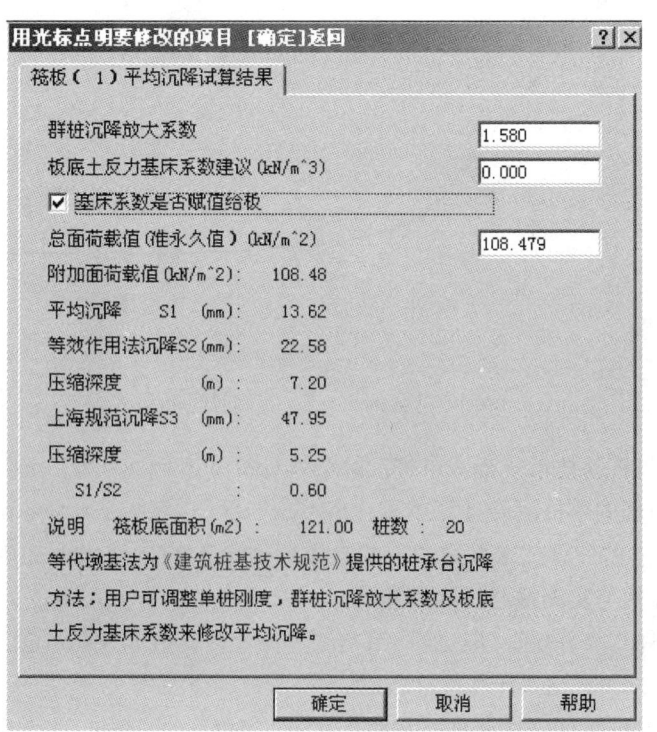

图 4.4.4-2 ［案例 4.4.6］的 JCCAD 软件沉降试算结果

［案例 4.4.6］的 JCCAD 软件计算值"平均沉降 S_1"13.62 mm 与实测累计沉降 38.6 mm 之比为 0.35，计算结果不满足 80% 保证率的要求。需要调整群桩沉降放大系数。

［案例 4.4.6］的 JCCAD 软件计算值"等效作用法沉降 S_2"为 $1.2 \times 22.58 = 27.1$ mm。与实测累计沉降 38.6 mm 之比为 0.70，计算结果不满足 80% 保证率的要求。这说明 JCCAD 软件的"等效作用法"在小桩群沉降计算方面存在问题。由于 JCCAD 软件不给出计算书，因此难以判断。

［案例 4.4.6］的 JCCAD 软件计算值"上海规范沉降 S_3"为 47.95 mm，与实测累计沉降 38.6 mm 之比为 1.24，计算结果满足 80% 保证率的要求。

（6）由盈建科软件计算［案例 4.4.6］沉降

盈建科软件可计算单桩沉降。［案例 4.4.6］的盈建科软件"考虑桩径影响的明德林应力公式法"沉降试算结果如图 4.4.4-3。

压缩层 No	压缩模量(MPa)	厚度(m)	附加应力(kPa)	土的自重应力(kPa)	压缩量(mm)
(1)	8.20	0.60	261.4	154.2	19.1287
(2)	8.20	0.60	55.7	160.2	4.0730
(3)	8.20	0.60	32.5	166.2	2.3772
(4)	8.20	0.60	25.1	172.2	1.8344
(5)	8.20	0.10	21.1	175.7	0.2576
(6)	6.70	0.60	19.7	179.2	1.7607

E'=8.11 Zn=3.10 ∑s=29.4315 s=31.5655

图 4.4.4-3 ［案例 4.4.6］的盈建科软件沉降试算结果

［案例 4.4.6］的盈建科软件"考虑桩径影响的明德林应力公式法"沉降计算值 31.6 mm 与实测累计沉降 38.6 mm 之比为 0.82，计算结果满足 80% 保证率的要求。

（7）由《建筑桩基技术规范》小桩群复合桩沉降计算公式［案例 4.4.3］沉降

［案例 4.4.6］即本书第一章表 1.3.1-3 中序号 45 的"辽宁桥基 1# 承台"，原位实测承台底土反力为 74.7 kPa，承台尺寸为 3.0×3.0 m。

与《建筑桩基技术规范》P251 的疏桩复合桩基计算例题——某框架—核心筒结构相比，除了承台板的面积较小外，因此［案例 4.4.6］可按《建筑桩基技术规范》式 5.5.14-4 计算疏桩复合桩基的沉降。

［案例 4.4.6］的疏桩复合桩基沉降计算见表表 4.4.4-2。

［案例 4.4.6］疏桩复合桩基沉降计算表　　表 4.4.4-2

$Q=483.2$ kN，$a=0.21$，$l=15$ m，$d=0.3$ m，取 $l/d=50$，板底土分担 74.7 kPa

0.0l 范围内的桩为 1 根，0.1l 范围内的桩为 4 根

z/l	I_p	I_{st}	σ_{zi}(kPa)	σ_{zci}(kPa)	$0.2\sigma_{ci}$(kPa)	$E_{S0.1\sim0.2}$(MPa)	ΔZ_i(m)	分层计算沉降(mm)
1.004	1393.075	33.546	685.171		38.434	8.2	0.06	
1.008	1064.665	31.689	533.913		38.511	8.2	0.06	
1.012	755.761	28.746	389.608		38.669	8.2	0.06	
1.016	535.424	25.794	285.230		38.786	8.2	0.06	
1.020	389.442	23.268	215.108		38.904	8.2	0.06	
1.024	292.618	21.219	167.966		39.022	8.2	0.06	

z/l	I_p	I_{st}	σ_{zi}(kPa)	σ_{zci}(kPa)	$0.2\sigma_{ci}$(kPa)	$E_{S0.1\sim0.2}$(MPa)	ΔZ_i(m)	分层计算沉降(mm)
1.028	226.850	19.564	135.498		39.139	8.2	0.06	
1.040	123.850	16.190	83.191		39.492	8.2	0.18	
1.060	65.038	13.153	51.646		40.080	8.2	0.30	
1.080	45.281	11.332	39.646		40.668	8.2	0.30	
1.100	36.081	9.987	33.216		41.256	8.2	0.30	
最终沉降量(mm)								

（8）探讨

上述 JCCAD（"平均沉降 S_1"）、盈建科、旗云软件的计算结果均未采用"土的自重压力至土的自重压力加附加压力作用时的压缩模量"。若压缩模量采用"土的自重压力至土的自重压力加附加压力作用时的压缩模量"，则所有计算方法的［案例 4.4.6］沉降计算值均偏小。

因此对于［案例 4.4.6］的沉降计算，所有方法均可能不满足 80% 保证率的要求。

相对而言，"考虑桩径影响的明德林应力公式法"（"小分层"原理）沉降计算值较为合理。

4.4.5 山西某单层厂房小桩群基础的沉降计算探讨

山西某单层厂房对该工程 1 号、2 号小桩群承台（韩云山，2005）进行了沉降、桩土荷载分担的原位实测。因此这个工程实例的数据完全符合单桩与小桩群沉降计算的定义，可以用来探讨"《建筑桩基技术规范》单桩沉降公式"、"上海单桩沉降公式"、"路桥规范单桩沉降公式"的适用范围，以及地基规范实体深基础法对小桩群沉降计算的适用性。

山西某单层厂房的地下水位埋深 4.5 m。地基土的物理力学性质指标及承载力见表4.4.5-1。

地基土的物理力学性质指标及承载力表　　　　表 4.4.5-1

层序	土的名称	物理性质		力学性质				承载力基本容许值 f_{a0}(kPa)	桩侧摩阻力标准值 q_{ik}(kPa)
		厚度 h(m)	重力密度 ρ(kN/m³)	剪切试验		压缩试验			
				内摩擦角 ϕ(°)	内聚力 C(kPa)	压缩模量 E_S(MPa)			
①	粉质黏土	3.5	19.2	21.2	18.4	7.5		110	35
②	粉质黏土	5.0	20.1	20.6	25.2	8.0		110	35
③	粉质黏土	4.8	18.9	23.3	26.7	9.0		180	40
④	黏土	6.7	19.8	17.1	33.4	8.0		240	40
⑤	黏土	4.2	20.0	16.9	42.6	15.3		280	40

山西某单层厂房的 1 号承台（［案例 4.4.7］）与 2 号承台（［案例 4.4.8］）均采用 4根 0.4 m×0.4 m×14 m 钢筋混凝土预制方桩，桩距分别为 1.6 m 与 2.0 m，455 d 实测累计平均沉降分别为 10.8 mm 与 10.2 mm，已接近稳定的标准。

［案例 4.4.7］与［案例 4.4.8］实测沉降-时间曲线如图 4.4.5-1。

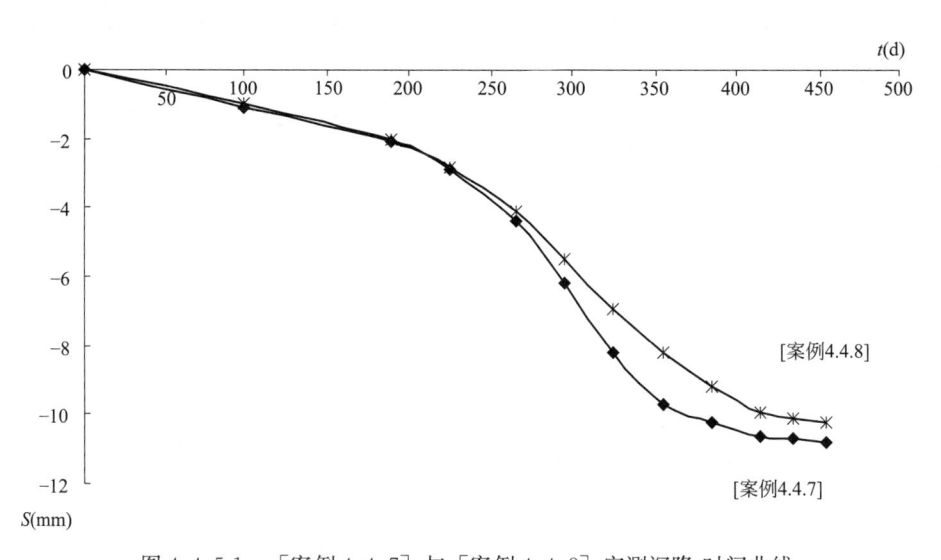

图 4.4.5-1 ［案例 4.4.7］与［案例 4.4.8］实测沉降-时间曲线

1. ［案例 4.4.7］小桩群工程桩沉降计算探讨

（1）由《建筑桩基技术规范》单桩沉降公式计算［案例 4.4.7］沉降

［案例 4.4.7］实测承台总荷载为 2200.7 kN，单桩平均荷载为 550.2 kN。

承台尺寸为 2.8 m×2.8 m，承台埋深 6.0 m。扣除承台底土自重压力的平均附加桩顶荷载为 320 kN。

"小分层"原理的单桩沉降计算结果：$S=5.66+1.18=6.8$ mm（计算过程略）。

［案例 4.4.7］的计算尚未采用"土的自重压力至土的自重压力加附加压力作用时的压缩模量"，但计算值已远小于［案例 4.4.7］实测累计沉降量 10.8 mm。

按旗云等软件"大分层"（取 $\Delta Z_i = 1$ m 左右），计算值 1.70 mm 远小于［案例 4.4.7］实测累计沉降量 10.8 mm（计算过程略）。

（2）［案例 4.4.7］由上海单桩沉降公式计算沉降

$n=0.12$ 的桩数为 2 根，$n=0.16$ 的桩数为 1 根，通过各基桩对应力计算点产生的附加应力叠加，

$Q_0=320$ kN，$L=14$ m，$E_s=15.3$ N/mm²，$S_e=1.18$ mm（计算过程略）

$$s=\frac{320\times1.227}{15.3\times14}+1.18=1.82+1.18=3.0 \text{ mm}$$

由［案例 4.4.7］实测沉降 10.8 mm，可见上海单桩沉降公式计算远小于实测沉降量。

（3）路桥规范单桩沉降公式不能计算小桩群沉降

（4）国标地基规范实体深基础法计算［案例 4.4.7］沉降

不考虑扩散角，$a=b=2.8$ m，

$$P_0=\frac{2200.7}{2.8^2}-3.5\times19.2-2.5\times20.1=163.3 \text{ kPa}$$

由国标地基规范实体深基础法可得［案例 4.4.7］的计算沉降为：

$s=4\times0.5\times163.3\times0.04145=13.5$ mm（计算过程略），计算值与实测沉降量接近。

（5）由 JCCAD 软件计算［案例 4.4.7］沉降

JCCAD 软件不能直接计算小桩群沉降。现按 4 柱单层框架（柱距 8 m）、单柱 4 桩计算沉降。［案例 4.4.7］的 JCCAD 软件沉降试算结果如图 4.4.5-2。

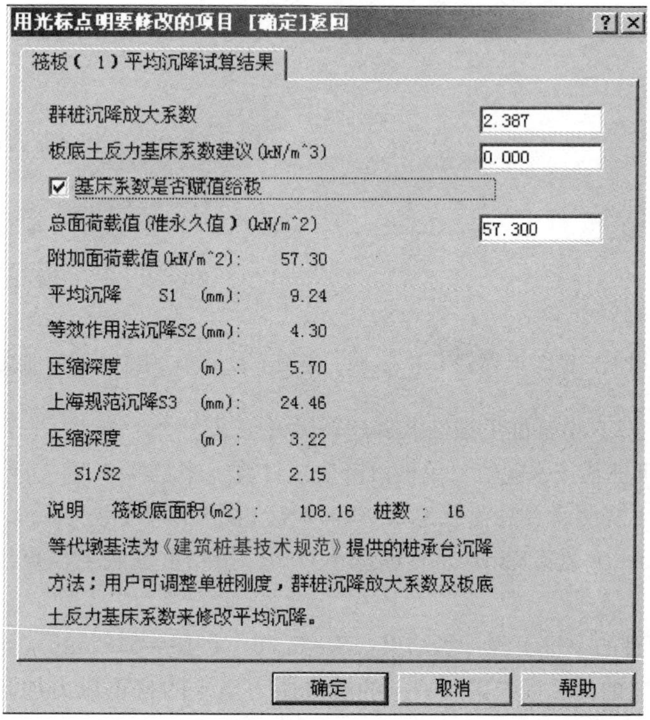

图 4.4.5-2　［案例 4.4.7］的 JCCAD 软件沉降试算结果

［案例 4.4.7］的 JCCAD 软件计算值"平均沉降 S_1"9.24 mm 与实测累计沉降量 10.8 mm 之比为 0.86，计算结果满足 80% 保证率的要求。

［案例 4.4.7］的 JCCAD 软件计算值"等效作用法沉降 S_2"为 $0.885\times4.3=3.8$ mm，与实测累计沉降量 10.8 mm 之比为 0.35，算结果不满足 80% 保证率的要求。这说明 JCCAD 软件的"等效作用法"在小桩群沉降计算方面存在问题。由于 JCCAD 软件不给出计算书，因此难以判断。

［案例 4.4.7］的 JCCAD 软件计算值"上海规范沉降 S_3"为 24.46 mm，与实测累计沉降量 10.8 mm 之比为 2.26，计算结果不满足 80% 保证率的要求。这说明不考虑桩径的明德林应力公式法确实不适合计算小桩群沉降。

（6）由盈建科软件计算［案例 4.4.7］沉降

盈建科软件可计算单桩沉降。［案例 4.4.7］的盈建科软件"考虑桩径影响的明德林应力公式法"沉降试算结果如图 4.4.5-3。

［案例 4.4.7］的盈建科软件"考虑桩径影响的明德林应力公式法"沉降计算值 5.7 mm 与实测累计沉降 10.8 mm 之比为 0.53，计算结果不满足 80% 保证率的要求。

（7）由《建筑桩基技术规范》小桩群复合桩基沉降计算公式［案例 4.4.3］沉降

压缩层 No	压缩模量(MPa)	厚度(m)	附加应力(kPa)	土的自重应力(kPa)	压缩量(mm)
(1)	15.30	0.60	106.9	144.5	4.1909
(2)	15.30	0.60	23.2	150.6	0.9089
	$E'=15.30$	$Zn=1.20$			$\sum s=5.0997$
					$s=5.6954$

图 4.4.5-3　［案例 4.4.7］的盈建科软件沉降试算结果

［案例 4.4.7］即本书第一章表 1.3.1-3 中序号 47 的"山西某发电厂房 1 号承台"，原位实测承台底土反力为 51.8 kPa，承台尺寸为 2.8×2.8 m。

与《建筑桩基技术规范》P251 的疏桩复合桩基计算例题——某框架—核心筒结构相比，除了承台板的面积较小外，因此［案例 4.4.7］可按《建筑桩基技术规范》式 5.5.14—4 计算疏桩复合桩基的沉降。

［案例 4.4.7］的疏桩复合桩基沉降计算见表表 4.4.5-2。

［案例 4.4.7］疏桩复合桩基沉降计算表　　　　表 4.4.5-2

$Q=226.8$ kN,$\alpha=0.20$,$l=14$ m,$b=0.4$ m,取 $l/d=40$,板底土分担 51.8 kPa								
0.0l 范围内的桩为 1 根,0.12l 范围内的桩为 2 根,0.16l 范围内的桩为 1 根								
z/l	I_p	I_{st}	σ_{zi}(kPa)	σ_{zci}(kPa)	0.2σ_{ci}(kPa)	$E_{s0.1\sim0.2}$(MPa)	ΔZ_i(m)	分层计算沉降(mm)
1.004	925.470	24.649	236.998		46.124	15.3	0.056	
1.008	769.681	23.799	200.157		46.236	15.3	0.056	
1.012	596.236	22.165	158.504		46.348	15.3	0.056	
1.016	450.764	20.227	123.044		46.460	15.3	0.056	
1.020	342.461	18.364	96.440		46.572	15.3	0.056	
1.024	264.654	16.728	76.734		46.680	15.3	0.056	
1.028	208.760	15.337	62.510		46.796	15.3	0.056	
1.040	115.029	12.353	38.056		47.132	15.3	0.168	
1.060	56.983	8.090	20.676		49.932	15.3	0.280	
最终沉降量(mm)								

（8）探讨

上述 JCCAD（"平均沉降 S_1"）、盈建科、旗云软件的计算结果均未采用"土的自重压力至土的自重压力加附加压力作用时的压缩模量"。若压缩模量采用"土的自重压力至土的自重压力加附加压力作用时的压缩模量"，则各种计算方法的［案例 4.4.7］沉降计算值均偏小。

因此对于［案例 4.4.7］的沉降计算，所有方法均可能不满足 80% 保证率的要求。

相对而言，JCCAD 软件计算值"平均沉降 S_1"沉降值较为合理。

2.［案例 4.4.8］小桩群工程桩沉降计算探讨

（1）由《建筑桩基技术规范》单桩沉降公式计算［案例 4.4.8］沉降

［案例 4.4.8］实测承台总荷载为 2334.9 kN，单桩平均荷载为 583.7 kN。

承台尺寸为 2.8 m×2.8 m，承台埋深 6.0 m。扣除承台底土自重压力的平均附加桩顶荷载为 353.4 kN。

"小分层"原理的单桩沉降计算结果：$S=6.606+1.3=7.9$ mm（计算过程略）。

此处的计算尚未采用"土的自重压力至土的自重压力加附加压力作用时的压缩模量"，但计算值已小于实测累计沉降量 10.2 mm。

按旗云等软件"大分层"（取 $\Delta Z_i = 1$ m 左右），计算值 1.8 mm 远小于实测累计沉降量 10.2 mm（计算过程略）。

（2）由上海单桩沉降公式计算［案例 4.4.8］沉降

$n = 0.16$ 的桩数为 2 根，$n = 0.20$ 的桩数为 1 根，通过各基桩对应力计算点产生的附加应力叠加，

$Q_0 = 353.4$ kN，$L = 14$ m，$E_S = 15.3$ N/mm²，$S_e = 1.4$ mm（计算过程略）

$$s = \frac{353.4 \times 1.153}{15.3 \times 14} + 1.4 = 1.90 + 1.4 = 3.3 \text{ mm}$$

由［案例 4.4.7-2］的实测沉降 10.2mm，可见上海单桩沉降公式计算远小于实测沉降量。

（3）路桥规范单桩沉降公式不能计算小桩群沉降

（4）国标地基规范实体深基础法计算计算［案例 4.4.8］沉降

不考虑扩散角，$a = b = 2.8$ m，

$$P_0 = \frac{2334.9}{2.8^2} - 3.5 \times 19.2 - 2.5 \times 20.1 = 180.4 \text{ kPa}$$

由国标地基规范实体深基础法可得［案例 4.4.8］的计算沉降为：

$s = 4 \times 0.5 \times 180.4 \times 0.04145 = 15.0$ mm（计算过程略），计算值与实测沉降量接近。

（5）由 JCCAD 软件计算［案例 4.4.8］沉降

JCCAD 软件不能直接计算小桩群沉降。现按 4 柱单层框架（柱距 8 m）、单柱 4 桩计算沉降。［案例 4.4.8］的 JCCAD 软件沉降试算结果如图 4.4.5-3。

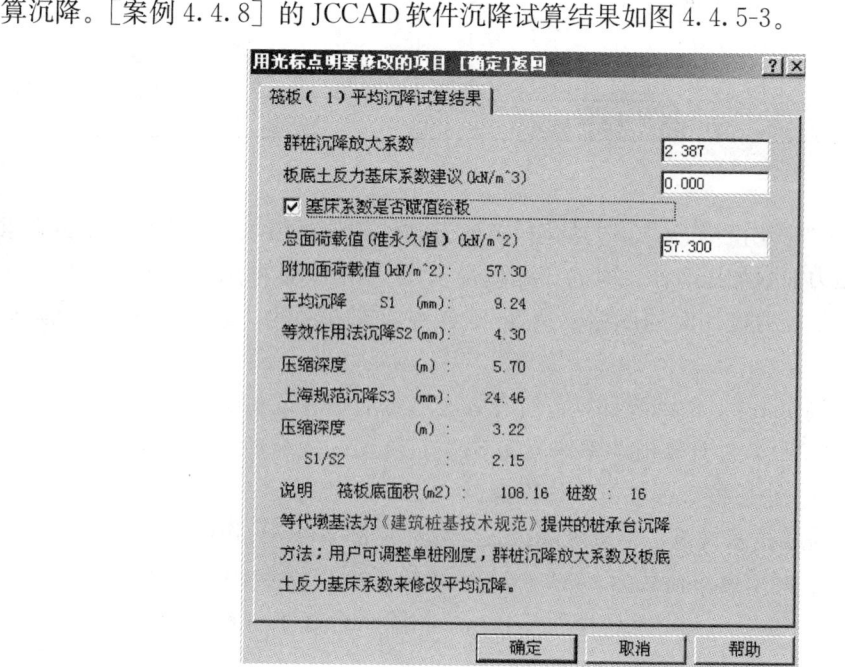

图 4.4.5-3 ［案例 4.4.8］的 JCCAD 软件沉降试算结果

[案例 4.4.8] 的 JCCAD 软件计算值"平均沉降 S_1"9.24 mm 与实测累计沉降量 10.2 mm 之比为 0.90，计算结果满足 80%保证率的要求。

[案例 4.4.8] 的 JCCAD 软件计算值"等效作用法沉降 S_2"为 $0.885 \times 4.3 = 3.8$ mm，与实测累计沉降量 10.2 mm 之比为 0.37，计算结果不满足 80%保证率的要求。这说明 JCCAD 软件的"等效作用法"在小桩群沉降计算方面存在问题。由于 JCCAD 软件不给出计算书，因此难以判断。

[案例 4.4.8] 的 JCCAD 软件计算值"上海规范沉降 S_3"为 24.46 mm，与实测累计沉降量 10.2 mm 之比为 2.39，计算结果不满足 80%保证率的要求。这说明不考虑桩径的明德林应力公式法确实不适合计算小桩群沉降。

（6）由盈建科软件计算 [案例 4.4.8] 沉降

盈建科软件可计算单桩沉降。[案例 4.4.8] 的盈建科软件"考虑桩径影响的明德林应力公式法"沉降试算结果如图 4.4.5-4。

压缩层 No	压缩模量(MPa)	厚度(m)	附加应力(kPa)	土的自重应力(kPa)	压缩量(mm)
(1)	15.30	0.60	105.1	144.5	4.1235
(2)	15.30	0.60	20.8	150.6	0.8148
	$E'=15.30$	$Z_n=1.20$			$\sum s=4.9383$
					$s=5.5345$

图 4.4.5-4　[案例 4.4.7] 的盈建科软件沉降试算结果

[案例 4.4.8] 的盈建科软件"考虑桩径影响的明德林应力公式法"沉降计算值 5.5 mm 与实测累计沉降 10.2 mm 之比为 0.54，计算结果不满足 80%保证率的要求。

（7）由《建筑桩基技术规范》小桩群复合桩基沉降计算公式 [案例 4.4.3] 沉降

[案例 4.4.8] 即本书第一章表 1.3.1-3 中序号 48 的"山西某发电厂房 2# 承台"，原位实测承台底土反力为 65.9kPa，承台尺寸为 2.8×2.8m。

与《建筑桩基技术规范》P251 的疏桩复合桩基计算例题——某框架—核心筒结构相比，除了承台板的面积较小外，因此 [案例 4.4.7] 可按《建筑桩基技术规范》式 5.5.14—4 计算疏桩复合桩基的沉降。

[案例 4.4.7] 的疏桩复合桩基沉降计算见表表 4.4.5-3。

[案例 4.4.7] 疏桩复合桩基沉降计算表　　　　　　表 4.4.5-3

$Q=234.8$ kN，$\alpha=0.20$，$l=14$ m，$b=0.4$ m，取 $l/d=40$，板底土分担 65.9 kPa

0.0l 范围内的桩为 1 根，0.12l 范围内的桩为 2 根，0.16l 范围内的桩为 1 根

z/l	I_p	I_{st}	σ_{zi}(kPa)	σ_{zci}(kPa)	$0.2\sigma_{ci}$(kPa)	$E_{s0.1\sim0.2}$(MPa)	ΔZ_i(m)	分层计算沉降(mm)
1.004	925.108	23.417	244.718		46.124	15.3	0.056	
1.008	769.554	22.562	206.001		46.236	15.3	0.056	
1.012	596.038	20.923	162.858		46.348	15.3	0.056	
1.016	450.483	18.982	126.124		46.460	15.3	0.056	
1.020	342.082	17.116	98.363		46.572	15.3	0.056	
1.024	264.163	15.477	78.124		46.680	15.3	0.056	
1.028	208.140	14.083	63.356		46.796	15.3	0.056	
1.040	113.932	11.103	37.937		47.132	15.3	0.168	

续表

z/l	I_p	I_{st}	σ_{zi}(kPa)	σ_{zci}(kPa)	$0.2\sigma_{ci}$(kPa)	$E_{S0.1\sim0.2}$(MPa)	ΔZ_i(m)	分层计算沉降(mm)
1.060	54.922	8.402	21.211		49.932	15.3	0.280	
最终沉降量(mm)								

（8）探讨

上述 JCCAD（"平均沉降 S_1"）、盈建科、旗云软件的计算结果均未采用"土的自重压力至土的自重压力加附加压力作用时的压缩模量"。若压缩模量采用"土的自重压力至土的自重压力加附加压力作用时的压缩模量"，则各种计算方法的［案例 4.4.8］沉降计算值均偏小。

因此对于［案例 4.4.8］的沉降计算，所有方法均可能不满足 80% 保证率的要求。

相对而言，JCCAD 软件计算值"平均沉降 S_1"沉降计算值较为合理。

4.4.6　荷载一次施加的单排桩疏桩复合桩基

［案例 4.4.9］为安徽某煤矿井塔的单排桩基础（陈学道，1984）。上部结构为高度 63 m 的钢筋混凝土多层剪力墙-筒体井塔，平面尺寸 12.2 m×16.2 m。先在 35 m 外的桩筏承台板（1 m 厚）上预制完成，然后于 18 h 内整体移至矿井口上的桩筏基础上。

场地地基土为第四纪冲积层，覆盖厚度 256.3 m。接近地表 30 m 深内的土层，主要为黏土、粉质黏土及黏质粉土。因采用"冻结法"掘井，井筒周围土壤结构受到不同程度冻融损害及其他人为扰动。

［案例 4.4.9］地基土物理力学性质指标见表 4.4.6-1。

地基土物理力学性质指标 表 4.4.6-1

层序	土的名称	物理性质				原位测试		压缩模量 E_S(MPa)	混凝土预制桩	
		厚度 h(m)	含水量 w(%)	重力密度 ρ(g/cm³)	天然孔隙比 e	标准贯入 ($N_{63.5}$)	静力触探 P_S(kPa)		桩周土摩擦力极限值 q_{sk}(kPa)	桩端土端阻力极限值 q_{pk}(kPa)
①	杂填土	2.10	—	—	—					
②	粉质黏土	1.65	24.7	19.5	0.742	—	1340	3.7	20	
③	粉质黏土夹砂浆	1.05	24.0	19.6	0.721	—	2100	5.0	20	
④	黏土	1.10	26.9	19.8	0.754	—	1480	6.2	20	
⑤	黏质粉土	1.25	24.3	19.6	0.711	8.8	4580	8.4	20	
⑥	黏土	2.25	24.2	19.8	0.735	—	—	9.5	80	
⑥-1	黏质粉土	1.00	27.6	19.4	0.733	9.7	6780	12.5	80	
⑦	黏土	0.65	27.8	19.9	0.760	—	1800	5.7	100	
⑧	黏质粉土	2.45	26.4	19.8	0.734	10.9	6280	9.0	100	3340
⑧-1	粉砂	3.25	24.7	20.2	0.679	16.7	—	11.0	—	—
⑧	黏质粉土	0.55	26.4	19.6	0.734	9.7	—	9.0	—	—
⑨	粉质黏土	2.50	24.7	20.0	0.689	—	—	4.8	—	—
⑩	黏土	2.00	23.9	20.0	0.685	—	—	5.9	—	—

| 层序 | 土的名称 | 物理性质 | | | | 原位测试 | | 压缩模量 E_S(MPa) | 混凝土预制桩 | |
		厚度 h(m)	含水量 w(%)	重力密度 ρ(g/cm³)	天然孔隙比 e	标准贯入 $(N_{63.5})$	静力触探 P_S(kPa)		桩周土摩擦力极限值 q_{sk}(kPa)	桩端土端阻力极限值 q_{pk}(kPa)
⑪	粉质黏土	0.95	23.9	20.1	0.685	—	—	5.9	—	—
⑫	黏质粉土	1.50	24.6	20.1	0.656	18	—	7.0	—	—

注：表中桩周土摩擦力与桩端土端阻力系由静力触探数据推算而得，未检索到原地质勘察报告的数据。

[案例 4.4.9]桩位平面图如图 4.4.6-1。

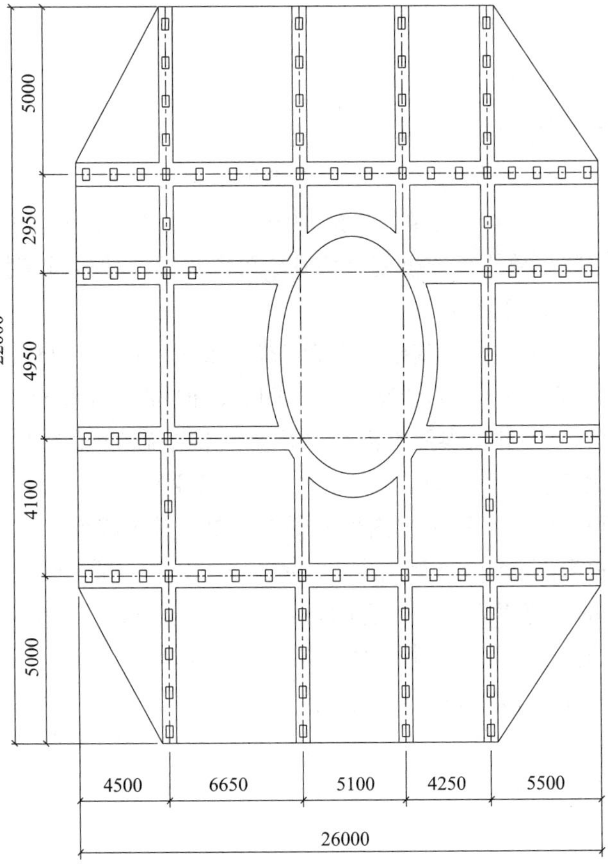

图 4.4.6-1 [案例 4.4.9]桩位平面图

[案例 4.4.9]的桩筏基础下布置 93 根 0.35 m×0.35 m×8.5 m 预制钢筋混凝土方桩，桩端持力层为第 8 层黏质粉土，由静力触探数据推算所得单桩承载力特征值为 500 kN。

筏板外包面积为 529 m²，净面积（扣除中间的圆形井口）为 485 m²。基础埋深 3.6 m。地下水位于地面以下 1 m 左右。

[案例 4.4.9]沉降观测时间为 689 d。实测最后平均沉降量为 15.35 mm。构筑物就位后第 478 d 发生最大平均沉降量 18.65 mm，此后出现微量（3.3 mm）上浮现象。

[案例 4.4.9]实测时间-沉降曲线如图 4.4.6-2。

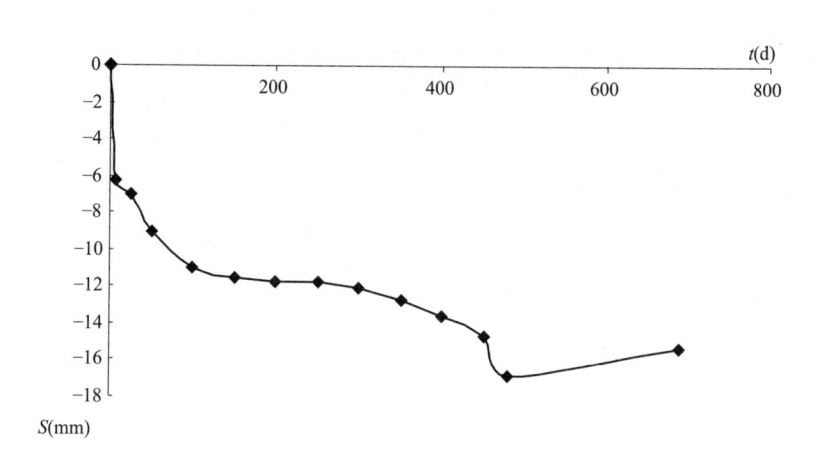

图 4.4.6-2 ［案例 4.4.9］实测时间-沉降曲线

（1）由《建筑桩基技术规范》单桩沉降公式计算［案例 4.4.9］沉降

［案例 4.4.9］的荷载施加方式接近于单排桩疏桩复合桩基的长时间（近 700 d）试桩。等效距径比 $S_a/d=6.04$，且单排桩的排距 2.95～6.65 m 相当于 7.5～16.8 倍桩径，因此［案例 4.4.9］属于单排桩疏桩复合桩基。可以采用《建筑桩基技术规范》的单排桩疏桩基础沉降计算公式计算沉降。

［案例 4.4.9］的上部结构＋基础总重为 82740 kN。扣除基础底土自重压力的附加荷重为 64700 kN。$93\times500=46500$ kN＜82740 kN；但按桩群极限承载力，$93\times1000=93000$ kN＞82740 kN，因此可参照上海地基规范疏桩基础的沉降计算规定，按桩顶荷载小于单桩极限承载力计算沉降。$Q=64700/93=695.7$ kN。

"小分层"原理的考虑 $0.6l$ 范围内桩群影响的单排桩沉降计算。

"小分层"原理的单桩沉降计算结果：$S=93.8+1.5=95.3$ mm（计算过程略）。

［案例 4.4.9］的计算因未采用"土的自重压力至土的自重压力加附加压力作用时的压缩模量"，计算值远大于实测累计最大平均沉降量 18.65 mm，是可以预见到的。

但在桩端以下 0.17 m 左右的计算分层中，桩基附加压力达到 800～1000 kPa 左右；在桩端以下 0.17～0.34 m 左右的计算分层中，桩基附加压力达到 500～800 kPa 左右；在桩端以下 0.34 m 以下的计算分层中，桩基附加压力达到 250～400 kPa 左右；而土的自重压力基本为 100～200 kPa 左右。

因此若由《建筑桩基技术规范》单桩沉降公式计算，则需要对地基土的压缩试验提出特殊要求。而且一般来说，这种压缩试验的特殊要求仅限于桩端以下 0.1～0.2 倍桩长的范围。

这种难题可以称之为"《建筑桩基技术规范》单桩沉降计算方法的压缩模量难题"。

按旗云等软件"大分层"原理（取 $\Delta Z_i=1$ m 左右），计算值 51.4 mm 与实测累计最大平均沉降量 18.65 mm 之比为 2.76。（计算过程略）

（2）由上海单桩沉降公式计算［案例 4.4.9］沉降

取［案例 4.4.9］桩位图中标示圆圈的桩为计算沉降点。距中心点 0.16 倍桩长范围内的桩有 4 根、0.3 倍桩长范围内的桩有 4 根、0.4 倍桩长范围内的桩有 4 根、0.5 倍桩长范围内的桩有 3 根、0.6 倍桩长范围内的桩有 6 根。

① 由上海单桩沉降公式的基本原理,若按 $z/l=1.1$,可得考虑 0.6 倍桩长范围内桩群影响的单桩计算沉降为:

$$s=\frac{1.745\times758.5}{8.5\times9.0}+\frac{2\times758.5\times8.5}{3\times0.1225\times30000}=18.5 \text{ mm}$$

上海单桩沉降公式计算沉降值 18.5 mm 与实测沉降量 18.65 mm 相符。

② 由上海单桩沉降公式的基本原理,若按 $z/l=1.2$,可得考虑 0.6 倍桩长范围内桩群影响的单桩计算沉降为:

$$s=\frac{3.394\times758.5}{8.5\times9.0}+\frac{2\times758.5\times8.5}{3\times0.1225\times30000}=34.8 \text{ mm}$$

上海单桩沉降公式计算沉降值 34.8 mm 与实测沉降量 18.65 mm 之比为 1.87。

③ 由上海单桩沉降公式的基本原理,若按沉降计算深度为附加应力等于 0.2 倍土自重应力,则 $z/l=1.9$,可得考虑 0.6 倍桩长范围内桩群影响的单桩计算沉降为:

$$s=\frac{6.487\times758.5}{8.5\times9.0}+\frac{2\times758.5\times8.5}{3\times0.1225\times30000}=65.5 \text{ mm}$$

上海单桩沉降公式计算沉降值 65.5 mm 与实测沉降量 18.65 mm 之比为 3.51。

④ 由此可见上海单桩沉降公式,属于不考虑"沉降计算深度为附加应力等于 0.2 倍土自重应力"的近似公式。因此尤其是对于小桩群桩基沉降计算,应按各地工程实践作调整。

(3) 路桥规范单桩沉降公式不能计算小桩群沉降

(4) 由上海地基规范沉降控制复合桩基法计算[案例 4.4.9]沉降

[案例 4.4.9]的单桩平均附加荷载为 70536/93=695.7 kN,小于单桩极限承载力标准值 1000 kN。因此还可按上海地基规范的沉降控制复合桩基规定,由明德林应力公式法计算沉降。

[案例 4.4.9]的中心部位为井口,未布置桩。若取其他桩作为沉降计算中心点,则大部分桩将位于 1.2 倍桩长的计算范围之外。为沉降计算的要求,在桩群的中心设置一根桩。

[案例 4.4.9]的"不考虑桩径影响的明德林应力公式法"计算沉降值 283 mm 远大于实测沉降量 18.65 mm。且即使只计算单桩沉降、不考虑邻近桩群的影响,计算值也约为 240 mm 左右,是实测沉降量的 10 倍以上。这就不是任何经验系数能够调整过来的。因此,"不考虑桩径影响的明德林应力公式法"不能直接应用于这类单排桩复合桩基沉降计算(计算过程略)。

(5) 由 JCCAD 软件计算[案例 4.4.9]沉降

[案例 4.4.9]的 JCCAD 软件沉降试算结果如图 4.4.6-3。

[案例 4.4.9]的 JCCAD 软件计算值"平均沉降 S_1"88.10 mm 与实测累计沉降量 15.35 mm 之比为 5.74,计算结果不满足 80% 保证率的要求。需要调整群桩沉降放大系数。

[案例 4.4.9]的 JCCAD 软件计算值"等效作用法沉降 S_2"为 $1.2\times58.59=$ 70.3 mm。与实测累计沉降量 15.35 mm 之比为 4.58,计算结果不满足 80% 保证率的要

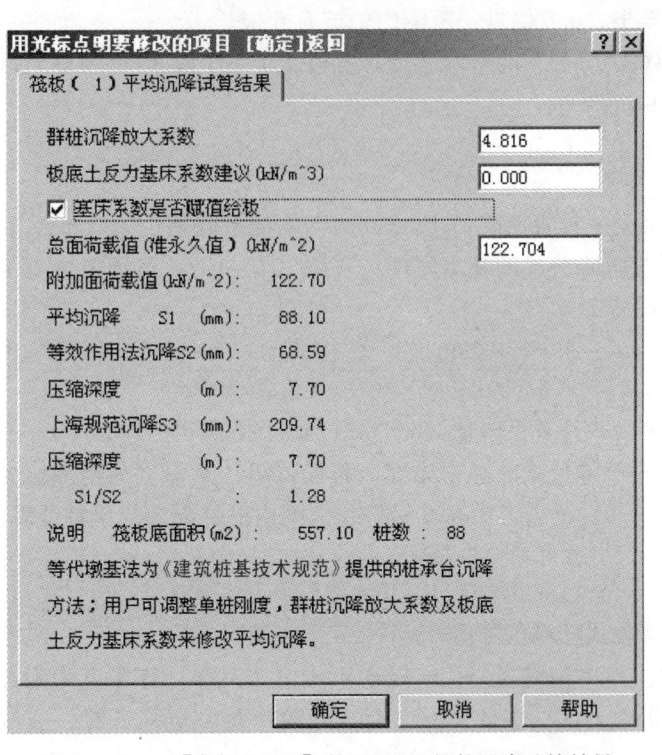

图 4.4.6-3 [案例 4.4.9] 的 JCCAD 软件沉降试算结果

求。这说明 JCCAD 软件的"等效作用法"在单排桩沉降计算方面存在问题。由于 JCCAD 软件不给出计算书，因此难以判断。

[案例 4.4.9] 的 JCCAD 软件计算值"上海规范沉降 S_3"为 209.74 mm，与实测累计沉降量 15.35 mm 之比为 13.66，计算结果不满足 80% 保证率的要求。这说明不考虑桩径的明德林应力公式法确实不适合计算小桩群沉降。但 JCCAD 软件计算值与手算值比较接近。

4.4.7 特大间距单桩、小桩群复合桩基

[案例 4.4.10] 为南京某综合楼（9 层框架），1 层地下室（宰金珉，1993），上部结构总重 190780 kN，基础尺寸 44.6 m×37.1 m，面积 1655.09 m²，底板厚 0.4 m，基础埋深 2.8 m。

[案例 4.4.10] 的地基土物理力学性质指标见表 4.4.7-1。

地基土物理力学性质指标 表 4.4.7-1

层序	土的名称	物理性质					地基承载力特征值 f_{ak}(kPa)	压缩模量 E_s(MPa)	混凝土预制桩	
		厚度 h(m)	含水量 w (%)	重力密度 ρ(g/cm³)	天然孔隙比 e	液性指数 I_L			桩周土摩擦力极限值 q_{sk}(kPa)	桩端土端阻力极限值 q_{pk}(kPa)
①	填土	2.40	—	—	—	—	—	—	—	—
②-1	粉砂	6.5	29.0	18.8	0.840		140	10.6	42	
②-2	粉土夹粉砂	10.7	35.1	18.3	0.983		110	7.7	32	1400
②-3	粉砂	10.3	29.1	18.6	0.866		160	8.5	42	2200

续表

层序	土的名称	物理性质					地基承载力特征值 f_{ak}(kPa)	压缩模量 E_s(MPa)	混凝土预制桩	
		厚度 h(m)	含水量 w（%）	重力密度 ρ(g/cm³)	天然孔隙比 e	液性指数 I_L			桩周土摩擦力极限值 q_{sk}(kPa)	桩端土端阻力极限值 q_{pk}(kPa)
②-4	黏质粉土	5.1	31.7	18.6	0.970	0.88	120	4.8	42	—
②-5	黏土夹粉土	>13.2	32.1	18.2	0.970	0.99	100	4.1	30	—

［案例 4.4.10］共进行了 0.45 m×0.45 m×21 m 与 0.45 m×0.45 m×24 m 的 2 根单桩静载荷试验，均未压至单桩极限承载力。

［案例 4.4.10］共布置 7 根 0.3 m×0.3 m×8.5 m 方桩（单桩极限承载力标准值 500 kN），12 根 0.35 m×0.35 m×15.5 m 方桩（单桩极限承载力标准值 1000 kN），29 根 0.45 m×0.45 m×18.0 m 方桩（单桩极限承载力标准值 1400 kN），37 根 0.45 m×0.45 m×21.0 m 方桩（单桩极限承载力标准值 1700 kN），为常规桩基桩数的 35%，等效距径比 9.9，且平均桩顶荷载均接近单桩极限承载力计算值，属于特大桩距的单桩、小桩群复合桩基。

［案例 4.4.10］的桩位平面图如图 4.4.7-1。

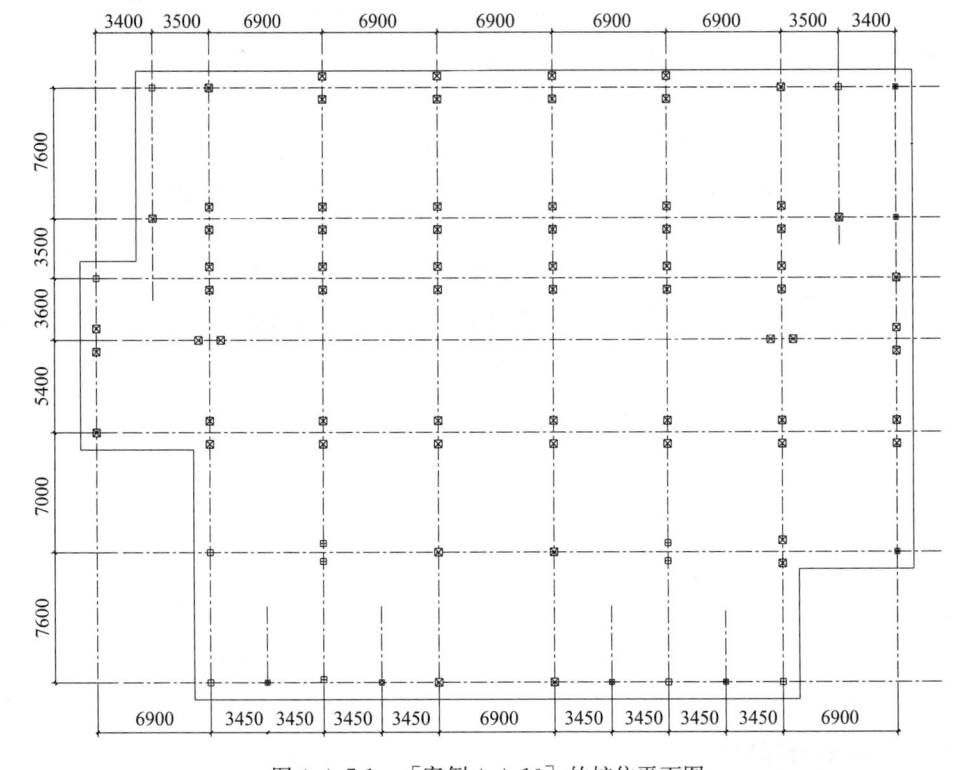

图 4.4.7-1 ［案例 4.4.10］的桩位平面图

［案例 4.4.10］共埋设 2 只桩顶反力计、32 只桩应变计、58 只土压力盒。实测基底净土抗力为 30.0 kPa（扣除的地下水浮力约 18.0 kPa）。

［案例 4.4.10］的实测推算最终沉降约为 40 mm。实测时间-沉降曲线如图 4.4.7-2。

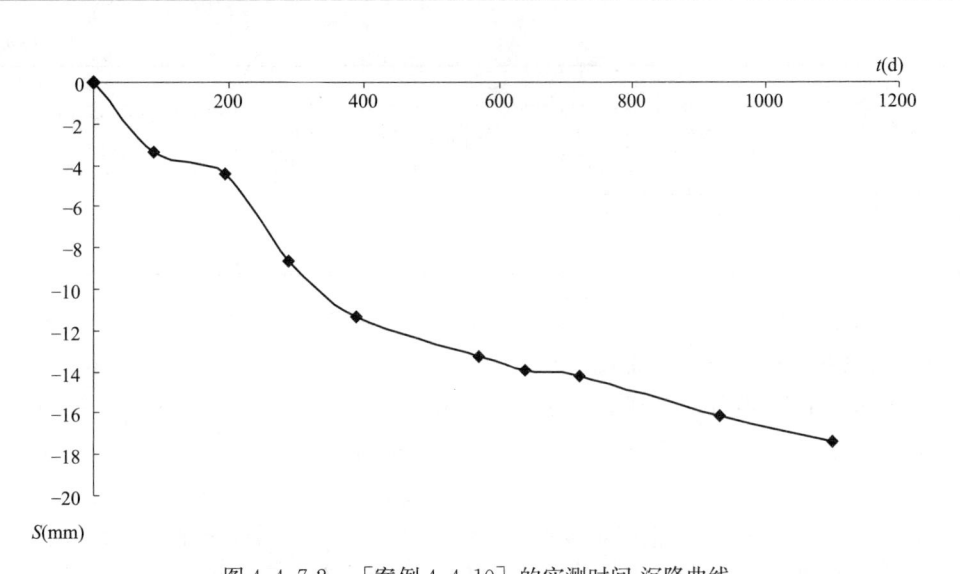

图 4.4.7-2 ［案例 4.4.10］的实测时间-沉降曲线

按底板（400 厚）自重 10 kPa，基底 2.8 m 埋深的土自重压力 18.8×2.8＝52.64 kPa，故计算桩基沉降时应扣除土自重压力 52.64 kPa。

1. 由《建筑桩基技术规范》单桩沉降公式计算［案例 4.4.10］沉降

［案例 4.4.10］的上部结构＋基础总重为 90206 kN。扣除基础底土自重压力的附加荷重为 70536 kN。93×500＝46500 kN＜90206 kN，等效距径比 S_a/d＝6.04，且单排桩的排距 2.95～6.65 m 相当于 7.5～16.8 倍桩径，因此［案例 4.4.10］属于单桩、小桩群疏桩复合桩基。可以采用《建筑桩基技术规范》的单排桩疏桩复合桩基沉降计算公式计算沉降。

（1）［案例 4.4.10-1］（0.3 m×0.3 m×8.5 m 方桩）沉降计算

［案例 4.4.10-1］考虑桩径影响的明德林应力公式法计算沉降为 20.4 mm（未计入桩身压缩量）（计算过程略）。

（2）［案例 4.4.10-2］（0.4 m×0.4 m×15.5 m 方桩）沉降计算

［案例 4.4.10-2］考虑桩径影响的明德林应力公式法计算沉降为 36.9 mm（未计入桩身压缩量）（计算过程略）。

（3）［案例 4.4.10-3］（0.45 m×0.45 m×18 m 方桩）沉降计算

［案例 4.4.10-3］考虑桩径影响的明德林应力公式法计算沉降为 50.7 mm（未计入桩身压缩量）（计算过程略）。

（4）［案例 4.4.10-4］（0.45 m×0.45 m×21 m 方桩）沉降计算

［案例 4.4.10-4］考虑桩径影响的明德林应力公式法计算沉降为 51.5 mm（未计入桩身压缩量）（计算过程略）。

由此可见，［案例 4.4.10］的沉降计算值与实测推算最终沉降 40 mm 接近。计算沉降差较大，是因为未考虑上部结构刚度对桩顶荷载的调整。而原位实测的桩顶反力计全部失效，因此计算沉降采用的桩顶荷载不完全符合实际情况。

2. 由上海单桩沉降公式计算［案例 4.4.10］沉降

由上海单桩沉降公式的基本原理，可得考虑 0.6 倍桩长范围内桩群影响的单桩计算沉降为（计算过程略）：

［案例 4.4.10-1］（0.3 m×0.3 m×8.5 m 桩）的计算沉降为 9 mm；

［案例 4.4.10-2］（0.35 m×0.35 m×15.5 m 桩）的计算沉降为 12 mm；

［案例 4.4.10-3］（0.45 m×0.45 m×18.0 m 桩）的计算沉降为 11.5 mm；

［案例 4.4.10-4］（0.45 m×0.45 m×21.0 m 桩）的计算沉降为 14.7 mm。

上海单桩沉降公式的计算沉降约为实测值的 50%，计算值偏于不安全。

3. 路桥规范单桩沉降公式不能计算小桩群沉降

4. 由上海地基规范沉降控制复合桩基法计算［案例 4.4.10］沉降

［案例 4.4.10］按各类桩均摊底板面积、并扣除土自重压力 52.64 kPa 后，可得

0.3 m×0.3 m×8.5 m 桩的桩顶荷载为 414 kN，小于单桩设计极限承载力 500 kN；

0.35 m×0.35 m×15.5 m 桩的桩顶荷载为 1045 kN，略大于单桩设计极限承载力 1000 kN；

0.45 m×0.45 m×18.0 m 桩的桩顶荷载为 1311 kN，小于单桩设计极限承载力 1400 kN；

0.45 m×0.45 m×21.0 m 桩的桩顶荷载为 1803 kN，略大于单桩设计极限承载力 1700 kN。

因此可按各类桩的桩顶荷载为实际分担值或单桩极限承载力，由明德林应力公式法计算［案例 4.4.10］沉降。

明德林应力公式法计算沉降 258 mm，远大于［案例 4.4.10］的实测值（计算过程略）。

因此，"不考虑桩径影响的明德林应力公式法"不能直接应用于这类特大桩距的单桩、小桩群复合桩基沉降计算。

5. 由 JCCAD 软件计算［案例 4.4.10］沉降

［案例 4.4.10］的 JCCAD 软件沉降试算结果如图 4.4.7-3。

［案例 4.4.10］的 JCCAD 软件计算值"平均沉降 S_1" 8.68 mm 与实测推算最终沉降量 40 mm 之比为 0.22，计算结果不满足 80% 保证率的要求。需要调整群桩沉降放大系数。

［案例 4.4.10］的 JCCAD 软件计算值"等效作用法沉降 S_2"为 1.2×114.16＝137 mm，与实测推算最终沉降量 40 mm 之比为 3.42，计算结果不满足 80% 保证率的要求。

由《建筑桩基技术规范》等效作用分层总和法的定义，应该不能计算距径比达到 9.9 的桩基沉降，而 JCCAD 软件却给出了计算结果。这说明 JCCAD 软件可能是对于距径比大于 6 的桩基，一律按距径比等于 6 的桩基计算；也有可能 JCCAD 软件的等效作用分层总和法本身就存在缺陷。由于 JCCAD 软件不给出计算书，因此难以判断。

［案例 4.4.10］的 JCCAD 软件计算值"上海规范沉降 S_3"为 281.8 mm，与实测推算最终沉降值 40 mm 之比为 7.05，计算结果不满足 80% 保证率的要求。这说明不考虑桩径的明德林应力公式法确实不适合计算小桩群沉降。但 JCCAD 软件计算值与手算值比较接近。

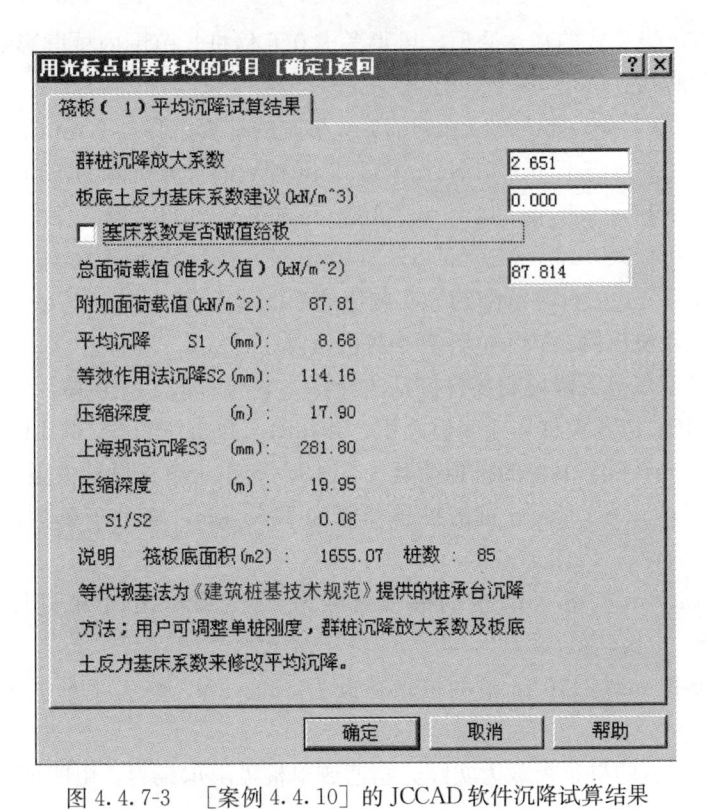

图 4.4.7-3 ［案例 4.4.10］的 JCCAD 软件沉降试算结果

4.4.8 关于旗云等软件计算单桩沉降的初步探讨

《建筑桩基技术规范》关于单桩沉降的计算方法应用"考虑桩径影响的明德林解"。但桩轴线以外的竖向应力解析式目前尚未通过积分方式求得，只有在桩身轴线处，数值计算值与按解析解计算值才是一致的。因此尚无法直接用积分式计算单桩、小桩群的沉降。

关于沉降计算深度范围内土层的计算分层厚度，《建筑桩基技术规范》的规定为，不应超过计算深度的 0.3 倍。

但《建筑桩基技术规范》计算单桩沉降的例题（参见《建筑桩基技术规范》的表12），是以 $z/l = 1.004$、1.008……直至沉降计算深度的"小分层"（对于该工程为 7 层 $\Delta Z_i = 0.065$ m、1 层 $\Delta Z_i = 0.195$ m、8 层 $\Delta Z_i = 0.325$ m、1 层 $\Delta Z_i = 1.625$ m，总共 4.875 m）的计算沉降总和，代替"考虑桩径影响的明德林解"积分式的计算沉降。

目前版本旗云等软件计算单桩沉降的方法，均标明"依据规范：《建筑桩基技术规范》（JGJ 94—2008）第 5.5.14 条"，以沉降计算深度的"大分层"（分层一般取 1 m）计算沉降的总和，代替"考虑桩径影响的明德林解"积分式的计算沉降。

对于小桩群沉降计算，"大分层"的计算分层厚度，均不符合《建筑桩基技术规范》"不应超过计算深度的 0.3 倍"的规定。

对于单排桩基础（［案例 4.4.9］）沉降计算，"大分层"的计算分层厚度，才符合《建筑桩基技术规范》"不应超过计算深度的 0.3 倍"的规定。

由于按"小分层"编制软件不存在任何困难，因此旗云软件采用"大分层"做法的原因可能是：软件编制者为了避开前述"《建筑桩基技术规范》单桩沉降计算方法的压缩模量困境"，而采用的变通方法。

现在需要明确的是，"小分层"与"大分层"的计算结果，与实际沉降的符合程度。

前述 13 个单桩与小桩群案例采用"大分层"计算原理，与《建筑桩基技术规范》单桩沉降计算方法（"小分层"计算原理）的计算沉降值之比，为 0.219～0.636，平均为 0.417。见表 4.4.8-1。

"小分层"与"大分层"的计算结果对比　　　　　　　　　表 4.4.8-1

案例名称	桩长(m)	桩顶荷载(kN)	"小分层"计算原理的计算值(mm)①	"大分层"计算原理的计算值(mm)②	②/①
案例 4.4.1	23.0	1320	39.66	22.4	0.564
案例 4.4.2	29.0	1800	41.31	15.3	0.370
案例 4.4.3	19.5	595	27.81	14.4	0.518
案例 4.4.4	27.0	988	19.32	9.3	0.481
案例 4.4.5	19.5	657	31.07	16.0	0.515
案例 4.4.6	15.0	680	35.3	11.9	0.337
案例 4.4.7	14.0	276	4.42	1.7	0.385
案例 4.4.8	14.0	232	3.95	1.4	0.354
案例 4.4.9	8.5	758.5	77.8	49.5	0.636
案例 4.4.10-1	8.5	414	20.4	4.46	0.219
案例 4.4.10-2	15.5	1045	36.92	12.38	0.335
案例 4.4.10-3	18.0	1311	50.67	15.73	0.310
案例 4.4.10-4	21.0	1803	51.47	19.46	0.378
平均					0.417

由此可见，目前版本旗云软件采用的"大分层"计算原理，计算单桩沉降的结果，均小于采用《建筑桩基技术规范》"小分层"计算原理的计算结果。

4.4.9　计算结果汇总与探讨

1. 《建筑桩基技术规范》提供的北京、洛口等地 33 根单桩实测沉降，以及上海地区 5 根单桩实测沉降的数据，均属于静载荷试桩的实测沉降（短期），并非静载荷试桩的实测最终沉降。因此《建筑桩基技术规范》建议取单桩、小桩群桩基的沉降计算经验系数为 1.0，尚缺少充足的依据，目前不宜随意选用。更合理的沉降计算经验系数，似应由单桩、小桩群桩基实际工程的长期实测数据获得。

顺便指出，《建筑桩基技术规范》表 11 给出"洛口试桩"的计算沉降，很可能是按考虑承台底土反力的复合桩基计算的。而这 3 项试桩的承台底实测土反力分别为 222、278、392 kPa，因此对沉降计算结果影响很大。"洛口试桩"实际上还进行了双桩承台桩的长期静荷载试验，但未能检索到具体数据。

2. 由上海地区 2 根持续 3 个月的试桩实测沉降-时间曲线可知，常规静载荷试桩的实测沉降（短期），与单桩静载荷试桩的长期实测沉降就已不在同一数量级。与工程桩的实际沉降更是有着非常大的差别。因此至少对于以上海为代表的软土地区而言，很难以常规静载荷试桩的实测沉降去推导工程桩的沉降计算经验系数。

3. 由《建筑桩基技术规范》的有关定义，"《建筑桩基技术规范》单桩沉降公式"应采用"土的自重压力至土的自重压力加附加压力作用时的压缩模量"。但在实际工程中，存在一个"《建筑桩基技术规范》单桩沉降计算方法的压缩模量难题"。

4. 上海、山西、辽宁、安徽、南京等地共 13 例单桩与小群桩工程的实测沉降资料，与"《建筑桩基技术规范》单桩沉降公式"、"上海单桩沉降公式"、"路桥规范单桩沉降公式"、上海地基规范实体深基础法与国标地基规范实体深基础法，这 5 种方法计算所得结果见表 4.4.9-1。

单桩与小群桩基础的 5 种方法沉降计算表　　　　表 4.4.9-1

序号	案例名称	桩端土压缩模量(MPa)	实测沉降① (mm)	《建筑桩基技术规范》法② (mm)	上海单桩法③ (mm)	路桥规范法④ (mm)	上海实体深基础法⑤ (mm)	国标实体深基础法⑥ (mm)	②/①	③/①	④/①	⑤/①	⑥/①
1	案例 4.4.1	3.14	21.0	41.1	19.7	13.7	—	—	1.96	0.94	0.54	—	—
2	案例 4.4.2	7.61	13.0	46.8	10.6	7.7	—	—	3.60	0.82	0.59	—	—
3	案例 4.4.3	2.48	8.9	27.8	13.9	—	53.8	30.2	3.12	1.56	—	6.04	3.39
4	案例 4.4.4	7.61	5.5	19.3	7.0	—	39.3	6.9	3.51	1.27	—	7.15	1.25
5	案例 4.4.5	2.48	6.6	31.1	15.4	—	59.3	33.3	4.71	2.33	—	8.98	5.05
6	案例 4.4.6	8.20	38.6	35.5	11.4	—	—	32.3	0.92	0.30	—	—	0.84
7	案例 4.4.7	15.3	10.8	4.5	1.7	—	—	13.7	0.42	0.16	—	—	1.27
8	案例 4.4.8	15.3	10.2	4.0	1.3	—	—	9.9	0.39	0.13	—	—	0.97
9	案例 4.4.9	9.0	18.65	93.8	18.5	—	—	—	5.03	0.99	—	—	—
10	案例 4.4.10-1	7.7	40.0	20.4	9.0	—	—	—	0.51	0.23	—	—	—
11	案例 4.4.10-2	7.7	40.0	36.9	12.0	—	—	—	0.92	0.30	—	—	—
12	案例 4.4.10-3	7.7	40.0	50.7	11.5	—	—	—	1.27	0.29	—	—	—
13	案例 4.4.10-4	7.7	40.0	51.5	14.7	—	—	—	1.29	0.37	—	—	—
	平均								2.127	0.745	0.565	7.390	2.128

由表 4.4.12-1 可知，"《建筑桩基技术规范》单桩沉降公式"计算结果与实测值相比较，离散性太大。在检索到更多单桩、小桩群沉降数据之前，难以确定"《建筑桩基技术规范》单桩沉降公式"的沉降计算经验系数的取值。但肯定不能取 1.0。

"上海单桩沉降公式"对于上海地区的单桩、小桩群的沉降计算值与实测沉降较为接近，可能在上海地区具有较高的实用价值。对于其他非软土地区桩端土压缩模量大于 8 MPa 的小桩群桩基，计算值可能偏小较多。但由于样本还不多，尚不可能下结论。

"路桥规范单桩沉降公式"计算值与实测沉降差距最大，且仅适用于单桩沉降计算。因此适用范围可能较小。

上海地基规范实体深基础法与国标地基规范实体深基础法对于小桩群基础的计算结果与实测值之比，从表面上看起来，似乎国标地基规范实体深基础法更符合实际。但其实际原因，是由于上海地基规范实体深基础法采用不考虑桩外围侧面阻力应力扩散作用的模式，而国标地基规范实体深基础法则相反。因此实体深基础法是否适用于小桩群桩基沉降计算，还需要通过大量实测数据的验证。总的感觉是实体深基础法，至少不适用于桩数较少（如二桩、三桩）的小桩群桩基沉降计算，而应该采用单桩、小桩群桩基沉降计算方法。

5. 上述 13 例单桩与小群桩工程的实测沉降资料，与 JCCAD 软件的"平均沉降 S_1"与"上海规范沉降 S_3"计算所得结果见表 4.4.9-2。

单桩与小群桩基础的基础计算软件沉降计算表

表 4.4.9-2

| 序号 | 案例名称 | 桩端土压缩模量（MPa） | 桩端以下软弱土压缩模量（MPa） | 实测沉降①(mm) | JCCAD 软件 | | 盈建科软件 | ②/① | ③/① | ④/① |
					平均沉降 $S_1$②(mm)	上海规范沉降 $S_3$③(mm)	考虑桩径影响的明德林法④(mm)			
1	案例 4.4.1	3.14	7.61	21.0	14.93	157.6	36.1	0.71	7.50	1.72
2	案例 4.4.2	7.61	6.48	13.0	3.82	60.0	48.2	0.29	4.62	3.71
3	案例 4.4.3	2.48	3.14	8.9	9.61	18.4	22.7	1.08	2.07	2.52
4	案例 4.4.4	7.61	6.51	5.5	9.02	32.7	48.2	1.64	5.95	8.76
5	案例 4.4.5	2.48	3.14	6.6	9.61	18.4	26.1	1.46	2.79	3.95
6	案例 4.4.6	8.20	6.7	38.6	13.62	47.95	31.6	0.35	1.24	0.82
7	案例 4.4.7	15.3	15.3	10.8	9.24	24.46	5.7	0.86	2.26	0.53
8	案例 4.4.8	15.3	15.3	10.2	9.24	24.46	5.5	0.91	2.40	0.54
9	案例 4.4.9	9.0	11.0	15.35	88.10	209.74	—	5.74	13.66	—
10	案例 4.4.10	8.5	4.8	40	8.68	281.8	—	0.22	7.05	—
平均								1.32	4.95	3.22

序号 9 的［案例 4.4.9］应属特例，因为该工程的荷载施加时间远远短于常规工程（11.5 h 内荷载基本就位），接近静载荷试桩的时间进度。而沉降监测维持时间为 689 d，虽然沉降速率已显示达到稳定标准，但缺少长期的监测，尚不能由此推导出最终沉降量。至今尚未检索到关于［案例 4.4.9］的沉降计算值与实测值相符的资料。因此［案例 4.4.9］的数据对于单桩、小桩群沉降计算探讨可能不够典型。

由剔除［案例 4.4.9］的 9 例单桩、小桩群工程实例的实测沉降与计算结果的对比，可知"不考虑桩径影响的明德林应力公式法"确实不适用于单桩、小桩群基础的沉降计算。

由此前的探讨可知，JCCAD 与盈建科等软件的"等效作用法沉降"对于单桩与小桩群沉降计算的结果，均与实测值存在离散性很大的差距（0.35～5.73），且单桩至 5 桩的桩基也不符合《建筑桩基技术规范》等效作用分层总和法的定义，因此在单桩、小桩群沉降计算中可不予考虑。

目前版本 JCCAD 与盈建科软件提供的单桩、小桩群沉降计算结果中，"平均沉降 S_1"与实测沉降较为接近。

但"平均沉降 S_1"对于成层性土，尤其是桩端以下有软卧层的情况，误差较大。序号 2、序号 6 与序号 10 的 3 个工程实例就属于存在较软弱下卧层的情况。因此对于上述情况，可考虑除以沉降完成系数 0.4。

由《JCCAD 用户手册及技术条件》，"平均沉降 S_1"直接利用压缩范围小的单桩荷载-沉降关系确定群桩沉降。因此从原理上看，"平均沉降 S_1" 比较适用于单桩、小桩群的沉降计算。

上述初步意见尚缺少大量实测沉降资料的支持。其实单桩、小桩群沉降计算问题的最终解决的难度，可能远小于常规桩基与复合桩基，因为高架路的桩基础就可能属于小桩群，而其长期沉降的实测资料应该非常多且精确，只不过尚未检索到有关资料而已。

还有大量单层、多层厂房的桩基，完全属于小桩群基础。其中只要有百分之一的工程能进行长期沉降监测，就足以支撑起小桩群实测沉降与计算值的对比课题了。

由此可见，只要找对方向，单桩、小桩群沉降计算问题几乎可以说是指日可待的一个课题了。

6. 关于小桩群的桩数尚无明确定义，本节按一般看法取 6 桩以下的承台桩群。

有研究认为少于 50 根桩的桩群，由明德林应力公式法计算所得沉降值，远大于实测沉降量（姚笑青，1999）。若此结论合理，则各类城市高架路、铁路高架路的桥墩桩基均可列为小桩群，而这类桥墩桩基的沉降资料，仅上海地区就有上百例。其中有的桥墩桩基实测沉降量达到 50 mm 左右（周红波，2004），较接近建筑桩基的沉降要求，比较实用。

但因尚未检索到这类桥墩桩基的详细资料，尤其是地基土的各种数据。因此本节难以对这个问题展开探讨，殊为可惜。

4.4.10 外扩地下室（桩基）底板土反力的初步探讨

由于采用 JCCAD、盈建科等软件按"假定不存在底板底面土反力"的模式，计算所得外扩地下室底板内力较小，因此在工程实践中出现两种倾向：

（1）或是按以往经验加大配筋，但这只是暂时的措施。

（2）或是完全接受软件计算结果，减薄底板厚度，甚至考虑按防水板的概念进行设计。

然而，即使外扩地下室（桩基）的底板下设置聚苯板等软垫层，当刚浇筑底板混凝土、底板钢筋混凝土强度为零时，底板自重仍然应该由地基土承担，无论是否设置软垫层。

而由桩土荷载分担原位实测资料可知，一旦承台底土反力形成，除非发生承台底土收缩下陷现象，一般来说承台底土反力就不会消失，至少在一定时期内仍将存在。尤其是外扩地下室的桩基一般来说均非密集桩基，即使采用预制桩，"挤土效应"也不可能很明显。而外扩地下室底板强度形成后软垫层的回弹，能否使得底板底土反力消失，尚未得到原位实测数据的证实。

因此不考虑外扩地下室（桩基）底板底面土反力的底板内力计算，就可能偏于不安全。事实上外扩地下室（桩基）底板裂穿的现象，并不罕见。其中有些状况就很难归咎于主楼与外扩地下室之间的沉降差了。只不过由于外扩地下室的产权模糊特性，尚无人追究设计的责任，或设计者将责任推诿于施工人，从而延迟了这类矛盾的暴露与解决而已。

除非布置大量抗拔桩，外扩地下室（桩基）应该属于距径比大于 6 倍桩径的小桩群基础，但由本书第一章与第三章可知，《建筑桩基技术规范》给出疏桩基础的承台效应系数可能偏大较多。因此建议底板底面土反力可参考"3.5 关于疏桩复合桩基础承台底效应系数的探讨"中 21 项标准疏桩复合桩基础与广义标准疏桩复合桩基础的土反力原位实测数据。

其中上海 5 例疏桩复合桩基的实测板底土反力为 9.65～16.7 kPa，浙江 2 例疏桩复合桩基的实测板底土反力为 6.2～7.1 kPa。可供参考。

尚未检索到外扩地下室（桩基）底板底面土反力的原位实测资料。《建筑桩基技术规范》P281 给出的北京某 36 层（地下 7 层）框架-筒体结构大楼，已进行了包括外扩地下室底板底面土反力原位监测的研究，但至今尚未检索到公开发表的文献。

关于聚苯板等软垫层究竟能否消解基础底板底面土反力的问题，也未检索到原位实测资料。但在复合地基的桩土荷载分担原位测试中，有的工程实例在褥垫层顶面与底面均埋设土压力盒，进行褥垫层上下桩间土反力的对比。这种测试结果与桩基底板软垫层下土反力有近似之处，可做参考。以下举例说明：

（1）安徽某 27 层大楼（1 层地下室），采用直径 0.4 m 的 CFG 桩复合地基（李海钧，2013），桩距 1.8 m 左右。在 300 mm 厚的碎石褥垫层顶面与底面均埋设了土压力盒。大楼建设至 20 层时，实测褥垫层顶面土反力平均值为 148 kPa，褥垫层底面土反力平均值为 59 kPa。两者之比为 0.398。

（2）四川某 16 层大楼（1 层地下室），采用直径 0.67 m 的 CFG 桩复合地基（任鹏，2008），桩距 2.1 m 左右。在 300 mm 厚的砂卵石褥垫层顶面与底面均埋设了土压力盒。大楼封顶时，实测褥垫层顶面土反力平均值为 180 kPa，褥垫层底面土反力平均值为 70 kPa。两者之比为 0.389。

由此可见，外扩地下室（桩基）底板底面土反力等于零的假定，似应属于未得到任何实测资料证明、偏于不安全的假定。其实外扩地下室（桩基）底板底面土反力原位测试的难度与费用，远小于复合桩基桩土荷载分担原位测试。因此只要有人着手进行，问题的解决也不需要很长时间的。

4.5　桩筏基础原位实测承台板钢筋应力及初步探讨

本节提供检索到的陕西、江苏、浙江、湖北、河南、河北、广东、福建、北京、上海等地的桩基础承台板钢筋应力原位实测资料，共有 29 例。其中建（构）筑物的资料有 24 例，铁路路堤有 4 例，储罐有 1 例。

因为铁路路堤与储罐的荷载为均布荷载，与建筑物的点、线分布荷载有着相当大的差异，所以承台板的计算内力也有着一定的差异。但由于铁路路堤桩筏基础的筏板接近于绝对柔性基础，筏板厚度（500～860 mm）应该不全部属于厚板基础；储罐的桩筏基础的筏板更是属于绝对柔性基础，筏板厚度（650 mm）也很难归类于厚板基础。因此这些工程实例的承台板钢筋应力原位实测数据，对于桩筏基础实测承台板钢筋应力远小于计算值这一问题的探讨，还是有一定参考价值的。

4.5.1　国内桩基础承台板原位实测钢筋应力

国内桩基础承台板原位实测钢筋应力见表 4.5.1-1。

国内桩筏基础承台板原位实测钢筋应力 表 4.5.1-1

序号	工程名称	地下层数	桩型	等效距径比	筏板厚度(mm)	实测沉降(mm)	最大钢筋拉应力(MPa)	最大钢筋压应力(MPa)
					建(构)筑物			
1	陕西 39 层	2	钻孔灌注桩	3.11d	2500	15.7	42.66	44.03
2	南京 13 层	1	钻孔灌注桩	3.96d	1200	16.0	10.0	51.1
3	南京 24 层	2	预应力管桩	4.94d	2100	12.7	50.0	50.0
4	南京 9 层	1	预制方桩	9.9d	400 (承台-梁板式)	30.0	35.0 (基础梁)	5.0 (基础梁)
5	南京 6 层	1	沉管灌注桩	5.7d		81.2	320	100
6	南京某水池	—	钻孔灌注桩	4.0	700	—	7.05	
7	无锡 46 层	2	钻孔灌注桩	3.16d	3850	—	37	
8	浙江 22 层	1	钻孔灌注桩	5.52d	2000	20.0	—	10.35 (全部为压应力)
9	湖北 22 层	1	预应力管桩	—	1500		10.6	
10	湖北 16 层	1	人工挖孔桩	3.67d	1000	13.7	14.4	—
11	上海 16 层	1	预制方桩	—	600		15.0 (全部为拉应力)	
12	上海 32 层	1	预制方桩	4.18d	600(桩布置于剪力墙下)	36.8	29.35 (7 年后实测值)	4.03
13	上海 26 层	2	钢管桩	4.84d	2300	66.6	21.5	21.7
14	上海 60 层	4	钻孔灌注桩	—	4500~6250	55.4	36.2	—
15	上海 101 层	3	钢管桩	—	4000~4500	84.0	110	
16	上海 41 层	3		—	—	—	70	
17	上海 53 层	3	钻孔灌注桩	—	2000	33.1	2.3	
18	上海 66 层	—	钻孔灌注桩	—	3300	47.8	4.0	
19	上海 88 层	—	钢管桩	—	4000	59.1	4.4	
20	河南 18 层	1	挤扩支盘桩	4.0d	— (承台-梁板式)	12.0	40.0 (承台)	
21	福建 33 层	3	预制方桩		2250	40.0	100.0	80.4
22	河北 28 层	2	预制方桩	3.9d	2000	19.0	31.0	
23	北京 36 层	7	钻孔灌注桩	3.7d	2200	36.0	75.0	
24	广东 23 层	1	人工挖孔桩	3.66d	1600	63.0	33.6	
25	内蒙古某矿井	—	钻孔灌注桩	3.13d	3000	4.8	125.9	32.1
					铁路路堤			
26	上海高铁	—	钻孔灌注桩	5.23d	800~860	7.8	32.7	
27	陕西高铁 A	—	钻孔灌注桩	5.5d	800	1.65	71.5	
28	陕西高铁 B	—	钻孔灌注桩	6.06d	800	1.81	59.7	
29	安徽高铁	—	预应力管桩	4.8d	500	14.5	47.0	
					储罐			
30	浙江储罐	—	预制方桩	4.3d	650	71~109	46 (全部为拉应力)	

注：序号 6 的南京某水池工程工程（杨挺，2007），由于其注水期间桩土荷载分担的原位监测持续时间为 15d，此后即排水。并未检索到该项目长期原位监测的资料，与常规复合桩基有所不同。

补充一些数据：

（1）序号 3 的南京 24 层（李俊，2007），实测混凝土最大拉应变 $187.42\mu\varepsilon$，最小拉应变 $23.19\mu\varepsilon$。

（2）序号 10 的湖北 16 层（胡春林，2003），实测混凝土最大拉应变 $72\mu\varepsilon$。还进行了钢筋混凝土梁模拟试验，当拉应力达到 23 MPa 时，拉应变为 $115\mu\varepsilon$，钢筋混凝土梁受拉侧混凝土出现细小的拉裂纹。

（3）序号 12 的上海 32 层（董建国，1989），实测最大拉应力 29.35 MPa 是持续 7 年的原位测试中得到的数据。

（4）序号 15 的上海 101 层（申兆武，2008），原位测试中发现，筏板混凝土实测拉应力基本都超过 C40 混凝土的抗拉标准强度 2.39 MPa，因此预计顶部、底部混凝土均已出现细小裂缝。但这是由于筏板混凝土为大体积混凝土施工，容易出现温度应力，温度应力很容易达到混凝土的抗拉强度之故。筏板混凝土的应力仍以压应力为主。

（5）序号 27 的陕西高铁 A 钻孔灌注桩桩筏基础（杨陈承，2009），实测混凝土最大应变 $271.3\mu\varepsilon$。

（6）序号 28 的陕西高铁 B 钻孔灌注桩桩筏基础（杨陈承，2009），实测混凝土最大应变 $218.7\mu\varepsilon$。

4.5.2 关于原位实测钢筋应力远小于设计值的初步探讨

大量的桩筏基础承台板原位实测结果表明，大部分基础底板钢筋的应力水平均很低，根据变形协调原则换算的受拉区混凝土的应力未达到抗拉设计强度，基础底板受拉侧混凝土未开裂，与钢筋一起抗拉。

一般认为上部结构与地基基础的共同工作，是减少底板钢筋应力的主要因素。还有基础梁（板）未按双筋受弯构件进行计算，也是原因之一。

那么，不存在上部结构的桩筏基础筏板钢筋应力，是否就应该与计算值相近呢？

但由高速铁路路堤刚性桩复合桩基筏板的钢筋应力实测结果看，原因不是那样简单。

1. 如序号 28 的安徽高铁路堤刚性桩复合桩基，筏板（500 mm 厚）上有 6.3 m 高填土，其上有 3.6 m 高预压土。因此路堤刚性桩复合桩基的筏板可能并非属于绝对柔性基础，因为经过预压处理的 6.3 m 高填土层，具有一定的刚度。这一点或许可以由"托板桩"的"土拱效应"得到解释。只不过路堤刚性桩复合桩基筏板的桩顶是整块筏板，而非每个桩顶设一块托板。

2. 唯有储罐的刚性桩桩基筏板才属于绝对柔性基础。如序号 29 的浙江储罐（俞海洪，2013），充水（22 m 高）后荷载（含底板、垫层等）为 276 kPa。实测筏板上下层钢筋基本均为受拉，应力约为 46 MPa。这就值得进一步研究探讨了。

3. 序号 5 的南京 6 层框架结构桩筏基础（黄广龙，2007），1 层半地下室，采用 $\phi 0.5\times$ 28.5 m 沉管灌注桩，等效距径比约 5.7 倍桩径。封顶后实测平均沉降量为 81.2 mm，沉降速率为 0.015 mm/d，已趋于稳定。

共埋设 4 对钢筋应力计，原位测试筏板底层最大拉应力 320 MPa，发生在上部结构建设至 2 层时；此后就逐渐下降，至封顶时，筏板底层最大拉应力为 100 MPa。原位测试筏板底层最大压应力却是随着楼层的建设而增大的，筏板底层最大压应力为 100 MPa。

最大应力不发生在结构荷载最大的阶段，却发生在相对较小的阶段。这一现象尚未检索到合理的解释，可能与上部结构的刚度尚未形成有关。

4. 表 4.5.1-1 中序号 23 的北京某 36 层框筒结构大楼（7 层地下室）（王涛，2015），采用 JCCAD 软件进行上部结构、厚筏底板、桩、土的共同作用分析，获得核心筒与外围框架柱的计算沉降，如图 4.5.2-1。

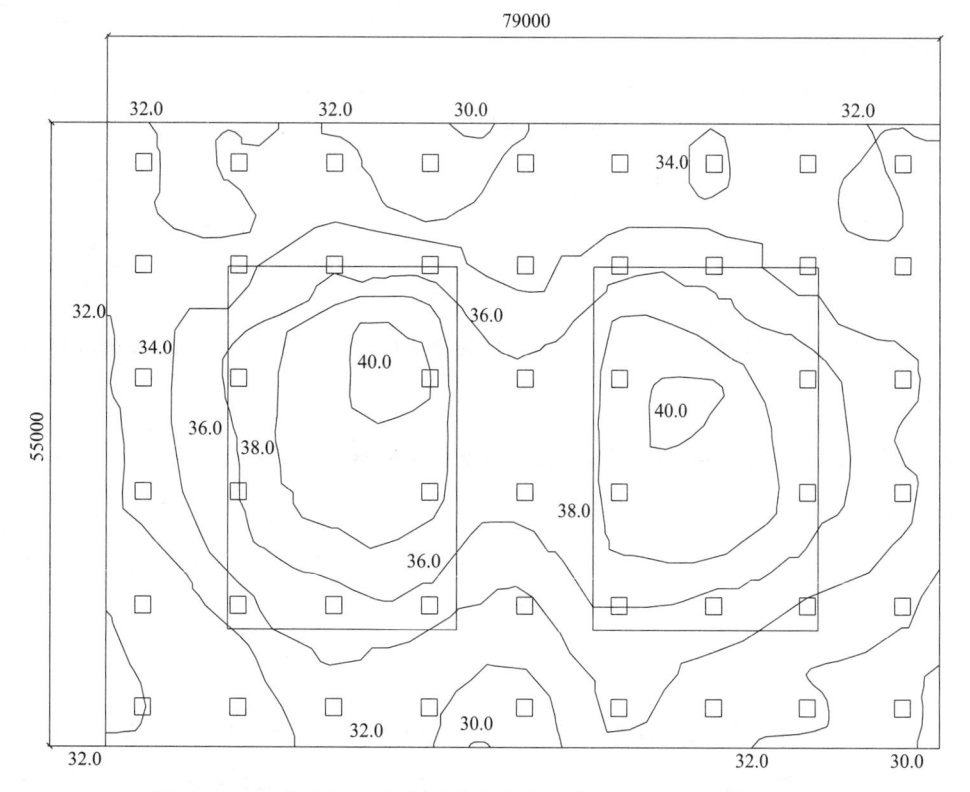

图 4.5.2-1　北京某 36 层框筒结构的共同作用分析计算沉降（mm）

该工程结构封顶时的实测沉降差为计算沉降差的 2 倍，如图 4.5.2-2。

北京某 36 层框筒结构的桩筏基础的 2.2 m 厚承台板内力，就是主要根据 JCCAD 软件的计算沉降进行内力计算的。现在实测最大差异沉降为计算值的 2 倍，但原位实测筏板钢筋应力却只达到设计值的 1/4 以下（王涛，2010）。这就不是"未考虑上部结构刚度"、"混凝土未开裂，与钢筋一同抗拉"等说法能够完全解释的。

5. 表 4.5.1-1 中序号 15 的上海某 101 层框筒结构大楼（3 层地下室）（申兆武，2008），采用修正泡勒斯位移解分析桩土刚度、厚板理论分析筏板、简化梁模型分析上部结构，共同作用分析整个高层建筑，获得塔楼的计算沉降，中心部位的计算沉降值为 110 mm。该工程塔楼第 40 次实测沉降，中心部位的实测沉降值为 96 mm，与计算值也符合得相当好。

上海某 101 层框筒结构的桩筏基础的 4.0～4.5 m 厚承台板内力，就是主要根据上述计算沉降进行内力计算的。现在承台板各点的实测沉降值与计算值符合的相当好，但原位

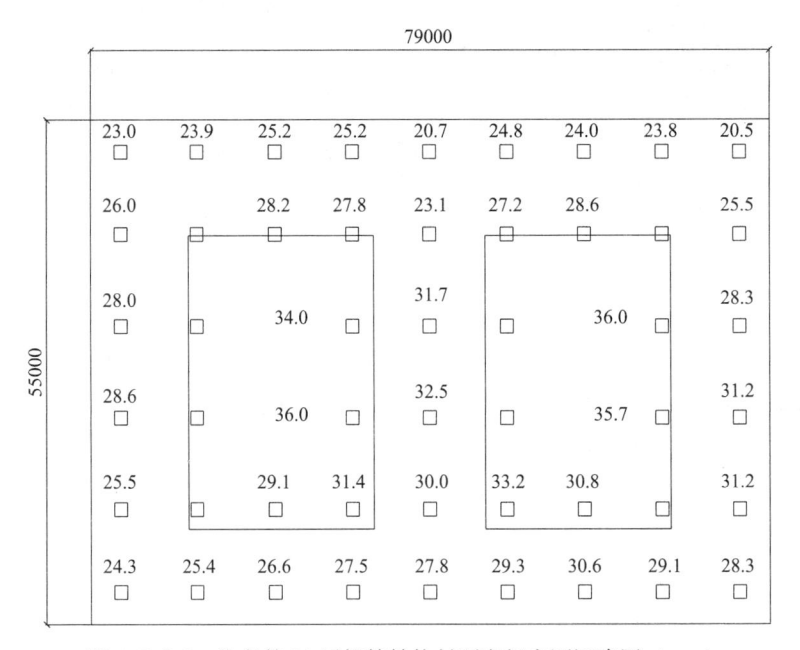

图 4.5.2-2 北京某 36 层框筒结构封顶底板实测沉降图（mm）

实测筏板钢筋应力却只达到设计值的 1/3 以下；且在原位测试中发现，筏板混凝土实测拉应力基本都超过 C40 混凝土的抗拉标准强度 2.39 MPa，因此预计顶部、底部混凝土均已出现细小裂缝。这就不是"未考虑上部结构刚度"、"混凝土未开裂，与钢筋一同抗拉"等说法能够完全解释的了。

4.6 "上硬下软"土层桩基沉降计算的疑难

本节所说的"上硬下软"土层是指埋藏在地面以下 10~20 m 以内的粉性土层、硬质黏土层或碎石土，下卧较厚的软弱土层或全风化岩层等的地基土，或称浅埋硬土层。

上海、浙江、江苏、山东、河南、安徽等地区均有不少"上硬下软"土层存在，并在这类地区成功地建设了许多采用中短桩基础的多层、高层建筑。如上海地区的 8 m 短桩基础与浙江地区的夯扩桩基础就是"上硬下软"土层的常用桩基础。

工程实践表明，"上硬下软"土层建筑沉降的理论分析精确性不高，计算沉降有时明显大于实际沉降，甚至相差几倍，进而影响地基基础方案的合理确定。有关这方面的论述也较少，计算理论至今没有得到解决，并可能影响到桩基础内力的计算。

本节结合江浙沪的典型案例分析，探讨"上硬下软"土层桩基础沉降计算问题。

4.6.1 上海地区浅埋粉性土短桩基础的沉降计算疑难

1. 隔路相望的 20 层住宅与 8 层办公楼短桩基础

上海闸北区有两例隔路相望、相距数百米的 3 幢 20 层高层住宅与 8 层办公楼，两者的实测沉降与计算值之比相差极大，可以作为上海地区浅埋粉性土短桩基础沉降计算疑难的典型案例。

1) 上海闸北区 20 层住宅

上海闸北区的 3 幢 20 层高层住宅短桩基础，即本章第 4.3 节所述的［案例 4.3.4］。

其中 1 号楼实测推算最终沉降量为 419 mm，观测时间 2880 d；2 号楼实测推算最终沉降量为 405 mm，观测时间 3960 d；3 号楼实测推算最终沉降量为 449 mm，观测时间 3810 d。3 幢楼平均实测推算最终沉降量为 424 mm。

上海地基规范实体深基础法计算［案例 4.3.4］的沉降值为 232.5 mm，与实测推算最终沉降值 424 mm 之比为 0.55；国标地基规范实体深基础法计算［案例 4.3.4］的沉降值为 166.3 mm，与实测推算最终沉降值 424 mm 之比为 0.39；《建筑桩基技术规范》等效作用分成总和法计算［案例 4.3.6］的为 326 mm（挤土效应系数取 1.55），与实测推算最终沉降值 424 mm 之比为 0.77；明德林应力公式法计算沉降值为 401 mm，与实测推算最终沉降值 424 mm 之比为 0.95。

［案例 4.3.4］的沉降计算以明德林应力公式法最合理。

2) 上海闸北区 8 层办公楼

［案例 4.6.1-1］为上海闸北区某八层（局部十层）办公楼（林柏，2010），框架结构，总面积 5800 m²。与［案例 4.3.4］相距仅数百米。

拟建场地在地面以下 4.3 m 处为 2.6 m 厚的砂质粉土，其下为 9.9 m 厚的粉砂，粉砂层下为 8.6 m 厚的黏土与粉质黏土，暗绿色硬土层在地面以下 25 m 处。

［案例 4.6.1-1］地基土物理力学性质指标见表 4.6.1-1。

地基土的物理力学性质指标　　　　表 4.6.1-1

层序	土的名称	物理性质					力学性质					原位测试
		厚度 h (m)	含水量 w(%)	重力密度 ρ (g/cm³)	天然孔隙比 e	液性指数 I_L	剪切试验		压缩试验			比贯入阻力 P_s (MPa)
							内摩擦角 ϕ	内聚力 C (kPa)	压缩模量 E_s(MPa)	压缩系数 a^{1-2} (MPa⁻¹)		
①	杂填土	2.6	—				—	—	—	—		—
②-1	褐黄色粉质黏土	1.7	32.2	1.88	0.853	—	35.0°	2	12.33	0.16		1.62
②-2	灰色砂质粉土	2.6	34.0	1.87	0.946	—	—	—	8.71	0.25		3.37
②-3	灰色粉砂	9.9	22.8	2.01	0.637	—	—	—	13.45	0.12		8.17
④	灰色黏土	3.1	37.3	1.82	1.073	0.79	13.0°	9	2.99	0.66		—
⑤	灰色粉质黏土	5.5	31.3	1.88	0.902	0.84	19.7°	6	5.63	0.33		—
⑥	暗绿色粉质黏土	3.5	24.5	2.00	0.683	0.27	14.5°	32	7.26	0.24		—
⑦-1	褐黄色砂质粉土	6.2							12.0			
⑦-2	灰黄色砂质粉土-粉砂	2.9							12.0			
⑧-1	青灰-灰色粉砂	5.8							12.0			
⑧-2	灰色淤泥质粉质黏土	3.6	39.8	1.81	1.109	>1	15.0°	11	4.56	0.47		—
⑧-3	灰色黏土	>6.7	39.0	1.81	1.104	0.92	13.4°	14	4.1	0.5		—

［案例 4.6.1-1］采用 0.45 m×0.45 m×6.5 m 短桩，单桩承载力 350 kN，共 350 根桩，桩承台采用筏板。

［案例 4.6.1-1］基础平面图如图 4.6.1-1。

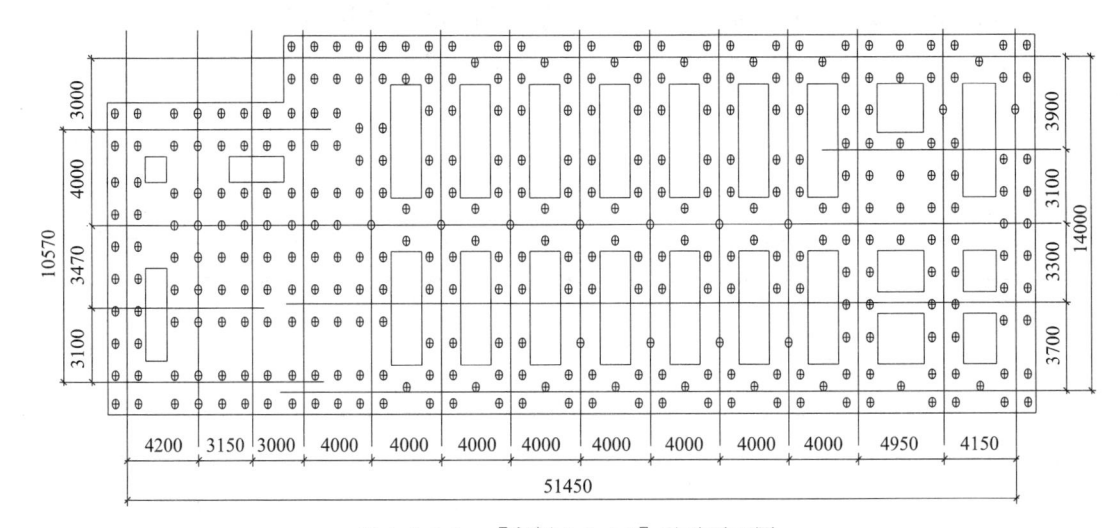

图 4.6.1-1　［案例 4.6.1-1］基础平面图

［案例 4.6.1-1］采用明德林应力公式法计算［案例 4.6.1-1］沉降的过程见表 4.6.1-2，计算沉降为 1.05×177.8＝187 mm（计算过程略）。

［案例 4.6.1-1］于 1988 年底竣工，竣工时实测沉降小于 20 mm。未继续进行沉降观测。但至 1992 年及此后均未见有沉降继续发展的任何迹象（如室外 600 mm 高的台阶未开裂、室外明沟未开裂等）。因此可以判断计算沉降值与实际沉降量之比接近 10.0。

［案例 4.3.4］（20 层高层住宅）与［案例 4.6.1］（八层综合楼），两者相距较近，地基土的分层厚度、物理力学指标基本相同，而计算沉降值与实测推算最终沉降值的符合程度相差悬殊，这种现象值得探讨。

2. 同一条街道上地基土条件接近的 20 层住宅与 6 层住宅短桩基础

上海普陀区同一条街道上有两例地基土条件接近的 20 层高层住宅与 6 层住宅，两者的实测沉降与计算值之比也相差极大，可以作为上海地区浅埋粉性土短桩基础沉降计算疑难的典型案例。

1）上海普陀区 20 层住宅

上海普陀区 20 层高层住宅，即本章第 1.4 节所述的［案例 1.4.1］，就是《建筑桩基技术规范》"表 4 承台效应系数工程实测与计算比较"中序号 4 的"20 层剪力墙"。

［案例 1.4.1］的实测推算最终沉降量为 397 mm，观测时间 1370 d。

上海地基规范实体深基础法计算［案例 1.4.1］的沉降值为 333 mm，与实测推算最终沉降值 397 mm 之比为 0.84；国标地基规范实体深基础法计算［案例 1.4.1］的沉降值为 166.3 mm，与实测推算最终沉降值 397 mm 之比为 0.84；明德林应力公式法计算沉降值为 536 mm，与实测推算最终沉降值 397 mm 之比为 1.35。

考虑到所收集到［案例 1.4.1］的沉降测试时间较短（仅为 1370 d），因此该工程的沉降计算以明德林应力公式法较为合理。

2）上海普陀区 6 层住宅

［案例 4.6.1-2］为上海普陀区 6 层砖混结构住宅（葛文浩，1993），与［案例 4.5.1］位于同一条街道。拟建场地杂填土层厚 2 m 左右，褐黄色粉质黏土厚 2.1 m，以下为 11 m 左右厚度的砂质粉土和粉砂，再往下是约 25 m 厚的软土层。

［案例 4.6.1-2］地基土的物理力学性能见表 4.6.1-2。

地基土的物理力学性质指标   表 4.6.1-2

层序	土的名称	物理性质						力学性质			
		厚度 h（m）	含水量 $w(\%)$	重力密度 ρ（g/cm³）	天然孔隙比 e	塑性指数 I_P	液性指数 I_L	剪切试验		压缩试验	
								内摩擦角 ϕ	内聚力 C（kPa）	压缩模量 E_S（MPa）	压缩系数 α^{1-2}（MPa⁻¹）
①	杂填土	1.70	—	—	—	—	—	—	—	—	—
②-1	褐黄色粉质黏土	2.10	31.9	18.8	0.897	9.0	0.85	23.5°	6	10.29	0.24
②-2	灰色砂质粉土	1.80	39.4	17.9	1.099	—	—	24.5°	4	7.86	0.27
②-3	灰色粉砂	5.80	38.0	18.2	1.053	—	—	25.9°	3	9.73	0.22
③	灰色淤泥质黏土	4.70	48.9	17.2	1.375	19.9	>1.0	9.4°	9	3.43	0.94
⑤-1	灰色黏土	7.10	38.9	18.0	1.267	19.7	0.93	9.7°	15	3.67	0.57
⑤-2	灰色粉质黏土	2.10	32.3	18.5	0.948	14.5	0.88	17.0°	6	4.71	0.40
⑥	暗绿色黏土	>4.80	23.8	20.1	0.691	17.9	0.29	16.8°	28	9.88	0.19

［案例 4.6.1-2］采用 0.2 m×0.2 m×7 m 预制钢筋混凝土短桩，以第②-2 层粉砂为桩端持力层，单桩承载力为 100 kN，共布置 143 根桩。

［案例 4.6.1-2］基础平面图如图 4.6.1-2。

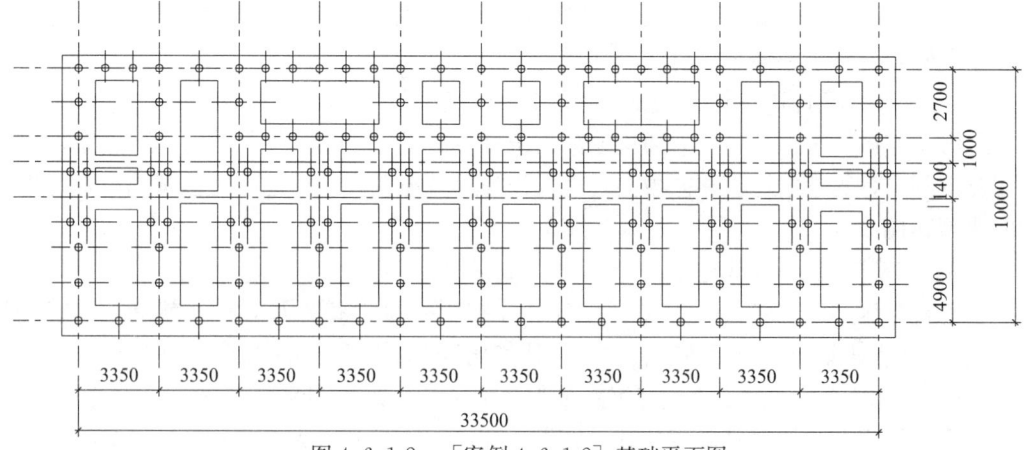

图 4.6.1-2 ［案例 4.6.1-2］基础平面图

［案例 4.6.1-2］于 1991 年初竣工，最大实测沉降为 14 mm。1991 年底实测平均沉降为 15 mm，最大沉降不到 20 mm。最后实测沉降时间离基础开工（1989 年底）已有近 2 年。推算［案例 4.6.1-2］的最终平均沉降约为 32 mm。

［案例 4.6.1-2］时间-沉降曲线如图 4.6.1-3。

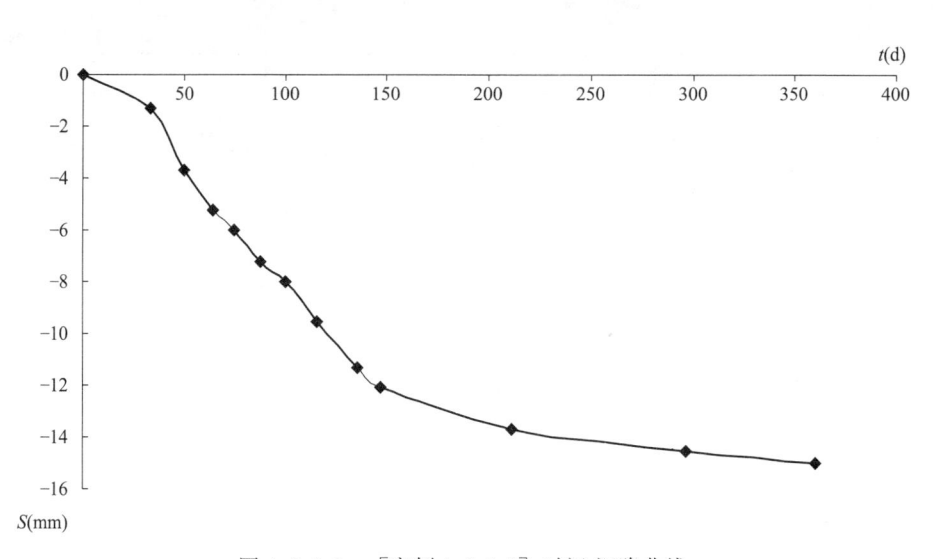

图 4.6.1-3　［案例 4.6.1-2］时间-沉降曲线

［案例 4.6.1-2］由明德林应力公式法计算得沉降为 $1.05 \times 177.8 = 187$ mm，计算值与实测推算最终沉降之比为 5.8（计算过程略）。

3. 上海浅埋硬土区桩基沉降计算的探讨

据上海岩土工程勘察规范介绍，上海的浅埋硬土区主要分布在原吴淞江故河道区域，浅层有砂质粉土～粉砂层分布，厚度从 6～20 m 不等。这一地表特征使得沉降计算不能反映地基土的真实情况，主要表现在三个方面：

（1）该土层压缩性小，地基中附加应力扩散快，按照弹性理论计算土体中附加应力与实际情况不相符；

（2）由于取土扰动，使得砂土或粉性土的压缩模量失真；

（3）由于上覆砂土及粉性土使地基中应力的扩散作用，传到砂性土层下软黏土层附加应力的真实值比计算值小，这同时影响了该层的压缩量及该层计算深度的选取。

因此如不考虑这些因素，在计算桩端平面处以下土中的有效附加应力时，采用弹性理论的明德林应力解，与土性无关，可能使实际土体中的应力与计算值不符，势必造成沉降计算值偏大。这一点在密实砂土中尤为突出。

4.6.2　苏南地区浅埋粉性土桩基础的沉降计算疑难

江苏南部地区长江以南某住宅小区共 25 hm² 建筑物，均为 11 层与 18 层住宅（林柏，2010）。地基土物理力学性质指标见表 4.6.2-1。

地基土物理力学性质指标　　　　　　　　　　　　　　　表 4.6.2-1

层序	土的名称	物理性质					力学性质				原位测试	
		厚度 h（m）	含水量 $w(\%)$	重力密度 ρ（g/cm³）	天然孔隙比 e	塑性指数 I_p	剪切试验		压缩试验		比贯入阻力 P_s（MPa）	标贯试验 N（击数）
							内摩擦角 ϕ	内聚力 C（kPa）	压缩模量 E_s（MPa）	压缩系数 α^{1-2}（MPa⁻¹）		
①	杂填土	0.7	—	—	—	—	—	—	—	—	—	—

层序	土的名称	物理性质					力学性质				原位测试	
		厚度 h（m）	含水量 w（%）	重力密度 ρ（g/cm³）	天然孔隙比 e	塑性指数 I_p	剪切试验		压缩试验		比贯入阻力 P_s（MPa）	标贯试验 N（击数）
							内摩擦角 ϕ	内聚力 C（kPa）	压缩模量 E_s（MPa）	压缩系数 α^{1-2}（MPa⁻¹）		
②	淤泥质粉质黏土	1.7	43.9	17.7	1.255	12.66	5.4°	6.3	3.19	0.72	0.7	1.8
③	粉质黏土	3.6	24.5	20.2	0.682	14.80	12.9°	58.2	8.04	0.21	3.1	11.1
④-1	粉质黏土	3.2	33.1	18.8	0.887	11.23	13.1°	17.3	5.84	0.32	3.6	8.5
④-2	粉土	6.0	30.2	19.1	0.774	9.29	28.0°	6.8	10.21	0.18	6.2	12.9
⑤	粉砂	10.2	26.2	19.6	0.772	—	30.0°	3.0	10.84	0.17	7.2	24.6
⑥	粉砂	5.6	28.3	19.3	0.790	—	29.9°	3.7	10.05	0.18	18.3	24.8
⑦	粉质黏土	9.2	34.4	18.6	0.957	11.61	2.1°	21.2	4.86	0.40	—	9.9
⑧	粉土	1.7	29.5	19.4	0.803	9.16	19.2°	9.9	6.66	0.26	—	16.1
⑨	粉质黏土	8.3	23.5	20.1	0.674	10.51	8.6°	32.5	5.93	0.29	—	12.2
⑩	中-细砂	未穿	20.4	19.8	0.620	—	32.5°	0.1	12.60	0.13	—	28.2

1. 苏南浅埋粉性土 18 层住宅桩基础

［案例 4.6.2-1］为该住宅小区 18 层住宅，不设地下室，由 2 幢高层住宅加 2 层骑楼组成。采用直径 400 mm、长 15 m 的预应力钢筋混凝土管桩，单桩承载力特征值为 1350 kN，桩沿剪力墙下单排布置，以第 5 层粉砂层为桩端持力层。

［案例 4.6.2-1］桩位与基础平面图如图 4.6.2-1。

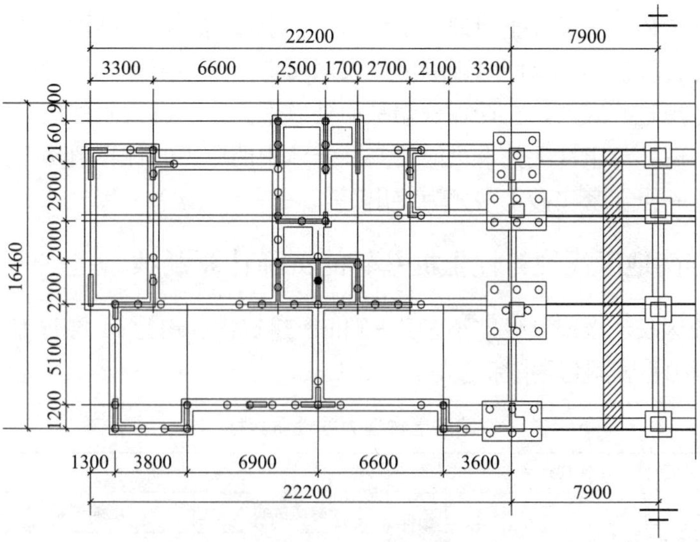

图 4.6.2-1　［案例 4.6.2-1］桩位与基础平面图

［案例 4.6.2-1］　实测时间-沉降曲线如图 4.6.2-2。

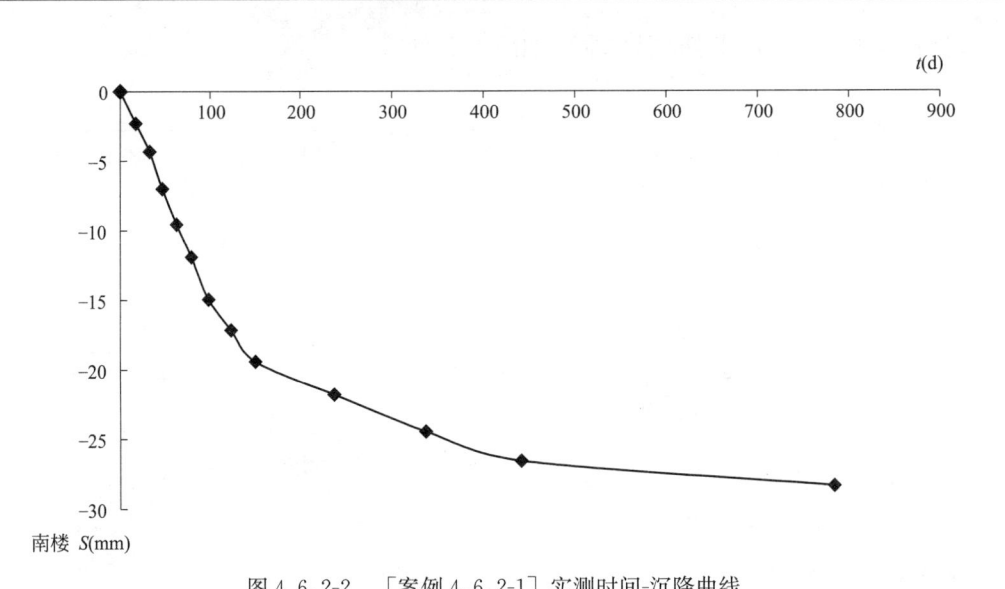

图 4.6.2-2　[案例 4.6.2-1] 实测时间-沉降曲线

[案例 4.6.2-1] 采用上海地基规范实体深基础法估算沉降值为 210 mm（计算过程略）。

[案例 4.6.2-1] 于 2007 年底建成。沉降观测从 2007 年 4 月开始进行，竣工后又继续观测了 547 d，直到 2009 年 6 月为止，为时 784 d。竣工后由 2008 年 3 月～2008 年 6 月的 431 d 内沉降速率为 0.009 mm/d，地基变形已达到稳定标准。[案例 4.6.2-1] 实测推算最终沉降值约为 33 mm。计算值与实测推算最终沉降值之比为 6.4。

2. 苏南浅埋粉性土 11 层住宅桩基础

[案例 4.6.2-2] 为 11 层住宅，不设地下室。地基土条件同 [案例 4.6.2-1]。采用直径 400 mm、长 15 m 的预应力钢筋混凝土管桩，单桩承载力特征值为 1350 kN，桩沿剪力墙下单排布置，以第 5 层粉砂层为桩端持力层。

[案例 4.6.2-2] 桩位与基础平面图如图 4.6.2-3。

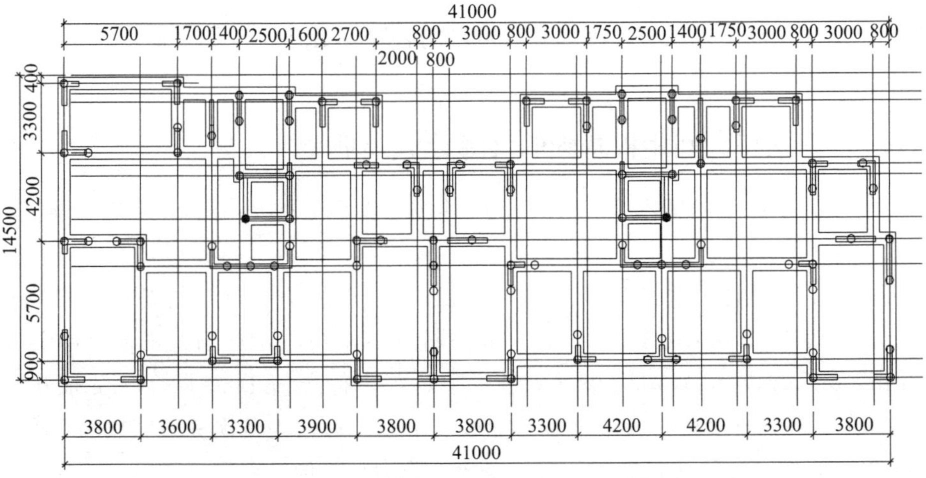

图 4.6.2-3　[案例 4.6.2-2] 桩位与基础平面图

［案例 4.6.2-2］实测时间-沉降曲线如图 4.6.2-4。

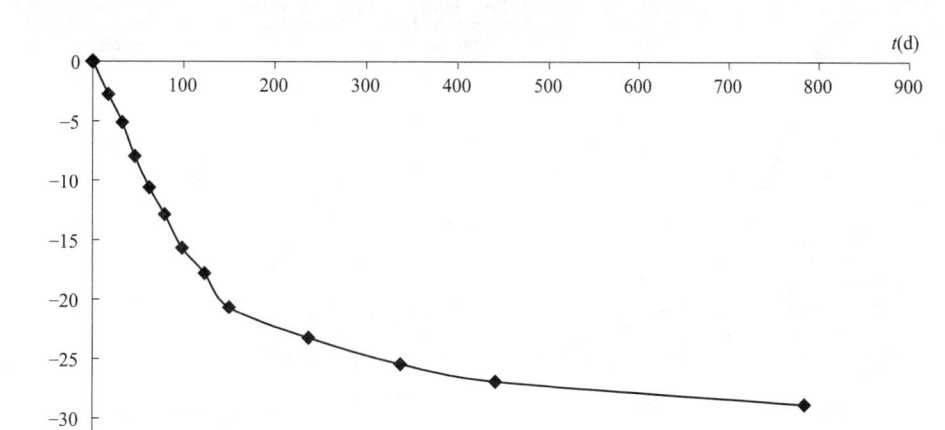

图 4.6.2-4　［案例 4.6.2-2］实测时间-沉降曲线

［案例 4.6.2-3］采用上海地基规范实体深基础法估算沉降值为 118 mm（计算过程略）。

［案例 4.6.2-2］于 2007 年底建成。沉降观测从 2007 年 4 月开始进行，竣工后又继续观测了 547 d，直到 2009 年 6 月为止，为时 784 d。竣工后由 2008 年 3 月～2009 年 6 月的 430 d 内，沉降速率为 0.0098 mm/d，地基变形已达到稳定标准。［案例 4.6.2-2］实测推算最终沉降值约为 33.4 mm。计算值与实测推算最终沉降值之比为 3.5。

［案例 4.6.2-1］与［案例 4.6.2-2］的沉降观测水准点均采用设置于地面的绝对标高，因此参照上海地区的经验，由于未排除地面沉降的影响，沉降观测数据可能偏小。但自从 2000 年江苏省人大决议禁采地下水后，苏南地区过度开采和使用地下水导致的地面沉降问题得到了有效的控制。又由于本案例的沉降观测时段较短（近 800 天），因此实测沉降量还是较为可信的。

至于这类浅埋硬土区的桩基沉降计算疑难的解决，最终还是要依靠大量工程实践与理论的突破。

4.6.3　南京特大间距桩基础的沉降计算疑难

南京特大间距桩基础即本章第 4.4 节所述的［案例 4.4.10］（南京某 9 层框架综合楼）。

［案例 4.4.10］共布置 7 根 0.3 m×0.3 m×8.5 m 方桩（单桩极限承载力标准值 500 kN），12 根 0.35 m×0.35 m×15.5 m 方桩（单桩极限承载力标准值 1000 kN），29 根 0.45 m×0.45 m×18.0 m 方桩（单桩极限承载力标准值 1400 kN），37 根 0.45 m×0.45 m×21.0 m 方桩（单桩极限承载力标准值 1700kN），为常规桩基桩数的 35%。等效距径比 9.9，且平均桩顶荷载均接近单桩极限承载力计算值。

［案例 4.4.10］的实测推算最终沉降约为 40 mm，为时 1100 d。

由上海地基规范沉降控制复合桩基法,按各类桩的桩顶荷载为实际分担值或单桩极限承载力,由明德林应力公式法计算[案例4.4.10]沉降,可得计算沉降258 mm,远大于[案例4.4.10]的实测值(计算过程略)。

[案例4.4.10]的桩端持力层为粉土夹粉砂,以下为10 m厚的粉砂,再下为20余米厚较软弱的黏性土。因此[案例4.4.10]的桩基础沉降计算,也属于浅埋硬土区的桩基沉降计算疑难。最终的解决还是要依靠大量工程实践与理论的突破。

4.6.4 浙北地区浅埋卵砾石和全风化岩层桩基础的沉降计算疑难

"浅埋卵砾石层"是指地面以下10～20 m左右存在卵砾石层,以下为黏土或风化岩层的较软弱土层。这类土层也可以归类于"上硬下软"的土层。因为虽然地质勘察报告提供的数据表明,全风化花岗岩层的地基土承载力特征值一般为110～140 kPa,压缩模量一般为7.5 MPa,但相对于圆砾与卵石层而言,仍属于相对软弱的下卧层。对于采用圆砾与卵石层为持力层的高层建筑桩基础工程,10～20 m厚的全风化花岗岩层对沉降、以及承台板内力计算的影响仍值得探讨。

现以浙北富阳地区为例对"浅埋卵砾石层"桩基工程的沉降计算问题进行初步探讨。

浙北富阳地区浅埋卵砾石层区的特点是,地面以下15～20 m以内为中高压缩性的淤泥与黏性土,其下为厚度3～10 m左右的圆砾与卵石层,然后是厚度10～20 m左右的全风化花岗岩、厚度5 m左右的强风化花岗岩,最后才是中微风化花岗岩。

[案例4.6.1]为富阳地区某住宅小区的17层高层住宅。由地质勘察报告,卵砾石与风化岩层的岩性条件为:

第⑤-1层:圆砾,灰绿、灰黄色,稍密,很湿～饱和。

第⑤-2层:卵石,灰黄、褐黄色,中密,很湿～饱和。

第⑥-1层:全风化花岗岩,灰绿或灰黄色,全风化,很湿～饱和,呈砂土状。

第⑥-2层:强风化花岗岩,灰绿或灰黄色,强风化。

[案例4.6.1]地基土的物理力学性质指标及承载力表见表4.6.4-1。

地基土的物理力学性质指标及承载力表　　　　　表4.6.4-1

层序	土的名称	物理性质					力学性质				原位测试	
							剪切试验		压缩试验		重型动探击数 $N_{63.5}$ (击/10 cm)	标贯击数 N (击/30 cm)
		厚度 h(m)	含水量 w(%)	重力密度 ρ(g/cm^3)	天然孔隙比 e	塑性指数 I_p	内摩擦角 ϕ(°)	内聚力 C(kPa)	压缩模量 E_s(kPa)	压缩系数 α^{1-2} (MPa^{-1})		
①-1	素填土	0.5	—	—	—	—	—	—	—	—	—	—
②-1	粉质黏土	1.4	29.2	19.1	0.853	16.3	16.1	45.1	7.4	—	1.00	4.7
②-2	黏质粉土	1.1	34.1	18.4	0.993	15.1	11.2	30.3	5.7	—	2.25	3.7
③	淤泥质粉质黏土	10.3	51.5	16.9	1.462	18.9	4.7	14.3	2.2	—	0.65	1.6
④	含砾砂粉质黏土	1.6	—	—	—	—	—	—	7.8	8.8	1.0	—
⑤-1	圆砾	4.5	—	—	—	—	—	—	16.0	21.7	1.36	—
⑤-2	卵石	2.5	—	—	—	—	—	—	25.0	36.2	2.23	—

续表

层序	土的名称	物理性质					力学性质				原位测试	
		厚度 h (m)	含水量 w(%)	重力密度 ρ(g/cm³)	天然孔隙比 e	塑性指数 I_p	剪切试验		压缩试验		重型动探击数 $N_{63.5}$ (击/10 cm)	标贯击数 N (击/30 cm)
							内摩擦角 ϕ(°)	内聚力 C(kPa)	压缩模量 E_s(kPa)	压缩系数 α^{1-2} (MPa⁻¹)		
⑥-1	全风化花岗岩	20.1	—	—	—	—	—	—	7.5	—	6.64	48.3
⑥-2	强风化花岗岩	3.7	—	—	—	—	—	—	28.0	—	1.83	81.5
⑥-3	中微风化花岗岩	>6.0	—	—	—	—	—	—	—	—	3.16	—

［案例 4.6.1］基础平面图如图 4.6.4-1。

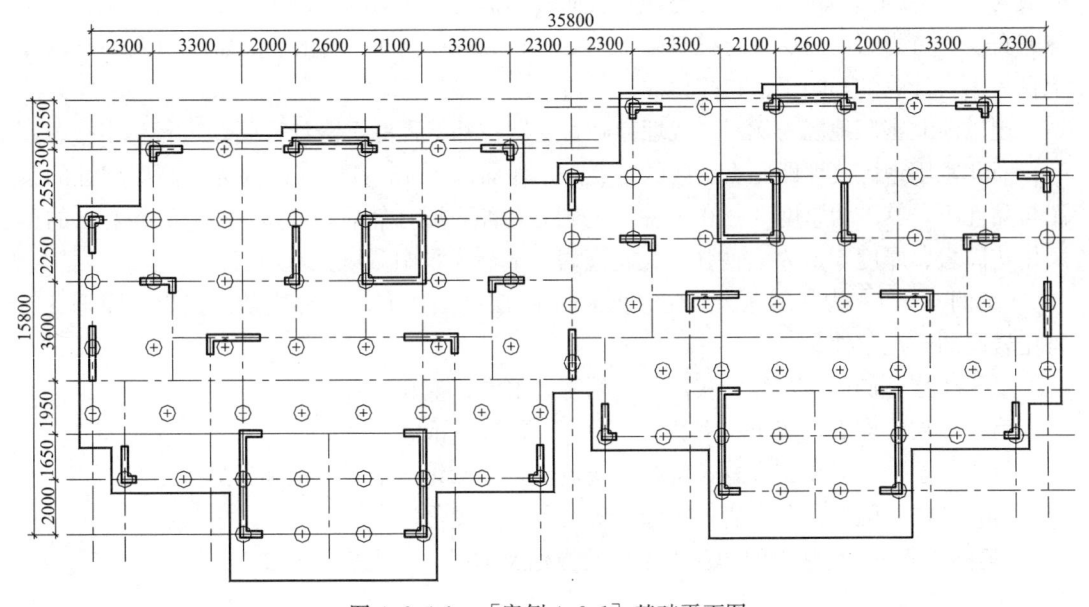

图 4.6.4-1　　［案例 4.6.1］基础平面图

［案例 4.6.1］采用 13 m 长预应力管桩-承台基础。基底附加压力为 189.0 kPa。经验算，软弱下卧层（全风化花岗岩）强度满足。

［案例 4.6.1］按国标地基规范实体深基础法计算的沉降值为 158 mm（计算过程略）。

而实际上［案例 4.6.1］结构封顶后的实测平均沉降值为 10.1 mm，最大实测沉降值为 12 mm，最小实测沉降值为 8 mm。根据当地以往工程实践经验，预计［案例 4.6.1］最终平均沉降量不会大于 30 mm。

由 JCCAD 软件计算［案例 4.6.1］沉降

［案例 4.6.1］的 JCCAD 软件沉降试算结果见图 4.6.4-2。

［案例 4.6.1］的 JCCAD 软件计算值"平均沉降 S_1" 13.55 mm 与实测推算最终沉降量 30 mm 之比为 0.45，计算结果不满足 80% 保证率的要求。需要调整群桩沉降放大系数。

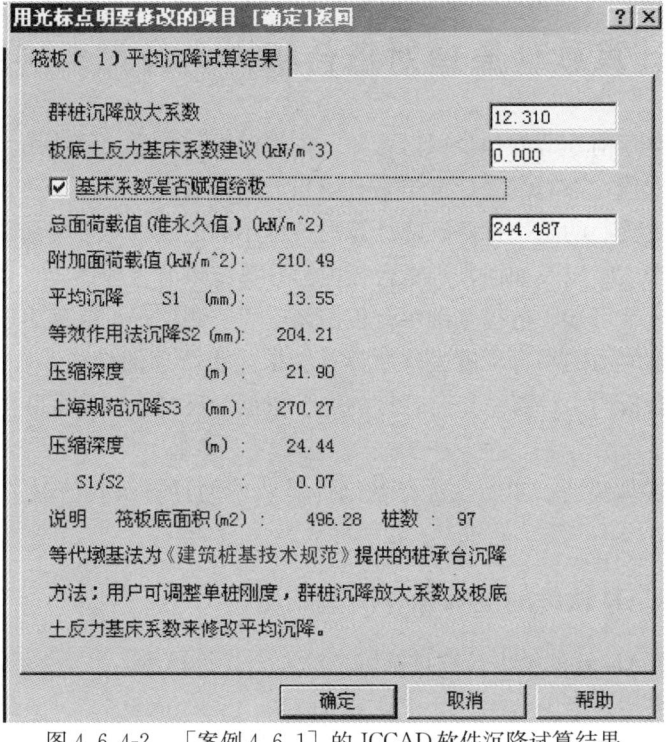

图 4.6.4-2 ［案例 4.6.1］的 JCCAD 软件沉降试算结果

［案例 4.6.1］的 JCCAD 软件计算值"等效作用法沉降 S_2"为 $1.2 \times 204.21 =$ 245 mm，与实测推算最终沉降量 30 mm 之比为 8.2，计算结果不满足 80％保证率的要求。

［案例 4.6.1］的 JCCAD 软件计算值"上海规范沉降 S_3"为 270.27 mm，与实测推算最终沉降值 40 mm 之比为 9.0，计算结果不满足 80％保证率的要求。

4.6.5 本节小结

由于粉土、砂土、碎石土、卵砾石、全风化岩与强风化岩均很难取得不扰动的土样，并通过室内试验求得其压缩性等工程特性数据。因此，计算高层建筑卵砾石层桩基沉降所需的计算参数之获取，存在着天然的困难，一时难以得到完美的结果。

据介绍，浅表碎石土的压缩模量系通过大型荷载板试验推算而得。从理论上讲，深层碎石土的压缩模量也可通过大型荷载板试验推算而得。但目前一般工程极少进行这类试验，而对于深层碎石土的压缩模量是根据原位测试资料，并参照浅表碎石土的数据，再结合当地经验提供的。因此偏于保守也在所难免。

由此可见，"上硬下软"土层桩基沉降计算的沉降计算，以及采用 JCCAD、盈建科等软件计算桩-筏、桩-承台内力这一问题，目前只能在长期沉降观测数据的支持下，探索"上硬下软"土的硬土层厚度、压缩模量与上部建筑的体量、总重、实测沉降量之间的关系，方能获得适合本地地质情况的沉降计算修正系数。

对于上海浅埋硬土层地区桩基沉降的研究，尚未见报道。但以上海地区对建筑物沉降观测的重视，应该在不远的将来有所收获。

4.7　基础计算软件原理对承台板内力计算影响的初步探讨

由前 3 章与本章前 6 节的初步探讨可知，桩基沉降计算方法的选用，以及复合桩基承台板底土反力的取值，都对沉降计算结果有相当大的影响。

工程实践中更关心的是，桩基沉降计算的这种不确定性，对桩筏基础承台板内力计算值的影响究竟有多大？以及如何判别承台板内力计算结果的合理性。

由本章第 4.5 节可知，桩筏基础承台板钢筋应力实测值很可能远小于设计值，因此由内力计算值与实测应力的吻合程度去判断计算结果是否合理的途径，就难以走通。于是，判别桩筏基础承台板内力计算结果合理性的另一依据，还剩下计算沉降与实测沉降的吻合程度这一条路。

只有清楚了这些差别，才能在选择基础计算软件的计算沉降值时，获得较为合理的结果。

4.7.1　JCCAD 软件的沉降计算模型概述

目前版本 JCCAD 软件给出计算桩基沉降的 4 个计算模型：

（1）温克尔模型，最为常用。计算桩基沉降为"平均沉降 S_1"，承台板底土反力基床系数与复合桩基沉降相关。

（2）倒楼盖模型。计算值可能偏于不安全。

（3）明德林应力公式弹性解模型。计算值与实际工程差距比较大。

（4）修正明德林应力公式弹性解模型。可参考使用。

因此，工程实践中最常用的是基于"平均沉降 S_1"的"温克尔模型"。

前 4 章所述工程实例中，JCCAD 软件给出的"平均沉降 S_1"，见表 4.7.1-1。

"平均沉降 S_1"与实测沉降之比　　　　　　　　表 4.7.1-1

序号	工程名称	JCCAD 软件计算平均沉降 S_1	实测沉降 S	①/②
		(mm)①	(mm)②	
1	上海黄浦区某 30 层大楼	78.85	40.8	1.93
2	上海黄浦区某 24 层大楼	152.0	155.1	0.98
3	上海徐汇区某 12 层大楼	35.28	93.0	0.38
4	上海某 7 层冷库	167.35	304.0	0.55
5	上海闸北区某 20 层住宅	31.57	424.0	0.07
6	上海某 32 层剪力墙	125.2	36.8	3.40
7	上海静安区某 20 层大楼	65.61	72.3	0.91
8	上海静安区某 26 层大楼	190.31	141.0	1.35
9	上海徐汇区某小区住宅(2)	59.7	136.0	0.44
10	上海某住宅小区住宅(1)	57.38	130.0	0.44
11	上海宝山区某住宅(1)	45.14	50.0	0.90
12	上海宝山区某住宅(2)	86.83	40.0	2.17

续表

序号	工程名称	JCCAD 软件计算平均沉降 S_1 (mm)①	实测沉降 S (mm)②	①/②
13	上海宝山区某底框南楼	20.41	60.0	0.34
14	上海宝山区某底框北楼	19.01	50.0	0.38
15	上海普陀区某 20 层高层住宅	98.7	397.0	0.25
16	福州某住宅小区 6 号楼	5.32	80.0	0.07
17	福州某住宅小区 9 号楼	8.63	100.0	0.09
18	福州某住宅小区 10 号楼	7.82	90.0	0.09
19	福州某住宅小区 14 号楼	8.36	80.0	0.10
20	绍兴某住宅群 1 号楼	42.07	70.0	0.60
21	绍兴某住宅群 2 号楼	42.07	80.0	0.53
22	绍兴某住宅群 3 号楼	44.36	100.0	0.44
23	上海某跨线桥 23m 单桩试桩	14.93	30.0	0.50
24	上海某跨线桥 29m 单桩试桩	3.82	20.0	0.19
25	上海某跨线桥 1 号墩	9.61	10.0	0.96
26	上海某跨线桥 2 号墩	9.09	8.0	1.13
27	上海某跨线桥 3 号墩	9.61	9.0	1.07
28	辽宁某公路桥工程 1 号桥墩	13.62	38.6	0.35
29	山西某单层厂房 1 号承台	9.24	10.8	0.86
30	山西某单层厂房 2 号承台	9.24	10.2	0.91
31	安徽某煤矿井塔	88.1	18.65	4.72
32	南京某综合楼	8.68	40.0	0.22
平均值				0.86

由表 4.7.1-1 可知，JCCAD 软件的"平均沉降 S_1"与实测沉降 S 之比平均值为 0.86，似乎比较合理，但离散性很大：最大为 4.72，最小为 0.07。除了"平均沉降 S_1"未考虑地方性的沉降计算经验系数外，JCCAD 用户手册及技术条件指出最大的原因是"平均沉降 S_1"对于桩底以下存在软卧层的情况，计算误差特别大。如表 4.7.1-1 中序号 5、15 的上海工程实例与序号 16～序号 19 的福建工程实例，就是代表性的案例。

既然"平均沉降 S_1"与实测沉降 S 的差距如此之大，因此，由计算沉降与实测值的吻合程度去判别承台板内力计算值的合理性这条路就走不通了。

4.7.2 JCCAD 软件沉降计算方法原理的反推

JCCAD 用户手册及技术条件指出：在桩筏有限元计算中，合理的沉降量是筏板内力及配筋计算的前提。

如前所述，JCCAD 软件给出 3 个桩基础沉降试算结果中，"等效作用法沉降 S_2"可能尚未乘以沉降计算经验系数与预制桩挤土效应系数；"上海规范沉降 S_3"（即明德林应力公式法）也未乘以相应的沉降计算经验系数。

且由本书第 3.2 节的计算可知：无论输入 JCCAD 软件的桩侧土阻力、端阻力与单桩承载力如何变化，目前版本 JCCAD 软件的试算沉降结果"上海规范沉降 S_3"均不变。因此，"上海规范沉降 S_3"的计算原理及其结果，与国标地基规范、上海地基规范的规定可能存在一定的差别。

由前 3 章的分析可知，"等效作用法沉降 S_2"与"上海规范沉降 S_3"的计算结果，均与手算结果有一定差别。因此 JCCAD 软件的 3 种沉降计算方法的原理，均需要进行探讨。

目前版本 JCCAD 软件的用户手册及技术条件对"平均沉降 S_1"的介绍缺少例题，但"平均沉降 S_1"不属于国标地基规范与《建筑桩基技术规范》推荐的桩基沉降计算方法，是可以确定的。

以下通过改变输入地质资料的压缩模量数值、土层层厚、土层名称，来反推这些参数对 JCCAD 软件 3 种沉降计算方法结果的影响，从而反推出其计算原理。

工程实例（普通开间的高层住宅）选用［案例 4.6.1］。桩侧阻力与端阻力均取为零。

1. 状况一（桩端持力层以下土层压缩模量取为 1.0）

状况一：土层厚度按地质资料，桩端持力层以下卵石、风化岩压缩模量均取 1.0。

输入 JCCAD 软件的状况-地质资料如图 4.7.2-1。

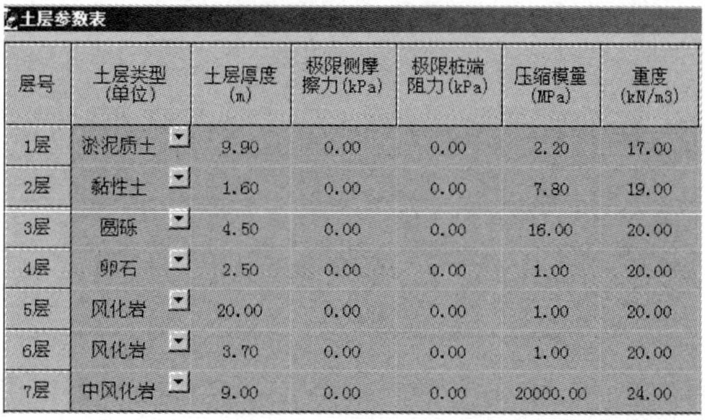

层号	土层类型（单位）	土层厚度（m）	极限侧摩擦力(kPa)	极限桩端阻力(kPa)	压缩模量（MPa）	重度（kN/m3）
1层	淤泥质土	9.90	0.00	0.00	2.20	17.00
2层	黏性土	1.60	0.00	0.00	7.80	19.00
3层	圆砾	4.50	0.00	0.00	16.00	20.00
4层	卵石	2.50	0.00	0.00	1.00	20.00
5层	风化岩	20.00	0.00	0.00	1.00	20.00
6层	风化岩	3.70	0.00	0.00	1.00	20.00
7层	中风化岩	9.00	0.00	0.00	20000.00	24.00

图 4.7.2-1 输入 JCCAD 软件的状况-地质资料

状况一的 JCCAD 软件试算沉降如图 4.7.2-2。

由图 4.7.2-2 可知，"平均沉降 S_1"的计算结果（13.55 mm）与桩端持力层（圆砾）以下土层压缩模量的数值无关（参见第 4.6.4 节）。

而"等效作用法沉降 S_2"与"上海规范沉降 S_3"的计算值大变。

2. 状况二（改变桩端持力层厚度）

状况二：桩端以下圆砾厚度改为 0.1 m，桩端持力层以下卵石、风化岩压缩模量均取 1.0。

输入 JCCAD 软件的状况二地质资料如图 4.7.2-3。

状况二的 JCCAD 软件试算沉降如图 4.7.2-4。

由图 4.7.2-4 可知，"平均沉降 S_1"的计算结果与桩端持力层（圆砾）厚度，及以下土层压缩模量的数值基本无关。

而"等效作用法沉降 S_2"与"上海规范沉降 S_3"的计算值大变。

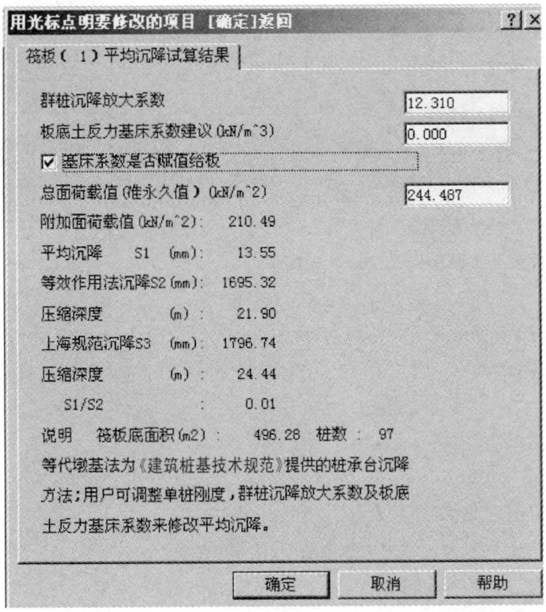

图 4.7.2-2　状况一的 JCCAD 软件试算沉降

图 4.7.2-3　输入 JCCAD 软件的状况二地质资料

3. 状况三（土层厚度与压缩模量不变，改变土层名称）

状况三：土层厚度与压缩模量按地质资料，桩端持力层圆砾层及以下卵石、风化岩均改名为淤泥质土。

输入 JCCAD 软件的状况三地质资料如图 4.7.2-5。

状况三的 JCCAD 软件试算沉降如图 4.7.2-6。

由图 4.7.2-6 可知，状况三的"平均沉降 S_1"计算结果由状况一与状况二的 13.55 mm（13.76 mm），猛增到 485.96 mm。

由上述 3 种状况的计算可知，"平均沉降 S_1"的计算原理显然并非国标地基规范与《建筑桩基技术规范》推荐的任何一种桩基沉降计算方法，而近似于 JCCAD 软件的计算天然地基基础的"基床反力系数法"：即"平均沉降 S_1"的计算原理是按桩端以下土层名

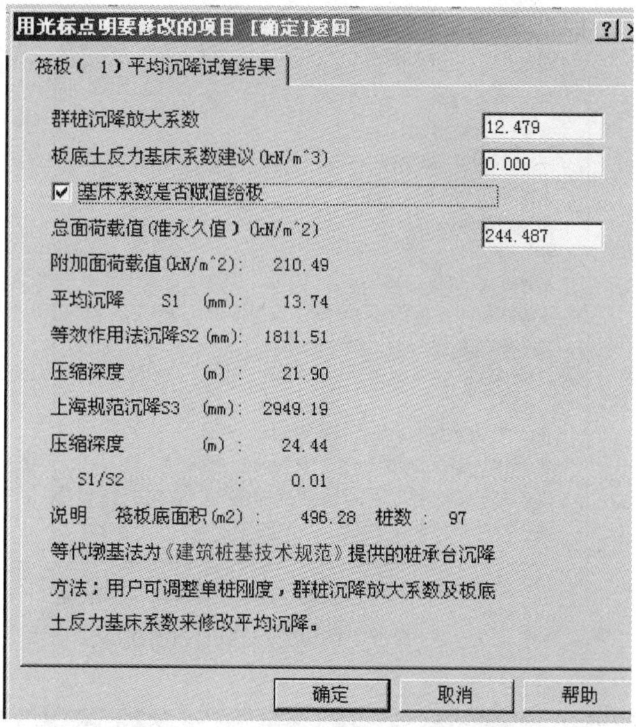

图 4.7.2-4 状况二的 JCCAD 软件试算沉降

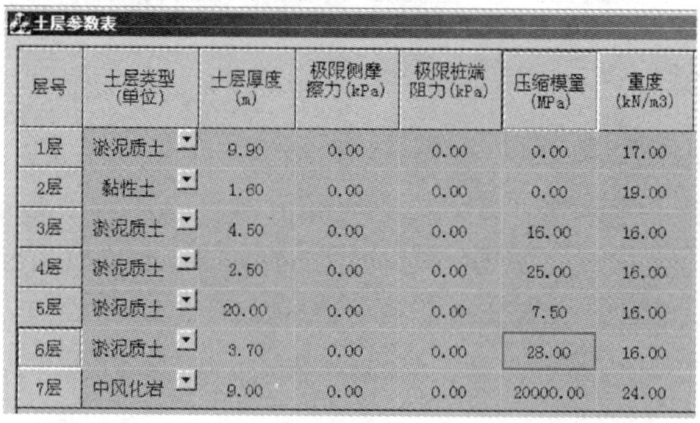
土层参数表

层号	土层类型(单位)	土层厚度(m)	极限侧摩擦力(kPa)	极限桩端阻力(kPa)	压缩模量(MPa)	重度(kN/m3)
1层	淤泥质土	9.90	0.00	0.00	0.00	17.00
2层	黏性土	1.60	0.00	0.00	0.00	19.00
3层	淤泥质土	4.50	0.00	0.00	16.00	16.00
4层	淤泥质土	2.50	0.00	0.00	25.00	16.00
5层	淤泥质土	20.00	0.00	0.00	7.50	16.00
6层	淤泥质土	3.70	0.00	0.00	28.00	16.00
7层	中风化岩	9.00	0.00	0.00	20000.00	24.00

图 4.7.2-5 输入 JCCAD 软件的状况三地质资料

称，给出某个系数，然后计算出“平均沉降 S_1”。

此外，“等效作用法沉降 S_2”的计算值发生一定变化：由正常状况的 204.21 mm（参见第 4.6.4 节），增大到状况三的 215.62 mm。这说明“等效作用法沉降 S_2”的计算原理也可能受到土层名称的影响，并非完全遵照《建筑桩基技术规范》的规定。

“上海规范法 S_3”的计算值也发生一定变化：由正常状况的 270.27 mm（参见第 4.6.4 节），减小到状况三的 203.88 mm；且随着土层名称由圆砾、卵石、风化岩改为淤泥质土，计算沉降值反而出现变小的奇特现象。这说明“上海规范法 S_3”的计算原理也可能受到土层名称的影响，并非完全遵循国标地基规范的规定。

由此可见，“平均沉降 S_1”与实际沉降并不存在对等的关系。因此由 JCCAD 软件给

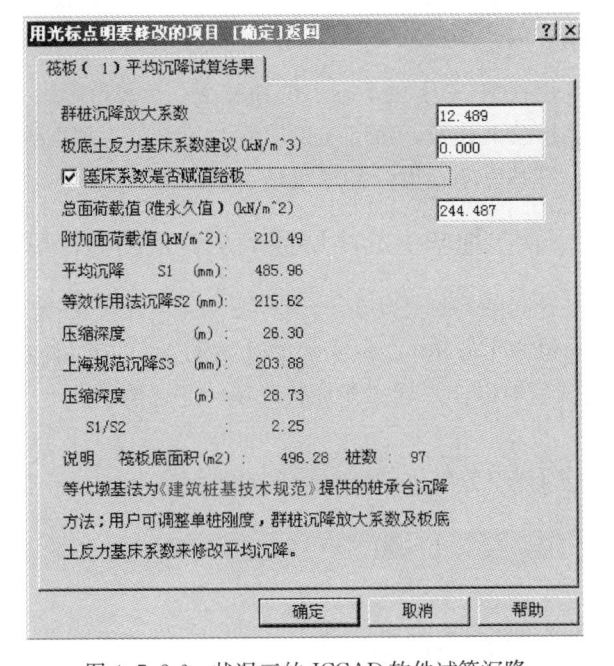

图 4.7.2-6 状况三的 JCCAD 软件试算沉降

出"平均沉降 S_1"计算所得的承台板内力，与实际沉降也不存在对等的关系。

"等效作用法沉降 S_2"与"上海规范法 S_3"均未完全遵循国标地基规范与《建筑桩基技术规范》的规定。

由以上初步探讨可知，"平均沉降 S_1"不但不属于国标地基规范与《建筑桩基技术规范》，且其计算原理与公认的土力学原理也未必完全符合，因此计算结果常与"等效作用法沉降 S_2"、"上海规范法 S_3"相差很大，也就不足为奇了。

上述探讨并不意味着"平均沉降 S_1"的计算原理是否合理，因为 JCCAD 软件在沉降试算结果中特意给出" S_1/S_2 "，并给出"群桩沉降放大系数"供使用者调整计算结果。这说明 JCCAD 软件的用户手册及技术条件早就暗示了"平均沉降 S_1"的问题所在。

然而本章前 3 节的探讨已经指出等效作用分层总和法的局限性。因此欲正确掌握如何调整"平均沉降 S_1"的计算结果，还需要更多计算值与实测结果的对比。只不过 JCCAD 软件用户手册及技术条件没有提供相应的数据而已。

由此可见，由 JCCAD 软件计算沉降与实测值的吻合程度去判别承台板内力计算值的合理性这条路，对于大多数设计人员来说是很难走通的了。

于是剩下的途径似乎就只有通过比较桩竖向刚度的变化，以及承台板底土反力基床系数取值的变化，对承台板内力计算值的影响，来判别承台板内力 JCCAD 软件计算结果的合理性了。

以下进行探讨的计算组合为：

（1）由 JCCAD 软件沉降试算的"平均沉降 S_1"。

（2）由 JCCAD 软件沉降试算的"等效作用法沉降 S_2"或"上海规范法 S_3"。

（3）考虑承台板底土反力基床系数。其中土反力基床系数为地下水浮力加上相当于承台板自重的土净反力时的系数。

工程实例选用 3 种情况：

（1）普通开间的高层住宅，"上硬下软"的地基土，计算沉降远大于实测值。

（2）较大柱距的高层公共建筑，沉降实测历时 9 年，已达到沉降稳定的标准。

（3）主裙楼联体、桩基变刚度设计的厚筏承台板工程。

4.7.3 "上硬下软"地基土的高层住宅承台板内力计算探讨

工程实例一（普通开间的高层住宅）选用［案例 4.6.1］。该案例按国标地基规范实体深基础法计算的沉降值为 158 mm。但实际上［案例 4.6.1］结构封顶后的实测平均沉降值为 10.1 mm。根据当地以往工程实践经验，预计［案例 4.6.1］最终平均沉降量不会大于 30 mm。

［案例 4.6.1］的 JCCAD 软件沉降试算结果如图 4.7.3-1。

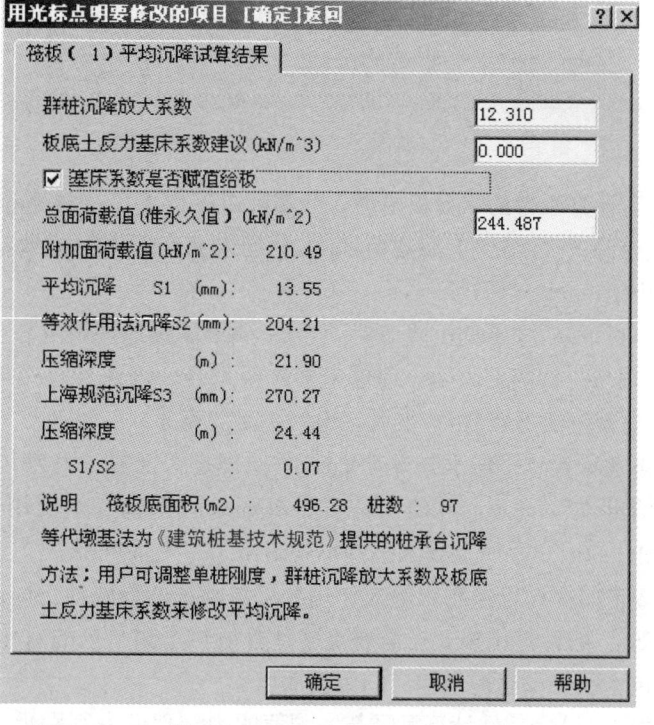

图 4.7.3-1　［案例 4.6.1］的 JCCAD 软件沉降试算结果

［案例 4.6.1］的 JCCAD 软件沉降试算结果，"平均沉降 S_1"为 13.35 mm，与实测沉降比较接近。而"等效作用法 S_2"与"上海规范沉降 S_3"均远大于实测沉降。

计算组合一：由"平均沉降 S_1"（13.55 mm）可得单桩竖向刚度 K_1＝91000 kN/m。

可得"温克尔模型"的承台板计算最大弯矩为：$M_x = 1137$ kNm/m，$M_y = 526$ kNm/m；计算最大桩顶反力为 1660 kN。

计算组合二：按"上海规范沉降 S_3"（270.27 mm）可得单桩竖向刚度 K_1 ＝4560 kN/m。

可得"温克尔模型"的承台板计算最大弯矩为：$M_x = 1499$ kN・m/m，$M_y = 874$ kN・m/m；计算最大桩顶反力为 1559 kN。

计算组合三：取地下水浮力（25 kPa）与承台板底净土反力（按承台板自重25 kPa），平均沉降取 160 mm，可得单桩竖向刚度 $K_2 = 77000$ kN/m，板底土基床系数 $k = 300$ kN/m³。

由上述参数可得"温克尔模型"的承台板计算最大弯矩为：$M_x = 1231$ kN・m/m，$M_y = 461$ kN・m/m；计算最大桩顶反力为 1226 kN。

由此 JCCAD 软件计算结果可知，对于"上硬下软"地基土普通开间的高层住宅，计算沉降的变化对承台板内力计算值的影响相当大（30%～60%）；板底土反力取值的变化对承台板内力计算值的影响可以忽略，对桩顶反力的影响很大则是可以预计到的。

由此可见，对于"上硬下软"地基土的桩筏基础，合理的沉降计算结果对于承台板内力计算起着十分重要的作用。

当然本案例的探讨是基于均匀布桩的情况进行的。若桩布置于剪力墙下，或采用承台-构造板形式，则板底土反力的取值将对底板内力计算值将产生较大影响。

4.7.4 较大柱距高层公共建筑的承台板内力计算探讨

工程实例二（较大柱距高层公共建筑）选用［案例 4.3.6］（上海静安区某 26 层大楼）。该案例沉降实测历时 9 年，实测推算最终沉降量为 141 mm。

［案例 4.3.6］的 JCCAD 软件沉降试算结果如图 4.7.4-1。

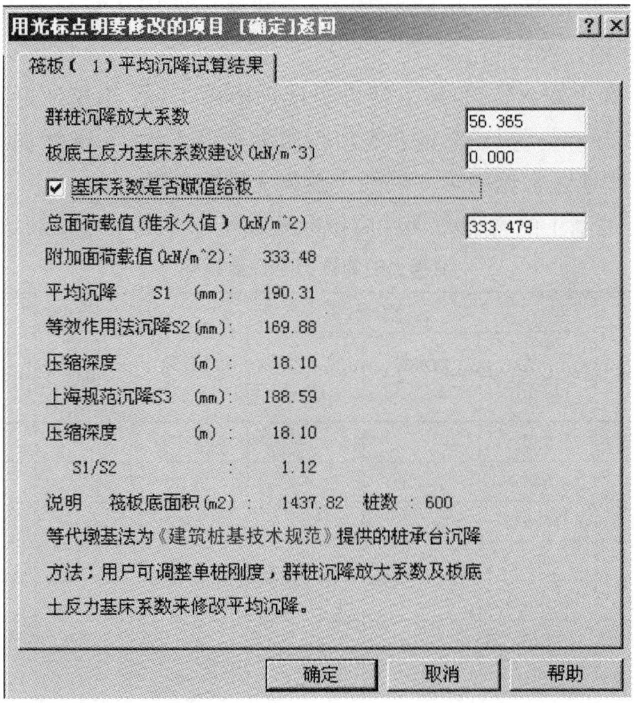

图 4.7.4-1　［案例 4.3.6］的 JCCAD 软件沉降试算结果

［案例 4.3.6］的 JCCAD 软件计算值"平均沉降 S_1"为 190.31 mm，"等效作用法沉

273

降 S_2" 为 $169.88 \times 1.3175 = 223.8$ mm，"上海规范沉降 S_3" 为 $188.59 \times 0.893 = 168$ mm。

计算组合一：由"平均沉降 S_1"可得单桩竖向刚度 $K_1 = 4200$ kN/m。

可得"温克尔模型"的承台板计算最大弯矩为：$M_x = 3937$ kN·m/m，$M_y = 3235$ kN·m/m；计算最大桩顶反力为 939 kN。

计算组合二：因［案例4.3.6］的 JCCAD 软件三种沉降计算方法的计算结果相差不大，计算组合二可不予探讨。

计算组合三：取地下水浮力（40 kPa）与承台板底净土反力（按承台板自重 37 kPa），平均沉降取 139 mm，可得单桩竖向刚度 $K_2 = 4610$ kN/m，板底土基床系数 $k = 470$ kN/m³。

由上述参数可得"温克尔模型"的承台板计算最大弯矩为：$M_x = 3606$ kN·m/m，$M_y = 2893$ kN·m/m；计算最大桩顶反力为 727 kN。

由此 JCCAD 软件计算结果可知，对于较大柱距高层公共建筑，板底土反力取值的变化，对承台板内力计算值的影响约为 10% 左右，对桩顶反力的影响很大则是可以预计到的。

当然本案例的探讨是基于均匀布桩的情况进行的。若桩布置于剪力墙与柱下，或采用承台-构造板形式，则板底土反力的取值将对底板内力计算值将产生较大影响。

4.7.5 主裙楼联体、桩基变刚度公共建筑的承台板内力计算探讨

工程实例三（主裙楼联体、桩基变刚度公共建筑）选用［案例4.7.1］——上海嘉定区某 25 层大楼（林柏，2010）。

［案例4.7.1］为上海嘉定区某 25 层办公楼，裙楼 4 层，1 层地下室外扩至上部结构以外 20 m，共约 4 万 m²。拟建场地在表层粉质黏土以下为 15 m 淤泥质土，再往下以黏性土为主，缺失上海地区常见的第 6 层硬土及第 7 层粉砂性土。

［案例4.7.1］地基土的物理力学性质指标见表4.7.5-1。

地基土的物理力学性质指标 表 4.7.5-1

层序	土的名称	物理性质				压缩试验	钻孔灌注桩	
		厚度 h(m)	含水量 w(%)	重力密度 ρ(g/cm³)	天然孔隙比 e	压缩模量 E_s(MPa)	桩周土摩擦力极限值 q_{sk}(kPa)	桩端土承载力极限值 q_{pk}(kPa)
①	杂填土	1.8	—	—	—	—	—	—
②	粉质黏土	0.8	32.5	18.2	0.92	4.6	15	—
③	淤泥质粉质黏土	8.6	38.5	17.7	1.08	3.95	15	—
④	淤泥质黏土	6.8	48.7	16.7	1.38	2.28	25	—
⑤-1	黏土夹砂质粉土	6.9	41.9	17.2	1.17	3.04	35	—
⑤-2	粉质黏土	8.6	35.3	17.9	1.0	3.99	40	—
⑤-3	粉质黏土夹砂质粉土	13.0	33	18.2	0.95	4.35	48	700
⑧-1	粉质黏土夹砂质粉土	11.3	31.8	18.3	0.92	5.76	50	1000
⑧-2	粉质黏土与砂质粉土互层	24.2	29.4	18.7	0.84	17.80	60	1500

[案例4.7.1]采用控制主楼、裙楼与外扩地下室之间的沉降差的变刚度桩基础，主楼采用直径700 mm、长57 m钻孔灌注桩，以第⑧-2层粉质黏土与砂质粉土互层为桩端持力层；裙楼与外扩地下室采用直径600 mm、长32 m钻孔灌注桩，以第⑤-3层黏土为桩端持力层。

主楼的承台板厚度为1.5 m，裙楼与外扩地下室的承台板厚度为1.0 m。

[案例4.7.1]的桩位平面图如图4.7.5-1。

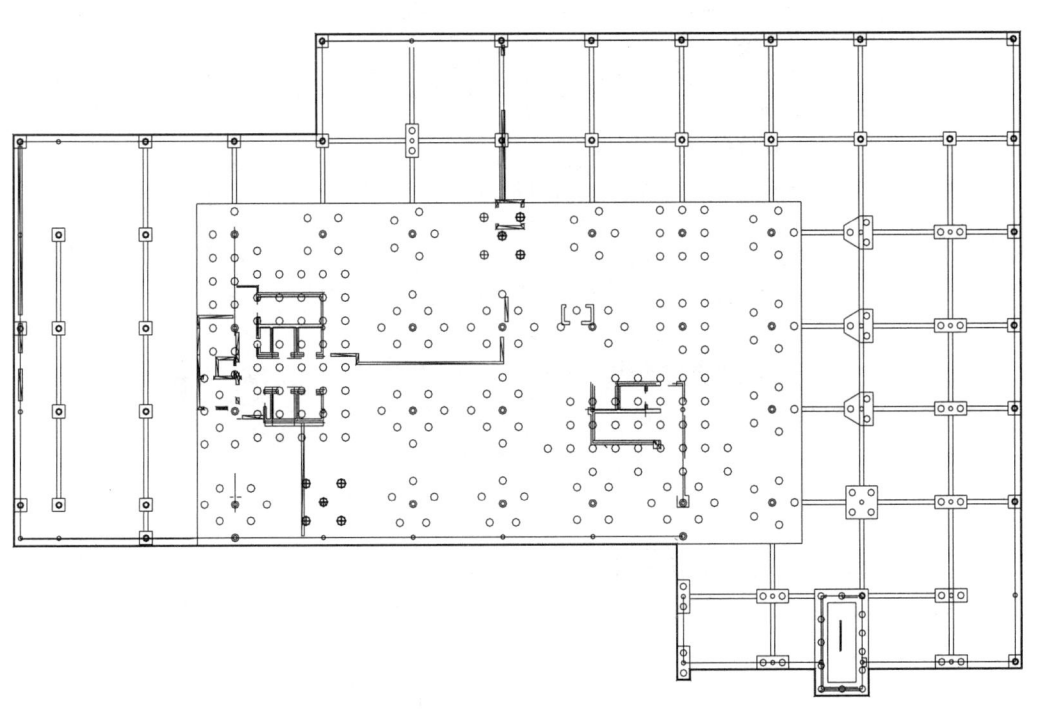

图4.7.5-1 [案例4.7.1]的桩位平面图

[案例4.7.1]的JCCAD软件沉降试算结果如图4.7.5-2。

[案例4.7.1]的JCCAD软件计算值"平均沉降S_1"为104.52 mm；"等效作用法沉降S_2"为0.09 mm，这说明等效作用分层总和法不能直接计算非等长度桩基础的沉降；"上海规范沉降S_3"为92.31 mm，若乘以沉降计算经验系数0.717，应为66.2 mm。

由试算沉降曲线图看，主楼部分的试算沉降为50 mm左右，裙楼部分的试算沉降为60~70 mm左右。

计算组合一：由"平均沉降S_1"（104.52 mm）可得主楼单桩竖向刚度K_1=23600 kN/m，裙楼单桩竖向刚度K_1=21100 kN/m。

可得"温克尔模型"的承台板计算最大弯矩为：M_x=2208 kN·m/m，M_y=3013 kN·m/m；计算最大桩顶反力为2948 kN。

计算组合二：由"上海规范沉降S_3"（66.2 mm）可得主楼单桩竖向刚度K_1=37300 kN·m，裙楼单桩竖向刚度K_1=33300 kN/m。

可得"温克尔模型"的承台板计算最大弯矩为：M_x=1957 kN·m/m，M_y=2290 kN·m/m；计算最大桩顶反力为3017 kN。

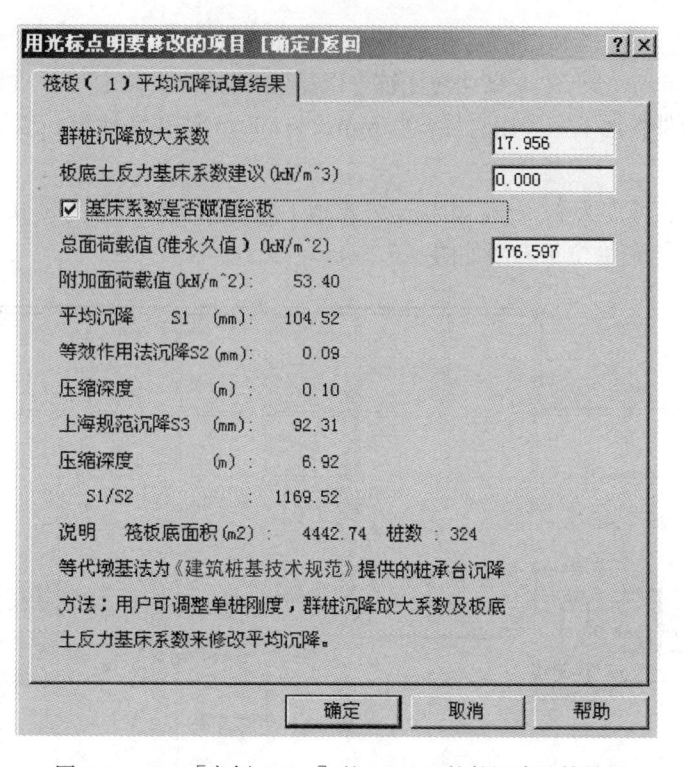

图 4.7.5-2　［案例 4.7.1］的 JCCAD 软件沉降试算结果

计算组合三：取地下水浮力（23 kPa）与承台板底净土反力（按承台板自重 37 kPa），平均沉降取 70 mm，可得主楼单桩竖向刚度 $K_2 = 27800$ kN/m，裙楼单桩竖向刚度 $K_1 = 18900$ kN/m，板底土基床系数 $k = 700$ kN/m³。

由上述参数可得"温克尔模型"的承台板计算最大弯矩为：$M_x = 1202$ kN·m/m，$M_y = 2975$ kN·m/m；计算最大桩顶反力为 2090 kN。

由此 JCCAD 软件计算结果可知，对于主裙楼联体、桩基变刚度公共建筑，计算沉降与板底土反力取值的变化，对承台板内力计算值的影响最大达到 184% 左右，对桩顶反力的影响很大是可以预计的。

然而最大的问题在于主楼、裙楼与外扩地下室的沉降计算：

（1）由 JCCAD 软件"温克尔模型"（$S = 104.52$ mm）的计算沉降曲线图可知，主楼部分的计算沉降约为 104 mm，裙楼部分的计算沉降约为 118 mm，外扩地下室部分的计算沉降约为 124 mm；

（2）由 JCCAD 软件"明德林应力公式弹性解模型"（$S = 92.31$ mm）的计算沉降曲线图可知，主楼部分的计算沉降约为 97 mm，裙楼部分的计算沉降约为 105 mm，而外扩地下室部分的计算沉降约为 148 mm；

（3）由 JCCAD 软件"修正明德林应力公式弹性解模型"（$S = 92.31$ mm）的计算沉降曲线图可知，主楼部分的计算沉降约为 106 mm，裙楼部分的计算沉降约为 108 mm，而外扩地下室部分的计算沉降约为 115 mm。

上述 3 种计算模型所获结果：裙楼与外扩地下室桩基计算沉降，大于主楼桩基计算沉降，显然不符合该工程实例的情况，因此承台板计算弯矩也不太可能是合理的了。

由此可见主裙楼联体、桩基变刚度设计的底板内力计算关键，在于合理的沉降计算结果。

［案例 4.7.1］曾委托上海某咨询公司进行承台板内力计算，计算沉降、桩顶反力与底板内力如图 4.7.5-3。

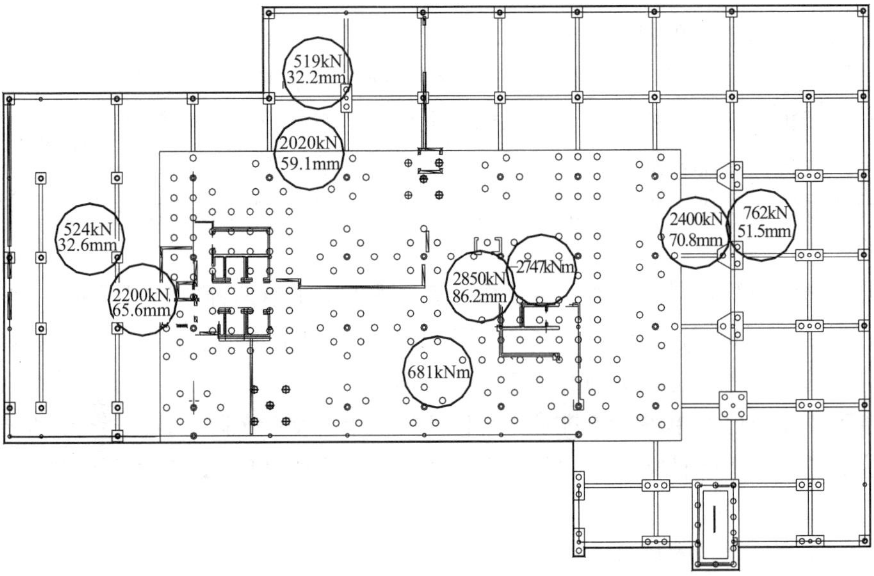

图 4.7.5-3　［案例 4.7.1］的上海某咨询公司计算结果

由图 4.7.5-3 可知，主楼部分计算沉降为 90 mm 左右，主楼与裙楼 8.4 m 柱距间的沉降差为 20 mm 左右，主楼与外扩地下室 8.4 m 柱距间的沉降差为 30 mm 左右。

承台板板底最大计算弯矩为 2747 kN·m/m，承台板板面最大计算弯矩为 681 kN·m/m，桩顶最大计算反力为 2850 kN。

仅从计算最大弯矩看，JCCAD 软件的计算结果（3013 kN·m/m），比上海某咨询公司的计算结果（2747 kN·m/m）大 10% 左右，似乎并不离谱。

但由图 4.7.5-3 可以看出，因为［案例 4.7.1］的计算沉降呈"锅底形"分布，因此主楼承台板板面最大计算弯矩就仅为板底最大计算弯矩的 25% 左右。

这种"锅底形"沉降的状况已获得多处工程桩基的沉降测试证明。这一点也可以作为判别主裙楼联体、变刚度设计桩基础承台板内力计算的条件之一。

至于裙楼与外扩地下室的沉降计算，牵涉到单桩、小桩群的沉降计算难题，尚未得到完全解决。

由本章第 4.4 节的初步探讨可知，盈建科、旗云等软件采用的《建筑桩基技术规范》推荐的单桩、单排桩沉降计算公式所得结果，对于软土地区可能明显偏大，即对于主裙楼联体、桩基变刚度基础的承台板内力计算，可能偏于不安全；对于硬土地区计算沉降可能明显稍偏小，即对于主裙楼联体、桩基变刚度基础的承台板内力计算，可能偏于保守。

4.7.6　盈建科软件沉降计算方法原理的探讨

盈建科软件的桩基础计算模型采用"温克尔模型"，桩基础沉降计算方法减去 JCCAD 软件的"平均沉降 S_1"，增加了"考虑桩径影响的明德林应力解"。

盈建科用户手册及技术条件指出：

（1）对于桩承台基础，按"等效作用分层总和法"计算墩体形心处沉降。但未乘以灌注桩后注浆折减系数与预制桩挤土效应系数。可见目前版本盈建科软件对单桩、小桩群沉降选用的计算方法，并非《建筑桩基技术规范》推荐的单桩、单排桩沉降计算方法。

（2）对于桩筏基础，按基于"考虑桩径影响的明德林应力解"的方法，计算各桩顶位置的沉降。筏板的沉降，通过等值线图来表达。可见目前版本盈建科软件对桩筏基础沉降选用的计算方法，与国标地基规范推荐的"不考虑桩径影响的明德林应力解"计算方法，有所不同。

因此目前版本盈建科软件的桩基沉降计算方法实际上有两种，计算桩承台基础沉降的"等效作用分层总和法"，理论上等同于"不考虑桩径影响的明德林应力解"；计算桩筏基础沉降应用的是"考虑桩径影响的明德林应力解"。

本章第 4.4 节已对单桩、单排桩与小桩群的桩承台基础沉降计算，进行初步探讨，认为对于这类桩基的沉降计算，由"不考虑桩径影响的明德林应力解"所得结果，可能明显偏大。

关于《建筑桩基技术规范》式（5.5.14-1）的计算结果与工程实测沉降的对比，本书第 1 章第 1.4 节已进行探讨，初步结论是直接采用《建筑桩基技术规范》"疏桩复合桩基法"计算复合桩基沉降，经验系数可能需要取 2.0 左右。

现以工程实例［案例 4.7.2］——浙北某筒仓为例进行探讨。

［案例 4.7.2］为浙北某筒仓，地基土的物理力学性质指标见表 4.7.6-1。

地基土的物理力学性质指标　　　　　　　　　　　　表 4.7.6-1

层序	土的名称	物理性质		压缩试验	预制桩	
		厚度 h(m)	重力密度 ρ(g/cm³)	压缩模量 E_s(MPa)	桩周土摩擦力极限值 q_{sk}(kPa)	桩端土承载力极限值 q_{pk}(kPa)
①	杂填土	2.0	20.0	10.0	24	—
②	黏土	53.0	16.0	3.0	40	—
③	砂土	2.0	20.0	9.33	70	4800
④	黏土	10.0	18.0	5.83	56	4800
⑤	细砂	8.0	20.0	14.70	80	5600
⑥	黏土	未穿	19.6	5.41	76	4400

［案例 4.7.2］采用 97 根 $\phi 0.6 \times 55$ m 预应力钢筋混凝土管桩，以第 3 层砂土层为桩端持力层。

［案例 4.7.2］的桩位平面图如图 4.7.6-1。

［案例 4.7.2］由《建筑桩基技术规范》等效作用分层总和法手算的沉降值为 146 mm，预制桩挤土效应系数取 1.3，于是可得计算沉降量为 190 mm（计算过程略）。

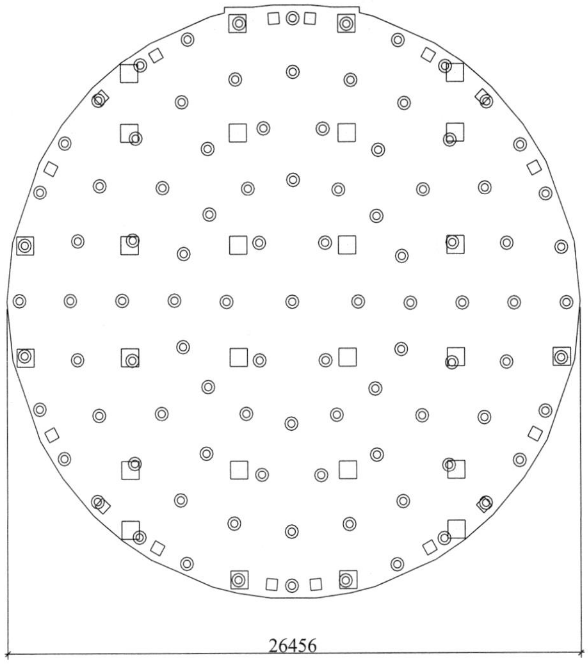

图 4.7.6-1　［案例 4.7.2］的桩位平面图

由盈建科软件的"沉降计算参数"中点取"明德林方法"，可得［案例 4.7.2］中心桩计算沉降如图 4.7.6-2。

ξe	Qj	Lj	Ec	Aps	se
0.50	1485.6	55.0	30000	0.2827	4.8165

ψ	Δz	α
1.00	1.0	0.160

压缩层 No	压缩模量(MPa)	厚度(m)	附加应力(kPa)	土的自重应力(kPa)	压缩量(mm)
(1)	5.83	1.00	149.8	565.0	25.6869
(2)	14.70	1.00	74.9	574.2	5.0963
(3)	14.70	1.00	62.0	584.3	4.2153
(4)	14.70	1.00	60.0	594.5	4.0811
(5)	14.70	1.00	57.9	604.7	3.9401
(6)	14.70	1.00	57.9	614.9	3.9401
(7)	14.70	1.00	55.6	625.1	3.7802
(8)	14.70	1.00	53.1	635.3	3.6128
(9)	14.70	1.00	50.6	645.5	3.4430
(10)	14.70	1.00	48.2	655.7	3.2766
(11)	14.70	1.00	45.8	665.9	3.1147
(12)	5.41	1.00	35.5	675.9	6.5528

$E'=10.62$　　$Zn=12.00$　　　　　　　　$\sum s=70.7396$

$s=75.5561$

图 4.7.6-2　［案例 4.7.2］中心桩计算沉降

［案例 4.7.2］中心桩的盈建科软件"明德林方法"计算沉降 75.6 mm，基本相当于等效作用分层总和法手算沉降值 146 mm 的 50%。可见本书第 1 章第 1.4 节的结论是合适的。

若由盈建科软件的"沉降计算参数"中点取"等效作用法",可得[案例 4.7.2]中心桩计算沉降如图 4.7.6-3。

ξe	Qj	Lj	Ec	Aps	se
0.50	1309.6	55.0	30000	0.2827	4.2457

ψ	Δz	α
1.00	1.0	0.050

压缩层 No	压缩模量(MPa)	厚度(m)	附加应力(kPa)	土的自重应力(kPa)	压缩量(mm)
(1)	5.83	1.00	64.0	565.0	10.9769
(2)	14.70	1.00	38.9	574.2	2.6468
(3)	14.70	1.00	31.9	584.3	2.1691
(4)	14.70	1.00	29.2	594.5	1.9897
(5)	14.70	1.00	26.6	604.7	1.8082
(6)	14.70	1.00	26.6	614.9	1.8082
(7)	14.70	1.00	24.0	625.1	1.6332
(8)	14.70	1.00	21.6	635.3	1.4715
(9)	14.70	1.00	19.5	645.5	1.3262
(10)	14.70	1.00	17.6	655.7	1.1987
(11)	14.70	1.00	16.0	665.9	1.0870
(12)	5.41	1.00	10.4	675.9	1.9244

$E' = 10.62$　　$Z_n = 12.00$　　　　　　　$\sum s = 30.0399$

$s = 34.2856$

图 4.7.6-3　[案例 4.7.2]中心桩计算沉降

[案例 4.7.2]中心桩的盈建科软件"等效作用法"计算沉降 34.3mm,更不合理了。

目前版本盈建科软件的桩筏基础复合桩基沉降计算方法,是将适用于桩中心距大于 6 倍桩径的《建筑桩基技术规范》式(5.5.14-1),直接推广到一般复合桩基。并不符合《建筑桩基技术规范》。

[案例 4.7.2]按考虑桩土荷载分担的复合桩基计算,沉降计算值小于按常规桩基的结果:当板底土基床系数取 90 kN/m³,相当于桩土荷载分担比为 4.8%时,计算沉降值为 73.8 mm;当板底土基床系数取 100 kN/m³,相当于桩土荷载分担比为 4.9%时,计算沉降值为 64.3 mm;当板底土基床系数取 1000 kN/m³,相当于桩土荷载分担比为 13.8%时,计算沉降值为 64.6 mm;当板底土基床系数取 10000 kN/m³,相当于桩土荷载分担比为 55.9%时,计算沉降值为 64.9 mm。

绘制成桩土荷载分担比-盈建科计算沉降曲线,如图 4.7.6-4。

由图 4.7.6-4 可知,盈建科软件的复合桩基沉降计算值在桩土荷载分担比的某一点将发生一个突变,此后沉降计算值随着桩土荷载分担比的增大而略有增大,但始终小丁不考虑桩土荷载分担的常规桩基计算沉降。这与本书第 1 章第 1.4 节的手算结果有所不同。也未得到工程实践的证明。这说明由目前版本盈建科软件计算疏桩复合桩基的沉降,将可能出现不太合理的计算结果。

现将盈建科软件计算复合桩基沉降与 JCCAD 软件计算结果进行对比。

JCCAD 软件计算复合桩基沉降的一个特点是,无论板底土反力基床系数如何变化,只有"平均沉降 S_1"会随之变化。如前所述,虽然"平均沉降 S_1"并非国标地基规范与《建筑桩基技术规范》推荐的桩基沉降计算方法,但就目前版本的 JCCAD 软件而言,与盈建科软件计算复合桩基沉降的对比,也只能按"平均沉降 S_1"进行沉降计算了。

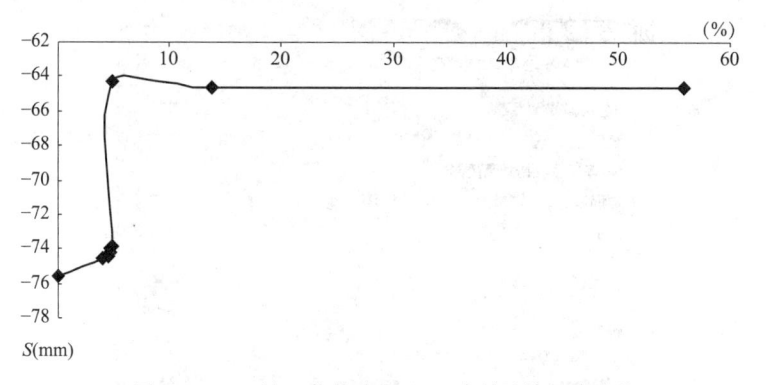

图 4.7.6-4 桩土荷载分担比-盈建科计算沉降曲线

[案例 4.7.2] 由 JCCAD 软件按常规桩基试算沉降，无论是"平均沉降 S_1"，还是"等效作用法沉降 S_2"、"上海规范法 S_3"，均小于等效作用分层总和法手算沉降值 146 mm，如图 4.7.6-5。

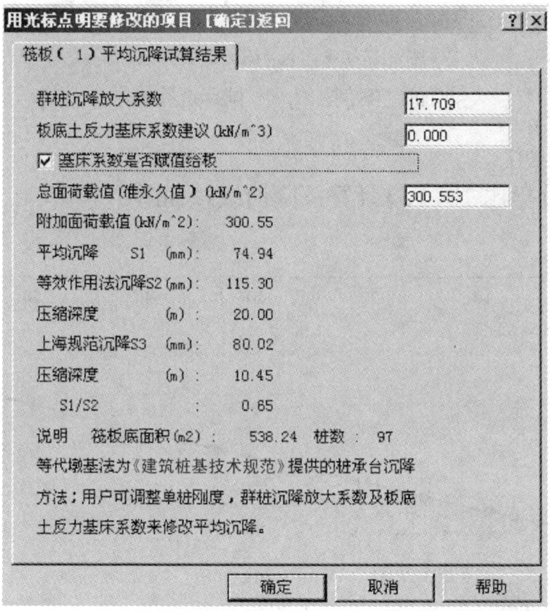

图 4.7.6-5 [案例 4.7.2] 由 JCCAD 软件按
常规桩基试算沉降结果（桩端阻比 0.247）

[案例 4.7.2] 按考虑桩土荷载分担的复合桩基计算，"平均沉降 S_1"随着板底土反力基床系数的变化而变化，如图 4.7.6-6。

[案例 4.7.2] 的 JCCAD 软件复合桩基沉降计算值也小于按常规桩基的结果：当板底土基床系数取 100 kN/m³，相当于桩土荷载分担比为 2.5％时，计算沉降值为 73.12 mm；当板底土基床系数取 400 kN/m³，相当于桩土荷载分担比为 9.3％时，计算沉降值为 63.8 mm；当板底土基床系数取 1000 kN/m³，相当于桩土荷载分担比为 15.1％时，计算沉降值为 59.98 mm；当板底土基床系数取 5000 kN/m³，相当于桩土荷载分担比为 54.9％时，

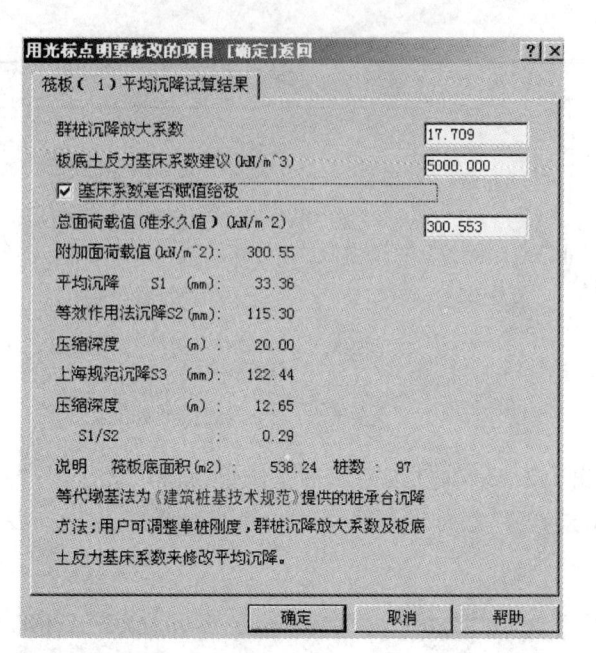

图 4.7.6-6　$K = 5000\ kN/m^3$
时的［案例4.7.2］试算沉降结果

计算沉降值为 33.36 mm。

绘制成桩土荷载分担比-JCCAD 计算沉降曲线，如图 4.7.6-7。

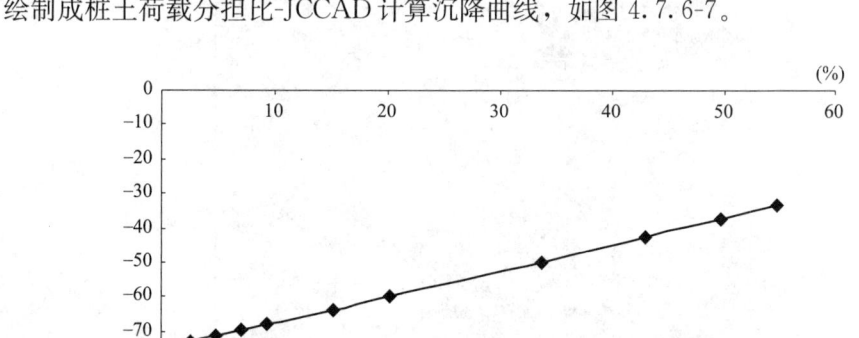
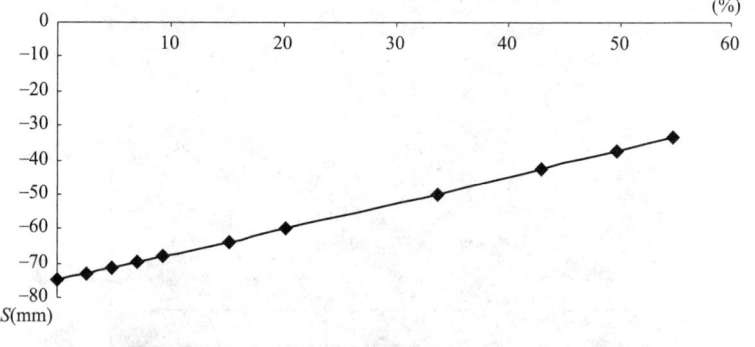

图 4.7.6-7　桩土荷载分担比-JCCAD 计算沉降曲线

由图 4.7.6-7 可知，JCCAD 软件的复合桩基沉降计算值基本呈线性。但这实际上也未得到工程实践的证明。这说明由目前版本 JCCAD 软件计算疏桩复合桩基的沉降，也将可能出现不太合理的计算结果。

如前所述，盈建科软件的计算沉降与实测值有相当大的误差，这对于单独桩承台基础内力计算可能没有太大影响；而对于多个桩承台联合基础内力计算，其影响需视柱距、底板厚度等具体因素而定；但对于大底盘主裙楼联体桩基础，则由于主楼桩筏基础、裙楼与外扩地下室桩承台基础的计算沉降与实际情况相比均可能偏小，导致人为地缩小了主楼与裙楼、外扩地下室之间的计算沉降差，因此产生底板内力计算的偏差，以及可能由此引发工程事故：如工程实践中多次出现的外扩地下室底板裂穿现象。

本章第4.4节所述［案例4.4.6］的实测推算最终沉降量为39 mm左右，已达到稳定的标准。由盈建科软件"考虑桩径影响的明德林应力解"计算的单桩沉降值为31.6 mm，满足80%保证率的要求。而由盈建科软件对于单独桩承台基础沉降计算的"等效作用分层总和法"，可得墩体形心处的计算沉降值为21.3 mm，为实测推算最终沉降量的54.6%，不满足80%保证率的要求。

［案例4.4.6］按承台桩的盈建科软件"等效作用法"计算沉降如图4.7.6-8。

沉降经验系数 $\psi=1.20$
桩基等效沉降系数 $\psi e=0.14$
计算土层厚度 $\Delta Z=0.6$
基底附加压力 $P_0=380.1$

压缩层 No.	压缩模量(MPa)	土层厚度(m)	附加应力(kPa)	土的自重应力(kPa)	压缩量(mm)
(1)	8.20	0.60	377.5	154.2	27.6184
(2)	8.20	0.60	331.9	160.2	24.2868
(3)	8.20	0.60	253.2	166.2	18.5299
(4)	8.20	0.10	184.0	172.2	13.4567
(5)	6.70	0.60	152.8	175.7	1.8639
(6)	6.70	0.60	127.8	179.2	11.4407
(7)	6.70	0.60	95.8	185.3	8.5820
(8)	6.70	0.60	73.8	191.5	6.6084
(9)	6.70	0.60	58.2	197.6	5.2140
(10)	6.70	0.60	46.9	203.7	4.2031
(11)	6.70	0.60	38.5	209.8	3.4518

$E'=7.73$　　$Zn=6.10$　　　　　　　　　　$\sum s=125.2647$
$s=21.3326$

图 4.7.6-8　［案例4.4.6］按承台桩的盈建科软件计算沉降

其根本原因可能就在于盈建科软件对于桩承台基础的沉降计算应用了"不考虑桩径影响的明德林应力解"，对于桩筏基础的沉降计算应用了"考虑桩径影响的明德林应力解"。

盈建科软件的这种思路，恰好与《建筑桩基技术规范》的有关规定相反；且其关于桩筏基础沉降计算的思路与国标地基规范的有关规定，也不相符。因此可能需要慎重对待。

4.7.7　本节小结

1. 目前版本JCCAD软件提供的"平均沉降S_1"，其沉降计算结果与桩端以下土层厚度、压缩模量的取值基本无关，而主要与土层的名称有关。由目前版本JCCAD软件的用户手册及技术条件，"平均沉降S_1"直接利用单桩的荷载-沉降试验资料，无需土层的压缩模量资料。

因此"平均沉降S_1"主要适用于均匀土层中群桩与端承桩的沉降计算。对于成层性土的误差有时较大，对于"上硬下软"土层可能不适用。

尤其需要注意的是，"平均沉降S_1"尚未乘以沉降计算经验系数，包括各地的经验系数，以及《建筑桩基技术规范》的预制桩挤土系数效应系数、后注浆折减系数。

2. 目前版本JCCAD软件提供的"上海规范沉降S_3"，其沉降计算结果与输入的桩侧土阻力、端阻力及单桩承载力无关。因此在某些情况下计算结果可能不够合理。

3. 计算沉降取值的大小，对承台板计算内力影响很大，可达到50%以上。

4. 判别主裙楼联体、变刚度桩基础承台板内力计算结果合理与否的主要依据，是沉降计算结果。尤其是裙楼与外扩地下室的单桩、小桩群的沉降计算，是一大难点。

目前版本 JCCAD 软件将单桩、小桩群的沉降计算视同常规桩基,且其明德林应力公式法的计算过程与国标地基规范有所不同,上海等地的工程实践证明这种处理方法可能导致计算值偏大。目前版本理正软件可能也存在类似情况。

5. 目前版本盈建科、旗云软件可直接采用《建筑桩基技术规范》的单桩、单排桩沉降计算公式计算单桩、小桩群的沉降。由本章第 4.4 节的探讨可知,计算值与实测值之比平均大于 2.0。

但由于尚未检索到主裙楼联体、变刚度桩基础的裙楼长期实测沉降资料,更不用说外扩地下室的数据了。因此主裙楼联体、变刚度桩基础承台板内力计算结果的判别,还有待于实测资料的积累。由此可见不能不加甄别地采用《建筑桩基技术规范》的有关意见。

6. 盈建科软件无"平均沉降 S_1",但有关盈建科软件沉降计算方法对基础计算内力的影响,仍同 JCCAD 软件相同。目前版本盈建科软件与 JCCAD 软件的最大不同之处,是盈建科软件引入了"考虑桩径影响的明德林应力解",并将主要适用于单桩、小桩群的这种方法直接应用于桩筏基础的沉降计算,且限定桩筏基础沉降计算不能直接采用"等效作用法"。而对小桩群的沉降计算则采用"等效作用法"。工程实践初步证明其计算结果可能为实测沉降值的 50% 左右。

7. 由 JCCAD 与盈建科软件分别计算桩基工程的承台板内力,工程师们普遍的感觉是盈建科软件计算结果比 JCCAD 计算结果小,且有时减小的幅度还相当大。其根本原因可能就是这两种基础计算软件推荐的桩基础沉降计算方法的不同。

8. JCCAD 与盈建科软件主要是以《建筑桩基技术规范》推荐的桩基沉降计算公式为依据,因此对于国标地基规范所推荐的桩基沉降计算公式,或不予采纳("实体深基础法"),或命名为易引起误解的"上海规范法"。由本书前 4 章的探讨可知,《建筑桩基技术规范》推荐的桩基沉降计算公式或是并不完全合理,或是尚缺少可靠的沉降计算经验系数。

9. 其实说到底,JCCAD 与盈建科软件只是一套工具,工程师们可以借助于这套工具达到自己的目标,不必过分拘泥于其计算结果。

比如可以借助基础计算软件中天然地基沉降计算方法,应用于国标地基规范的"实体深基础法"计算桩基沉降,只需另行考虑桩基沉降计算经验系数即可。

又比如可以在应用盈建科软件计算大底盘主裙楼联体桩基础时,对主楼桩筏基础的计算采用"等效作用分层总和法"部分,对裙楼与外扩地下室的小桩群承台采用"考虑桩径影响的明德林应力解"。

还有在应用 JCCAD 软件计算大底盘主裙楼联体桩基础时,对裙楼与外扩地下室的小桩群承台可另行采用"考虑桩径影响的明德林应力解"等等。

4.8　承台桩基(6 桩以上)沉降计算初探

本章第 4.4 节初步探讨了单桩、单排桩、小桩群(桩数少于 6 根)桩基础的沉降计算问题,认为桩基规范等效作用分层总和法与国标地基规范实体深基础法的经验系数可能不适用于小桩群(6 桩以下)基础的沉降计算。

对于工程实践中常用的 6 桩以上承台桩基沉降计算，是否适用国标地基规范与《建筑桩基技术规范》的经验系数，两规范均未论及。

随着高架道路、高速公路与高速铁路的大量建设，其桥梁常采用承台桩基，并且均进行了精准的长期沉降监测。这就为承台桩基沉降计算问题的解决提供了可靠的基础。

姚笑青（1999.6）曾对上海某高架路 26 个承台桩基，分别采用上海地基规范实体深基础法、明德林应力公式法与国标地基规范实体深基础法等，计算沉降并与实测沉降量进行对比。得出的意见是 50 桩以下的承台桩基沉降计算，不适用目前地基规范的经验系数。但未检索到上述论文涉及的上海高架路桩基实测沉降与详细的地质资料，因此难以进行复核。

以下就能检索到的山西、浙江、河北、江苏、上海、辽宁、山东等地，共 30 余例 22 桩以下、6 桩以上桩基的实测沉降数据，采用桩基规范的等效作用分层总和法、国标地基规范或上海地基规范的实体深基础法、明德林应力公式法进行计算，并与实测值进行比较。

4.8.1 桩基沉降计算的经验系数不满足承台桩基沉降计算的要求

篇幅所限，本节不列出工程实例的详细资料与计算过程。具体计算结果见表 4.8.1-1。

承台桩基（6桩以上）计算沉降与实测值对比 　　　　表 4.8.1-1

序号	工程名称	桩数	桩长（m）	实测沉降值（mm）①	等效作用法计算值（mm）②	实体深基础法计算值（mm）③	明德林应力公式法计算值（mm）④	②/①	③/①	④/①	④/②
1	山西某单层厂房 3 号承台	16	14.0	4.8	6.5	16.1	8.7	1.35	3.35	1.81	1.34
2	山西某单层厂房 4 号承台	15	14.0	4.2	9.6	23.0	10.8	2.29	5.48	2.57	1.13
3	宁波某铁路桥梁 667 号墩	9	64.5	7.2	7.6	19.4	19.4	1.06	2.69	2.69	2.55
4	天津某铁路桥梁 D18 号墩	12	52.0	7.0	3.3	4.6	3.6	0.47	0.66	0.51	1.09
5	天津某铁路桥梁 D19 号墩	12	52.0	7.1	3.3	4.6	3.6	0.46	0.65	0.51	1.09
6	河北某铁路桥梁 F373 号墩	10	47.0	8.1	3.9	17.6	10.6	0.48	2.17	1.31	2.72
7	河北某铁路桥梁 D48 号墩	8	48.0	7.9	2.5	2.9	4.4	0.31	0.37	0.56	1.76
8	河北某铁路桥梁 D49 号墩	8	48.0	7.2	2.5	2.9	4.4	0.34	0.40	0.61	1.76
9	河北某铁路桥梁 D50 号墩	8	48.0	6.9	2.5	2.9	4.4	0.36	0.42	0.64	1.76
10	昆山某铁路桥梁 521 号墩	10	43.0	3.0	1.6	1.6	10.4	0.53	0.53	3.47	6.50
11	昆山某铁路桥梁 275 号墩	10	63.5	5.6	4.3	6.7	5.6	0.77	1.20	1.00	1.30
12	上海某高架路桥梁桩墩	12	43.0	35.0	24.2	47.9	51.2	0.69	1.37	1.46	2.12
13	上海某铁路桥梁 30 号墩	21	71.0	7.42	8.1	7.3	9.7	1.09	0.98	1.31	1.20
14	上海某铁路桥梁 31 号墩	21	73.0	8.44	8.0	7.1	9.4	0.95	0.84	1.11	1.18
15	上海某铁路桥梁 32 号墩	21	73.0	8.70	8.2	7.3	9.7	0.94	0.84	1.11	1.18
16	辽宁某铁路桥梁 1 号墩	8	27.0	13.22	4.8	7.0	35.8	0.36	0.53	2.71	7.46
17	辽宁某铁路桥梁 2 号墩	8	27.0	11.65	4.7	7.0	35.6	0.40	0.60	3.06	7.55
18	辽宁某铁路桥梁 3 号墩	8	30.0	11.33	3.1	4.2	31.5	0.27	0.37	2.78	10.16

序号	工程名称	桩数	桩长(m)	实测沉降值(mm)①	等效作用法计算值(mm)②	实体深基础法计算值(mm)③	明德林应力公式法计算值(mm)④	②/①	③/①	④/①	④/②
19	辽宁某铁路桥梁 4 号墩	8	30.0	11.65	3.1	4.2	31.5	0.29	0.36	2.70	10.16
20	辽宁某铁路桥梁 11 号墩	8	32.0	14.33	3.4	3.7	32.8	0.24	0.26	2.29	9.65
21	辽宁某铁路桥梁 12 号墩	8	32.0	16.08	3.2	3.2	31.5	0.20	0.20	1.96	9.84
22	辽宁某铁路桥梁 13 号墩	8	32.0	12.21	2.9	2.7	29.3	0.24	0.22	2.40	10.10
23	辽宁某铁路桥梁 15 号墩	8	33.0	14.17	3.0	2.8	29.0	0.21	0.20	2.05	9.67
24	辽宁某铁路桥梁 16 号墩	8	33.0	16.8	3.0	2.8	29.0	0.18	0.17	1.73	9.67
25	辽宁某铁路桥梁 5 号墩	8	33.0	12.4	5.2	6.9	37.7	0.42	0.56	3.04	7.25
26	辽宁某铁路桥梁 6 号墩	8	33.0	12.77	5.4	6.5	38.0	0.42	0.51	2.98	7.04
27	辽宁某铁路桥梁 7 号墩	8	33.0	11.73	4.3	5.4	36.1	0.37	0.46	3.08	8.40
28	辽宁某铁路桥梁 8 号墩	8	33.0	10.71	4.3	5.4	36.1	0.40	0.50	3.37	8.40
29	辽宁某铁路桥梁 9 号墩	8	33.0	10.53	4.3	5.4	36.1	0.41	0.51	3.43	8.40
30	辽宁某铁路桥梁 10 号墩	8	33.0	11.42	4.3	5.4	36.1	0.38	0.47	3.16	8.40
31	江苏某铁路桥梁 499 号墩	10	51.5	2.92	2.4	1.9	2.7	0.82	0.65	0.92	1.13
32	济南洛口试桩 G—25	9	4.5	9.4	16.4	—	80.7	1.74	—	8,59	4.92
平均值								0.61	0.92	2,22	5.21

注：1. 对于可反映出沉降计算方法适用范围的工程实例，直接由"$E_{s0.1\sim0.2}$"的计算结果与实测值进行比较。表 4.8.1 中属于这一类状况的共 19 项工程实例，占 32 项工程实例的 59.4%。

2. 表 4.8.1-1 中属于"已知考虑深度效应压缩模量"的工程实例共 7 项，占 32 项工程实例的 21.9%。

3. 根据上海地区经验，在计算沉降时对于深层地基土的压缩模量，采用"3 倍 $E_{s0.1\sim0.2}$"，计算结果与实测值较为符合，表 4.8.1-1 中属于这种情况的共 5 项工程实例，占 32 项工程实例的 15.6%。

4. 表 4.8.1-1 中各项沉降计算值均已乘以国标地基规范、《建筑桩基技术规范》的有关经验系数。上海地区工程实例（含昆山地区）乘以上海地基规范的有关经验系数。

5. 表 4.8.1-1 中序号 32 的"济南洛口试桩 G-25"，即 1994 年版桩基规范表 5-2 与 2008 年版《建筑桩基技术规范》表 3 中序号 13 的 9 桩承台桩，静载荷试压时间为 108 天。因检索到的资料中，缺少 8 m 以下土层的压缩模量，不满足实体深基础法要求，故未进行实体深基础法沉降计算。

由表 4.8.1-1 可得初步意见为：

1. 对于 6 桩以上、22 桩以下的承台桩基，"等效作用分层总和法计算值"与实测值之比平均为 0.61。故需另行考虑经验系数。由此可见，目前版本盈建科软件采用等效作用分层总和法计算承台桩基沉降，其结果是可能偏于不安全的。

2. 对于 6 桩以上、22 桩以下的承台桩基，"实体深基础法计算值"与实测值之比平均为 0.92，但除上海地区外，其他地区计算值与实测值的差别相当大，仍不能满足工程要求。故需另行考虑地区经验系数。

3. "明德林应力公式法计算值"与实测值之比平均为 2.22，除上海地区外，其他地区计算值普遍偏大过多，不能满足工程要求。故需另行考虑地区经验系数。

4. "明德林应力公式法计算值"与"等效作用分层总和法计算值"之比平均为 5.21。这说明至少对于 22 桩以下的承台桩基，等效作用分层总和法与明德林应力公式法完全不等效。

限于个人能力，本节只能依据极其有限的 32 例 6 桩以上承台桩基工程实例的分析，初步判别目前版本的盈建科软件，对于承台桩基采用等效作用分层总和法计算沉降，计算结果很可能偏于不安全。

但由于高速铁路对桥梁桩基沉降量的要求极高（一般在 15~20 mm 以内），因此关于高速铁路桥梁桩基沉降计算与实测值对比的探讨，与一般建筑承台桩基的要求差距较远。而最实用的应该是单层建筑桩基与高架道路桩基的沉降实测数据。

其实高架道路桩基实测沉降数据既多且精准，有关文献多有报道，可惜均仅给出计算结果或实测沉降，极少提供详细的地质资料。尤其是尚未检索到任何文献提供有关深层地基土的压缩曲线，因此有关承台桩基沉降计算的探讨十分困难，也难以提供定量准确的结论。

但由 19 项工程实例直接采用 $E_{s0.1~0.2}$ 计算桩基沉降，就得出等效作用分层总和法计算沉降值与实测值之比平均为 0.533，可见对于 6 桩以上承台桩基的沉降计算，等效作用分层总和法计算结果需另行考虑经验系数的观点，至少作为抛砖引玉的那块"砖"是可以成立的。

作为对比，列出山西、上海、辽宁等地共 6 项承台桩基（6 桩以下）沉降数据，采用桩基规范的等效作用分层总和法、国标地基规范或上海地基规范的实体深基础法、明德林应力公式法进行计算，并与实测值进行比较的数据，见表 4.8.1-2。

承台桩基（6桩以下）计算沉降与实测值对比　　　　　　表 4.8.1-2

序号	工程名称	桩数	桩长 (m)	实测沉降值 (mm)①	等效作用法计算值 (mm)②	实体深基础法计算值 (mm)③	明德林应力公式法计算值 (mm)④	②/①	③/①	④/①	④/②
1	山西某单层厂房1号承台	4	14.0	10.8	4.3	13.5	24.9	0.40	1.25	2.31	5.79
2	山西某单层厂房2号承台	4	14.0	10.2	4.9	14.9	27.1	0.48	1.46	2.66	5.53
3	上海某跨线桥1号墩	4	19.5	8.9	2.6	33.2	91.3	0.29	3.73	10.26	35.11
4	上海某跨线桥2号墩	5	27.0	5.5	4.8	27.7	77.5	0.87	5.04	14.09	16.15
5	上海某跨线桥3号墩	4	19.5	6.6	3.1	42.5	116.8	0.47	6.44	17.70	37.68
6	辽宁某铁路桥1号墩	5	15.0	38.6	17.6	96.5	73.2	0.46	2.50	1.90	4.16
平均值								0.495	336	8.15	17.40

注：表 4.8.1-2 中所列"实体深基础法计算值"均未考虑应力扩散角。

由表 4.8.1-2 可得初步意见为：

1. 目前国标地基规范与桩基规范推荐三种桩基沉降计算方法的经验系数，对于 6 桩以下承台桩基均可能难以给出合理的计算结果。

2. 6 桩以下承台桩基的明德林应力公式法计算结果误差特别大，可能与桩数较少，因而放大了桩端阻比对沉降计算值的影响有关。

3. 6 桩以下承台桩基的明德林应力公式法与等效作用分层总和法计算结果的偏差特别大，也可能与桩数较少，因而放大了桩端阻比对沉降计算值的影响有关。

4. 由上述 6 项工程实例可知，采用 JCCAD 软件的明德林应力公式法计算 6 桩以下的承台桩基沉降时，若选用"自动计算桩端阻比"，可反推得其实际运用的桩端阻比为 0.000~0.242 左右。其选用标准不明。因此 JCCAD 软件的"自动计算桩端阻比"一项不宜选用。

4.8.2　JCCAD软件关于承台桩基（6桩以上）沉降计算方法的缺陷

再就表4.8.2共31项承台桩基沉降数据，由JCCAD软件的等效作用分层总和法与明德林应力公式法进行计算，并与实测值进行比较。

篇幅所限，本节亦不列出工程实例的计算过程。具体计算结果见表4.8.2-1。

承台桩基（6桩以上）计算沉降与实测值对比　　　　　　表4.8.2-1

序号	工程名称	桩数	桩长(m)	实测沉降值(mm)①	等效作用法计算值(mm)②	明德林应力公式法计算值(mm)④	②/①	③/①	③/②
1	山西某单层厂房3号承台	16	14.0	4.8	6.3	13.6	1.31	2.83	2.16
2	山西某单层厂房4号承台	15	14.0	4.2	8.4	18.9	2.00	4.50	2.25
3	宁波某铁路桥梁667号墩	9	64.5	7.2	5.3	11.5	0.74	1.60	2.17
4	天津某铁路桥梁D18号墩	12	52.0	7.0	1.7	3.7	0.24	0.53	2.18
5	天津某铁路桥梁D19号墩	12	52.0	7.1	1.7	3.7	0.24	0.52	2.18
6	河北某铁路桥梁F373号墩	10	47.0	8.1	2.9	4.2	0.36	0.52	1.45
7	河北某铁路桥梁D48号墩	8	48.0	7.9	2.2	—	0.28	—	—
8	河北某铁路桥梁D49号墩	8	48.0	7.2	2.2	—	0.31	—	—
9	河北某铁路桥梁D50号墩	8	48.0	6.9	2.2	—	0.32	—	—
10	昆山某铁路桥梁521号墩	10	43.0	3.0	2.0	2.9	0.67	0.97	1.45
11	昆山某铁路桥梁275号墩	10	63.5	5.6	2.5	5.3	0.45	0.94	2.12
12	上海某高架路桥梁桩墩	12	43.0	35.0	5.7	7.2	0.16	0.21	1.26
13	上海某铁路桥梁30号墩	21	71.0	7.42	5.6	8.2	0.75	1.11	1.46
14	上海某铁路桥梁31号墩	21	73.0	8.44	5.3	8.0	0.63	0.95	1.51
15	上海某铁路桥梁32号墩	21	73.0	8.70	5.5	8.3	0.63	0.95	1.51
16	辽宁某铁路桥梁1号墩	8	27.0	13.22	3.4	21.5	0.26	1.63	6.32
17	辽宁某铁路桥梁2号墩	8	27.0	11.65	3.2	21.1	0.27	1.81	6.59
18	辽宁某铁路桥梁3号墩	8	30.0	11.33	2.7	18.0	0.24	1.59	6.67
19	辽宁某铁路桥梁4号墩	8	30.0	11.65	2.7	18.0	0.23	1.55	6.67
20	辽宁某铁路桥梁11号墩	8	32.0	14.33	3.3	18.3	0.23	1.28	5.55
21	辽宁某铁路桥梁12号墩	8	32.0	16.08	3.0	18.3	0.19	1.14	6.10
22	辽宁某铁路桥梁13号墩	8	32.0	12.21	1.3	15.0	0.11	1.23	11.54
23	辽宁某铁路桥梁15号墩	8	33.0	14.17	1.3	14.8	0.09	1.04	10.38
24	辽宁某铁路桥梁16号墩	8	33.0	16.8	1.3	14.8	0.08	0.88	10.38
25	辽宁某铁路桥梁5号墩	8	33.0	12.4	4.7	21.3	0.38	1.72	4.53
26	辽宁某铁路桥梁6号墩	8	33.0	12.77	4.4	21.6	0.34	1.69	4.91
27	辽宁某铁路桥梁7号墩	8	33.0	11.73	3.6	21.1	0.31	1.80	5.86
28	辽宁某铁路桥梁8号墩	8	33.0	10.71	3.6	21.1	0.34	1.97	5.86

续表

序号	工程名称	桩数	桩长(m)	实测沉降值(mm)①	等效作用法计算值(mm)②	明德林应力公式法计算值(mm)④	②/①	③/①	③/②
29	辽宁某铁路桥梁9号墩	8	33.0	10.53	3.6	21.1	0.34	2.00	5.86
30	辽宁某铁路桥梁10号墩	8	33.0	11.42	3.6	21.1	0.32	1.85	5.86
31	江苏某铁路桥梁499号墩	10	51.5	2.92	1.0	1.9	0.34	0.65	1.90
平均值							0.42	1.41	4.52

注：1. 表4.8.2中的"明德林应力公式法计算值"即JCCAD软件"平均沉降试算结果"中的"上海规范沉降S_3"。

2. 关于表4.8.2中的"明德林应力公式法计算值"的桩端阻比取值，工程实例资料有桩侧阻力、端阻力数据的，桩端阻比按计算值；工程实例资料无桩侧阻力、端阻力数据的，桩端阻比均按0.2计算。

3. 表4.8.2中各项沉降计算值均已乘以桩基规范的有关经验系数。上海地区工程实例乘以上海地基规范的有关经验系数。

由表4.8.2可得初步意见为：

1. 对于6桩以上、22桩以下的承台桩基，JCCAD软件的"等效作用分层总和法计算值"与实测值之比平均为0.42，且比值最小的为0.09。具体原因不明。故目前版本JCCAD软件的承台桩基"等效作用分层总和法计算值"不宜应用。

2. 对于6桩以上、22桩以下的承台桩基，JCCAD软件的"明德林应力公式法计算值"与实测值之比平均为1.41，与手算值也比较接近。但序号4～序号6、序号12、序号31的5项工程实例计算值明显偏小，值得注意。且JCCAD软件给出的序号12工程实例"明德林应力公式法计算值"，与手算值之比为0.14，原因不明。

3. "明德林应力公式法计算值"与"等效作用分层总和法计算值"之比平均为5.22。这说明至少对于22桩以下的承台桩基，目前版本JCCAD软件中的等效作用分层总和法与明德林应力公式法完全不等效。

由此可见，对于6桩以上、22桩以下的承台桩基，目前版本JCCAD软件给出的等效作用分层总和法与明德林应力公式法的计算结果均不宜采用。

4. 由上述31项工程实例可知，采用JCCAD软件的明德林应力公式法计算6桩以上、22桩以下的承台桩基沉降时，若选用"自动计算桩端阻比"，可反推得其实际运用的桩端阻比为0.04～0.242左右；且对于同一工程的中荷载与桩数不同、其余数据相同的单体，JCCAD软件可能选用不同的桩端阻比，其选用标准不明。因此JCCAD软件的"自动计算桩端阻比"一项不宜选用。

4.9 小　　结

本章由具备较为可靠数据的全国各地桩基工程实例，分别采用国标地基规范、《建筑桩基技术规范》、上海地基规范的桩基沉降计算方法进行计算，获得以下初步结果：

1. 由《建筑桩基技术规范》认可的上海地区4项桩基工程，可得"考虑桩径影响的明德林应力公式法"的沉降计算值与实测沉降值之比约为0.5，且离散性相当大。

2. 由上海地区具有较为可靠数据的9项桩基工程，可证明《建筑桩基技术规范》等效作用分层总和法与明德林应力解不完全等效，因此基础计算软件的等效作用分层总和法计算结果，与工程实践、可能有一定的差别。

3. 由上海地区 52 项预制桩桩基工程的明德林应力公式法计算值与实测沉降量之比，可知对于上海地区的桩基沉降计算，预制桩挤土效应系数可能不适用。其原因在于明德林应力公式法能够考虑侧阻分布模式与端阻比例对沉降计算的影响，而等效作用分层总和法不能。同理，明德林应力公式法也能区分是否采用桩端后注浆工艺的灌注桩沉降之差别。

4. 由上海、山西、吉林、安徽、南京等地，共 13 例单桩与小群桩工程的实测沉降资料，可知《建筑桩基技术规范》单桩、单排桩沉降计算公式的经验系数，平均应为 2.127 左右，且离散性相当大。但肯定不应取为 1.0。

5. 外扩纯地下室桩基实际上应属于单桩或小桩群复合桩基。除了这种状况下的沉降计算尚未获得解决外，大跨度地下室底板内力计算时若不考虑实际存在的板底土反力，也可能导致计算结果偏于不安全。尚未检索到有关这个问题的桩土荷载分担与底板钢筋应力原位实测资料，以及有关问题探讨的文献。

6. 由上海、陕西、南京、无锡、湖北、浙江、河南、福建、广东、安徽、北京等地共 28 项工程的桩筏基础承台板原位钢筋应力测试，可知桩筏基础承台板的实测应力一般均远小于设计值。

7. 按目前版本"旗云"软件的计算原理，所得单桩与小桩群基础计算沉降与实测值之比，约为 0.4 左右。因此对这类软件可由有着可靠沉降数据的工程实例进行校核，然后方可应用。

8. 目前版本 JCCAD 软件提供的单桩与小桩群基础计算沉降结果中，"平均沉降 S_1"与上述 13 例单桩与小群桩工程实测沉降较为接近，可供参考。但对于桩端以下有软卧层的情况，误差较大。目前版本 JCCAD 软件"对输入地勘数据与单桩承载力不敏感"的特点，本书第 3 章已作初步探讨。

9. 目前版本盈建科软件提供的单桩与小桩群基础计算沉降结果，基本符合《建筑桩基技术规范》有关规定。但其计算结果存在的问题，本章第 4.4 节进行初步探讨。

10. 目前版本 JCCAD 软件在桩基沉降试算时所给出的 3 个结果，均未乘以相应的沉降计算经验系数；其中"平均沉降 S_1"不属于国标地基规范与《建筑桩基技术规范》推荐的沉降计算方法，且其沉降计算结果主要与土层的名称有关；"上海规范沉降 S_3"就是国标地基规范推荐的明德林应力公式法，但其沉降计算结果与输入的桩侧土阻力、端阻力及单桩承载力无关。

11. 目前版本 JCCAD 软件计算复合桩基沉降的结果中，只有"平均沉降 S_1"会随着桩间土分担比的增长而减小，其余两种结果不变。但这种计算结果既未得到工程实测的证明，又由于"平均沉降 S_1"不属于国标地基规范与桩基规范推荐的沉降计算方法而易引起异议。

12. 目前版本盈建科软件计算桩筏基础的原理，与国标地基规范推荐方法的原理有所不同，有实测值相比可能偏小。

13. 基础计算软件的沉降计算原理，对承台板内力计算值有较大影响。

14. 判别主裙楼联体、变刚度桩基础承台板内力计算结果合理与否的主要依据，是沉降计算结果是否合理。目前版本 JCCAD、盈建科软件计算主楼、裙楼与外扩地下室的沉降均可能偏于不安全，因此对承台板的内力计算也可能存在一定影响。

15. 由上海、山西、河北、辽宁、江苏等地，共31例6桩以上、22桩以下承台桩基工程的实测沉降资料，可知桩基规范等效作用分层总和法的经验系数，平均应为1.7左右，且离散性相当大；国标地基规范明德林应力公式法的计算结果，普遍偏大过多，且离散性过大；并基本可判定目前版本 JCCAD 软件给出的等效作用分层总和法与明德林应力公式法的计算结果不可信。

5 基础计算天然地基基础的疑难与探讨

5.1 引　言

由工程实践，JCCAD、盈建科等基础软件计算天然地基基础的主要疑难有以下几点：

（1）基床反力系数的取值对于天然地基基础计算内力的影响有多大？

（2）由基础软件计算天然地基基础时，如何考虑有限元板块大小对计算内力的影响。

（3）如何考虑实际沉降对天然地基基础计算内力的影响。

（4）天然地基基础的实测内力与计算值的关系。

（5）天然地基计算沉降与实际沉降的差异，地基规范可不计算沉降规定的的原理，"上硬下软"土层的沉降计算疑难。

（6）独基（墩基）-构造板（防水板）的板底土反力为零的假定，是否符合实际？

本章第 2 节阐述了"位移基床系数"与"沉降基床系数"的原理，并对两种基床系数的适用范围进行区分。

本章第 3 节通过 3 例沉降均匀或不均匀、上部刚度及荷载均匀或不均匀的工程实例，对第 1、第 2、第 3 点疑难进行初步探讨。

本章第 4 节提供了南京、河南、北京、陕西、上海、沈阳、广东等地，共 18 例多层与高层天然地基基础的原位实测钢筋应力，并对实测值与计算值的巨大差异进行初步探讨。

本章第 5 节通过上海、浙江等地有着长期实测沉降资料的 3 例典型工程实例，对第 5 点疑难给出自己的意见。

本章第 6 节通过辽宁地区 2 例墩基-构造板基础与独基-构造板基础的原位实测板底土反力数据，对独基-构造板（防水板）的板底土反力为零的假定，提出疑问。

5.2 天然地基弹性地基梁板计算的沉降基床系数与位移基床系数

天然地基弹性地基梁板的计算关键是基床反力系数，基床反力系数 K 值的物理意义是单位面积地表面上引起单位下沉所需施加的力。

基床反力系数 K 值的计算方法有：静载试验法、经验值法（即 JCCAD 说明书中建议的 K 值）与按基础平均计算沉降反算 K 值法。

上述 3 种方法所得基床反力系数实际上可以分为"位移基床系数"与"沉降基床系数"两类，静载试验法与经验值法都属于"位移基床系数"。一般来说，"位移基床系数"

与"沉降基床系数"的数值大小，不在同一个级别，因此同一工程分别由"位移基床系数"与"沉降基床系数"计算所得的内力，就可能相差很多。

如上海 7 幢高层建筑天然地基的"位移基床系数"与"沉降基床系数"，就是一例。见表 5.2.0-1。

上海 7 幢高层建筑的基床系数 表 5.2.0-1

工程名称	实测沉降(mm)	位移基床系数（kN/m³）①	沉降基床系数（kN/m³）②	①/②
上海康乐大楼	108	10000～20000	1745	5.7～11.5
上海四平大楼	77	10000～20000	2442	4.1～8.2
上海华盛大楼	165.4	5000～10000	940	5.3～10.6
上海胸科大楼	253.3	5000～10000	612	8.2～16.3
上海北站旅社	63	10000～20000	1616	6.2～12.4
上海陆家宅大楼	56	10000～20000	2366	4.2～8.5
上海妇幼大楼	246	5000～10000	391	12.8～25.6
平均值				6.6～13.3

由表 5.2.0-1 可知，对于上海软土地区的天然地基，"位移基床系数"与"沉降基床系数"之比一般为 6.6～13.3。因此采用 JCCAD 等软件说明书中建议的"位移基床系数" K 值，计算所得天然地基弹性地基梁板的"弹性地基梁竖向位移曲线图"中的"竖向位移"，与"底板沉降计算结果"并没有任何直接联系。

但在工程实践中仍出现将"位移基床系数"误认作"沉降基床系数"的现象。如对于大底盘多塔高层建筑天然地基筏板的计算，采用统一的"位移基床系数"，并由计算所得的"弹性地基梁竖向位移曲线图"，认为主楼与外扩纯地下室之间的沉降差很小，可以忽略不计。

其实一旦选定"位移基床系数"后，就是提前锁定了该工程的"竖向位移"，此后所谓"沉降"与"沉降差"计算（实际上是"位移"计算），就变成了既定结果的"循环论证"。

5.2.1 "位移基床系数"的静载试验法

温克尔提出假设：地基上任一点所受的压力强度 P 与该点的地基沉降量 S 成正比，这个比例系数就是基床反力系数（简称基床系数），单位为 kN/m³。

一般规范要求，基床系数可通过压板试验求得，方形压板为 0.3 m×0.3 m，$S = 0.125$ cm 时所对应的压力。

因此静载试验法是现场的一种原位试验，通过此种方法可以得到荷载-沉降曲线（即 P-S 曲线），根据所得到的 P-S 曲线，则 K 值的计算公式如下：$K = (P_2 - P_1)/(S_2 - S_1)$；其中，$P_2$、$P_1$——分别为基底的接触压力和土自重压力，$S_2$、$S_1$——分别为相应于 P_2、P_1 的稳定沉降量。

静载试验法计算出来的 K 值是不能直接用于基础设计的，必须经太沙基修正后才能使用，这主要是因为此种方法确定 K 值时所用的荷载板底面积远小于实际结构的基础底面积，因此需要对 K 值进行折减。

但是，即使经过太沙基修正，部分解决了"荷载板底面积远小于实际结构的基础底面积"的问题，但仍然不可能解决静载试验法所获短期沉降，与建筑物长达数年乃至数十年的长期沉降之间的巨大差别。

5.2.2 "沉降基床系数"的计算与用途

对于荷载均匀、沉降均匀的建筑物基础，一般认为基床系数的大小对基础内力计算值的影响不大，因此以往采用不考虑沉降差的"倒楼盖法"计算基础内力，也获得较好的效果。

但随着主裙楼、大底盘地下室多塔建筑的日益普遍，不考虑沉降差的"倒楼盖法"已不能适应。工程实践中大底盘地下室多塔建筑的外扩地下室底板裂穿的情况并不少见。

复合桩基与复合地基计算时应用的板底土反力基床系数是"沉降基床系数"，即按复合桩基与复合地基的计算沉降，反算"沉降基床系数"。若按板底土的种类选用"位移基床系数"，则板底土的计算沉降将很小，与桩基计算沉降不匹配，进而影响基础内力的计算。

无论是天然地基基础、复合地基基础还是桩基础，都有一个特点，就是即使基础开裂甚至断裂，一般来说，并不会严重影响基础的承载性能。何况若不是地下室底板裂穿、上部结构出现裂缝、发生较大沉降等异常情况，一般不可能发现基础是否有裂缝。

沉降差引起的天然地基基础事故较少见于公开报道。即使见诸报刊的报道也多为很粗疏的外行话，不足为凭。一般有关刊物报道的大沉降天然地基基础工程，多限于实测沉降量的定量描述，以及上部结构开裂的定性描述，除非有地下室底板裂穿的情况发生。

至今尚未检索到现场开挖后检测天然地基基础是否开裂、甚至断裂的文献。即使 20 世纪上海、浙江、福建等地频频发生的实测沉降高达 1m 以上的多层建筑天然地基基础加固工程，也未见关于基础本身状况的检测。事实上也极少有可能挖开天然地基基础的底面，去检测基础底面是否开裂。

于是对于天然地基基础因沉降而引起的裂缝，主要依靠地下室底板的裂穿而获得第一手资料。如《建筑桩基技术规范应用手册》就报道了北京地区数例较大沉降差的天然地基工程实例：

（1）北京中信国际大厦天然地基双层箱基，实测最大沉降差（建成后 20 年）达到 0.004 倍二测点距离，超过规范允许值的一倍；

（2）北京某大厦天然地基筏基，建成 2 年后主裙楼间实测最大沉降差达到 0.0045 倍二测点距离。实际上建成初期地下室底板已经开裂。

由此可见对于主裙楼联体、主楼与外扩地下室联体的天然地基基础计算，就必须考虑主楼与裙楼、主楼与外扩地下室之间的沉降差引起的底板附加应力。

上海地区对于桩基础，一般按结构封顶时主楼完成最终沉降值的 40%～50% 计算，再按外扩地下室底两侧的计算沉降差，以两端固定的单跨梁计算，可求得两端支座弯矩；将支座弯矩加在五跨连续板，即可求得底板的附加内力。这个思路可以借鉴。

5.3　沉降基床系数与位移基床系数
对天然地基基础内力计算的影响

沉降基床系数与位移基床系数在数值上相差数十乃至数百倍。JCCAD 软件对于天然地基基础计算给出基床反力系数推荐值，即基于位移基床系数的"经验值"。盈建科软件是在输入地质资料后自动计算基床反力系数，从应用时所获数值看，也属于位移基床系数。

但对于发生较大沉降的天然地基基础，沉降基床系数与位移基床系数对基础内力计算值的影响，究竟有多大，需要有一个定量的分析。

本节对荷载均匀、沉降均匀的建筑物，荷载均匀、沉降不均匀的建筑物、上部刚度及荷载不均匀的建筑物，分别按位移基床系数、沉降基床系数，由基础计算软件计算基础内力，进行对比与探讨。

基础计算软件一般规定，有限元网格控制边长默认值为 2 m，对于小体量筏板或局部计算，可将控制边长缩小（如 0.5～1 m）。本节就有限元控制边长的大小对计算结果的影响进行初步探讨。

5.3.1　荷载均匀、沉降均匀建筑物的筏板基础

[案例 5.3.1] 为上海普陀区某办公楼（林柏，2010），地面以上 7 层框架结构，2 层地下室，地下室底板厚 1.0 m。

拟建场地属于上海地区典型的浅埋粉性土区，在地面以下 2.0 m 处有两层共厚约8.3 m 厚的黏质粉土与砂质粉土，其下为 4 m 厚淤泥质黏土与 14 m 厚黏性土，暗绿色黏土层在地面以下 28 m 处。

[案例 5.3.1] 地基土物理力学性质指标见表 5.3.1-1。

地基土物理力学性质指标　　　　　　　　　　　　　　　　表 5.3.1-1

层序	土的名称	物理性质				力学性质				原位测试	
						剪切试验		压缩试验			
		厚度 h(m)	含水量 w(%)	重力密度 ρ(g/cm³)	天然孔隙比 e	内摩擦角 ϕ(°)	内聚力 C(kPa)	压缩模量 E_s(MPa)	压缩系数 α^{1-2} (MPa^{-1})	比贯入阻力 P_s (MPa)	标贯试验 N （击数）
②	填土	2.0	—	—	—	—	—	—	—	—	—
②-1	灰黄色黏质粉土	1.5	30.9	1.86	0.87	30.0	9	6.49	1.88	1.41	4.0
②-2	灰色砂质粉土	6.8	33.4	1.82	0.95	31.5	6	9.47	0.43	2.08	5.2
④	灰色淤泥质黏土	4.2	46.3	1.70	1.31	17.0	11	2.52	0.14	0.63	—
⑤-1	灰色黏土	10.5	37.7	1.78	1.08	15.0	14	3.44	0.46	0.82	—
⑤-2	灰色粉质黏土	3.3	35.8	1.79	1.03	21.0	14	4.19	1.73	1.08	—
⑥	暗绿色黏土	3.7	23.6	1.96	0.69	18.5	44	6.48	0.16	3.00	—

层序	土的名称	物理性质				力学性质				原位测试	
		厚度 h(m)	含水量 w(%)	重力密度 ρ(g/cm³)	天然孔隙比 e	剪切试验		压缩试验		比贯入阻力 P_s(MPa)	标贯试验 N(击数)
						内摩擦角 ϕ(°)	内聚力 C(kPa)	压缩模量 E_s(MPa)	压缩系数 $\alpha^{1\text{-}2}$(MPa⁻¹)		
⑦-1	草黄色砂质粉土	4.9	29.0	1.88	0.82	34.0	3	13.68	0.3	11.60	33.3
⑦-2	灰黄色粉砂	4.9	26.9	1.88	0.78	34.0	3	17.25	0.32	18.24	40.5
⑧	灰色粉质黏土	>5.0	35.2	1.82	0.99	22.0	14	4.77	0.32	2.10	—

［案例5.3.1］的基础平面图如图5.3.1-1。

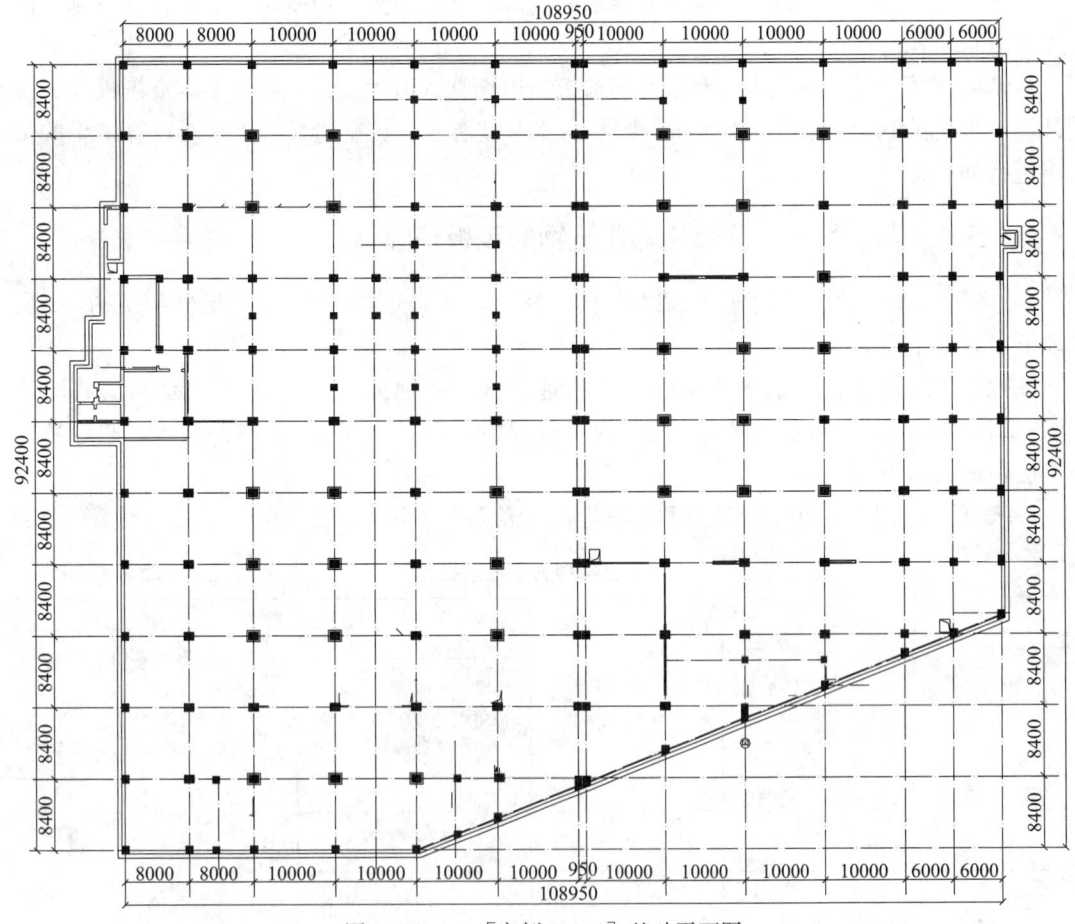

图5.3.1-1 ［案例5.3.1］基础平面图

［案例5.3.1］结构封顶时，实测平均沉降量为135 mm，总体沉降较均匀。结构封顶后结束井点降水，24个沉降观测点的实测平均沉降量在2个多月中由135 mm回升至50 mm左右。竣工时实测平均沉降量为61 mm。此后沉降观测点损坏，沉降观测数据不可信。但1年半后现场观察，沉降发展不明显。预计最终沉降量不会超过100 mm。

［案例 5.3.1］的实测时间-沉降曲线如图 5.3.1-2。

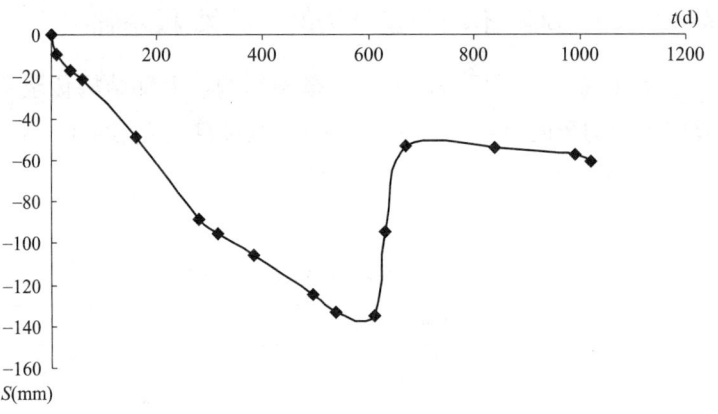

图 5.3.1-2　［案例 5.3.1］实测时间-沉降曲线

［案例 5.3.1］的基底压力为 219.0 kPa，扣除地基土自重压力 169.5 kPa 后的基底附加压力为 49.5 kPa，按上海市标准《地基基础设计规范》DG J08-11—2010 规定进行沉降计算，该工程计算沉降为 210 mm（计算过程略）。

［案例 5.3.1］按上海地基规范法的计算沉降值 210 mm 与实测估计最终沉降量 100 m 之比为 2.1。计算结果偏大。上海这类浅埋粉性土地区的天然地基与桩基的沉降计算，一直属于没有完全解决的难题。

［案例 5.3.1］由 JCCAD 软件按 5 种基床系数计算底板内力，比较计算结果：基床系数 1 按计算沉降值，取沉降基床系数为 $49.5/0.21 = 235$ kN/m³；基床系数 2 按实测沉降，取沉降基床系数为 $49.5/0.061 = 810$ kN/m³；基床系数 3、4 按基底砂质粉土，由 JCCAD 软件计算手册，取位移基床系数为 100000 kN/m³ 与 30000 kN/m³；基床系数 5 按近似倒楼盖法，取位移基床系数为 1000000 kN/m³。

取计算最大内力的同一部位进行比较（均取有限元板块边长为 2m），如图 5.3.1-3。

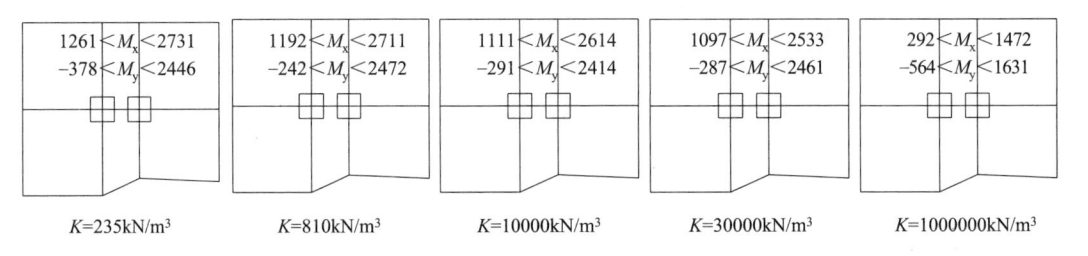

图 5.3.1-3　5 种基床系数计算［案例 5.3.1］底板最大内力

由图 5.3.1-3 可知，对于荷载均匀、沉降均匀的［案例 5.3.1］筏板基础计算内力，当基床系数由 235 kN/m³，增大到 30000 kN/m³（增幅 128 倍），底板计算最大弯矩的减小幅度仅为 0.0725；但［案例 5.3.1］按倒楼盖法计算时，与按位移基床系数（10000 kN/m³）计算相比，基床系数增大 100 倍，底板最大弯矩的减小幅度达到 0.437。

由此可见，对于荷载均匀、沉降均匀建筑物的筏板基础内力计算，基床系数的取值，由"沉降基床系数"到"位移基床系数"，数值相差近 130 倍，底板计算弯矩的变化基本可以忽略；但若按"倒楼盖法"，则底板计算弯矩的变化就减小近50％了。

5.3.2　荷载均匀、沉降不均匀建筑物的基础梁-板基础

［案例5.3.2］为上海某7层厂房，上部为框架结构，上部结构传至室外地面标高处的对应于长期效应组合的竖向荷载值为52400 kN，基础自重为23410 kN。

［案例5.3.2］的地基土物理力学性质指标见表5.3.2-1。

土的物理力学性质指标及承载力表　　　　　　　　表 5.3.2-1

层序	土的名称	物理性质				力学性质		
		厚度 h(m)	含水量 w(%)	重力密度 ρ(g/cm³)	天然孔隙比 e	剪切试验		压缩试验
						内摩擦角 ϕ(°)	内聚力 C(kPa)	压缩模量 E_s(MPa)
①	填土	0.80	—	—	—	—	—	—
②	黏土	0.60	36.9	18.4	1.04	—	—	47.44
③	粉质黏土	1.10	30.4	19.1	0.86	13.0	13	38.75
④	淤泥质粉质黏土	3.46	43.9	17.6	1.23	13.0	8	31.86
⑤	淤泥质黏土	6.27	51.9	16.9	1.19	6.7	10	21.67
⑥	淤泥质粉质黏土	7.30	41.8	17.7	1.47	19.0	8	37.76
⑦	砂质粉土	5.24	—	—	—	—	—	90.0
⑧	淤泥质黏土	>2.60	40.5	17.6	1.19	10.0	10	34.76

［案例5.3.2］采用基础梁-板基础，基础平面图如图5.3.2-1。

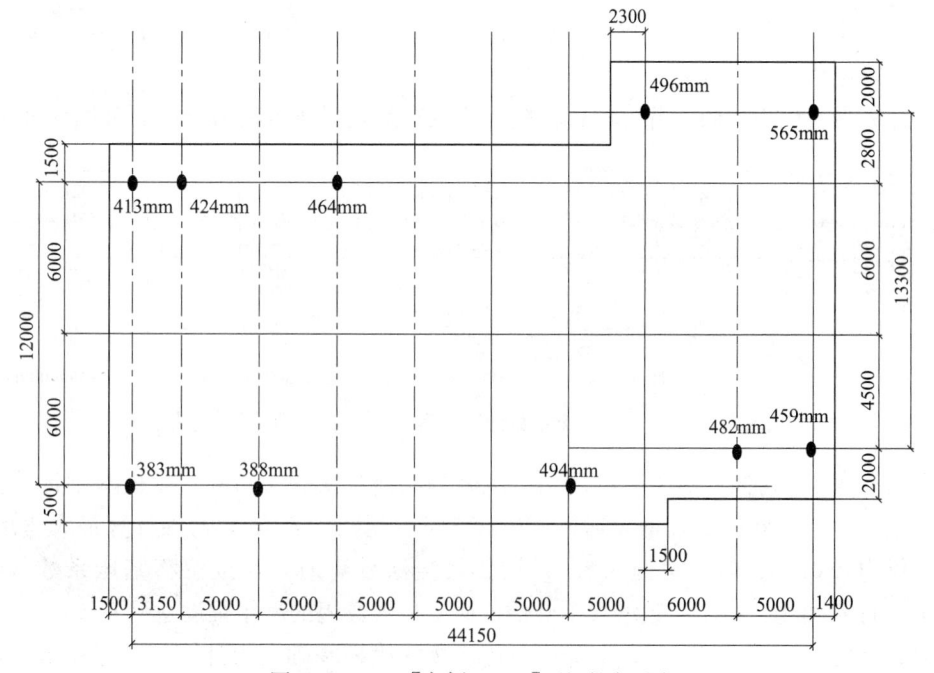

图 5.3.2-1　［案例5.3.2］基础平面图

[案例5.3.2] 沉降实测时间由 1982 年 6 月至 1983 年 12 月，历时 540 d，实测最后平均沉降量为 461 mm，沉降速率 0.279 mm/d，尚未达到沉降稳定的标准。由对数曲线法与双曲线法可得实测推算最终沉降量约为 556 mm。

[案例5.3.2] 实测时间-沉降曲线如图 5.3.2-2。

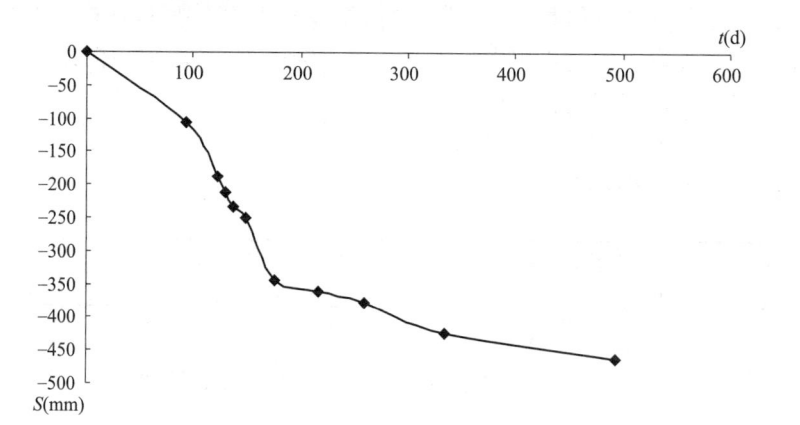

图 5.3.2-2 [案例5.3.2] 实测时间-沉降曲线

[案例5.3.2] 的基底压力为 109.7 kPa，扣除地基土自重压力 26.7 kPa 后的基底附加压力为 83.0 kPa，[案例5.3.2] 按上海市标准《地基基础设计规范》天然地基最终沉降量计算法计算沉降值为 549mm（计算过程略）。

[案例5.3.2] 按上海地基规范法的计算沉降值 549mm 与实测推算最终沉降量 556mm 之比为 0.987，符合得很好。

[案例5.3.2] 由 JCCAD 软件按 4 种基床系数计算底板内力，比较计算结果：基床系数 1 按实测推算最终沉降值，取沉降基床系数为 83/0.556＝150 kN/m³；基床系数 2、3 按基底粉质黏土，由 JCCAD 软件计算手册，取位移基床系数为 5000 kN/m³ 与 10000 kN/m³；基床系数 4 按近似倒楼盖法，取位移基床系数为 1000000 kN/m³。

取计算最大内力的同一部位进行比较（均取有限元板块边长为 2m），如图 5.3.2-3。

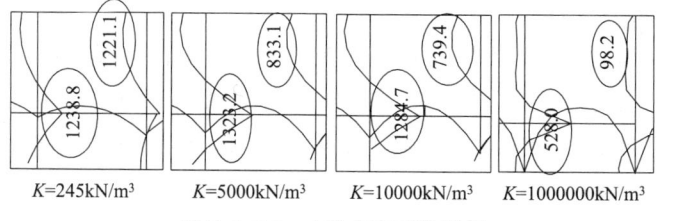

| $K=245\text{kN/m}^3$ | $K=5000\text{kN/m}^3$ | $K=10000\text{kN/m}^3$ | $K=1000000\text{kN/m}^3$ |

图 5.3.2-3 4 种基床系数计算

[案例5.3.2] 基础梁最大内力

由图 5.3.2-3 可知，对于荷载均匀、沉降不均匀的 [案例5.3.2] 基础梁计算内力，当基床系数由 245 kN/m³，增大到 5000 kN/m³（增幅 20 倍），基础梁计算最大弯矩的减小幅度为 0.318；当基床系数由 245 kN/m³，增大到 10000 kN/m³（增幅 41 倍），基础梁计算最大弯矩的减小幅度为 0.394；但 [案例5.3.2] 按倒楼盖法计算时，与按位移基床系数（10000 kN/m³）计算相比，基床系数增大 100 倍，底板最大弯矩的减小幅度达到 0.589。

而板内力计算值，则对基床系数的变化很不敏感。

由此可见，对于荷载均匀、沉降不均匀建筑物的基础梁内力计算，基床系数的取值，由"沉降基床系数"到"位移基床系数"，数值相差近 20 倍，底板计算弯矩的变化基本可以忽略，基础梁计算弯矩的变化相当可观；若按"倒楼盖法"，则底板计算弯矩的变化仍可以忽略，但基础梁计算弯矩就减小近 60% 了。

［案例 5.3.2］纵向中基础梁按连续 T 形梁，考虑各支座沉降计算内力。梁顶线荷载为 273 kN/m。计算简图如图 5.3.2-4：

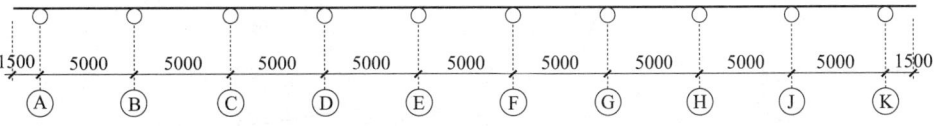

图 5.3.2-4 ［案例 5.3.2］纵向中基础梁计算简图

［案例 5.3.2］纵向中基础梁的各支座沉降值见表 5.3.2-2；

各支座沉降值 表 5.3.2-2

支座	A	B	C	D	E	F	G	H	I	J
沉降值 Δ（mm）	398	405	416	439	457	474	478	492	506	512

［案例 5.3.2］纵向中基础梁的计算支座弯矩标准值见表 5.3.2-3（计算过程略）：

支座弯矩标准值 M（kN·m） 表 5.3.2-3

支座	A	B	C	D	E	F	G	H	I	J
支座弯矩	430	929	−112	1426	413	1871	−78	862	1400	430

［案例 5.3.2］纵向中基础梁按最大支座弯矩标准值 1871 kN·m、T 形基础梁的梁截面为 400 mm×1000 mm、翼板厚 400 mm、宽 6000 mm 计算裂缝宽度。可得基础梁计算裂缝宽度为 1.16 mm（计算过程略）。远大于规范规定值 0.3 mm。

由此可见，若按各点的实测沉降计算，［案例 5.3.2］纵向中基础梁的计算弯矩，远大于 JCCAD 等软件的计算结果。

因此对于荷载均匀、沉降不均匀的建筑物（梁板式基础），由 JCCAD、盈建科等基础计算软件计算基础内力时，若采用"位移基床系数"，则应该考虑不均匀沉降引起的基础梁附加弯矩。或者直接采用"沉降基床系数"计算基础梁内力；底板的计算内力基本不受沉降与沉降差大小的影响。

5.3.3 上部刚度及荷载不均匀建筑物筏板基础的变刚度设计

［案例 5.3.3］为浙北某 17 层大底盘地下室多塔高层住宅，地下 1 层，上部为框架剪力墙结构。基础埋深位于自然地坪以下 5.20 m。上部结构传至室外地面标高处的对应于长期效应组合的竖向荷载值为 114358 kN，基础自重为 9072 kN。

［案例 5.3.3］的地基土物理力学性质指标见表 5.3.3-1。

土的物理力学性质指标及承载力表 表 5.3.3-1

层序	土的名称	物理性质		力学性质		
		厚度 h(m)	承载力特征值 f_{ak} (kPa)	剪切试验		压缩试验
				内摩擦角 ϕ(°)	内聚力 C(kPa)	压缩模量 E_s(MPa)
①	耕土	0.50	—	—	—	—
②	粉质黏土	3.20	120	19.0	10	6.5
③	圆砾	1.40	300	—	—	15.0
④	卵石	8.20	400	—	—	20.0
⑤	灰岩	＞6.30	1000	—	—	—

〔案例 5.3.3〕采用筏板基础，基础平面图（局部）如图 5.3.3-1。图中虚线所示范围的主楼筏板厚度 1.2 m，纯地下室区块筏板厚度 0.4 m。

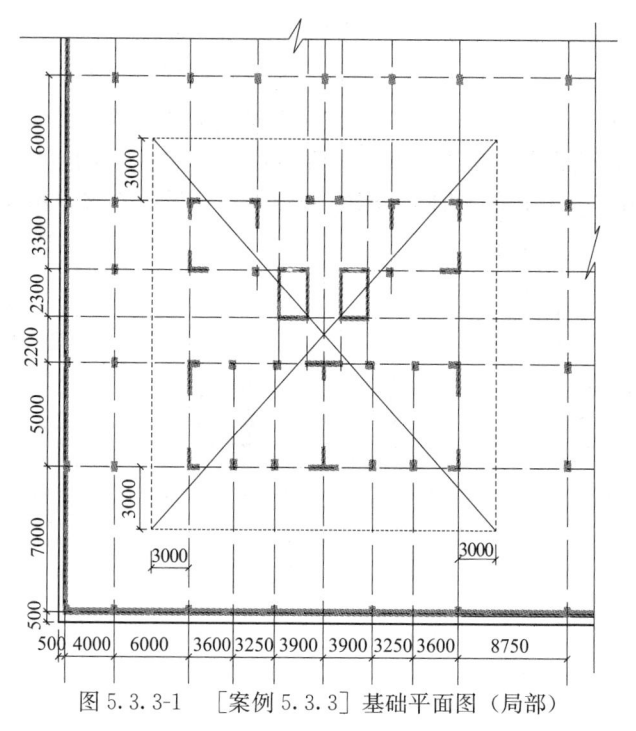

图 5.3.3-1　〔案例 5.3.3〕基础平面图（局部）

〔案例 5.3.3〕竣工时实测平均沉降 7 mm 左右，且由沉降速率看已接近稳定。实测最后平均沉降量为 10 mm 左右。

〔案例 5.3.3〕的主楼基底压力为 435.4 kPa（按主楼外包面积计算），扣除地基土自重压力 93.6 kPa 后的基底附加压力为 341.8 kPa，〔案例 5.3.3〕的主楼按《建筑地基基础设计规范》GB50007-2011 天然地基最终沉降量计算法计算沉降值 24.8 mm（计算过程略）。

〔案例 5.3.3〕按国标地基规范法的计算沉降值 24.8 mm 与实测最终沉降量 10 mm 之比为 2.48。

〔案例 5.3.3〕由 JCCAD 软件按 4 种基床系数计算底板内力，比较计算结果：基床系数 1 按实测推算最终沉降值，取沉降基床系数为 341.8/0.0248＝13780 kN/m³；基床系数 2、3 按基底密实碎石土，由 JCCAD 软件计算手册，取位移基床系数为 43000 kN/m³ 与 100000 kN/m³；基床系数 4 按近似倒楼盖法，取位移基床系数为 10000000 kN/m³。

取计算最大内力的电梯井边同一部位进行比较（均取有限元板块边长为 2m），如图 5.3.3-2。

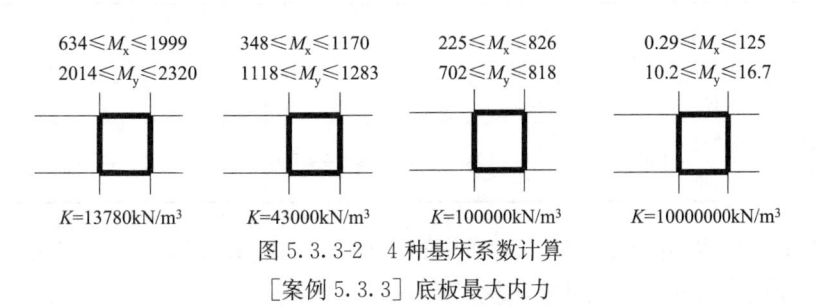

$634 \leqslant M_x \leqslant 1999$　　$348 \leqslant M_x \leqslant 1170$　　$225 \leqslant M_x \leqslant 826$　　$0.29 \leqslant M_x \leqslant 125$
$2014 \leqslant M_y \leqslant 2320$　　$1118 \leqslant M_y \leqslant 1283$　　$702 \leqslant M_y \leqslant 818$　　$10.2 \leqslant M_y \leqslant 16.7$

$K=13780\text{kN/m}^3$　　$K=43000\text{kN/m}^3$　　$K=100000\text{kN/m}^3$　　$K=10000000\text{kN/m}^3$

图 5.3.3-2　4 种基床系数计算
［案例 5.3.3］底板最大内力

由图 5.3.3-2 可知，对于荷载均匀、沉降均匀的［案例 5.3.3］筏板基础计算内力，当基床系数由 13780 kN/m³，增大到 100000 kN/m³（增幅 7.26 倍），底板计算最大弯矩的减小幅度为 0.65；当［案例 5.3.3］按倒楼盖法计算时，与按位移基床系数（100000 kN/m³）计算相比，基床系数增大 100 倍，底板最大弯矩的减小幅度达到 0.85。

再取计算最大内力的电梯井边同一部位进行比较（均取有限元板块边长为 1 m），考察有限元板块大小对计算内力的影响，如图 5.3.3-3。

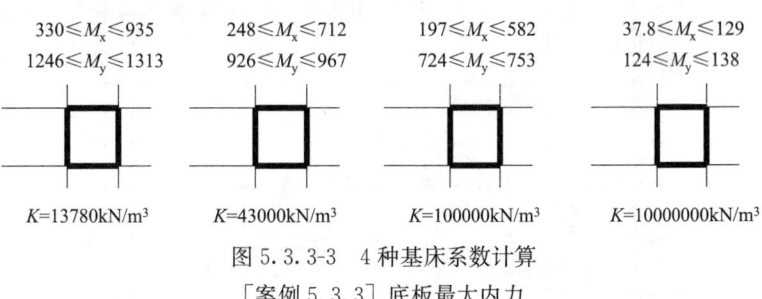

$330 \leqslant M_x \leqslant 935$　　$248 \leqslant M_x \leqslant 712$　　$197 \leqslant M_x \leqslant 582$　　$37.8 \leqslant M_x \leqslant 129$
$1246 \leqslant M_y \leqslant 1313$　　$926 \leqslant M_y \leqslant 967$　　$724 \leqslant M_y \leqslant 753$　　$124 \leqslant M_y \leqslant 138$

$K=13780\text{kN/m}^3$　　$K=43000\text{kN/m}^3$　　$K=100000\text{kN/m}^3$　　$K=10000000\text{kN/m}^3$

图 5.3.3-3　4 种基床系数计算
［案例 5.3.3］底板最大内力

比较图 5.3.3-2 与图 5.3.3-3 可知，当有限元板块边长由 2m 减小为 1 m，对于按沉降基床系数计算的最大筏板内力，后者（1m 有限元板块边长）下降 0.43；对于按位移基床系数计算的最大筏板内力，后者（1m 有限元板块边长）下降 0.08～0.25，大小不等；当［案例 5.3.3］按倒楼盖法计算时，与按位移基床系数（100000 kN/m³）计算相比，基床系数增大 100 倍，底板最大弯矩基本相等。

由以上计算分析，上部刚度及荷载不均匀的建筑物筏板基础内力计算结果，沉降基床系数的影响很大。但结合天然地基筏板基础钢筋应力原位实测资料可知，若根据当地实践经验可判断实际沉降远小于计算值，则可以采用位移基床系数计算。而倒楼盖法的计算结果太小，在没有可靠资料的前提下，尚不宜采用。

至于采用哪一挡的位移基床系数，采用多大的有限元板块，目前尚无公认的标准答案。

对于带外扩纯地下室（含裙房）的主裙楼结构，属于上部刚度及荷载分布都不均匀的情况。虽然主楼外围布置后浇带，但考虑后浇带封闭后的后期沉降，主楼与纯地下室之间的沉降差还是不能完全不予考虑的。

至于主裙楼之间的沉降差确定问题，可参见"5.5 天然地基沉降计算的难题"。

5.4 天然地基筏板原位实测钢筋应力及初步探讨

本节检索到的河南、西安、沈阳、北京、上海、广东等地的天然地基筏板原位实测钢筋应力的资料，共有 18 例。

虽然数量与地域均不如桩筏基础承台板原位实测的工程实例，但由于这些工程实例的原位实测数据中，有两个工程实例在上部结构的梁中埋设了钢筋应力计，根据实测数据可以判定中和轴不在基础中。因此对于天然地基筏板实测钢筋应力远小于计算值这一问题的探讨，还是有一定参考价值的。

5.4.1 国内天然地基筏板原位实测钢筋应力

国内天然地基筏板原位实测钢筋应力见表 5.4.1-1。

国内天然地基筏板原位实测钢筋应力 表 5.4.1-1

序号	工程名称	地下层数	持力层名称	筏板厚度(mm)	实测沉降(mm)	最大钢筋拉应力(MPa)	最大钢筋压应力(MPa)
1	南京 7 层	—	人工填土	300	45	31.5	无
2	南京 28 层	2	软质基岩	2000	6~7	45	10~30
3	河南 10 层	1	黏质粉土	400	8.9	39.2	—
4	河南 16 层	1	—		307.8	(很小)	(很小)
5	北京 10 层	1	—		20.8	26.3	
6	北京 12 层	1	—		11.4	20.8	
7	北京 10 层	2	—			30.0	
8	北京某大楼	1	—			(均为拉应力)	
9	北京 17 层	1	—		53.9	17.0	
10	北京 12 层	2	重砂质粉土	700	30	(大部分为压应力)	118.8
11	陕西 13 层	2	黄土	500	31.4	32.7	
12	上海 12 层 A	1	—	500	160	9.0	
13	上海 12 层 B	1	—		120	10.0	
14	上海 10 层	1	淤泥质黏土		>350	9.0	
15	上海 12 层	2	砂质粉土	500	240	10.8	
16	沈阳 22 层	2	—	2200	13.9	24.2	
17	沈阳 5 层	1	—			67.6	
18	沈阳 9 层	1	砾砂	600	8.9	29.7	22.7
19	沈阳某高塔	—	圆砾	2500	21.35	65	65
20	广东 14 层	2	—				
21	河南 11 层	1	粉土	800	26.1	—	84.6
22	兰州 31 层	3	强风化砂岩	1600	20	148.6	10.6

补充表 5.4.1-1 中工程实例的一些具体数据：

（1）序号 1 的南京 7 层底框砖混住宅（钟闻华，2002），带肋梁筏板基础，基础底板面层钢筋和底层钢筋内全部为拉应力，说明中和轴在筏板顶面以上。

（2）序号 3 的河南某 10 层大楼（习学优，1988），地下 1 层，箱形基础，底板为箱形截面，折算厚度 0.4m。底板埋设 17 个钢筋应力计，顶板埋设 2 个钢筋应力计，上部结构首层至六层纵梁埋设 9 个钢筋应力计。实测中和轴在第 4 层纵梁，最大拉应力 79MPa。

（3）序号 4 的河南某 16 层大楼（董建国，1997），地下 1 层，箱形基础，箱基挑出悬臂 4m。

（4）序号 7 的北京某 10 层大楼（董建国，1997），地下 2 层，箱形基础。施工至地上 5 层以后，底板实测钢筋应力随楼层数量增加而减小。

（5）序号 8 的北京某大楼（董建国，1997），实测箱形基础底板与顶板的实测钢筋应力均为拉应力。这说明中和轴已经移到上部结构。

（6）序号 10 的北京某 12 层大楼（赵锡宏，2006），地下 2 层，箱形基础。底板埋设 6 只钢筋应力计，50 只混凝土传感器。原位监测时间 2 年。初始阶段，实测钢筋应力值有拉应力有压应力，随着荷载逐步增加，实测钢筋应力值全部为压应力；混凝土传感器的实测应变值也全部为受压。

（7）序号 15 的上海某 12 层大楼（张问清，2005），地下 2 层，箱形基础。底板埋设 15 个钢筋应力计，正常工作 10 个。原位监测时间 277d（该工程即国标地基规范条文说明 p235 所述上海工程）。

（8）序号 16 的沈阳某 22 层大楼（李纯，2009），地下 2 层，筏板基础。底板上层钢筋埋设 2 个钢筋应力计。

（9）序号 17 的沈阳某 5 层大楼（阎瑞明，2003），地下 1 层，筏板基础。独立基础与构造板中均埋设钢筋应力计。

（10）序号 19 的沈阳某高塔（刘忠昌，1992），壳体基础。

（11）序号 18 的广东某 14 层大楼（王恒新，1992），地下 2 层，箱形基础，箱基整体悬挑 5m。在箱基底板、顶板、地下室顶板与第 2、4、5 层纵梁分别埋设 14 只钢筋应力计（其中底板钢筋应力计失效）。从箱基顶板及地下室顶板钢筋的实测应力曲线可以看出，悬臂箱基—框剪体系的中和轴位于上部结构。但因缺少底板的实测数据，中和轴的具体位置不能准确判定。

（12）序号 21 的河南某 11 层大楼（张萌，2014），地下 1 层，筏板基础。埋设 74 只钢筋应力计。实测筏板钢筋应力均为压应力。

5.4.2 关于原位实测钢筋应力远小于设计值的初步探讨

关于天然地基基础底板原位实测钢筋应力远小于设计值的问题，有关资料也作了深入的探讨，大致情况如下：

有不少实测结果证实，地基反力向柱下、墙下集中，其结果是底板的弯矩有所下降，钢筋的应力也随之减少。

大量的实测结果表明，大部分基础底板钢筋的应力水平很低，根据变形协调原则换算的受拉区混凝土并未开裂，与钢筋一起抗拉。

上部结构刚度的存在极大地改善了基础的受力性态，使基础的整体弯曲大为减小，从而有效地降低了基础底板的内力。

基础梁（板）未按双筋受弯构件进行计算。

但在有关规范未进行重大修改前，尚不宜仅根据原位实测结果就大幅度折减基础梁（板）的计算内力。

因为由目前检索到的天然地基基础内力原位实测资料看，不仅数量上远不及桩基础，更重要的是，对于基础发生开裂现象的工程并未进行基础内力的原位实测。

在某种意义上，发生事故工程原位检测资料的价值，远远超过正常工程的原位检测数据。因为这些资料可以划出一道不能逾越的"红线"。

如《建筑桩基技术规范应用手册》报道的北京某大厦天然地基筏基，建成初期底板已经开裂。但未能检索到该工程是否进行过基础钢筋应力的原位检测，尤其是底板开裂部位的原位检测的资料。因此该工程检测资料的价值就降低了不少。

又如《建筑桩基技术规范》给出北京中信国际大厦天然地基双层箱基建成后 20 年的实测沉降值，沉降差为规范规定值的 2 倍以上，但同样缺少对应于这类大沉降差基础钢筋应力的原位检测。

再如［案例 5.3.2］，由于最大的实测沉降差为 106mm，达到 0.0079 倍二测点距离，而且这还是在上部结构活载尚未施加情况下的实测沉降，因此该［案例 5.3.2］的基础开裂应该是可以预测到的事。但基础钢筋应力原位检测的缺位，仍然非常可惜。

5.4.3　JCCAD 等软件计算筏板内力的问题

JCCAD 等基础计算软件在计算天然地基筏板时常出现柱（墙）边计算内力过大的情况。

实际上，柱、墙对筏板的约束是一个区域，而不是理想化的点或线，且这些构件的荷载在筏板中的传递也有一定的扩散角度，而不全是竖直传递的。因此，筏板在墙（柱、桩）连接处的内力因荷载较集中而产生一定的峰值是合理的，但不应过大。

JCCAD、盈建科等软件采用应力钝化技术解决这个问题。但看来目前效果似乎不是很好，因为与天然地基、桩筏基础的底板钢筋应力原位实测数据相比较，计算弯矩仍然偏大较多。

上海地区以往有关这个问题的共识曾经是，柱（墙）边的 45°板厚范围内的计算弯矩不予考虑。JCCAD、盈建科等软件"应力钝化"方法的钝化半径取筏板的厚度，这就与上海地区的经验相对应。

有文献指出，缩小柱（墙）边板单元的尺寸，将较大地减小集中力处的内力峰值。

还有文献指出，通过适当加大板单元尺寸来解决这一问题，即以单元尺寸扩大带来的计算误差，去抵消集中力处的内力峰值。

当然，以上意见应该是在基础计算软件有关柱（墙）边计算内力过大的问题，没有得到较合理解决的前提下才有价值。否则就可能导致选用的计算值偏于不安全。

如前述［案例 5.3.1］的计算，有限元板块边长均取 2m。若有限元板块边长取为 1

m，则［案例 5.3.1］当基床系数为 10000 kN/m^3，同一区块的计算弯矩如图 5.4.3-1 的左图。

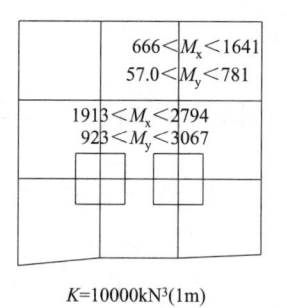
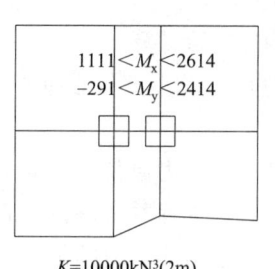
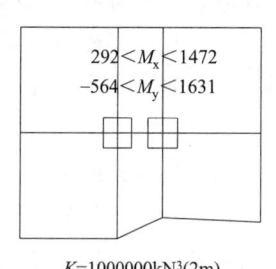

图 5.4.3-1　不同有限元板块边长的计算弯矩

图 5.4.1-1 的中图为基床系数取 10000 kN/m^3、有限元板块边长取 2 m 的计算弯矩，其中 M_y 为有限元板块边长取 1 m 的计算弯矩的 78.7%。

而对于有限元板块边长取为 1 m 时的计算弯矩，若不考虑柱边的 45°板厚范围内的计算弯矩，则最大弯矩计算值就比"倒楼盖法"计算结果还要小了。

这一结果是否合理，由表 5.4.1-1 看，似乎是安全的。但由前述北京某大厦天然地基筏基的底板开裂，以及多起发生较大沉降的工程实例，或地下室底板开裂的事故看，凡是计算沉降较大的工程，目前还是不宜过大地调整基础计算软件的计算结果，以免导致不必要的损失。

5.5　天然地基沉降计算的难题

在软土地区，天然地基已经较少应用。但在非软土地区，天然地基仍然在多层乃至高层建筑基础设计的考虑之中。虽然由本章前 4 节的探讨可知，沉降计算结果主要对于荷载不均匀的主裙楼基础、与实际沉降较大的建筑物基础的内力计算影响较大，对于其他类型的天然地基基础内力计算结果影响甚微。但首先需要确定沉降确实不大。因此天然地基的沉降计算在应用 JCCAD、盈建科等基础软件时，仍属于必要的步骤。

在工程实践中关于天然地基沉降的难题主要有几点：

（1）由于常将竣工实测沉降近似地等同于最终沉降，因此就不太相信天然地基沉降的计算结果。

（2）工程实践中确实也发生实际沉降远小于计算值的现象。这就为"算了也白算"的观点提供了最有力的支持。

（3）设置沉降缝的天然地基沉降计算，究竟应该如何进行？

（4）"上硬下软"地基土的沉降计算，至今尚未得到完全解决。

5.5.1　竣工沉降量与最终沉降量关系的简略探讨

国标地基规范指出，一般多层建筑物在施工期间完成的沉降量与最终沉降量之比，对于碎石土或砂土为 80% 以上，对于其他低压缩性土为 50%～80%，对于中压缩性土为 20%～50%，对于高压缩性土为 5%～20%。

上海地基规范指出，上海地区多层建筑物竣工时完成的沉降量，大部分情况下达不到最终沉降量的50%。

对于高压缩性土的软土地区，若多层建筑物施工期间完成的沉降量，确实只有最终沉降量的5%～20%，则后期沉降是否会对基础内力产生较大影响，就值得考虑了。

但仅就已检索到的少量天然地基长期沉降监测资料而言，上述说法，似不宜完全照搬。现以上海、浙江两例沉降监测延续10～20年左右的工程为例，进行初步探讨。

1. 沉降监测延续十年的上海某八层厂房

[案例5.5.1] 为上海某工厂大楼，上部为8层框架结构（林柏，2010）。

[案例5.5.1] 地基土物理力学性质指标见表5.5.1-1。

地基土物理力学性质指标　　　　　　　　　　　表 5.5.1-1

| 层序 | 土的名称 | 物理性质 | | | | | 力学性质 |
		厚度 h(m)	含水量 w(%)	重力密度 ρ(g/cm³)	天然孔隙比 e	塑性指数 I_P	压缩试验 压缩模量 E_s(MPa)
①	填土	2.1	—	—	—	—	—
②	粉质黏土	1.7	31.2	19.0	—	—	—
③	黏土	1.9	34.8	18.7	0.971	18	4.1
④	淤泥质粉质黏土	4.0	41.0	18.1	1.142	13.8	2.66
⑤	淤泥质黏土	8.7	49.8	18.0	1.395	22	1.73
⑥	黏土	10.3	40.5	18	1.142	20	3.18
⑦	粉质黏土	13.4	32.4	18.4	0.97	16.8	5.02
⑧	粉质黏土	1.3	20.6	20.4	0.615	15.1	10.63
⑨	粉质黏土	未穿	—	—	—	—	—

[案例5.5.1] 采用箱形基础（人防），浅埋在1.5 m的粉质黏土上。平面示意图如图5.5.1-1。

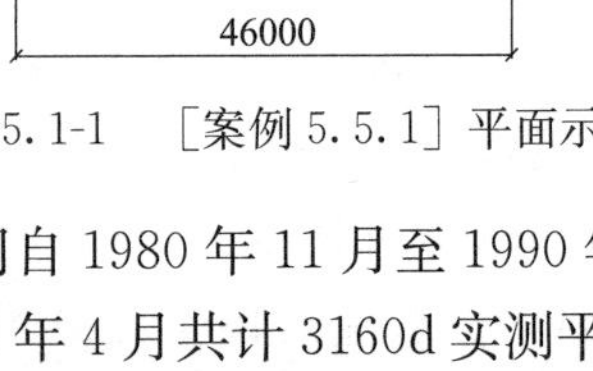

图 5.5.1-1　[案例5.5.1] 平面示意图

[案例5.5.1] 沉降监测时间自1980年11月至1990年4月。1983年5月竣工时实测平均沉降量为404 mm。至1990年4月共计3160d实测平均沉降为570 mm。实测推算最终平均沉降为633 mm。由此推算竣工实测沉降与测推算最终沉降之比为0.638。

[案例5.5.1] 实测时间-沉降曲线如图5.5.1-2。

2. 沉降监测延续二十年的浙南某四层大楼

[案例5.5.2] 为浙南地区某大楼，上部为4层砖混结构（钱振荣，1992）。

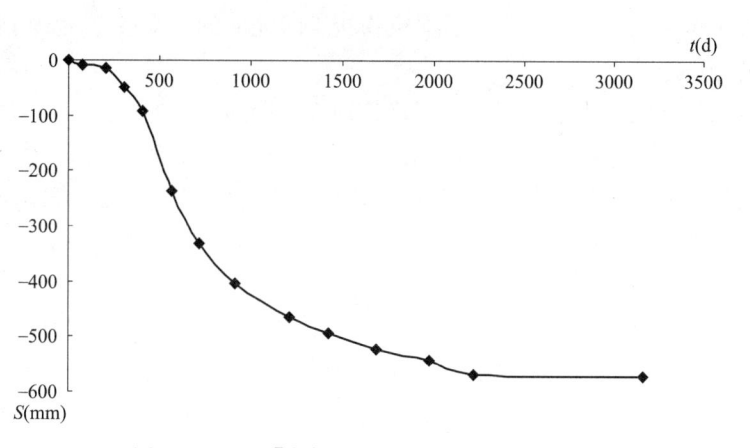

图 5.5.1-2 　［案例 5.5.1］实测时间-沉降曲线

［案例 5.5.2］地基土物理力学性质指标见表 5.5.1-2。

地基土物理力学性质指标　　　　　　　　表 5.5.1-2

层序	土的名称	物理性质 厚度 h(m)	含水量 w(%)	密度 ρ(g/cm³)	天然孔隙比 e	塑性指数 I_p	液性指数 I_L	力学性质 剪切试验 内摩擦角 ϕ(°)	内聚力 C (kPa)	压缩试验 压缩模量 E_s (MPa)	原位测试 比贯入阻力 P_s (kPa)
①	黏土	1.8	39.0	18.2	1.085	21.8	—	12.6	16	4.3	—
②	淤泥	11.5	65.0	16.0	1.84	21.7	1.3	8.3	8	1.0	400
③	淤泥	5.6	—	—	—	—	—	—	—	2.4	660
④	淤泥质黏土	9.1	—	—	—	—	—	—	—	2.8	820
⑤	粉质黏土	2.1	—	—	—	—	—	—	—	6.9	2700
⑥	黏土混碎石	>3.0	—	—	—	—	—	—	—	—	1500

［案例 5.5.2］呈"L"形，设有 2 道沉降缝，缝宽 100 mm，将整体建筑分成 3 个单元。

［案例 5.5.2］采用 1.2 m 厚砂垫层，基础采用筏基，埋深 0.6 m。平面示意图如图 5.5.1-3。

［案例 5.5.2］沉降监测时间自 1961 年 11 月至 1983 年 9 月。1963 年 1 月竣工时实测平均沉降量为 557 mm，至 1983 年 9 月共计 7240d 实测平均沉降为 1014 mm。实测推算最终平均沉降为 1152 mm。由此推算竣工实测沉降与实测推算最终沉降之比为 0.483。

［案例 5.5.2］的实测时间-沉降曲线如图 5.5.1-4。

由此可见，对于高压缩性土地区多层建筑物竣工时沉降量占最终沉降量的比例这一问题，似不宜一概而论。如上述两例工程，可能由于施工时间较长（2～2.5 年），因此施工阶段完成的沉降量就接近实测推算最终沉降量的 50%。

现在的住宅小区建设，一般需等到所有建筑（包括道路、绿化等）完成才算竣工，施工周期均远长于单幢建筑物的情况，因此高压缩性土地区考虑竣工时沉降量占到最终沉降

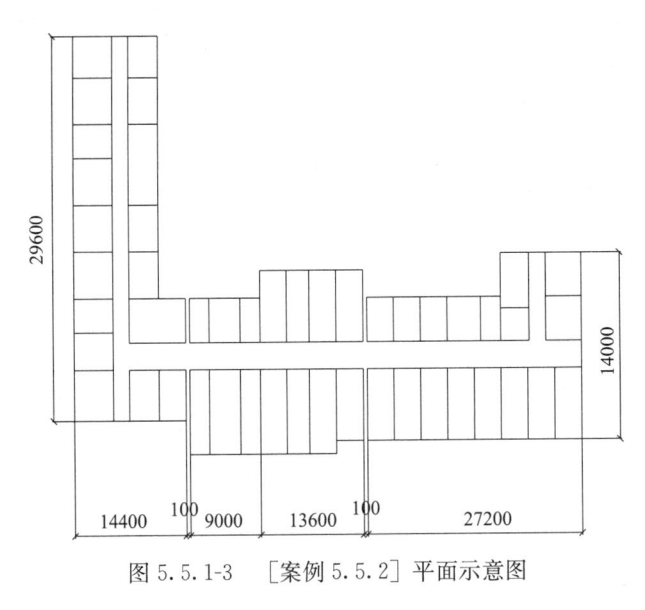

图 5.5.1-3　［案例 5.5.2］平面示意图

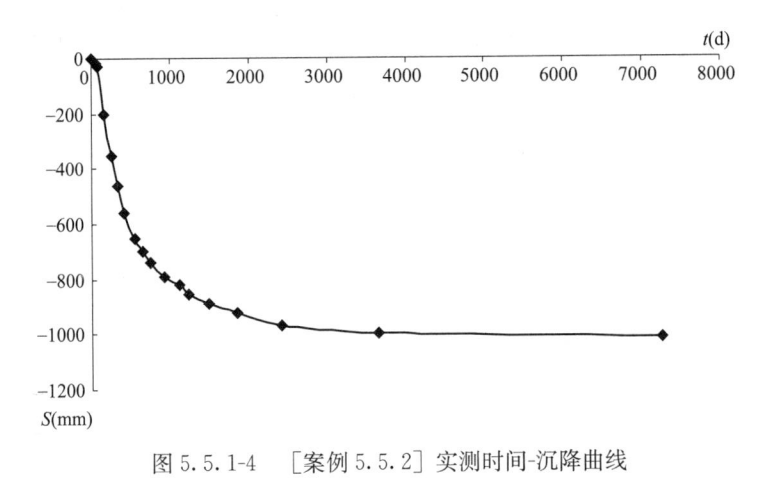

图 5.5.1-4　［案例 5.5.2］实测时间-沉降曲线

量的 40%～50%，可能比较符合实际情况。

同理，对于中、低压缩性土地区的情况，上述意见也可作为参考。

5.5.2　计算沉降与实测值关系的简略探讨

一般工程较难获得长期沉降监测数据，工程师甚至在整个职业生涯都可能未经手过可信的、延续数年的沉降监测过程。因此对于建筑物计算沉降与实测沉降值的关系确实缺少感性的认识。

然而确实也有一些工程实例的沉降计算存在一定的疑难，值得进行探讨。

如按国标地基规范规定可不进行地基变形计算的丙级建筑物、由沉降缝分开的建筑物、"上硬下软"地基，其沉降计算应如何进行，就存在相当大的疑难，以下可以通过一些典型的工程实例进行简略的探讨。

1. 规范规定可不进行地基变形计算的浙东某三层别墅

[案例5.5.3]为浙东某三层别墅（林柏，2010），上部为框架结构。场地大面积垫高1.5 m。

[案例5.5.3]地基土物理力学性质指标见表5.5.2-1。

地基土物理力学性质指标 表 5.5.2-1

| 层序 | 土的名称 | 物理性质 | | | | 力学性质 | | | | 原位测试 | | 建议采用 |
| | | | | | | 剪切试验 | | 压缩试验 | | | | |
		厚度 h(m)	含水量 w(%)	密度 ρ (g/cm³)	天然孔隙比 e	内摩擦角 ϕ(°)	内聚力 C (kPa)	压缩模量 E_s (MPa)	压缩系数 α^{1-2} (MPa^{-1})	锥尖阻力 q_c (MPa)	侧壁摩阻力 f_s (kPa)	地基土承载力特征值 f_{ak}(kPa)
①-1	填土	0.3	—	—	—	—	—	—	—	0.01	0.34	—
①-2	粉质黏土	1.1	31.4	18.7	0.92	19.0	31.9	4.56	0.43	0.70	24.65	80
②	淤泥质粉质黏土	10.3	48.1	17.2	1.36	12.4	12.4	2.17	1.02	0.25	5.91	60
③	粉质黏土	2.5	32.5	18.7	0.92	19.2	27.6	4.68	0.40	1.33	38.77	130
④-1	淤泥质粉质黏土	2.1	38.3	18.0	1.10	16.6	22.5	3.57	0.62	0.91	20.20	95
④-2	淤泥质粉质黏土	7.5	39.6	17.9	1.13	15.5	17.8	3.18	0.63	0.82	13.40	90
⑥	粉质黏土	2.0	29.9	19.0	0.87	19.4	34.9	4.80	0.42	1.21	25.89	110
⑧-1	全风化凝灰岩	未穿	21.9	19.6	0.72	23.6	40.4	6.52	0.26	17.13	192.5	260

[案例5.5.3]采用筏板基础，浅埋在第1～2层粉质黏土上。筏板平面图如图5.5.2-1。

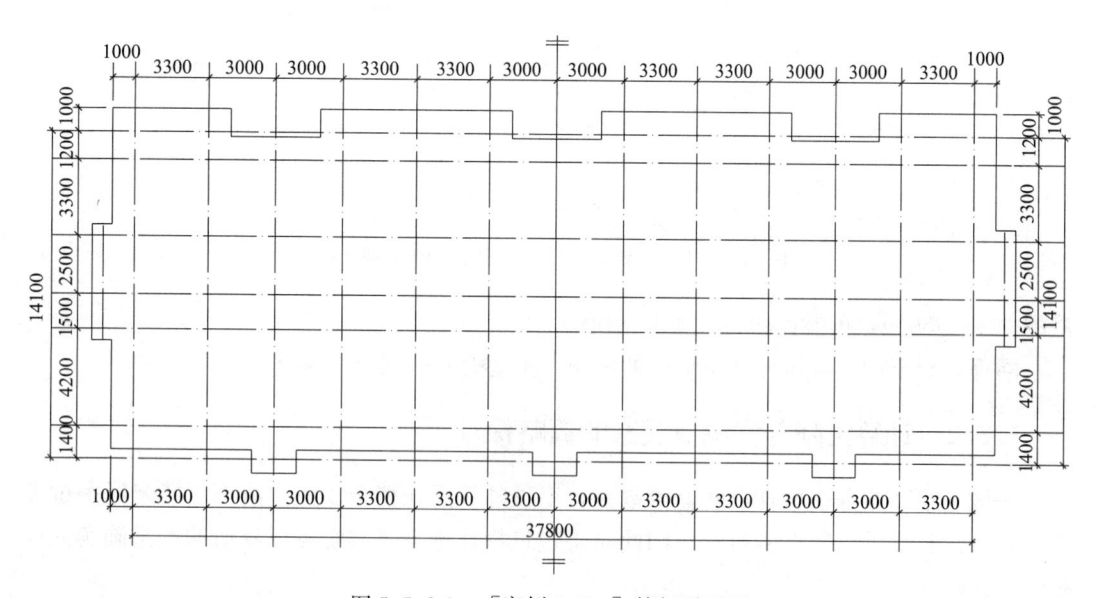

图 5.5.2-1 [案例5.5.3]筏板平面图

由《建筑地基基础设计规范》GB 50007—2002第3.0.2条规定，[案例5.5.3]属于可不作变形计算的丙级建筑物。但考虑到别墅的使用要求较高，试算沉降，计算沉降量为459 mm（计算过程略）。

当时这个试算结果无人相信，因为与[案例5.5.3]一路之隔的农村3层住宅，也未见发生多大的沉降。

但建至 2 层时，[案例 5.5.3]实测平均沉降值已达 70 mm，最大实测沉降值为 87 mm，最小实测沉降值为 38 mm，倾斜率 0.34%超过规范规定值，且此时的沉降速率高达 2.7 mm/d。

[案例 5.5.3] 实测时间-沉降曲线如图 5.5.2-2。

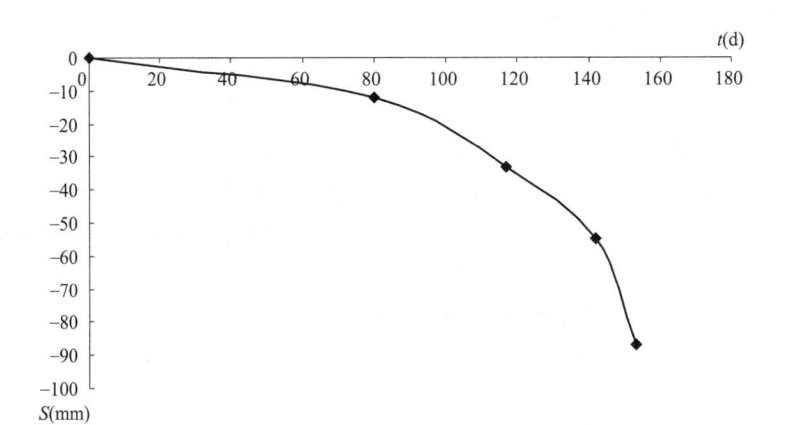

图 5.5.2-2 [案例 5.5.3] 实测时间-沉降曲线

鉴于沉降发展迅速，[案例 5.5.3] 决定采用静压锚杆桩加固，共布置 72 根 0.25 m×0.25 m×12 m 桩。静压锚杆桩单桩压桩力 110 kN。按复合桩基设计。

[案例 5.5.3] 竣工后未跟踪监测沉降。但业主入住后沉降继续发展，并出现室外台阶开裂、房屋倾斜等现象。开发商重新进行沉降监测，发现业主入住后 3 年期间新增沉降量 120 mm 左右，即使不考虑间断沉降监测的 2 年，总沉降量也已近 200 mm。且现场实测局部最大倾斜率达到 0.01776，远超地基规范的"建筑物地基变形允许值"（0.004）。

于是按上海沉降控制复合桩基法进行计算，可得最终计算沉降值约为 255 mm，与实际沉降情况比较符合（计算过程略）。

由此可见，虽然 [案例 5.5.3] 由于改为复合桩基，其天然地基沉降情况已难以复制，但从复合桩基的实测沉降情况看，天然地基沉降计算结果还是比较可信的。

此外，[案例 5.5.3] 若按《建筑地基基础设计规范》GB 50007—2011 第 3.0.2 条的规定，就不属于可不作变形计算的丙级建筑物了。事实上，[案例 5.5.3] 所在地区，发生大沉降的丙级建筑物并不罕见。如 1984 年开发的当地某 4 层砖混住宅（天然地基），竣工后至 1987 年测得南北平均沉降差为 212 mm。

2. 由沉降缝分开建筑物的沉降计算

[案例 5.5.2] 呈 "L" 形，设有 2 道沉降缝，缝宽 100 mm，将整体建筑分成 3 个单元。地基土物理力学性质指标见表 5.5.1-2。平面示意图如图 5.5.1-3。实测沉降-时间曲线如图 5.5.1-4。

[案例 5.5.2] 的沉降计算可以有两种方法，一种是按整体筏基计算，另一种是分成 3 个单元计算但考虑相互之间的影响。

按整体筏基计算沉降的思路是：虽然由沉降缝划分成 3 块，但由于应力叠加，上部荷载通过基础仍传给同一地基，沉降缝并不能把地基土的压缩层划分为独立的 3 块，设沉降缝与否对常规计算地基沉降并不会产生影响。

计算沉降为 1326 mm，而实测推算最终沉降平均值为 1152 mm 之比为 1.15（计算过程略）。

按 3 个单元计算但考虑相互之间的影响，可得左单元的计算沉降为 845 mm，中单元的计算沉降为 841 mm，右单元的计算沉降为 670 mm。均远小于实测推算最终沉降平均值。

由此可见，不考虑沉降缝影响、按整体计算沉降的思路，更符合实际情况。

其实上述原理并不深奥，原设计者之所以选用"按 3 个单元计算但考虑相互之间影响"的思路计算沉降，是因为［案例 5.5.2］竣工时实测平均沉降量虽已达 557 mm，但设计者显然不相信该工程的最终沉降会达到 1300 mm 左右，否则当初也不会选用砂垫层处理的天然地基基础了。而 20 年的沉降监测证实了按整体计算沉降思路的正确。

事实上，"按 3 个单元计算但考虑相互之间的影响"的思路至今仍有很大的市场。如天然地基的独立基础沉降计算，就常有人按单个独立基础计算并考虑相互之间的影响，得出的结果一般都很小。

实际上只要基础净面积与整个基础外包之比不小于 0.6，就可以按筏基计算沉降。这样所得结果可能更符合实际情况。

5.5.3 "上硬下软"地基土的沉降计算

工程实践表明，"上硬下软"土层建筑沉降的理论分析精确性不高，计算沉降有时明显大于实际沉降，甚至相差几倍，进而影响地基基础方案的合理确定。有关这方面的论述也较少，计算理论至今没有得到解决，并可能影响到桩基础内力的计算。

参考文献［12］曾提出，当作用在天然地基上的附加压力小于某一限值时，地基的实际变形值远小于计算值；当作用在软黏土地基上的附加压力大于某一限值时，变形量将急剧增大。通常认为，这是由于软黏土的天然结构强度引起的。

尚未检索到公认的有关理论，因此目前只有在长期沉降观测数据的支持下，探索"上硬下软"土的硬土层厚度、压缩模量与上部建筑的体量、总重、实测沉降量之间的关系，方能获得适合本地地质情况的沉降计算修正系数。

如上海地区的科研项目《上海地区多层建筑物沉降控制研究课题》，通过对浅埋硬土层几十幢多层住宅的长期沉降观测，发现按原上海地基规范天然地基沉降计算公式计算的沉降量平均值，是实测沉降量平均值的 1.9 倍，随着持力层厚度的变化，计算沉降量与实测沉降量比值在 1.1～2.7 范围内浮动。浅埋硬土层厚度与基础宽度的比值与实测沉降值密切相关，浅埋硬土层越厚，基础宽度越小，原规范公式计算沉降值与实测沉降值之比越大。通过增加一个持力层土性经验系数后，就可以将计算沉降值与实测沉降值之比的统计平均值，由原来的 1.9 降低到 1.1，计算精度得到明显提高。

"上硬下软"土层上天然地基的沉降计算，确实有很多计算值远大于实测值的工程实例。但也仍然存在计算值与实测值比较接近的情况。因此"上硬下软"土层上天然地基并非可以免除沉降计算的特例，其沉降实测数据还是值得特别注意的。

对"上硬下软"土层上天然地基发生大沉降的有关文献检索不易。但强夯处理的天然地基沉降资料相对较多，检索也比较方便。而强夯处理软土地基后的地基土条件，就近似于人工的"上硬下软"土层，因此由强夯处理软土地基后天然地基大沉降的资料，对"上硬下软"土层上天然地基沉降计算的问题，可以有一个定性的印象，见表5.5.3-1。

强夯处理天然地基大沉降数据 表 5.5.3-1

序号	工程名称	主要软弱土层名称	夯击能（kNm）	荷载或层数	实测沉降量（mm）	沉降监测时间（d）
1	福建某工厂	淤泥＋抛石	4000	15 kPa	410	420
2	南京某仓库	淤泥质粉质黏土	2500	80 kPa	487	90
3	河北某住宅	淤泥质黏土	—	6层	300	1010
4	陕西某厂房	黄土	8000	—	430	1830
5	浙江某住宅	淤泥		3层	303	—
6	河南某路堤	淤泥	1500	100 kPa	164	270
7	陕西某路堤	黄土	3999～4000	100 kPa	234	240
8	广东某路堤	淤泥	1000～2000	80 kPa	115	500
9	深圳某工业园	淤泥	2700	60 kPa	806	120
10	新疆某路堤	黏土	3000	120 kPa	156	300
11	上海某路堤	淤泥质粉质黏土	2250	80 kPa	810	270
12	上海某机场	淤泥质黏土	2000	45 kPa	220	900
13	山东某路堤	淤泥质黏土	—	140 kPa	131	300

5.6 独基(墩基)-构造板(防水板)的实测土反力及构造板荷载取值初步探讨

对于设置聚苯板等软垫层的独基-构造板（防水板）基础的计算模式，一般按构造板只承担本身自重、覆土重、附加面荷载及地下水浮力，不承担任何上部结构荷载，进行构造板内力计算。这种计算模式的核心就是假定由于聚苯板垫层的作用，不存在构造板板底土反力。

甚至未设置聚苯板等软垫层的独基-构造板基础，也常按这种计算模式进行计算的。

JCCAD、盈建科软件的用户手册及技术条件对于独基-构造板（防水板）基础计算模式就是如此定义的。

但由工程原理看，即使构造板下设置聚苯板等软垫层，当刚浇筑构造板混凝土、钢筋混凝土强度为零时，构造板自重仍然将通过压缩软垫层，传递至地基土。而构造板钢筋混凝土强度形成后软垫层的回弹，能否使得构造板底土反力消失，尚未得到原位实测数据的证实。

根据协同工作原理，由有限元程序计算设置 $0\sim200$ mm 厚聚苯板垫层的独基-构造板基础（胡笑笑，2013），可以发现构造板底土反力的减小幅度不足 10%。

因此不考虑构造板底土反力的构造板内力计算，就可能偏于不安全。事实上构造板裂穿的现象，并不罕见。只不过由于设计者常将责任推诿于施工人员，从而延迟了这类矛盾的暴露与解决而已。

尚未检索到设置聚苯板垫层独基-构造板基础的板底土反力原位实测资料，这可能是个空白点。

不设置聚苯板垫层独基-构造板基础的板底土反力原位实测资料也不多见，现提供检索到的 2 例独基（墩基）-构造板基础。

5.6.1 墩基-构造板的板底实测土反力

[案例 5.6.1] 为辽宁某 15 层大楼（张布荣，1997），上部为框架-剪力墙结构，1 层地下室，埋深 5.7 m。地下水位为地面以下 13 m。

[案例 5.6.1] 地基土物理力学性质指标见表 5.6.1-1。

地基土物理力学性质指标 表 5.6.1-1

层序	土的名称	厚度 h(m)	压缩模量 E_s(MPa)	地基土承载力特征值 f_{ak} (kPa)
①	粉质黏土	2.3	6.0	200
②	中粗砂	2.7	20.0	260
③	砾砂	1.5	30.0	350
④	淤泥质土	2.1	3.0	100
⑤	砾砂	8.6	30.0	350
⑥	粉质黏土	1.3	6.0	200
⑦	砾砂	未穿	30.0	350

[案例 5.6.1] 采用墩基-构造板基础。构造板厚 0.4 m，持力层为中粗砂；墩基高 3.0 m，穿过淤泥质土，持力层为中粗砂。

[案例 5.6.1] 基础平面示意图（局部）如图 5.6.1-1。

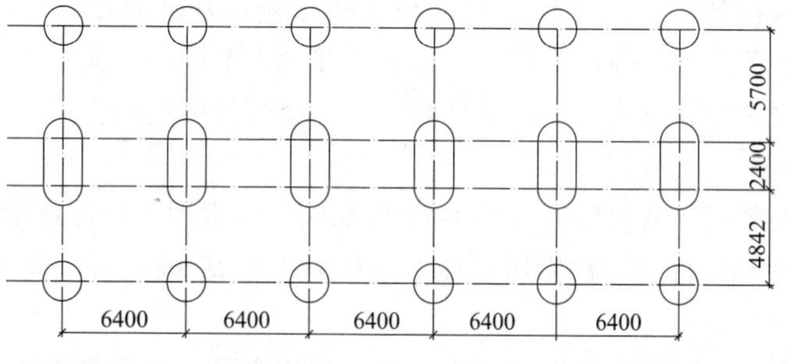

图 5.6.1-1 [案例 5.6.1] 基础平面示意图（局部）

由于构造板底存在淤泥质土软弱下卧层，虽然可以按上部荷载全部由墩基承担，但实际上还是应该考虑构造板分担荷载是否满足软弱下卧层的强度要求。为此在墩基底与构造板底埋设 33 只土压力盒。

[案例 5.6.1] 原位实测构造板底土反力-时间曲线如图 5.6.1-2。

由图 5.6.1-2 可知，[案例 5.6.1] 主体结构封顶后 14 个月后的原位实测构造板底平均土反力（无地下水浮力）为 61.4 kPa，小于软弱下卧层强度。

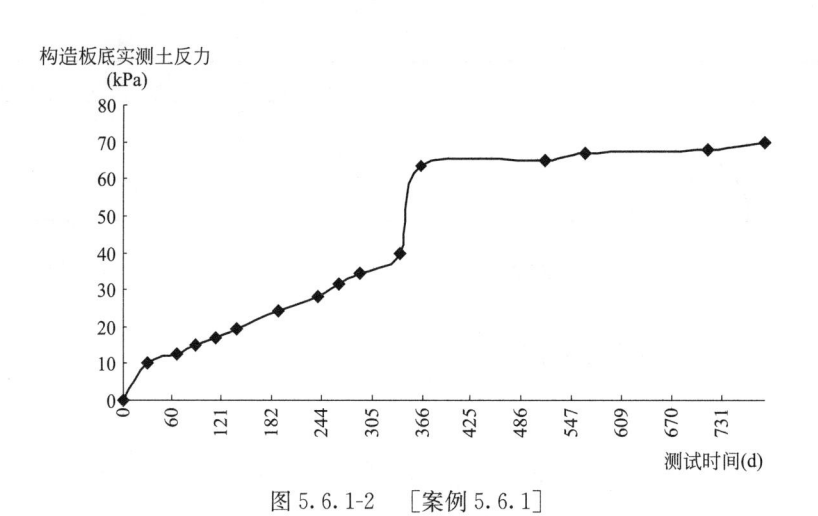

图 5.6.1-2 ［案例 5.6.1］
原位实测构造板底土反力—时间曲线

［案例 5.6.1］原位实测构造板荷载分担比例-时间曲线如图 5.6.1-3。

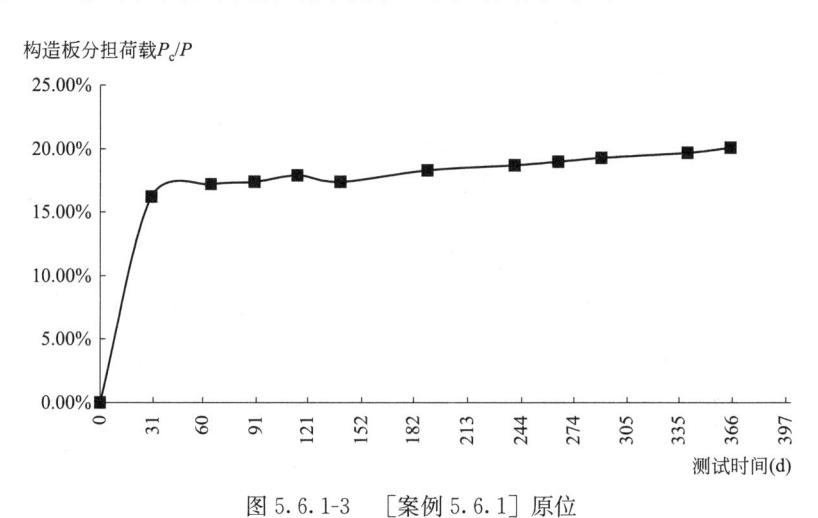

图 5.6.1-3 ［案例 5.6.1］原位
实测构造板荷载分担比例-时间曲线

由图 5.6.1-3 可知，［案例 5.6.1］主体结构封顶时的原位实测构造板荷载分担比例为 20.1%。

5.6.2 独基-构造板的板底实测土反力

［案例 5.6.2］为辽宁某 4 层大楼（阎瑞明，2003），上部为框架结构，1 层地下室，埋深 7.6 m。地下水位为地面以下 6.6 m。

［案例 5.6.2］地基土物理力学性质指标见表 5.6.2-1。

地基土物理力学性质指标

表 5.6.2-1

层序	土的名称	厚度 h（m）	地基土承载力特征值 f_{ak}（kPa）
①	杂填土	2.7	—

层序	土的名称	厚度 h(m)	地基土承载力特征值 f_{ak}(kPa)
②	粉土	0.5	—
③	中粗砂	2.1	—
④	砾砂	未穿	420

［案例 5.6.2］采用独基-构造板基础，独立基础高 1.5 m，独立基础与构造板的持力层均为砾砂。

［案例 5.6.2］基础平面示意图（局部）如图 5.6.2-1。

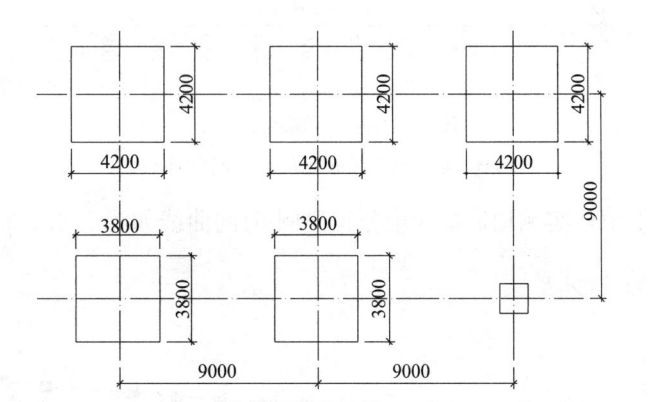

图 5.6.2-1 ［案例 5.6.2］基础平面示意图（局部）

在独基底与构造板底埋设 39 只土压力盒。

［案例 5.6.2］原位实测构造板底土反力-时间曲线如图 5.6.2-2。

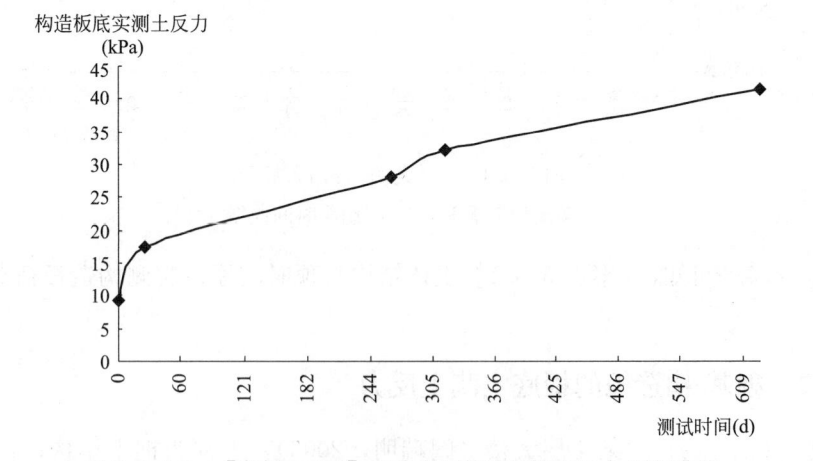

图 5.6.2-2 ［案例 5.6.2］原位实测构造板底土反力-时间曲线

［案例 5.6.2］的主体结构封顶时的原位实测构造板底土反力平均值为 41.4 kPa，净土反力平均值为 31.4 kPa；荷载分担比例为 32.0%（含地下水浮力）与 24.3%（不含地下水浮力）。

［案例 5.6.2］还在独立基础与构造板中埋设 18 支钢筋应力计。实测构造板中最大钢筋应力为 67.6 MPa，为钢筋设计强度的 22%。

5.6.3 独基（墩基）-构造板实测土反力的特点与初步探讨

通过 2 例独基（墩基）-构造板实测土反力，与复合桩基实测土反力的对比，可知前者的实测土反力与分担比例随着上部结构的建设一直在上升，结构封顶后趋于稳定；而复合桩基的实测土反力在建设初期的分担比例很高，随着上部结构的建设，分担比例明显下降。

这一点可以理解，因为独基（墩基）与构造板一般均同时浇筑，因此地基土承载力能够同时发挥作用。而复合桩基承台板刚浇筑时钢筋混凝土强度尚未形成，荷载主要由承台板底土承受，因此就出现建设初期承台板底土分担比例占大多数、建设后期急剧下降的现象。

由检索到的数十篇有关独基（墩基）-构造板计算模式的论文，对于设置板底软垫层的构造板底土反力，大多数论文倾向于假定构造板底土反力等于零。少数论文基于独基（墩基）与构造板协同工作的原理，以及独基（墩基）-构造板原位实测土反力的状况，建议对构造板荷载应考虑土反力的作用。

以［案例 5.6.1］与［案例 5.6.2］为例，两项工程实例均位于辽宁省的同一城市，独立基础与构造板的持力层砾砂的地基土承载力较接近（分别为 350 kPa 与 420 kPa），两者最大的区别是柱距以及独立基础与构造板的刚度比，因此可以进行粗略的比较。

［案例 5.6.1］为 15 层框剪结构，柱距为 6.4 m×5.7 m（中间双柱为联合墩基），边墩为直径 2 m 的圆柱形，中墩为 ϕ2.7 m×2 m 的椭圆柱形。实测构造板底净土反力为 61.4 kPa，净土反力/地基土承载力＝61.4/350＝0.175；结构封顶时的原位实测构造板荷载分担比例为 20.1%。

［案例 5.6.2］为 4 层框架结构，柱距为 9.0 m×9.0 m，独立基础尺寸为 3.8 m×3.8 m 与 4.2 m×4.2 m。实测构造板底净土反力为 31.4 kPa，净土反力/地基土承载力＝31.4/420＝0.075；结构封顶时的原位实测构造板荷载分担比例为 24.3%。

由［案例 5.6.1］与［案例 5.6.2］两例原位实测构造板底土反力数据看，上部结构层数的多少对构造板底平均土反力没有太大影响；柱距与独立基础尺寸的影响较大。

根据上述两例工程实例的原位实测数据，目前只能建议构造板荷载分担比取为总荷载的 20% 左右。关于构造板底设置聚苯板的独基（墩基）-构造板基础，在没有原位实测数据的前提下，板底土反力不宜假定为零。可以参照上述两例工程实例的数据，适当折减。

在工程实践中，按构造板（防水板）底土反力为零的假定计算，所获底板内力很小，因此出现一种减薄底板厚度与减少板配筋的倾向。尤其是咨询公司的介入，更加剧了这种倾向。

事实上，即使有关基础计算软件应用手册的意见，也只是一种假定。由本节提供的工程实例，以及复合桩基、复合地基的桩间土反力原位实测资料，均显示土反力的大小主要与持力层的承载力有关。而采用独基（墩基）-构造板基础的工程，一般地基土承载力均较高，因此忽略构造板底土反力就很可能导致构造板计算内力偏于不安全。

至少，当混凝土初凝前，无论是否设置聚苯板等软垫层，构造板自重均由地基土承担的；因此在没有原位实测资料证明这类构造板底土反力为零之前，不宜贸然接受板底土反力为零的假定。

5.7　小　　结

本章由具备较为可靠数据的全国各地天然地基工程实例资料，获得以下初步结果：

1. 基础计算软件建议的基床反力系数为"位移基床系数"，对于复合桩基与复合地基不适用。对于主裙楼联体、主楼与外扩地下室联体的天然地基基础计算，不宜采用"位移基床系数"。

2. 基床反力系数的取值与有限元板块的大小，对天然地基基础内力计算值有较大的影响。

3. 由河南、西安、沈阳、北京、上海、广东等地的 18 例天然地基筏板原位实测钢筋应力，可知实测值一般为设计值的 1/10。

4. 由上海、浙江等地 3 例有可靠沉降监测资料的典型工程实例，建议对规范规定可不作沉降计算的丙类建筑，也应视具体情况而进行沉降计算；对由沉降缝分开的建筑，宜按整体进行沉降计算；对"上硬下软"土层天然地基的沉降计算，应参考当地有关资料。

5. 由两例墩基-构造板基础与独基-构造板基础的原位实测板底土反力数据，以及有关理论探讨，建议在获取大量可靠资料之前，构造板（防水板）底土反力不应取为零，可考虑取荷载分担比为 20% 左右。

6 前5章探讨结果小结及基础软件计算结果合理性的校检步骤

6.1 引　　言

本书前5章通过对60余例案例的计算与分析，主要就《建筑桩基技术规范》有关沉降计算方法的适用范围，以及其对基础软件计算结果的影响进行探讨，得出了一些初步结论。上述60余例案例均属于公开发表的工程实例，应该较少存在争议，因此可供同行们自行探讨各种基础软件计算结果的可靠性。

1994年版《建筑桩基技术规范》曾提供15例复合桩基的桩土荷载分担原位实测数据，并一直沿用至2008年版《建筑桩基技术规范》。本书第1章补充了全国10余个省市的共70余例复合桩基桩土荷载分担原位实测数据，并据以对《建筑桩基技术规范》的承台效应系数提出补充意见。

国家标准的3种地基处理规范以及上海地基处理规范，基本上均未提供有关复合地基的桩土荷载分担原位实测数据，影响到复合地基的应用与基础软件关于复合地基的计算。本书第2章提供了全国10余个省市200余例复合地基的桩土荷载分担原位实测数据，可供参考。

基础软件计算所得常规桩基、复合桩基、复合地基与天然地基的基础内力与实际情况的符合程度，值得关注。本书提供了全国10余个省市约50例基础钢筋应力原位实测数据。

6.2　前5章探讨结果小结

本书前言提出的12个主要探讨论题，通过60余例有着较可靠原位实测数据工程实例的分析计算，获得的主要结果如下：

1. 关于承台效应系数与桩土荷载原位分担实测数据

《建筑桩基技术规范》至今所提供有关桩土荷载分担原位实测的资料中，实际上并无疏桩基础的原位实测数据。

本书第1章通过对10例承台底土位于地下水位以下的疏桩基础原位实测承台底土反力与计算值的对比，确定由《建筑桩基技术规范》承台效应系数（距径比不小于6倍桩径）计算的承台净土反力值与实测值之比平均为5.36。即在上述情况下承台效应系数可能明显偏于不安全。

因此应用JCCAD、盈建科等软件计算复合桩基时，对于桩距径比不小于6倍桩径的疏桩复合桩基础的承台底土净土反力取值，不宜采用《建筑桩基技术规范》表5.2.5的承台效应系数（指 $\eta_c = 0.5—0.8$）。

依据检索到的有关资料与《建筑桩基技术规范》说提供数据的对比，可知《建筑桩基技术规范》承台效应系数计算的承台底基土承载力特征值缺少一个统一的计算标准；且《建筑桩基技术规范》表 4 提供的各地工程实测数据中，存在有计算系数错误、实测承台土抗力与地下水浮力存疑等重大疑问，因此《建筑桩基技术规范》表 4 给出的数据可供参考，但不宜直接作为设计的依据。

再如《建筑桩基技术规范》表 3 给出 21 个模型承台桩静载试验与 1 个模型承台桩长期静载试验的数据。实际上由检索到的资料可知：粉土区 13 个试验样本的承台底土承载力特征值与桩端持力层名称有疑问；淤泥质黏土区 4 个试验样本的承台底土承载力特征值有疑问、承台底土与桩端持力层名称均有疑问；总共 22 个试验样本的计算承台效应系数中，只有序号 6 与序号 21 的计算值符合《建筑桩基技术规范》表 5.2.5 的规定，其余计算值的差别极大。原因不明。

再将桩基规范表 3 给出模型承台桩静载试验结果的桩、土荷载分担比—总荷载曲线，与实际工程的桩、土荷载分担比—时间曲线对比，就可发现两者存在有很大的区别。初步判断其原因在于模型承台桩静载试验属于骤加荷载，而实际工程属于渐加荷载，从而导致桩间土反力实测值存在重大差别（篇幅所限，这些探讨在本书中并未展开）。

因此桩基规范表 3 中，除了序号 13 的模型承台桩长期静载试验数据外，其余数据对于工程实践可能缺少有实际意义的参考价值。因为与上海、江苏、辽宁、山西等地的承台桩实测承台底土反力相比，模型承台桩静载荷试验的承台底土反力可能明显偏大。因此也不宜直接作为设计的依据。

2. 关于等效作用分层总和法与明德林应力公式法的关系

本书第 4 章对上海地区 9 例有着 6～13 年实测沉降数据的工程实例，分别采用等效作用分层总和法与明德林应力公式法进行沉降计算、对比，确定等效作用分层总和法计算值，与明德林应力公式法计算沉降值之比为 0.28～1.01，平均为 0.74。

初步结论是等效作用分层总和法与明德林应力公式法可能并不"等效"。目前版本 JCCAD、盈建科、旗云等软件给出的"等效作用分层总和法"计算结果，可能偏于不安全。

3. 关于预制桩挤土效应系数的适用范围

本书第 4 章将上海地区 54 例预制桩与钢管桩基础工程的实测沉降值/计算沉降值，与沉降实测时间这个指标进行对比，发现当沉降观测时间长于 3000 d 时，无 1 例计算沉降偏小并超出 80% 保证率（即计算值偏于不安全）。即若采用明德林应力公式法计算桩基沉降，则至少对于上海及周边地区不需要引入"预制桩挤土效应系数"。因此预制桩"沉桩挤土效应"对桩基础沉降的影响，有可能主要限于沉降观测时段的早期。

通过上海地区同等条件下钻孔桩与预制桩沉降的计算，确定明德林应力公式法能够考虑预制桩与钻孔桩侧阻分布模式与端阻比例的差别，对沉降计算的影响；而等效作用分层总和法难以区分预制桩与钻孔桩的这一差别，因此就可能需要引入"挤土效应系数"来加以调节。

可见，《建筑桩基技术规范》的"挤土效应系数"不宜直接应用于国标地基规范的明德林应力公式法。

4. 关于"考虑桩径影响的明德林应力公式法"的适用范围

本书第 4 章根据上海地区 3 例列入《建筑桩基技术规范》表 5 的工程实例，与上海地区 1 例有 6 年以上沉降观测资料的工程实例，分别采用"考虑桩径影响的明德林应力公式法"与"不考虑桩径影响的明德林应力公式法"进行计算，发现"考虑桩径影响的明德林应力公式法"计算沉降值与实测值之比，平均为 0.5 左右，且离散性较大，修正有一定困难。

因此对于常规桩基，目前版本 JCCAD、盈建科等软件给出的"考虑桩径影响的明德林应力公式法"沉降计算结果，很可能偏于不安全。

5. 关于《建筑桩基技术规范》的单桩、单排桩与小桩群沉降计算法适用范围的探讨

本书第 4 章通过对上海、山东、吉林、安徽、南京等地 10 余例单桩与小桩群工程的实测沉降值与计算值对比，认为不宜由单桩静载荷试桩的实测沉降值，确定单桩、单排桩与小桩群沉降计算的经验系数。

由《建筑桩基技术规范》"单桩沉降计算法"计算上述 10 余例单桩与小桩群工程，计算值与实测沉降量之比为 0.39~5.03，平均为 2.13，离散性很大。

上述 10 余例单桩与小桩群工程的 JCCAD 软件计算值"平均沉降 S_1"，与实测沉降量比较接近。

外扩纯地下室桩基实际上应属于单桩或小桩群复合桩基。其沉降计算的研究、长期沉降测试与地下室底板底土反力原位测试似尚处于空白状态。

考虑到原位实测证明承台间构造板底土反力的存在，因此若对于大跨度地下室底板的内力计算，不考虑实际存在的板底土反力，可能导致计算结果偏于不安全。

对于 22 桩以下的承台桩基，等效作用分层总和法与明德林应力公式法的计算结果可能均需另行考虑经验系数。JCCAD 软件计算结果与实测值的差别更大。

目前版本 JCCAD 计算的桩端阻比与桩侧阻力、端阻力无关，因此其提供的"自动计算桩端阻比"与根据地基土数据计算的桩端阻比有一定差别，由此计算所得桩基沉降也有一定差别。对于桩端阻比较大的情况（如存在桩端硬土层或桩端注浆等），这类差别较大，应加注意。对于 22 桩以下的承台桩基，这类差别更大。

6. 关于旗云软件的单桩沉降计算原理与《建筑桩基技术规范》法异同的确定

本书第 4 章通过 10 余例单桩与小桩群工程的计算，发现由目前版本旗云软件计算的沉降值与《建筑桩基技术规范》方法计算值之比为 0.219~0.636，平均为 0.417。因此确定旗云软件的单桩沉降计算原理，与《建筑桩基技术规范》单桩沉降计算的原理有一定区别，主要原因是沉降计算深度范围内土层的计算分层厚度取值之差别。

7. 关于《建筑桩基技术规范》"疏桩复合桩基沉降计算法"适用范围的探讨

本书第 1 章依据《建筑桩基技术规范》认可的 8 例广义疏桩复合桩基工程与复合桩基工程，确定目前版本 JCCAD 与盈建科等软件的复合桩基计算方法原理，系将适用于疏桩基础的这种方法，直接推广到一般复合桩基，尚未检索到工程实测结果的支持。

并且发现《建筑桩基技术规范》"疏桩复合桩基沉降计算法"计算结果与实测沉降量之比为 0.208~0.928，平均为 0.457。离散性较大。计算值一般均偏小。

目前版本 JCCAD 与盈建科软件的沉降计算结果与实测沉降量之比为 0.059~0.862，平均 0.339。离散性很大。软件计算值更偏于不安全，不宜采信。

本书第 3 章对有桩土荷载分担原位实测数据的 10 例疏桩复合桩基工程，采用"疏桩复合桩基沉降计算法"计算，计算值与实测沉降量之比为 0.265～1.025，平均为 0.596。离散性较大。10 例中有 7 例计算结果偏于不安全。

目前版本 JCCAD 与盈建科软件的沉降计算结果与实测沉降量之比为 0.194～0.920，平均为 0.491。离散性很大。可知软件的沉降计算值更偏于不安全。

目前版本 JCCAD 软件给出复合桩基沉降的计算结果为：平均沉降"S_1"。但"平均沉降 S_1"不属于国标地基规范与《建筑桩基技术规范》推荐的沉降计算方法。

8. 关于"软土地基减沉复合疏桩基础沉降计算法"适用范围的探讨

本书第三章由上海、南京、浙江、福建等地的 18 项复合疏桩基础工程实例，确定"软土地基减沉复合疏桩基础法"计算结果与实测值之比为 0.04～6.80，平均为 1.7 左右，离散性极大。但可通过调整计算参数（如单桩承载力），获得较合理的计算结果。

对于上述复合疏桩基础工程实例，"上海地基规范沉降控制复合桩法"的计算结果与实测值之比为 0.79～2.39，平均为 1.3 左右，与实测沉降量的符合程度较高。

由《建筑桩基技术规范》"疏桩复合桩法"计算上述 10 例复合疏桩基础工程实例，计算结果与实测值之比为 0.265～1.025，平均为 0.6 左右，计算值普遍偏小。

9. 关于复合地基的沉降计算方法与桩土荷载原位分担实测数据

基础计算软件计算复合地基的桩土荷载分担比例问题，只能依靠原位实测资料的积累。本书第 2 章提供全国近 20 个省市的复合地基原位实测桩土分担数据，可供参考。

本书第 2 章对柔性桩复合地基沉降计算值远大于实测值的现象，与桩身材料强度验算问题作初步探讨。

本书第 2 章还通过有实测沉降数据的工程实例，探讨刚性桩复合地基与刚柔性桩复合地基，采用复合桩基沉降计算方法的可行性。

10. 关于基础计算软件计算天然地基基础内力的探讨

天然地基基础内力计算应用的基床系数选用方法有"经验值法"与"按基础平均计算沉降反算 K 值法"，两者在数值上相差数十乃至数百倍。

本书第 5 章探讨了基床系数取值大小对天然地基基础内力计算值的影响。主要结果是：

（1）对于梁板式基础，基床系数取值大小对基础梁内力计算值的影响很大，对筏板内力计算值的影响很小。而有限元边长的大小对基础梁内力计算值的影响，远超过基床系数取值大小的影响。

（2）对于上部刚度及荷载均匀、沉降均匀建筑物的平板式基础内力计算，基床系数的取值对底板计算弯矩的变化基本可以忽略；对于上部刚度及荷载不均匀的建筑物平板式基础内力计算结果，基床系数取值的影响很大。

本书第 5 章还依据 2 例独基-构造板基础板底土反力实测的资料，认为不考虑实际存在的板底土反力，可能导致独基-构造板基础的构造板内力计算结果偏于不安全。

对于板底设置聚苯板等软垫层的构造板，尚未检索到证明板底土反力等于零的原位实测资料。而理论分析显示软垫层对减少板底土反力的效果可能远低于预期值。

11. 关于天然地基与桩基础的基础原位实测应力

本书第2章、第4章、第5章提供了全国各地数十例复合地基、复合桩基、常规桩基、天然地基基础的原位实测钢筋应力，钢筋应力实测值一般均远小于设计值。

12. 基础软件计算结果的校检步骤

本书第6章依据前5章探讨的基础，提出应用基础计算软件时，判读软件计算结果是否合理的校检步骤。

6.3 基础软件计算结果合理性的校检步骤

6.3.1 基础软件计算复合桩基结果合理性的校检步骤

1. 由本书第1章提供的8例复合桩基典型案例，可判断各类基础软件应用的复合桩基沉降计算方法，是应用《建筑桩基技术规范》的疏桩复合桩基沉降计算法，还是应用上海地基规范复合桩基沉降计算法。

前者的计算结果与实测值之比约为2.0左右。后者的计算结果与实测值之比约为1.3左右。因此建议对于复合桩基的沉降计算选用"上海地基规范复合桩基法"。

有关探讨参见本书第1章第4节。

2. 复合桩基承台底土反力的计算值一般可参照《建筑桩基技术规范》表5.2.5的承台效应系数。但距径比大于6倍桩径、承台底土位于地下水位以下的板底土反力计算值，按《建筑桩基技术规范》规定所获计算值可能明显偏大。

有关探讨以及上海、南京、苏州、徐州、武汉、福州、厦门、杭州、绍兴、温州、宁波、重庆、辽宁、山西、西安、郑州、唐山、合肥、天津、北京等地的承台底土反力原位实测值，参见本书第1章第3节。

3. JCCAD软件建议复合桩基承台底土分担荷载比例一般取小于10%；盈建科软件没有具体建议，但给出的承台底土分担荷载比例设定范围为0～0.5，选择余地较大。

目前版本JCCAD、盈建科软件计算复合桩基沉降，均可能有较大误差，并可能影响到承台板内力的计算。

本书第1章第2节提供上海、南京、苏州、徐州、武汉、福州、厦门、杭州、绍兴、温州、宁波、重庆、辽宁、山西、西安、郑州、唐山、合肥、天津等地的承台底土分担荷载比例原位实测值。并对地下水浮力是否可计入复合桩基荷载分担进行探讨。

4. "上硬下软"土层的复合桩基沉降计算，较易产生沉降计算值偏大的现象。

有关初步探讨参见本书第4章第6节。

6.3.2 基础软件计算复合地基基础合理性的校检步骤

1. 有关复合桩基的校检步骤基本上均适用于复合地基。

2. 本书第2章第3节给出天津、福州、厦门、广州、东莞、郑州、成都、温州、蚌埠等地建筑物的复合地基原位实测桩土荷载分担数据，以及全国各地的储罐与公路、铁路路堤的复合地基原位实测桩土荷载分担数据，可供参考。

3. 复合地基的桩身材料强度验算问题应引起注意。尤其是柔性桩复合地基的桩身材料强度计算问题。本书第2章第2节给出的水泥搅拌桩复合地基的桩身材料强度原位实测数据，可供参考。

通过调整桩土荷载分担比例，可将桩顶分担荷载降低到满足桩身材料强度的要求。但调整后的桩土荷载分担比例是否符合工程实践，本书第2章第3节给出的桩土荷载分担原位实测资料可作为评判的参考。

4. 目前版本JCCAD、盈建科软件计算复合地基沉降，均可能有较大误差，并可能影响到承台板内力的计算。

5. 铁路与公路路堤以及储罐复合地基的建设，留下了大量沉降监测资料，且精确度远胜建筑物复合地基的资料。这些数据可供复合地基沉降参考。

6.3.3　基础软件计算疏桩复合桩基合理性的校检步骤

1. 本书第3章第4节通过上海、福州、绍兴等地10例疏桩复合桩基的探讨，可知《建筑桩基技术规范》"疏桩复合桩基法"的计算值与实测沉降量之比约为0.6左右，明显偏小。且计算结果受承台底土反力取值的影响很大，较难掌握。

2. 本书第3章第3节通过上海、福州、绍兴、南京等地18例疏桩复合桩基的探讨，可知《建筑桩基技术规范》"软土地基减沉复合疏桩基础法"的计算值与实测沉降量之比约为1.7左右，明显偏大。且计算结果受计算参数选择的影响很大，较难掌握。

3. 本书第3章第2节通过上海、福州等地12例疏桩复合桩基的探讨，可知上海地基规范"沉降控制复合桩基"法的计算值与实测沉降量之比约为1.205左右，比较合理。

4. 本书第3章第5节通过上海、浙江、江苏等地10例疏桩复合桩基的探讨，可知当承台位于地下水位以下时，由《建筑桩基技术规范》给出距径比大于6的承台效应系数，所得疏桩复合桩基承台底土反力计算值与原位实测值之比约为5.36，明显偏大。不宜选用。

6.3.4　基础软件计算常规桩基础合理性的校检步骤

1. 目前版本盈建科软件的常规桩基沉降计算方法中包含"考虑桩径影响的明德林应力公式法"。由本书第4章第2节提供的4例桩基典型案例，可判断各类基础软件应用的常规桩基沉降计算是否应用"考虑桩径影响的明德林应力公式法"。

由上述4例桩基典型案例，可知目前版本JCCAD与盈建科软件的"考虑桩径影响的明德林应力公式法"计算结果与实测沉降量之比为0.5左右。因此对沉降计算结果宜慎用。

2. 目前版本JCCAD与盈建科软件的常规桩基沉降计算方法中均包含"等效作用分层总和法"。由本书第4章第3节对上海地区9例桩基典型案例的探讨，可知等效作用分层总和法与实体深基础法相比，并无任何特别的优势，且可能不适用于复合桩基。

建议对于常规桩基的沉降计算选用"不考虑桩径影响的明德林应力公式法"。

由本书第4章第3节提供的上海地区52例预制桩基的探讨，可知预制桩沉桩挤土效应系数可能不适用于上海及其周边地区；且预制桩沉桩挤土效应系数的取值范围较大，难以掌握。

3. 目前版本盈建科软件的单桩、单排桩与小桩群沉降计算方法，为"考虑桩径影响的明德林应力公式法"。由本书第 4 章第 4 节提供的上海、山西、吉林、安徽、南京等地 13 例单桩与小桩群工程实例，可知由《建筑桩基技术规范》的单桩、单排桩沉降计算法所得计算值与实测沉降量之比约为 2.13，明显偏大，且离散性太大。《建筑桩基技术规范》建议的经验系数取为 1.0，系由单桩静载荷试桩的实测沉降所得的，并非实际工程的数据，因此不宜采用。

4. 对于常规桩基的沉降计算，目前版本 JCCAD 软件在桩基沉降试算时给出的 3 个结果中，"平均沉降 S_1"不属于国标地基规范与《建筑桩基技术规范》推荐的沉降计算方法，其沉降计算结果主要与土层的名称有关，与地基土的压缩模量取值大小无关；"上海规范沉降 S_3"，其沉降计算结果与输入的桩侧土阻力、端阻力及单桩承载力无关，因此计算结果与按规范规定计算所获结果有一定差别，且不能反映钻孔灌注桩基础与预制桩基础的沉降计算差别。

这两点特异之处应加以特别注意。

目前版本 JCCAD 软件提供的沉降计算结果很可能未乘以有关地基规范提供的沉降计算经验系数与预制桩沉桩挤土效应系数与后注浆折减系数，以及桩身压缩量。

目前版本盈建科软件提供的沉降计算结果很可能未乘以有关地基规范提供的预制桩沉桩挤土效应系数与后注浆折减系数。

目前版本盈建科软件关于桩承台基础与桩筏基础的沉降计算，均与国标地基规范、《建筑桩基技术规范》的规定有一定差别，因此对于承台板内力的计算值也有影响。

5. 目前版本 JCCAD 与盈建科软件均未列入国标地基规范的"实体深基础法"。且均将国标地基规范的"不考虑桩径影响的明德林应力公式法"，归类为"上海规范沉降 S_3"（JCCAD）与"上海规范法"（盈建科）。

而不乘以上海地基规范桩基沉降计算经验系数的"上海规范沉降 S_3"与"上海规范法"，实际上就是国标地基规范的"不考虑桩径影响的明德林应力公式法"。

6. 在常规桩基设计中，一般考虑承台板自重由板底土或地下水浮力承担。此时就应按复合桩基计算基础内力。同理，当计算承受地下水浮力的桩基础地下室底板内力时，实际上也应属于复合桩基。

7. 判别大底盘地下室、主裙楼联体、变刚度桩基础承台板内力计算结果合理与否的主要依据，是沉降计算结果。

目前版本盈建科软件标明桩基沉降计算采用国标地基规范或上海地基规范，但实际上采用的是桩基规范的等效作用分层总和法、考虑桩径的明德林应力公式法与国标地基规范的明德林应力公式法，却弃用国标地基规范的实体深基础法。

因此采用目前版本盈建科软件计算大底盘主裙楼联体的主楼桩基础、裙楼与外扩地下室的单桩、小桩群沉降计算值，与实测值相比均可能有较大偏差，并对基础内力计算值可能出现较大的影响。需要慎重对待。

6.3.5 基础软件计算天然地基基础合理性的校检步骤

1. 对于天然地基基础，尤其是上部荷载不均匀的建筑，或持力层厚度不均匀的地基，首先应判断计算沉降与沉降差是否偏大。

2. 对于柱下独立基础沉降计算，当基础净面积与基础外包面积之比不小于 6 时，按地基基础规范规定，可以按外包尺寸的整个基础计算。否则计算值明显偏小。

3. 当计算沉降与沉降差较大，又无当地类似经验可作修正，且不能改变基础形式，则应考虑采用"沉降基床系数"计算基础内力。

4. 对于采用不同持力层的天然地基基础，应判断选用的基床系数是否有误。

主要参考文献

[1] 中国建筑科学研究院等.GB50007—2011 建筑地基基础设计规范［S］.北京：中国建筑工业出版社，2012.

[2] 中国建筑科学研究院等.JGJ94—2008《建筑桩基技术规范》［S］.北京：中国建筑工业出版社，2008.

[3] 上海现代建筑设计（集团）有限公司等.DGJ08-11-2010 地基基础设计规范［S］.上海：上海市工程建设标准化办公室，2010.

[4] 中国建筑科学研究院等.JGJ 79—2012 建筑地基处理技术规范［S］.北京：中国建筑工业出版社，2012.

[5] 浙江大学等.GB/T 50783—2012 复合地基技术规范［S］.北京：中国建筑工业出版社，2012.

[6] 刘金砺等.《建筑桩基技术规范》应用手册［M］.北京：中国建筑工业出版社，2010.

[7] 邱明兵.建筑地基沉降控制与工程实例［M］.北京：中国建筑工业出版社，2011.

[8] 陈强华等，高层建筑下桩-箱共同作用原位测试研究［J］.岩土工程师.1990，1.

[9] 宰金珉，复合桩基理论与应用［M］.北京：知识产权出版社，2004.

[10] 方鹏飞等.减沉桩的工程应用试验研究［J］.岩土工程学报.2009.1

[11] 赵锡宏等.上海高层建筑桩筏与桩箱基础设计理论［M］.上海：同济大学出版社，1989.

[12] 林柏等.软土地基基础工程典型案例——失误与对策［M］.北京：中国建筑工业出版社，2010.

[13] 戴标兵等.上海的超高层超长桩超厚筏基础的现场测试研究［J］.建筑结构，2009，7.

[14] 洪毓康等.高层建筑下桩-箱基础共同作用研究［J］.岩土工程学报.1997，3.

[15] 陈锦剑等.短桩基础桩-土共同作用的原位测试与数值分析［J］.岩土力学.2009，2.

[16] 龚晓南.复合地基设计和施工指南［M］.北京：人民交通出版社，2003.

[17] 李韬，高大钊等.沉降控制复合桩基"时间效应"的简化力学模型分析［J］.2004 年度上海市土力学与岩土工程学术年会论文集.2004.

[18] 孙文科.建筑物基底反力的实时监测与分析［J］.地震学刊.2001，6.

[19] 李俊才等.高层建筑疏桩筏板基础现场实测与分析［J］.岩土力学.2009，4.

[20] 米祥友.基础工程 400 例（下册）［M］.北京：地震出版社，2000.

[21] 钟闻华等.群桩基础特性研究与实例分析［J］.建筑结构.2003，11.

[22] 宰金珉等.高层建筑基础分析与设计-土与结构物共同作用的理论与应用［M］.北京：中国建筑工业出版社，1993.

[23] 陈甦等.高层建筑桩与承台荷载测试分析［J］.岩土力学.2007，11.

[24] 王玮等.疏桩-筏板复合基础的现场原位测试［J］.徐州建筑职业技术学院学报.2005，9.

[25] 仝浩等.沉降控制复合桩基应力与沉降测试研究［J］.江苏水利.2011（11）.

[26] 张忠苗等.采用桩土共同作用的浙江省第一医院医技楼现场实测分析［J］.岩石力学与工程学报.2010，4.

[27] 俞海洪.大型储罐软土地基桩筏基础现场试验分析［J］.工程设计技术及应用.2013，4.

[28] 齐良锋等.某高层建筑桩筏基础桩间土反力原位测试研究［J］.岩土力学.2004，5.

[29] 姚仰平等.黄土地区高层框剪结构-桩筏-地基的共同作用［J］.岩土工程学报.2001，5.

[30] 邸树凯等．高层建筑墩（桩）-筏基础设计与研究应用［J］．第八届全国建设工程无损检测技术学术会议论文集．2006，6.

[31] 王明恕等．高层建筑桩筏联合基础荷载分配测试研究［J］．岩土工程界．2000，10.

[32] 朱腾明等．群桩基础中桩间土荷载的监测分析［J］．油田地面工程．1996（6）．

[33] 张善庆等．桩土共同作用在多高层建筑设计与加层加固中的应用和研究［J］．福建建筑·2000年增刊．

[34] 林颖孜．桩-土-筏基础共同工作的设计与实测分析［J］．建筑结构．2003，7.

[35] 宰金珉等．自适应调节下广义复合基础设计方法与工程实践［J］．岩土工程学报．2008（1）

[36] 宰金珉等．端承桩复合桩基及其工程实践-桩顶变形调节装置与应用［J］．土木工程学报．2007，40.

[37] 胡春林等．复杂地质条件下高层建筑桩筏基础监测与综合分析［J］．岩土力学．2003，8.

[38] 曹树刚等．某高层建筑桩-箱基础土体抗力的实测研究［J］．重庆建筑大学学报．2005，2.

[39] 彭小荣等．复合桩基试验研究［J］．华中科技大学学报（自然科学版）．2002，8.

[40] 张万涛等．邯郸工商银行综合楼地基基础设计及测试［J］．河北煤炭．2007（1）．

[41] 陈尚勇．钻孔桩-连续薄板结构处理高速铁路深厚软基试验研究［J］．第十四届中国科协年会第十三分会场——软土路基工程技术研讨会论文集．2012.9.

[42] 朱栅等．湿陷性黄土地区桩筏基础与地基共同作用研究［J］．金属矿山．2004，4.

[43] 王雷等．沉降控制复合桩基性状研究［J］．工业建筑．2011，41（增）．

[44] 宋建学等．某高层建筑基底反力及柱轴力监测与分析［J］．武汉理工大学学报．2007，10.

[45] 何颐华等．高层建筑箱形基础加摩擦群桩的桩土共同作用［J］．岩土工程学报．1990，3.

[46] 金宝森等．高层建筑桩箱基础现场检测与试验研究［J］．建筑科学．1992，3.

[47] 贾宗元等．软土地基桩土共同作用监测实例分析［J］．全国第五届土力学及基础工程学术讨论会论文选集．1990，2.

[48] 郑刚等．减沉桩与土相互作用机理的工程实例与有限元分析［J］．天津大学学报．2001.3

[49] 陈义侃．桩土复合基础的设计与试验研究［J］．建筑结构．1996，7.

[50] 陶景晖．高层建筑刚性桩复合地基承载受力性状研究［J］．东南大学学报（自然科学版）．2009，11.

[51] 黄广龙等．沉降控制复合地基设计与测试研究［J］．岩土力学．2008，4.

[52] 李希平等．刚性桩复合地基设计与实测研究［J］．岩土力学与工程学报．2009.9.

[53] 陈龙珠等．带褥垫层刚柔性桩复合地基工程性状的试验研究［J］．建筑结构学报．2004，6.

[54] 陈龙珠等．高层建筑应用长-短桩复合地基的现场试验研究［J］．岩土工程学报．2004，3.

[55] 谢新宇等．预制管桩搅拌桩组合加固深厚软基性状分析［J］．建筑结构学报．2007，8.

[56] 朱奎等．有无褥垫层刚-柔性桩复合地基性状对比研究［J］．岩土工程学报，2006，10.

[57] 任鹏等．CFG桩复合地基试验研究［J］．岩土力学．2008，1.

[58] 陈春霞等．CFG桩复合地基桩土应力比分析［J］．四川地震，2007，12.

[59] 李海钧等．某高层建筑CFG桩复合地基试验研究［J］．低温建筑技术．2013，10.

[60] 张继文等．京沪高速铁路CFG桩筏复合地基现场试验研究［J］．铁道学报，2011，1

[61] 张鸿等．路堤荷载下CFG桩复合地基桩土应力比原位测试［J］．公路交通科技．2011，9.

[62] 杨果林等．红黏土桩网复合地基现场试验研究［J］．水文地质工程地质．2010，11.

[63] 宋修广等．粉喷桩加固高速公路路基的现场试验研究［J］．大坝观测与土工测试．2001.6.

[64] 马福雷等．粉喷桩加固地基有限元计算与实测对比分析［J］．山西建筑．2006，12

[65] 孙吉勇．黄河下游平原区水文地质特点及相关筑路技术［J］．山东交通科技．2006（1）．

［66］ 蒋宗全等．新建铁路 CFG 桩桩筏复合地基试验研究［J］．铁道建筑．2010（9）．

［67］ 温世聪等．京沪高速铁路济南西站 CFG 桩复合地基沉降计算问题探讨［J］．铁道标准设计．2011（12）．

［68］ 李国维等．柔性基础下复合地基桩土应力比现场试验研究［J］．岩土力学．2005，2.

［69］ 黄绍铭等．软土地基与地下工程［M］．北京：中国建筑工业出版社，2005.

［70］ 张雁等．桩基手册［M］．北京：中国建筑工业出版社，2009.

［71］ 王涛．变刚度调平布桩模式下筏底地基土承载性状研究．岩土工程学报．2011，7.

后　记

在工程实践中可以发现，基础软件与上部结构软件的最大区别，就在于基础软件计算结果的多义性。

对于复合桩基，基础软件计算结果的多义性，首先表现在将《建筑桩基技术规范》的"疏桩复合桩基法"直接推广到一般复合桩基，于是出现"可调整板底土反力基床系数来修改平均沉降"的现象（JCCAD用户手册语）；其次表现在板底土反力取值的可变性。这两种情况都可能影响到基础内力计算值的大小。

对于复合地基，基础软件计算结果的多义性，主要表现在没有体现出复合地基的特殊性：即桩间土荷载分担比大于复合桩基，与复合地基桩身材料强度一般远小于常规桩。

对于疏桩复合桩基，基础软件计算结果的多义性主要表现在，或是只列出上海地方地基规范的计算方法（JCCAD软件），或是归并入复合桩基（盈建科软件）。

对于常规桩基，基础软件计算结果的多义性，主要表现在提供多个桩基沉降计算结果上：JCCAD软件一共给出5种桩基沉降计算方法与结果；盈建科软件以等效作用分层总和法（由不考虑桩径影响的明德林解转换而来）与考虑桩径影响的明德林应力公式法，分别对应桩承台与桩筏基础的沉降计算。

对于天然地基基础，基础软件计算结果的多义性，主要表现在基床系数的取值与有限元尺寸的变化可以较大地改变计算值的大小。

欲解决这种基础软件计算结果的多义性，再多的实践经验面对多种来源于国标规范的计算方法与结果，都可能无济于事的。于是设计者就在多个计算结果中选择一个看起来比较"合理"的计算结果；设计审查则基本上只校检最后计算结果，而不去检查沉降计算、输入参数与选用计算方法的合理性。

本书试图由一些公开发表、较少有争议的工程实例出发，对有关常规桩基与复合桩基沉降计算的6套公式进行探讨，并得出了一些与有关地基规范不完全一致的意见。

另外还提供全国10余个省市约270余例复合桩基与复合地基的桩土荷载分担原位实测数据，可以建成一个小小的数据库，或许对设计、校检有一定的参考价值。

本书中相当一部分课题的探讨，如承台效应系数的适用范围、疏桩复合桩基的沉降计算、对等效作用分层总和法的疑问、单排桩沉降计算问题等等，都凝结有浙江大学朱向荣教授的心血。我们对一些课题的探讨最早始自1988年，有的课题还是我们合作的结果。

谨以本书纪念这位英年早逝的同窗与挚友。